土木工程测试与监测技术

由　爽　主编

中国建材工业出版社

图书在版编目（CIP）数据

土木工程测试与监测技术 / 由爽主编．--北京：
中国建材工业出版社，2020.4
ISBN 978-7-5160-2840-7

Ⅰ.①土… Ⅱ.①由… Ⅲ.①土木工程一建筑测量一
高等学校一教材 ②土木工程一工程施工一监测一高等学校
一教材 Ⅳ.①TU198 ②TU712

中国版本图书馆CIP数据核字（2020）第036365号

内 容 简 介

土木工程的测试、检测与监测是土木工程相关人员必须掌握的基本知识，同时也是土木工程理论研究人员必须掌握的基本手段。本书系统介绍了土木工程测试与监测技术，内容包括绪论、传感器、测量数据处理及误差分析、原位测试与模型试验、无损检测技术、地面建筑物的变形监测、基坑工程监测、岩石隧道工程监测以及桥梁工程变形监测，共九个部分。

本书以土木工程测试技术基本理论为指导法则，以工程实践为服务对象，可读性和实用性强，可作为普通高等院校土木工程、结构工程、岩土工程等专业学生的教材，亦可供相关工作人员参考。

土木工程测试与监测技术
Tumu Gongcheng Ceshi yu Jiance Jishu
由 爽 主编

出版发行：中国建材工业出版社
地　　址：北京市海淀区三里河路1号
邮　　编：100044
经　　销：全国各地新华书店
印　　刷：北京雁林吉兆印刷有限公司
开　　本：787mm×1092mm 1/16
印　　张：16.75
字　　数：390千字
版　　次：2020年4月第1版
印　　次：2020年4月第1次
定　　价：86.00元

本社网址：www.jccbs.com，微信公众号：zgjcgycbs
请选用正版图书，采购、销售盗版图书属违法行为

举报信箱：zhangjie@tiantailaw.com　举报电话：（010）68343948
本书如有印装质量问题，由我社市场营销部负责调换，联系电话：（010）88386906

前　言

在土木工程、水利水电工程、隧道以及桥梁等交通工程领域，土木工程测试与监测技术是从事该领域的专业技术和研究人员必须掌握的重要技能，是一门实践性很强的工程应用性学科。随着经济和社会的发展，更多、更复杂的工程问题不断涌现，同时，随着计算机技术和新的测试技术的发展，许多新的工程设计理论和施工方法得到运用。在获得工程设计的基本数据、进行设计方案的试验论证和工程施工过程的监测和监控中，测试与监测越来越成为工程设计和施工的连接点和必须环节。因而，工程测试、监测的基本方法和技术在工程专业方向的知识结构中显得越来越重要。其重要性主要体现在通过测试和监测，把施工监测所获得的信息加以处理，与工程类比的经验方法相结合，建立一些必要的判断准则，利用量测结果及时调整、确定支护参数或作出施工决策，因而，测试和监测在这个过程中起着极其重要的“眼睛”作用，并几乎贯穿于勘察、设计、施工和运营的整个过程。本书涉及的内容较广，有较新的测试手段和研究成果，也有结合土木工程的应用，目的是为土木工程专业的学生提供一本系统介绍土木工程测试手段和方法的教材。这是一门土木工程类相关学科研究生的专业基础课。

本书主要介绍了两方面内容：一是土木工程测试与监测技术的基本理论，二是土木工程中的测试方法与测试分析，具有较强的可读性和实用性，可作为土木工程、结构工程、岩土工程等专业的教材，也可供从事教学、科研、规划、勘察、设计、施工、管理、监理、监测等领域的技术人员参考。

本书由北京科技大学由爽副教授主编。特别感谢纪洪广教授对本书给予的宝贵建议和工作指导。在编写整理过程中，研究生王欢、王一同、孙金翠做了许多细致的工作，在此表示衷心的感谢。

本书得到国家自然科学基金面上项目（51774021）和国家重点研发计划项目“抚顺西露天矿区地质灾害综合防控技术与示范”（2017YFC1503104）资助，在编写过程中，参阅了大量国内外相关专业的文献资料，在此谨向所有论著的作者表示由衷的感谢。

由于编者水平有限，书中难免存在不足之处，恳请广大读者批评指正。

编者

2020.1

目　录

1 绪　论

1.1 土木工程测试技术

1.1.1 测试技术的基本概念

测试技术是测量技术和试验技术的总称。没有测试技术就没有科学，科学技术的发展需要测试技术予以支撑，测试技术和科学在各自发展与相互促进的对立统一中不断发展。

测试技术是实验科学的一部分，主要研究各种物理量的测量原理和测量信号的分析处理方法。测试技术是进行各种科学实验研究和生产过程参数检测等必不可少的手段，它起着类似人的感觉器官的作用。通过测试技术可以揭示事物的内在联系和发展规律，从而去利用它和改造它，推动科学技术的发展。科学技术的发展历史表明，科学上很多新的发现和突破都是以测试技术为基础的。同时，其他领域科学技术的发展和进步又为测试技术提供了新的方法和装备，促进了测试技术的发展。

土木工程测试是一门综合性很强的技术，它是以土力学、岩体力学、钢筋混凝土力学及土木工程设计理论和方法等学科为理论基础，以仪器仪表、传感器、计算机和信号处理等学科为技术支持，研究测试技术的规律、方法、原理及其应用的一门学科。

1.1.2 测试技术的背景与意义

随着科学技术的发展，人们对建筑物的要求越来越高，为提高人们的生活水平，出现了各式各样的土木工程。与过去的土木工程相比，现代土木工程在各方面都取得了较大的进步，其中测试与检测技术起到了关键作用。

在土木工程中测试工作是必须进行的重要步骤，它既是学科理论研究与发展的基础，又是岩土工程实践的必需。它可确保工程的施工质量和安全，从而提高工程效益。在工程实际建设中的现场监测与检测是重要的环节，使工程师们在理论和实践上更好地认识上部结构与下部岩土地基共同作用及施工和建筑物运营过程。通过运用反演分析的方法，依据测试结果，计算出使理论分析与实际测试基本一致的工程参数。土木工程测试包括室内土工试验、岩体力学试验、原位测试、原型试验和现场监测等，在岩土工程中占有特别而关键的地位。

随着现代科学技术的快速发展和生产水平的提高，各种测试技术已越来越广泛地应用于各种工程领域和科学研究当中。比如，土木工程结构在服役过程中，不可避免地遭到环境荷载、疲劳、腐蚀、老化等因素的影响，必然产生损伤累积，从而导致抗力衰减，如不及时采取有效措施，比如维修或报废，其存在的隐患是难以估量的。大量的现役工程结构存在损伤，评价其安全状况、评定其剩余使用寿命，必须借助测试系统。在新建的工程结构中安设监测系统，用获得的信息验证其结构分析模型、计算假设、设计方法的合理性，对结构进行全寿命健康监测意义重大。

工程测试技术不仅在工程建设实践中十分重要，而且在岩土工程理论的形成和发展过程中也起着决定性的作用。测试技术也是保证岩土工程设计的合理性和施工质量的重要手段。因此，测试技术水平的高低已经成为衡量一个国家科学技术现代化水平的重要标志之一。

1.1.3 测试的任务及作用

信号是传递信息的时间函数，是信息的实际载运者，只有通过处理分析后获得的信息才有意义；信息是对信号经过分析处理后的有用部分，它表征被测对象运动与状态的某种特征与属性；测量是以确定被测物属性量值为目的的操作；检测是有目的诊断测量；测试是具有试验性质的测量，或者可理解为测量与试验的综合；监测是动态的、长期的测量、测试。

测试的基本任务是获得有用的信息，测试的过程是借助专门的设备、仪器、测试系统，通过适当的实验方法与必要的信号分析及数据处理，由测得的信号求取与研究对象相关的信息量值的过程，最后将其结果提供显示或输出。因此，测试属于信息科学范畴，是信息技术三大支柱（测试技术、计算技术、通信技术）之一。

当代测试技术的作用主要体现在四个方面：

（1）各种参数的测定。

（2）自动化过程中参数的反馈、调节和自控。

（3）现场实时检测和监控。

（4）试验过程中的参数测量和分析。

1.2 土木工程监测技术

1.2.1 监测技术的基本概念

土木工程都建造在岩土介质之上或之中，在施工中必须进行动态安全监测，从而实现信息化施工。除此以外，重要工程在竣工后也要进行安全监测，密切关注工程的运行状态。

土木工程监测是工程病害预警的前提，主要是对工程结构薄弱环节、重要环节及运营过程中的工程变化进行全方位、全过程的监测，通过对大量的监测信息进行处理（整理、分类、存储、传输），建立信息档案。通过对前后数据、实时数据的收集、整理、分析、存储和比较，建立工程变化信息或病害预警档案，将监测信息及时、准确地运用到下一病害预警环节，运用评价指标对监测信息进行分析，以识别生产活动中各类事故征兆、事故诱因，以及将要发生的事故活动趋势。

土木工程监测涵盖了测量学、试验力学、土力学、岩体力学、结构力学、钢筋混凝土力学、计算机科学及土木工程设计和施工的理论和方法等学科，并以仪器仪表、传感器、测试技术等学科为技术支撑，同时融合了地下工程施工工艺和积累的工程实践经验，因此土木工程监测是一门综合性和实践性很强的学科。

1.2.2 监测技术的背景及意义

随着经济的发展和科学技术的进步，许多大型复杂工程结构得以兴建，如超大跨桥梁、大型体育场馆、超高层建筑、大型水利工程、海洋平台结构以及核电站建筑等，它们的使用期长达几十年甚至上百年，环境侵蚀、材料老化和荷载的长期效应、疲劳与突变等灾害因素的耦合作用将不可避免地导致结构的损伤积累和抗力衰减，从而在极端状况下引发灾难性事故。重大土木工程基础设施是确保国民经济稳定、可持续发展的物质基础，它们的健康状况和安全性评价更是人民生命和财产安全的重要保障。我国许多大型基础设施如桥梁、一些重要的海洋平台与大型空间结构的设计基准期是100年甚至超过100年，然而，实际中往往由于结构设计时考虑因素欠周全，设计标准偏低，施工时受到材料、几何尺寸、环境等不确定因素影响，营运过程中未采取科学、合理的养护措施，加之材料与结构的自然老化，使用环境的变化以及自然灾害如地震、火灾或者人为破坏等，在这些因素的共同作用下，土木工程基础设施的使用寿命受到了严峻的挑战。

目前土木工程事故频繁发生，如桥梁的突然折断、隧道的塌方等，造成了重大的人员伤亡和财产损失，已经引起人们对于重大工程安全性的关心和重视。此外，我国有很大部分隧道矿井是在20世纪末建造的，安全性能如何？是否对人们的生命和财产构成威胁？加之近年来全球范围内地震、洪灾、暴风雨等自然灾害频繁发生，它们对已建建筑物和结构造成不同程度的损伤以及人为的爆炸等引起土木工程结构的偶然破坏，这些都越来越多地引起人们的密切关注。

土木工程构筑物或建筑物最主要的目的就是为人所用，发挥它的作用。在工程运营过程中，影响工程结构安全的因素复杂多样，所以必须对工程进行监测，确保工程运营安全。工程设计参数、施工质量控制、施工验收评定等监测结果是养护决策的依据；运营过程中的土木工程监测包括工程信息变化参数监测及工程病害预警分析，为后续的工程养护方案提出科学依据。

对已建成的结构和设施采取有效的手段监测和评定其安全状况、修复和控制损伤；对新建的结构和设施总结以往的经验和教训，增设长期的健康监测、振动和损伤控制系统，对已被识别的各种事故现象进行成因过程的分析和发展趋势预测。判断工程病害诸多致灾因素中危险性最高、危险程度最严重的主要因素，并对其成因进行分析，对发展过程及发展趋势进行准确定量的描述。对已被确认的主要事故征兆进行描述性评价，以明确工程运营活动在这些事故征兆现象冲击下会遭受什么样的危害，及时判断工程运营所处状态是正常、警戒，还是危险、极度危险、危机状态，并把握其发展趋势，必要时准确报警。

随着人们对土木工程施工中测试及监测重要性认识的深入，以及国家有关法规的实施，土木工程测试已越来越成为继勘察、设计、施工、监理之后的又一个产业。由此，土木工程监测技术的应用前景不言而喻。

1.2.3 监测的任务及作用

在岩土体中修建地下工程时，对地下工程设计的合理性进行理论分析需要涉及众多的技术问题，一般比较困难。其主要原因是：①地层和地质条件的复杂多样性；②岩土物理力学参数的离散性；③施工过程的复杂性；④围岩与支护结构相互作用的复杂性。因此，所确定的结构设计和施工方法均只是一个预设计。特别是对于城市地下工程而言，其周围的环境一般比较复杂，因此有必要通过信息化施工及时了解施工过程中围岩与支护结构的工作状态，并及时反馈到设计与施工中去，及时、合理地调整设计参数和施工方法，确保地下工程施工和周围建（构）筑物安全。作为信息化设计与施工的最基础性工作，现场监测就显得非常重要。地下工程监测的主要作用如下：

（1）通过监测了解地层在施工过程中的动态变化。明确工程施工对地层的影响程度及可能产生失稳的薄弱环节。

（2）通过监测了解支护结构及周边建（构）筑物的变形及受力状况，并对其安全稳定性进行评价。

（3）通过监测了解施工方法的实际效果，并对其进行适用性评价。及时反馈信息，调整相应的开挖、支护参数。

（4）通过监测收集数据，为以后的工程设计、施工及规范修订提供参考和积累经验。

1.2.4 监测技术的现状及展望

近年来，我国相继颁布实施的有关工程设计和施工的规程和规范都对监测做了具体规定，但是目前我国的土木工程结构监测技术还处于一个不断发展的阶段，在混凝土结构、砌体结构和钢结构的监测技术上还有很大的提升空间。地下工程施工中监测是必不可少的组成部分，其应贯穿地下工程设计、施工和运营的全过程。地层力学参数的不确定性和离散性及施工过程的不可预见性使地下工程设计和施工中难免出现与实际地层条件不相符合的情况，需要在施工过程中通过监测信息的反馈来修正设计和指导施工。

20 世纪 60 年代，奥地利学者和工程师总结出了以尽可能不恶化地层中应力分布为前提，在施工过程中密切监测地层及结构的变形和应力，及时优化支护参数，以便最大限度地发挥地层自承能力的新奥法施工技术。经过长期的实践发现，地下工程周边位移和浅埋地下工程的地表沉降是围岩与支护结构系统力学形态最直接、最明显的反应，是可以监测并控制的。因此普遍认为地下工程周边位移和浅埋地下工程的地表沉降监测最具有价值，既可全面了解地下工程施工过程中的围岩与结构及地层的动态变化，又具有易于观测和控制的特点，并可通过工程类比总结经验，建立围岩与支护结构的稳定判别标准。基于以上认识，我国现行规范中的围岩与结构稳定的判据都是以周边允许收敛值和允许收敛速度等形式给出的，作为评价施工、判断地下工程稳定性的主要依据。监测以位移监测为主，应力、应变监测等为辅。

目前，土木工程设计中都有较完善的监测设计，包括监测管理、监测方法及监测设备等，但无论从主观上还是客观上，都存在引发工程质量病害的可能性。主要原因有以下几个方面：

（1）部分工程未把监测与信息反馈作为重要工序纳入施工组织设计中，有的虽然作为工序编入，但实施不规范、不彻底，应用效果较差。

（2）监测仪器设备精度相差大。用于工程监测的仪器五花八门，虽然其工作原理几乎一样，但是监测精度差别较大，仪器的参数设置也不尽相同，所以导致监测人员在使用的过程中容易犯经验性错误，导致监测精度相差较大，甚至出现错误的监测数据。针对不同的工程病害，监测仪器完全不同，比如针对混凝土裂缝，裂缝的长度、宽度或深度都是影响混凝土结构安全的因素，要求监测仪器必须能精确地监测到裂缝的长度、宽度及深度等数据，才能较为准确地判断工程病害的可能性及养护措施，如果监测精度不够，随着混凝土的使用，其病害问题会越来越严重，从而引发工程质量灾害。

（3）监测人员的技术水平参差不齐。土木工程检测的工作需要监测技术人员完成，这就无形地增加了监测的主观性，其监测数据量及监测质量不但与监测技术人员的技术能力、责任心有关，同时还与监测工期有关，紧工期下监测人员容易偷工减料，减少采集数量。监测人员的技术能力不但与理论水平有关，更重要的是与实践经验有关，工程的监测量、工程的病害部位的判断，都是监测工程病害的关键。由于监测施工人员技术能力的参差不齐，对同一个工程的监测也会出现不同的结果，因此对工程质量的判断就会出现差错，随着监测次数的积累，就无法准确地判断工程病害。

（4）监测数据有一定的局限性。工程质量的安全性是一个非常严谨的系统，工程原材料的质量、施工过程、结构可靠性环境因素、工程运营养护等都会影响工程质量，任何一个环节的质量安全，都会影响到最终工程质量安全。工程中每一个环节的数据信息变化均是工程整体质量变化的响应，这些信息数据也是预测工程质量安全的最重要的资料，目前的传统监测数据量有限，无法做到实时对工程信息变化进行监测，不能及时通过数据的变化对工程病害提前作出预判，也无法有针对性地对工程病害部位进行加固或养护，从而导致工程质量事故多发，给人民的生命和财产带来危害。

为了减少工程病害，保障结构的安全，监测技术发展十分迅速，主要表现在：

（1）完善损伤判别的指标，提高监测正确性。

现有的土木工程结构监测技术在损伤指标的判别上已经形成了科学系统的体系，在主要监测参数的设置和分类上也取得了很大的进步。但是，国内土木工程监测技术与国外相比还存在一定的问题，需要对损伤判别的指标进行不断完善，以提高整个结构监测的全面性和正确性。在选择特征量方面，通常都是利用一些在损伤情况时结构中的一些变化参数来进行诊断的，这些特征量能够反映出整个土木工程结构中的抗压抗剪以及材料的结合力等变化情况，进而通过这些指标的综合分析来诊断结构内部是否出现了裂缝或者空洞。随着我国土木工程建设技术的不断进步，在质量方面的要求也逐步提高，整个监测技术应该围绕着工程建设的质量要求来进行改进，在损伤判别的指标选定和完善方面不断完善，最终满足整个土木工程的建设要求，提高监测技术的科学性、准确性。

（2）优化传感器的布置，提高监测的可靠度。

传感器的数量、位置和类型对整个土木工程的监测技术起着决定性的作用。随着土木工程建设的复杂性与日俱增，在结构监测的诊断过程中对传感器的优化工作也提出了新的要求。在今后的土木工程结构监测技术的发展过程中，传感器的布置应该得到有效的优化，进而提高整个监测技术的可靠性。传感器的优化布置应该在结构总体分析的模型基础上，利用广义的遗传算法来确定。另外，对于传感器的布置数量，也应该进行科学的优化，利用噪声信号系统的正确运作来实现信息的最优采集，将有限的传感器数量设置进行最佳的合理安排，进而实现传感器的优化布置。在今后的发展过程中，土木工程结构监测技术在传感器的优化布置上应该投入更多的精力，实现监测技术的精良应用。

（3）非线性诊断技术的应用，满足实际情况。

土木工程的结构大体上都是非线性结构，在监测技术的应用上应该结合整个结构的非线性特点进行非线性诊断技术的应用，从而体现整个结构监测技术的科学性。虽然目前在土木工程结构监测技术中非线性诊断技术的应用存在一定的困难，相较于线性诊断而言，这种技术需要更加复杂的计算算法和技术操作，但是非线性诊断技术更加贴近实际，在今后的结构监测技术发展中，非线性技术的研究和应用应该成为一个重点。考虑到遗传算法、小波分析和神经网络在非线性分析和数据处理上所具有的优势，在结构损伤的辨识上非线性结构诊断技术有着很大的发展空间和前景。非线性结构监测技术在发展中应该不断针对土木工程的建筑结构作出调整和优化，改进和完善整个非线性结构诊断技术的应用。

除此之外，监测技术正在向监测方法的自动化和数据处理的软件化发展。监测设备及传感器不断发展与完善，监测技术向系统化、远程化、自动化方向发展，从而实现实时数据采集、数据分析，监测精度不断提高，数据分析与反馈更具有时效性，如远程监测系统等。目前发展的远程监测系统主要有：①近景摄影测量系统；②多通道无线遥测系统；③光纤监测系统；④非接触监测系统；⑤电容感应式静力水准仪系统；⑥巴赛特结构收敛系统；⑦轨道变形监测系统。针对这些监测技术进行研究，能够拓展整个土木工程监测技术的发展空间。土木工程监测技术的不断改进和优化，能够为整个土木工程建设领域带来很大的影响，能够更好地保障整个工程的建设质量符合社会的发展要求。

2 传 感 器

2.1 应力计及应变计原理

应力计和应变计是地下工程测试中常用的两类传感器，其主要区别是测试敏感元件与被测物体之间相对刚度的差异。具体说明如下：如图 2-1 所示，采用两根相同的弹簧将一块无质量的平板与地面连接。

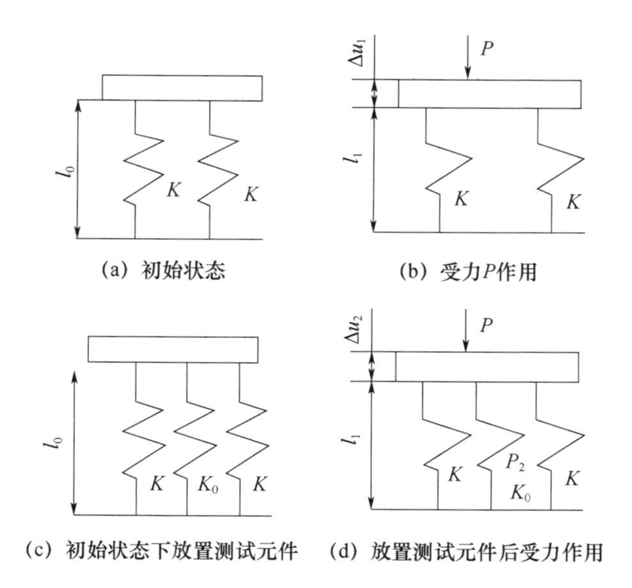

图 2-1 应力计与应变计原理

设弹簧刚度常数均为 K，长度为 l_0。现有一外力 P 作用在板上，将弹簧长度压缩至 l_1，如图 2-1（b）所示，则弹簧的位移为

$$\Delta u_1 = \frac{P}{2K} \tag{2-1}$$

如果用一个测试元件来测量未知力 P_2 和其压缩变形量 Δu_2，可在两根弹簧之间放入一个弹簧刚度常数为 K_0 的元件弹簧，则其压力与变形为

$$\Delta u_2 = \frac{P}{2K + K_0} \tag{2-2}$$

$$P_2 = K_0 \times \Delta u_2 \tag{2-3}$$

将式（2-1）代入式（2-2）得

$$\Delta u_2 = \frac{\Delta u_1 \times 2K}{2K + K_0} = \frac{\Delta u_1}{1 + \dfrac{K_0}{2K}} \tag{2-4}$$

将式（2-2）代入式（2-3）得

$$P_2 = \frac{PK_0}{2K + K_0} = P\frac{1}{1 + \dfrac{2K}{K_0}} \tag{2-5}$$

在式（2-4）中，若 $K_0 \gg K$，则 $\Delta u_1 = \Delta u_2$，说明弹簧元件加进前后，系统的变形几乎不变，弹簧元件的变形能反映系统的变形，因而可看作一个测长计，把它测出来的值乘以一个标定常数，可以指示应变值，所以它是一个应变计。

在式（2-5）中，若 $K_0 \gg K$，则 $P_2 = P$，说明弹簧元件加进前后，系统的受力与弹性元件的受力几乎一致，弹簧元件的受力能反映系统的受力，因而可看作一个测力计，把它测出来的值乘以一个标定常数，可以指示应力值，所以它是一个应力计。

在式（2-4）和式（2-5）中，若 $K_0 \approx 2K$，即弹簧元件与原系统的刚度相近，加入弹簧元件后，系统的受力和变形都有很大的变化，所以既不能做应力计，也不能做应变计。

上述结果，也很容易用直观的力学知识来解释，如果弹簧元件比系统刚硬很多，则 P 力的绝大部分就由元件来承担。因此，元件弹簧所受的压力与 P 力近乎相等，在这种情况下，该弹簧元件适合于做应力计。另一方面，如果弹簧元件比系统柔软很多，它将顺着系统的变形而变形，对变形的阻抗作用很小。因此，元件弹簧的变形与系统的变形近乎相等，在这种情况下，该弹簧元件适合于做应变计。

2.2 电阻式传感器

2.2.1 电阻应变式传感器

电阻应变式传感器的工作原理是基于电阻应变效应，其结构通常由应变片、弹性元件和其他附件组成。在被测拉、压力等的作用下，弹性元件产生变形，粘贴在弹性元件表面上的应变片随之产生一定的应变，其数值由应变仪读出，再根据事先标定的应变与力的对应关系，即可得到被测力的数值。

弹性元件是电阻应变式传感器的主要组成部分，其性能好坏直接影响到传感器的精度和质量。弹性元件的结构形式可由所测物理量的类型、大小、性质和安装传感器的空间等因素来确定。

1. 测力传感器

测力传感器常用的弹性元件形式有柱（杆）式、梁式、环式等。

（1）柱（杆）式弹性元件

柱或杆式弹性元件的特点是结构简单、紧凑，承载力大，主要用于中等荷载和大荷载的测力传感器。其受力状态比较简单，在轴力作用下，同一截面上所产生的轴向应变和横向应变符号相反。各截面上的应变分布比较均匀。应变片一般贴于弹性元件中部。图 2-2 是拉压力传感器结构示意图，图 2-3 是荷重传感器结构示意图。

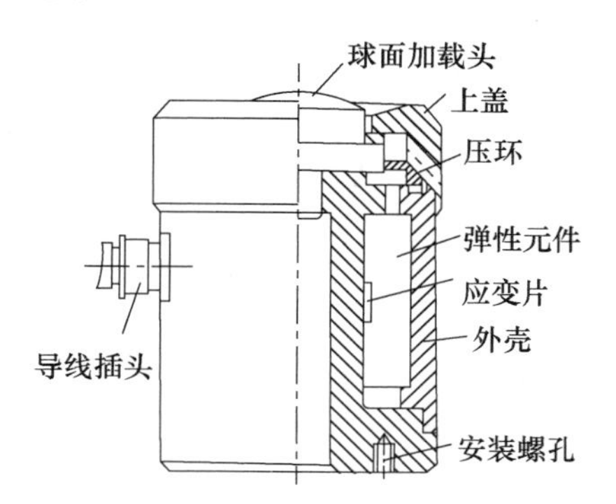

图 2-2 拉压力传感器结构示意图

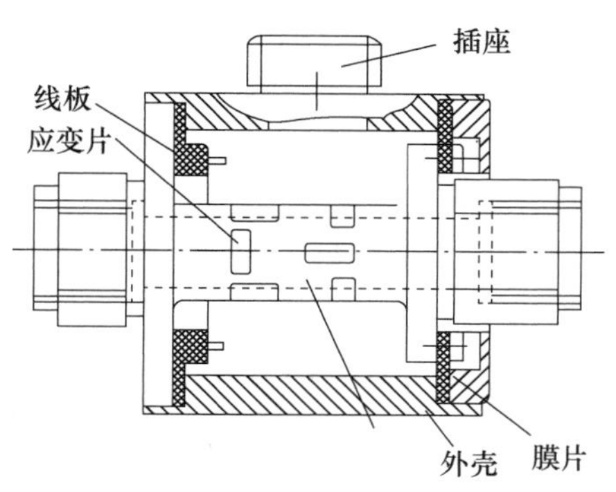

图 2-3 荷重传感器结构示意图

（2）梁式弹性元件

梁式弹性元件的特点是结构简单、加工方便，应变片粘贴容易且灵敏度高，主要用于小载荷、高精度的拉压力传感器。梁式弹性元件可做成悬臂梁、铰支梁和两端固定式等不同的结构形式，或者是它们的组合。其共同特点是在相同力的作用下，同一截面上与该截面中性轴对称位置点上所产生的应变大小相等而符号相反。应变片应贴于应变值最大的截面处，并在该截面中性轴的对称表面上同时粘贴应变片，一般采用全桥接片以获得最大输出。

（3）环式弹性元件

环式弹性元件的特点是结构简单，自振频率高、坚固、稳定性好，主要用于中、小载荷的测力传感器。因其受力状态比较复杂，在弹性元件的同一截面上将同时产生轴向力、弯矩和剪力，并且应力分布变化大。应变片应贴于应变值最大的截面上。

2. 位移传感器

在适当形式的弹性元件上粘贴应变片也可以测量位移，其测量的范围可达到 0.1～100mm。弹性元件有梁式、弓式和弹簧组合式等。对于位移传感器的弹性元件来说，其刚度要小，以免对被测构件形成较大反力而影响被测位移。图 2-4 是双悬臂式位移传感器或夹式引伸计及其弹性元件。

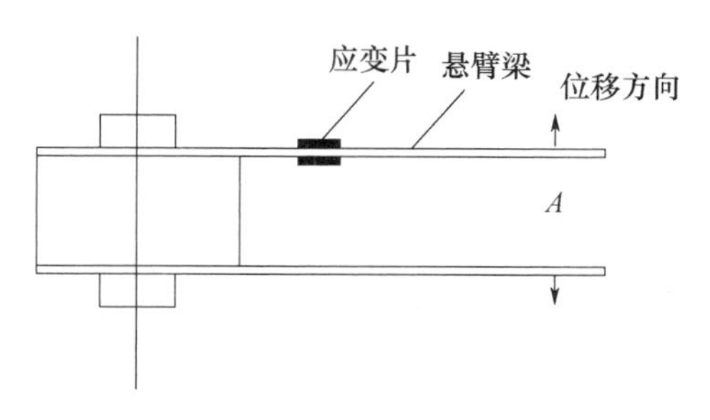

图 2-4 双悬臂式位移传感器

如图 2-4 所示，根据应变读数 ε，即可测定自由端的位移 f 为

$$f=\frac{2l^3}{3hx^{\varepsilon}} \tag{2-6}$$

式中 x——位移量；

h——梁的厚度；

l——应变片到点 A 的距离。

弹簧组合式传感器多用于大位移测量，如图 2-5 所示。

当测点位移传递给导杆后使弹簧伸长，并且使悬臂梁变形，这样，从应变片读数即可测得点位移 f，经分析，两者之间的关系为

$$f=\frac{(k_1+k_2)^3}{6k_2\ (l-l_0)}\varepsilon \tag{2-7}$$

式中　k_1、k_2——分别为悬臂梁和弹簧的刚度系数。在测量大位移时，k_2 应选得比较小，以保持悬臂梁端点位移为小位移。

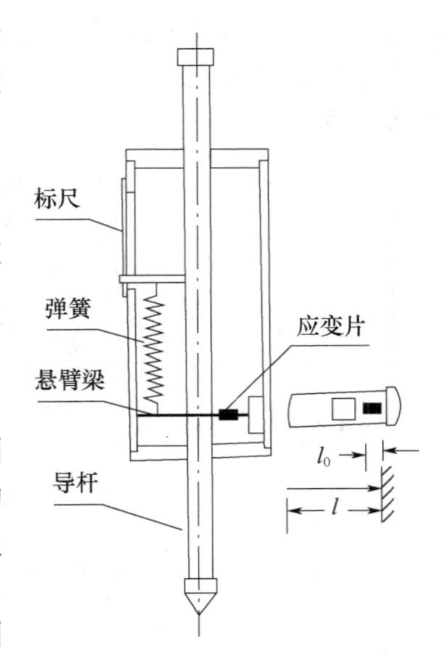

图 2-5　弹簧组合式传感器

3. 液压传感器

液压传感器有膜式、筒式和组合式等，测量范围是 $0.1\times10^{-3}\sim100$MPa。膜式传感器是在周边固定的金属膜片上粘贴应变片，当膜片承受流体压力而产生变形时，通过应变片即可测出流体压力。周边固定，受有均布压力的膜片，其切向及径向应变的分布如图 2-6 所示，图中 ε_t 为切向应变，ε_r 为径向应变，在圆心处 $\varepsilon_t=\varepsilon_r$，并达到最大值，即

$$\varepsilon_{tmax}=\varepsilon_{rmax}=\frac{3\ (1-\mu^2)\ pR^2}{8Eh} \tag{2-8}$$

在边缘处切向应变 $\varepsilon_t=0$，径向应变 ε_r 达到最小值，即

$$\varepsilon_{rmin}=-\frac{3\ (1-\mu^2)\ pR^2}{4Eh} \tag{2-9}$$

根据膜片上应变分布情况，可按图 2-6 所示的位置贴片，R_1 贴于正应变区，R_2 贴于负应变区，组成半桥，也可用四片组成全桥。筒式压强传感器的圆筒内腔与被测压力连通，当筒体内受压力作用时，筒体产生变形，应变片贴在筒的外壁，工作片沿圆周贴在空心部分，补偿片贴在实心部分，圆筒外壁的切向应变为

$$\varepsilon_t=\frac{p\ (2-\mu)}{E\ (n^2-1)} \tag{2-10}$$

式中　n——筒的外径与内径之比，$n=D/d$。

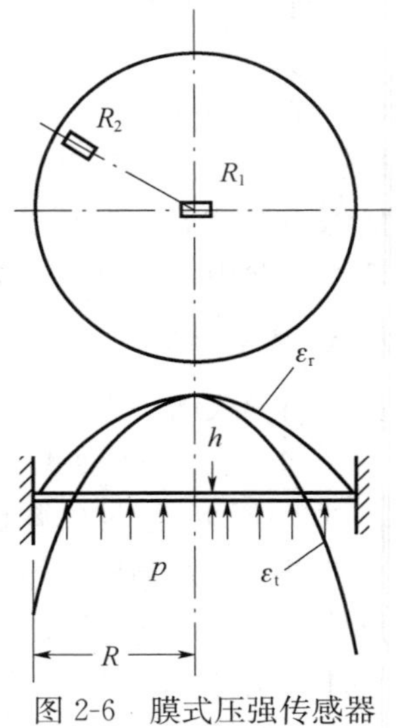

图 2-6　膜式压强传感器膜片上的应变分布

对于薄壁筒，可按如下公式计算切向应变：

$$\varepsilon_t=\frac{pd\ (1-0.5\mu)}{SE} \tag{2-11}$$

式中　S——筒的外径、内径之差（m）。

此种形式的传感器可用于测量较高的液压。

4. 压力盒

电阻应变片式压力盒也采用膜片结构，它是将应变片粘贴在弹性金属膜片式的传力元件上，当膜片感受外力变形时，将应变传给应变片，通过应变片输出的电信号测出应

变值，再根据标定关系算出外力值。

2.2.2 热电阻式传感器

热电阻式传感器是利用某些金属导体或半导体材料的电阻率随温度变化而变化的特性制成，用来测量温度，达到温度变化转换成电量变化的目的。因而，热电阻式传感器是温度计。金属导体的电阻和温度之间的关系可表示为

$$R_t = R_0 \ (1 + \alpha \Delta t) \tag{2-12}$$

式中 R_t、R_0——温度为 t℃和 0℃时的电阻值；

$\Delta t = t - t_0$——温度的变化值；

α——温度在 $t_0 \sim t$ 之间时金属导体的平均电阻温度系数。

电阻温度系数 α 是温度每变化 1℃时，材料电阻的相对变化值。α 越大，电阻温度计越灵敏。因此，制造热电阻温度计的材料应具有较高、较稳定的电阻温度系数和电阻率，在工作温度范围内物理和化学性质稳定。常用的热电阻材料有铂、铜、铁等，其中铜热电阻常用来测量－50～180℃的温度。它可用于各种场合的温度测量，如大型建筑物厚底板温差控制测量等。其特点是电阻与温度呈线性关系，电阻温度系数较高，机械性能好，价格便宜。缺点是体积大，易氧化，不适合工作于腐蚀性介质与高温下。图 2-7（a）是铜电阻温度计结构，采用直径 0.07～0.1mm 的漆包铜线，双绕在圆柱形塑料骨架上。由于铜的电阻率小，需多层绕制，因而它的体积和热惯性较大。图 2-7（b）是热敏电阻温度计结构。

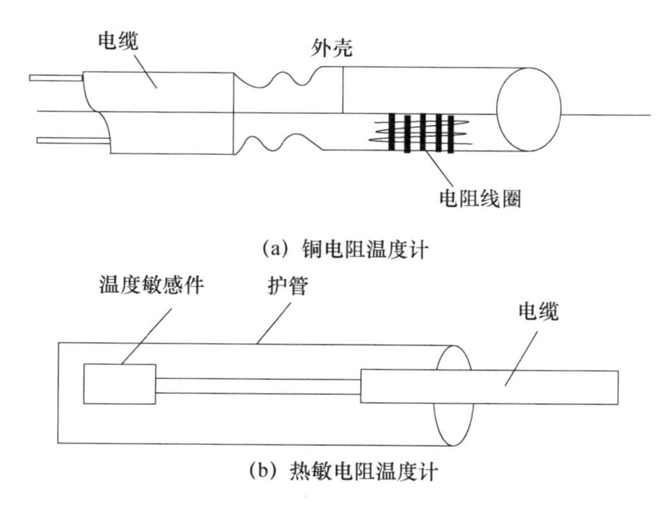

(a) 铜电阻温度计

(b) 热敏电阻温度计

图 2-7 电阻温度计结构

热电阻温度计的测量电路一般采用电桥，把随温度变化的热电阻或热敏电阻值变换成电信号。由于安装在测温现场的热电阻有时和显示仪表之间的距离较大，引线电阻将直接影响仪表的输出，在工程测量中，常采用三线制接法来替代半桥电路的二线制接法，如图 2-8 所示，这样，使热电阻两根引线电阻均匀地接入电桥的相邻两臂，引线电阻变化对温度指示影响很小。图 2-8（a）所示是热电阻本身给出三根引线的三线制接法，图 2-8（b）是给出两根引线的三线制接法。

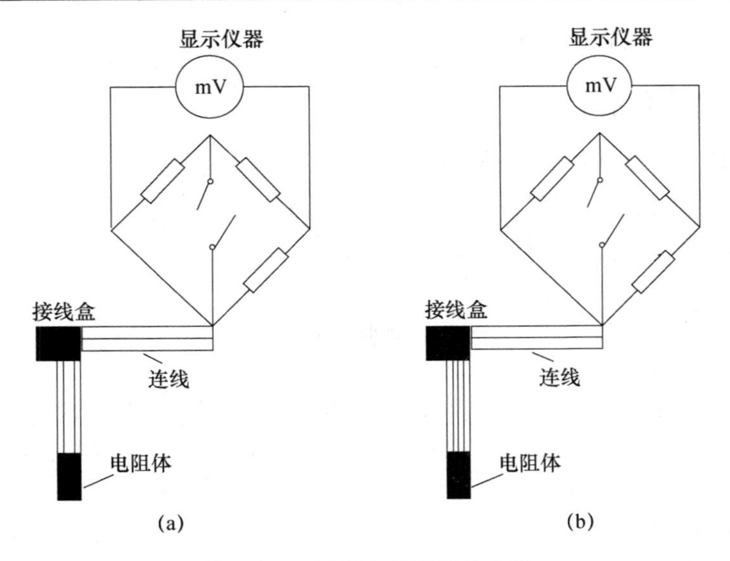

图 2-8　三线制电热阻测量电桥

2.3　电感式传感器

电感式传感器是根据电磁感应原理制成的，它是将被测量的变化转换成电感中的自感系数 L 或互感系数 M 的变化，引起后续电桥桥路桥臂中阻抗 Z 的变化。当电桥失去平衡时，输出与被测位移量成比例的电压 U_c。电感式传感器常分成自感式和互感式两类。

2.3.1　单磁路电感式传感器

单磁路电感式传感器由铁芯、线圈和衔铁组成，如图 2-9 所示。

当衔铁运动时，衔铁与带线圈的铁芯之间的气隙发生变化，引起磁路中磁阻的变化。因此，改变了线圈中的电感。

电感中电感量 L 可按如下公式计算：

$$L=\frac{W^2}{R_m}=\frac{W^2}{R_{m0}+R_{m1}+R_{m2}} \tag{2-13}$$

式中　W——线圈匝数；

R_m——磁路总电阻；

R_{m0}——空气隙磁阻；

R_{m1}——铁芯磁阻；

R_{m2}——衔铁磁阻。

由于铁芯和衔铁的导磁系数远大于空气隙的导磁系数，所以铁芯和衔铁的磁阻可以忽略不计。

故有：

$$L=\frac{W^2}{R_m}\approx\frac{W^2}{R_{m0}}=\frac{W^2\mu_0 A_0}{2\delta}=\frac{K}{\delta}=K_1 A_0 \tag{2-14}$$

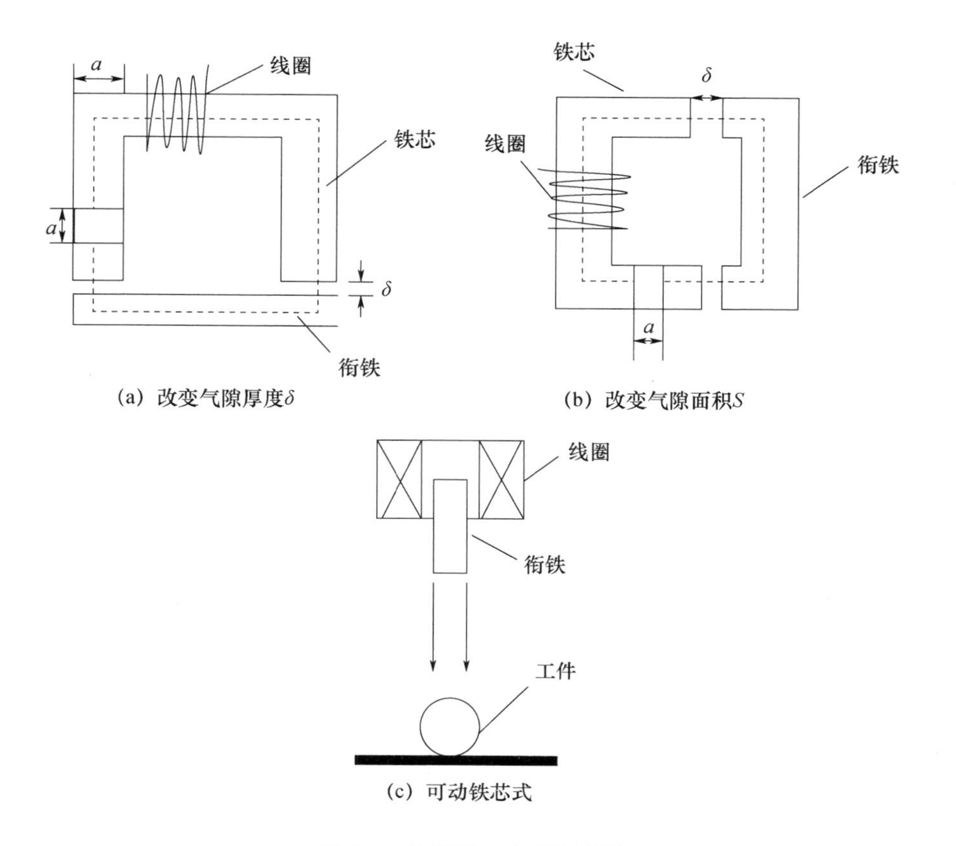

图 2-9 单磁路电感式传感器

式中 A_0——空气隙有效导磁截面积（m^2）；

μ_0——空气的导磁系数；

δ——空气隙的磁路长度（m）。

式（2-14）表明，电感量与线圈的匝数平方成正比，与空气隙有效导磁截面积成正比，与空气隙的磁路长度成反比。因此，改变气隙长度和气隙截面积都能使电感量发生变化，从而可形成三种类型的单磁路电感式传感器：改变气隙厚度、改变通磁气隙面积、可动铁芯式的螺旋管式。其中最后一种实质上是改变铁芯上的有效线圈数。在实际测试线路中，常采用调频测试系统，将传感器的线圈作为调频振荡的谐振回路中的一个电感元件。单磁路电感传感器可做成位移和压力电感式传感器，也可做成加速度电感式传感器。

2.3.2 差动变压器式电感式传感器

差动变压器式电感式传感器是互感式传感器中最常见的一种，其工作原理如图 2-10 所示。

当初级线圈 L_1 通入一定频率的交流电压激磁时，由于互感作用，在两组次级线圈 L_{21} 和 L_{22} 中就会产生互感电势 E_{21} 和 E_{22}，其计算的等效电路如图 2-11 所示。

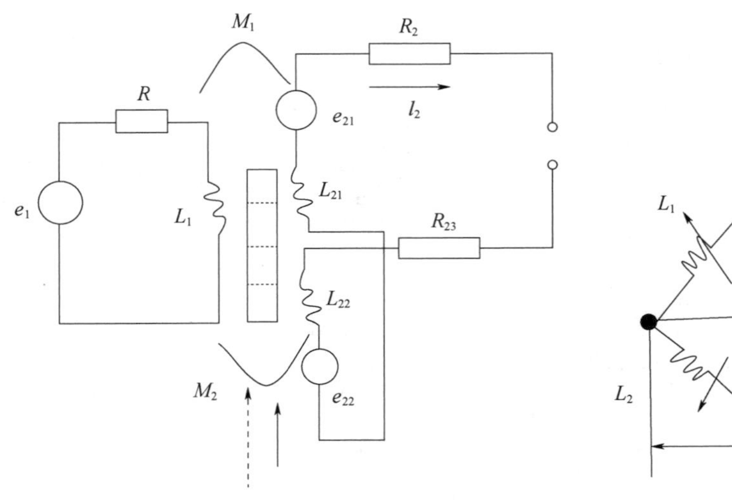

图 2-10　差动变压器式电感式传感器工作原理

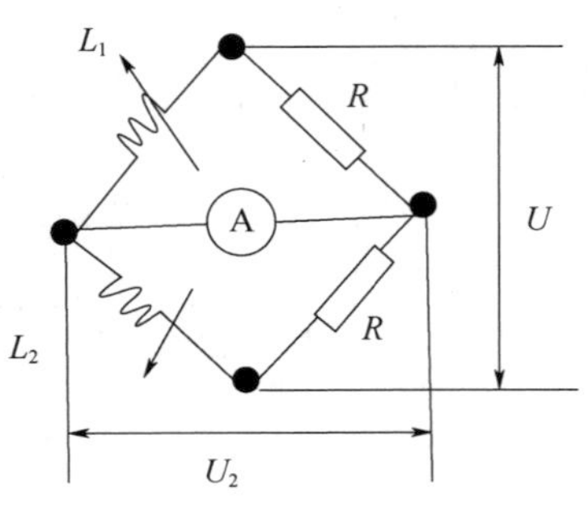

图 2-11　等效电路图

由于差动变压器的输出电压是交流量，其幅值大小与衔铁位移成正比，其输出电压如果用交流电压来指示，只能反映衔铁位移的大小，不能显示位移的方向。为此，其后接电路应既能反映衔铁位移的方向，又能指示位移的大小。其次在电路上应设有调零电阻。在工作之前，使零点残余电压调至最小。这样，当有输入信号时，传感器输出的交流电压经交流放大、相敏检波、滤波后得到直流电压输出，由直流电压表指示出与输出位移量相应的大小和方向，如图 2-12 所示。

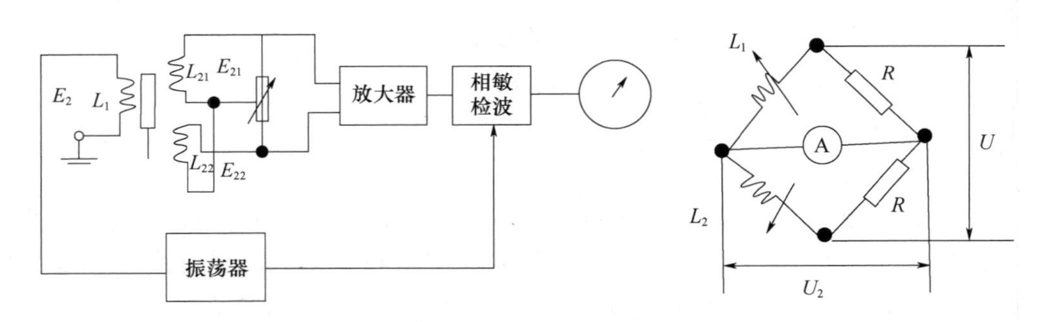

图 2-12　传感器原理示意图

图 2-13 是差动变压器式位移传感器的结构，差动变压器式传感器在组成结构上做一些调整，也可做成差动变压器式压力传感器，如图 2-14 所示。该传感器采用一个薄壁筒形弹性元件，在弹性元件的上部固定铁芯，下部固定线圈座，线圈座内安放有三只线圈，线圈通过引线与测量系统相连。当弹性元件受到轴力 F 的作用而产生变形时，铁芯就相对于线圈发生位移，从而它是通过弹性元件来实现力和位移之间的转换的。它也可以做成位移、压力和加速度传感器。

由于差动变压器式传感器具有线性范围大、测量精度高、稳定性好和使用方便等优点，所以广泛应用于直线位移测量中，也可通过弹性元件把压力、质量等参数转换成位移的变化再进行测量。

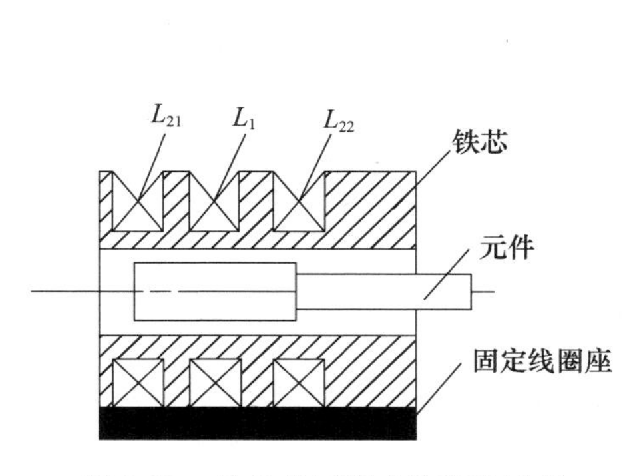

图 2-13 差动变压器式位移传感器

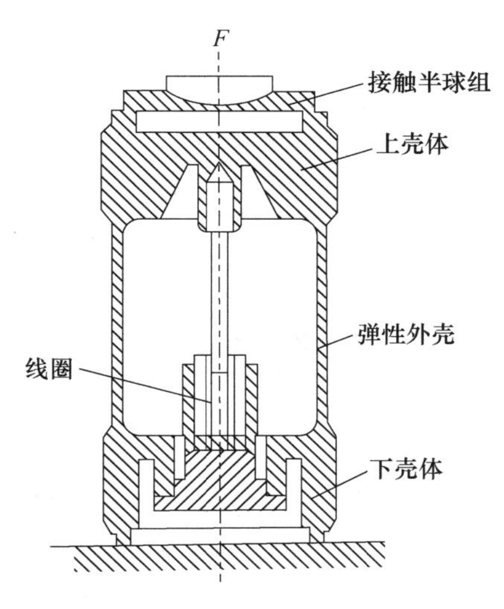

图 2-14 差动变压器式压力传感器

2.4 钢弦式传感器

2.4.1 钢弦式传感器原理

在地下工程现场测试中，常利用钢弦式应变计或压力盒作为量测元件，其基本原理是由钢弦内应力的变化转变为钢弦振动频率的变化。根据《数学物理方程》中有关弦的振动微方程可推导出钢弦应力与振动频率之间的如下关系：

$$f=\frac{1}{2L}\sqrt{\frac{\sigma}{\rho}} \tag{2-15}$$

式中 f——钢弦振动频率；

L——钢弦长度；

ρ——钢弦的密度；

σ——钢弦所承受的张拉应力。

以压力盒为例，当压力盒加工制作完成后，L 和 ρ 均为定值。所以，钢弦频率 f 只取决于钢弦上的张拉应力 σ，而钢弦上产生的张拉应力 σ 又取决于外来压力 p，从而使钢弦频率 f 与薄膜所受压力 p 存在的关系如下：

$$f^2-f_0^2=kp \tag{2-16}$$

式中 f——压力盒受压后钢弦的频率；

f_0——压力盒未受压时钢弦的频率；

p——压力盒底部薄膜所受的压力；

k——标定系数，一般由厂家给定，各个压力盒各不相同。

钢弦式压力盒构造简单，测试结果比较稳定，受温度影响小，易于防潮，可用于长期观测，故在地下工程和岩土工程现场测试和监测中得到广泛的应用。其缺点是灵敏度受压力盒尺寸的限制，并且不能用于动态测量。图 2-15 所示是测定地下结构和岩土体压力常用的调频钢弦式传感器——钢弦式压力盒的构造图。

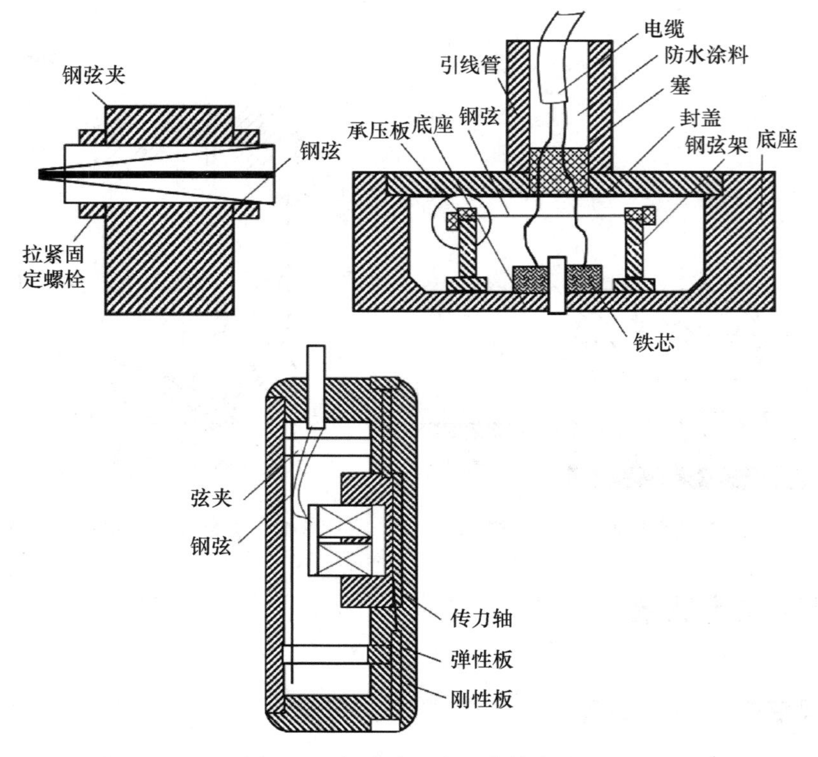

图 2-15　钢弦式压力盒的构造图

钢弦式传感器还有钢筋应力计、表面应变计和孔隙水压力计等。图 2-16 为钢弦式钢筋应力计和孔隙水压力计的构造图，在测试钢筋混凝土内力时有广泛的应用。

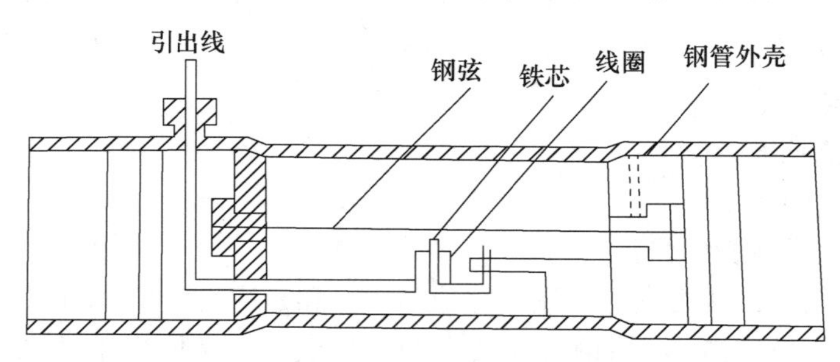

图 2-16　钢弦式钢筋应力计和孔隙水压力计的构造图

图 2-17（a）是表面应变计结构图，安装在金属或混凝土表面，可测量支柱、压杆和隧道衬砌的应变；图 2-17（b）是焊接式应变计结构简图，焊接在金属构件表面，可测量构件表面的应变，焊接在钢筋上时，通过预先标定，可测量钢筋应力；图 2-17（c）是埋入式应变计结构，埋入混凝土内，可以通过测量混凝土的应变来计算钢筋混凝土的内力。

钢弦式应变计也是利用钢弦的频率特性制成的应变传感器。它采用薄壁圆管式，适用于钻孔内埋设使用。应变计用调弦螺母、螺杆和固弦销调节和固定，钢弦的频率选择 1000～1500Hz 为宜。每个钻孔中可由几个应变计用连接杆连接在一起，导线从杆内引出。应变计连成一根测杆后，用砂浆锚固在钻孔中，可测得不同点围岩的变形，也可单个埋在混凝土中测量混凝土的内应变。图 2-18 为钢弦式应变计简图。

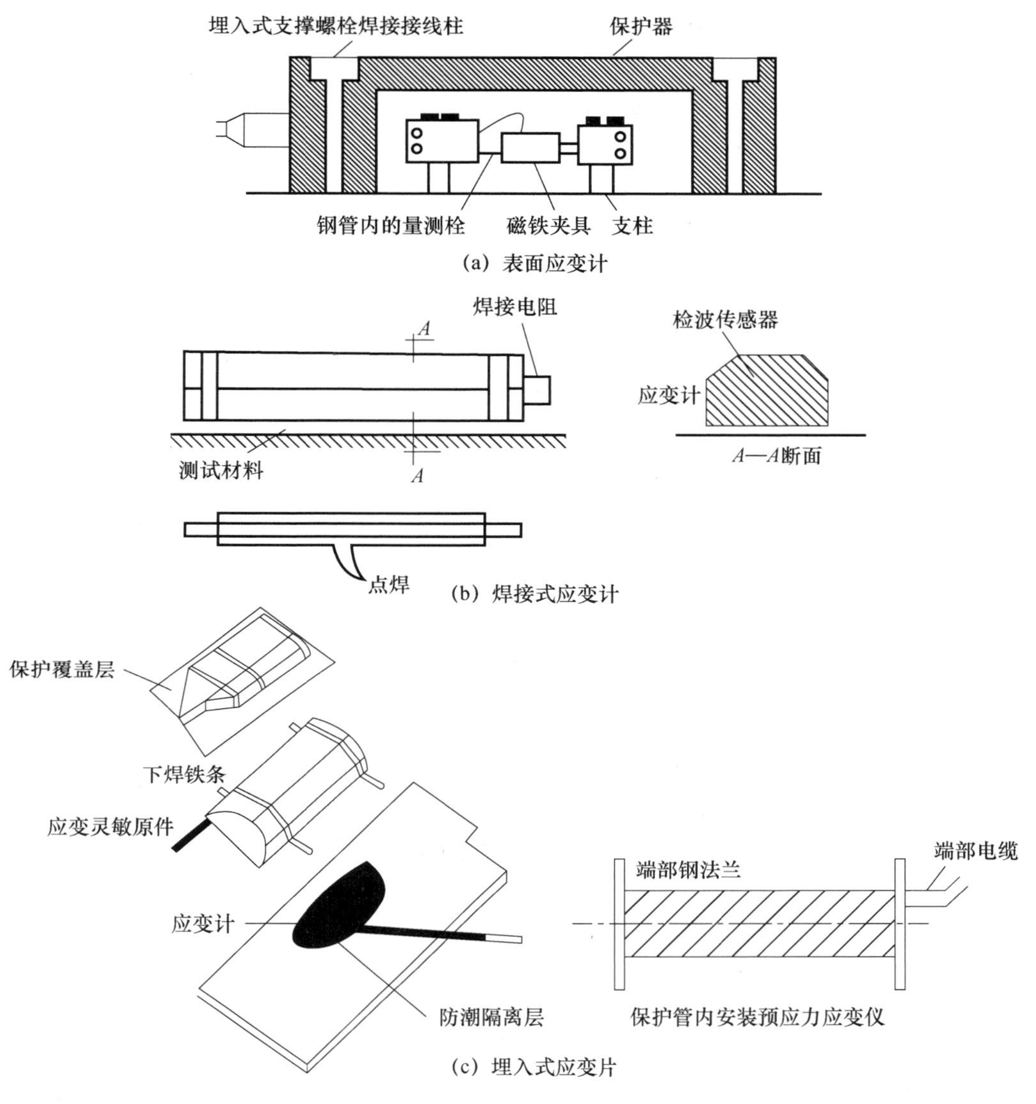

图 2-17　钢弦式应变计结构简图

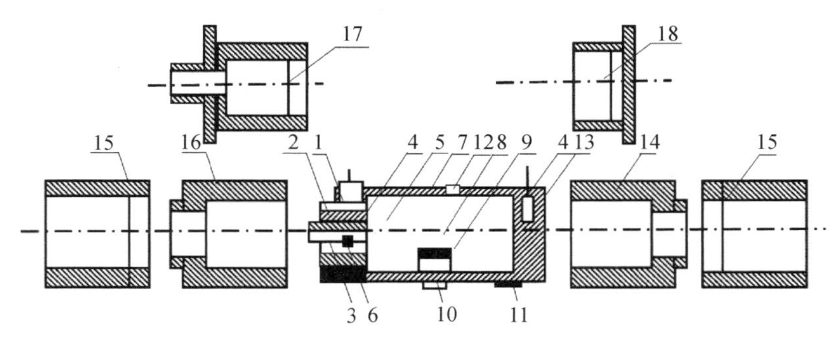

图 2-18　钢弦式应变计

1—接头甲；2—调弦螺母；3—调弦螺杆；4—固定螺钉；5—固弦销甲；6—止螺旋丝；7—外壳；8—钢弦；9—线圈；10—线圈铁芯；11—接头乙；12—固封螺丝；13—固弦销乙；14—连接套乙；15—连接杆；16—连接套甲；17—端头甲；18—端头乙

2.4.2 频率仪

钢弦式压力盒的钢弦振动频率是由频率仪测定的。频率仪的主要组成部分为放大器、示波管和激发电路等。若为数字式频率仪，则还有一数字显示装置，其原理如图 2-19 所示。

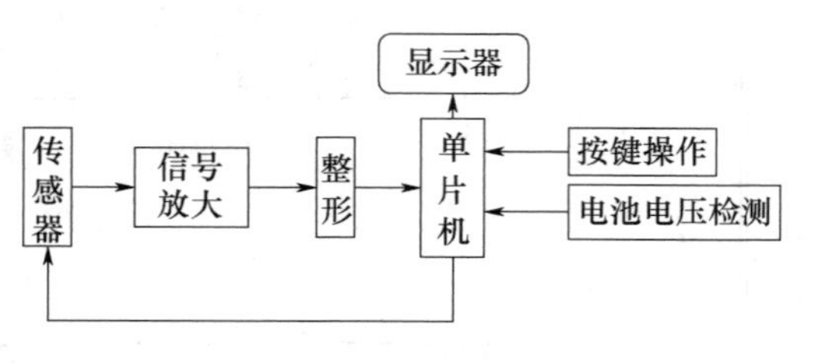

图 2-19 钢弦频率计原理图

其工作原理是，首先由频率仪自动激发装置发出脉冲信号输入到压力盒的电磁线路，激励钢弦产生振动，钢弦的振动在电磁线路内感应产生交变电动势，输入频率仪放大器放大后，加在示波管的 y 轴偏转板上。调节频率仪振荡器的频率作为比较频率加在示波管的 x 轴偏转板上，使之在荧光屏上可以看到一幅椭圆图形为止。此时，频率仪上的指示频率即为所需确定的钢弦振动频率。

2.5 电容式、压电式和压磁式传感器

2.5.1 电容式传感器

电容式传感器是以各种类型的电容器作为传感元件，将被测物理量或机械量转换为电容量的变化，最常用的是平行板型电容器或圆筒型电容器。平板型电容器是由一块定极板与一块动极板及极间介质组成，它的电容量为：

$$C=\frac{\varepsilon_0 \varepsilon S}{\delta} \tag{2-17}$$

式中 ε_0——真空介电系数，$\varepsilon_0=8.85\times10^{-12}$（F/m）；

ε——极板间介质的相对介电系数，对空气 $\varepsilon=1$；

δ——极板间距离（m）；

S——两极板相互覆盖面积（m^2）。

式（2-17）表明，当式中三个参数中任意两个保持不变而另一个电容量 C 就是该变量的单值函数，由此原理，电容式传感器分为三类，分别是变极距型、变介质型和变面积型。

根据式（2-17），变极距型和变面积型电容传感器的灵敏度分别为：

变极距型
$$S=\frac{dC}{d\delta}=-\varepsilon\varepsilon_0 A\frac{1}{\delta^2} \tag{2-18}$$

变面积型
$$S=\frac{dC}{dx}=-\varepsilon\varepsilon_0 b\frac{1}{\delta^2} \tag{2-19}$$

变极距型电容传感器的优点是可以用于非接触式动态测量，对检测系统影响小，灵敏度高，适用于小位移（数百微米以下）的精确测量。但这种传感器有非线性特性，传感器的杂散电容对灵敏度和测量精度影响较大，与传感器配合的电子线路也比较复杂，使其应用范围受到一定的限制。变面积型电容式传感器的优点是输入与输出成线性关系，但灵敏度较变极距型低，其适用于较大的位移测量。

电容式传感器的输出是电容量，尚需有后续测量电路进一步转换为电压、电流或频率信号。其中，以调频电路为信号，利用电容的变化来取得测试电路的电流或电压变化的常用电路有：调频电路（振荡回路频率的变化或振荡信号的相位变化）、电桥型电路和运算放大器电路。其中，以调频电路用得较多，其优点是抗干扰能力强、灵敏度高，但电缆的分布电容对输出影响较大，使用中调整比较麻烦。

2.5.2 压电式传感器

有些电介质晶体材料在沿一定方向受到压力或拉力作用时发生极化，并导致介质两端表面出现符号相反的束缚电荷，其电荷密度与外力成比例，若外力取消时，它们又会回到不带电状态，这种由外力作用而激起晶体表面荷电的现象称为压电效应，称这类材料为压电材料。压电式传感器就是根据这一原理制成的。当有一外力作用在压电材料上时，传感器就有电荷输出。因此，从它可测的基本参数来讲属于力传感器，但是，也可测量能通过敏感元件或其他方法变换为力的其他参数，如加速度、位移等。

1. 压电晶体加速度传感器

图 2-20 是压电晶体加速度传感器的结构图，它主要由压电晶体片、惯性质量块、压紧弹簧和基座等零件组成。其结构简单，但结构的形式对性能影响很大。(a) 型系弹簧外缘固定在壳体上，因而外界温度、噪声和实际变形都将通过壳体和基座影响加速度的输出。(b) 型系中间固定型，惯性质量块、压电片和弹簧装在一个中心架上，它有效地克服了 (a) 型的缺点。(c) 型是倒置中间固定型，惯性质量块不直接固定在基座上，可避免基座变形造成的影响，但这时壳体是弹簧的一部分，故它的谐振频率较低。(d) 型是剪切型，一个圆柱形压电元件和一个圆柱形惯性质量块粘结在同一中心架上，加速度计沿轴向振动时，压电元件受到剪切应力，这种结构能较好地隔离外界条件变化的影响，有很高的谐振频率。

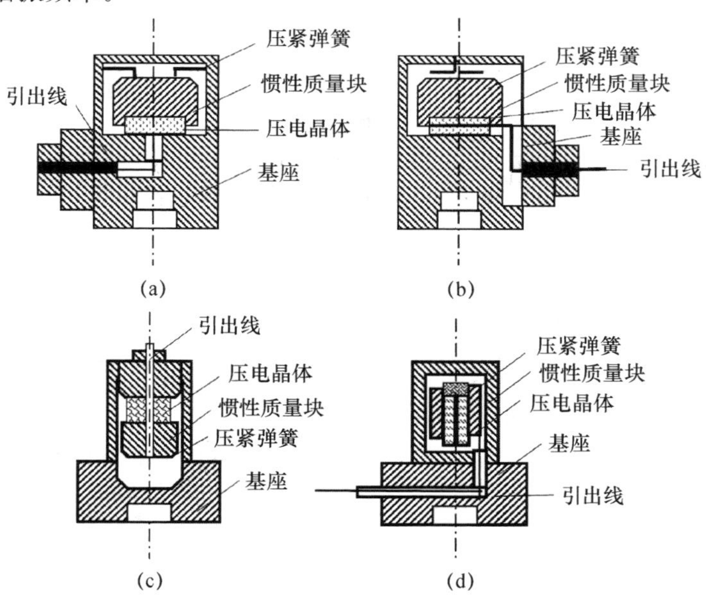

图 2-20 压电晶体加速度传感器的结构图

根据极化原理证明，某些晶体当沿一晶轴的方向有力作用时，其表面上产生的电荷与所受力大小成比例，比例关系为：

$$Q=d_xF=d_x\sigma A \tag{2-20}$$

式中 Q——电荷（C）；

d_x——压电系数（C/N）；

F——受力大小（N）；

σ——应力（Pa）；

A——晶体表面积（m^2）。

作为信号源，压电晶体可以视为一个小电容，输出电压为：

$$V=\frac{Q}{C} \tag{2-21}$$

当传感器底座以加速度 a 运动时，则传感器的输出电压为：

$$V=\frac{Q}{C}=\frac{d_xF}{C}=\frac{d_xm}{C}a=ka\ （k 为常数） \tag{2-22}$$

可知，输出电压与振动的加速度成正比。压电晶体式传感器是发电式传感器，故不需对其进行供电，但它产生的电信号是十分微弱的，需放大后才能被显示或记录。由于压电晶体的内阻很高，又须两极板上的电荷不致泄漏，故在测试系统中需要通过阻抗变换器送入电测线路。

2. 压电式测力传感器

图 2-21 为单向压电式测力传感器的结构简图。根据压电晶体的压电效应，利用垂直于电轴的切片便可制成拉、压型单向测力传感器。在该传感器中采用了两片压电石英晶体片，目的是为了使电荷量增加一倍，灵敏度相应地提高一倍，同时也为了便于绝缘。对于小力值传感器还可以采用多只压电晶体片重叠的结构形式，以便提高其灵敏度。

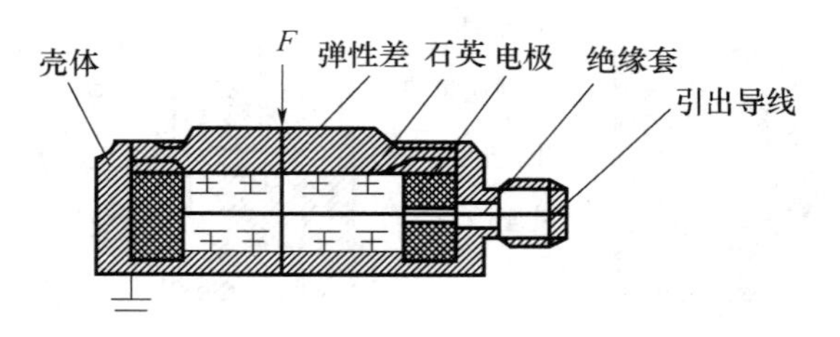

图 2-21 单向压电式测力传感器的结构图

当传感元件采用两对不同切型的压电晶体片时，即可构成一个双向测力传感器。其两对压电晶体片分别感受两个方向的作用力，并由各自的引线分别输出；也可采用两个单向压电式测力传感器来组成双向测力仪。

压电式测力传感器的特点是刚度高、线性好。当采用大时间常数的电荷放大器时，它可以测量静态力与准静态力。

压电材料只有在交变力作用下，电荷才可能得到不断补充，用以供给测量回路一定的电流，故其只适用于动态测量。压电晶体片受力后产生的电荷量极其微弱，不能用一般的低输入阻抗仪表来进行测量，否则，压电晶体片上的电荷就会很快地通过测量电路泄漏掉；只有当测量电路的输入阻抗很高时，才能把电荷泄漏减少到测量精度所要求的限度以内。为此，加速度计和测量放大器之间需加接一个可变换阻抗的前置放大器。目前使用的前置放大器有两类，一类是把电荷转变为电压，然后测量电压，称电压放大器；另一类是直接测量电荷，称电荷放大器。

2.5.3 压磁式传感器

压磁式传感器是测力传感器的一种，它利用铁磁材料的磁弹性物理效应。当铁磁材料受机械力作用后，在它的内部产生机械效应力，从而引起铁磁材料的导磁系数发生变化。如果在铁磁材料上有线圈，导磁系数的变化将引起铁磁材料中的磁通量变化，磁通量的变化则会导致自感电势或感应电势的变化，从而把力转换成电信号。铁磁材料的压磁效应规律是：铁磁材料受到拉力作用时，在作用力的方向上导磁率提高，与作用力相垂直的方向导磁率略有降低，铁磁材料受到压力作用时，其效果相反。当外力作用消失后，其导磁性能复原。

在岩体孔径变形预应力法中，使用的钻孔应力计就是压磁式传感器。其工作原理：设传感器是由许多如图 2-22（a）所示形状的硅钢片组成。在硅钢片上开相互垂直的两对孔 1、2 和 3、4。在 1、2 孔中绕励磁线圈 W1.2 作为原绕阻，在 3、4 孔中绕励磁线圈 W3.4 作为副绕阻。当 W1.2 中流过一定的交变电流时，磁铁中将产生磁场。

在无外力作用时，A、B、C、D 四个区的导磁率是相同的。此时，磁力线呈轴对称分布，合成磁场强度 H 平行于 W3.4 的平面，磁力线不与绕阻 W3.4 切割，故不会感应出电势。在压力 P 作用下，A、B 区将受到很大压应力，于是 A、B 区导磁率下降，即磁阻增大，而 C、D 区的导磁率不变。由于磁力线具有沿磁阻最小途径闭合的特性，这时在 1、2 孔周围的磁力线中将有部分绕过 C、D 区而闭合。如图 2-22（c）所示。于是磁力线变形，合成磁场强度不再与 W 平面平行，而是相交；在 W3.4 中，感应电动势 E、压力 P 值越大，转移磁通越多，E 值也越大。根据上述原理以及 E 与 P 的标定关系，就能制成压磁式传感器。

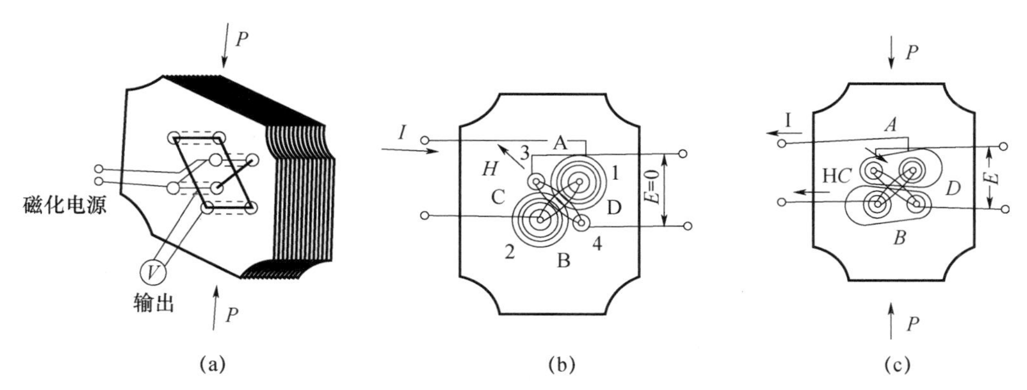

图 2-22　压磁式传感器原理

图 2-23 是压磁式钻孔应力计的构造图，它包括磁芯部分和框架部分，磁芯一般为工字磁芯，受压面积应当与外加压应力面积相近，以防止磁芯受压时发生弯曲而影响它的灵敏度。

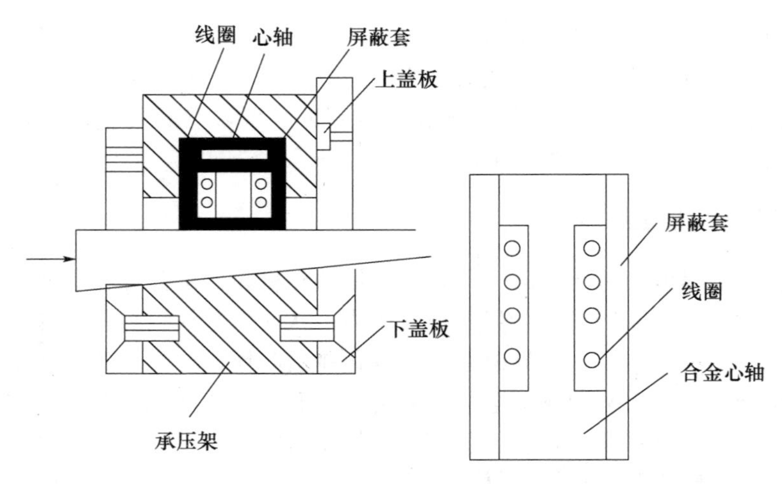

图 2-23　压磁式钻孔应力计构造图

压磁式传感器可整体密封，因此具有良好的防潮、防油和防尘等性能，适合于在恶劣环境条件下工作。此外，还具有温度影响小、抗干扰能力强、输出功率大、结构简单、价格较低、维护方便等优点。缺点是线性和稳定性比较差。

2.6　光纤传感器

2.6.1　光纤传感器的组成

光纤系统主要包括光纤光栅传感头及传感测量两部分。传感测量部分主要包括探测光源即宽带光源或 LED 和光纤光栅波长分析器。后者完成光纤光栅波长和光强的光电接收放大、数据处理、网络控制和传输计算机显示、输出及储存。

光纤光栅传感头主要采用布拉格光纤光栅或者其他类型的光纤光栅。布拉格光纤光栅的基本结构如图 2-24 所示。纤芯中的条纹代表折射率的周期性变化。

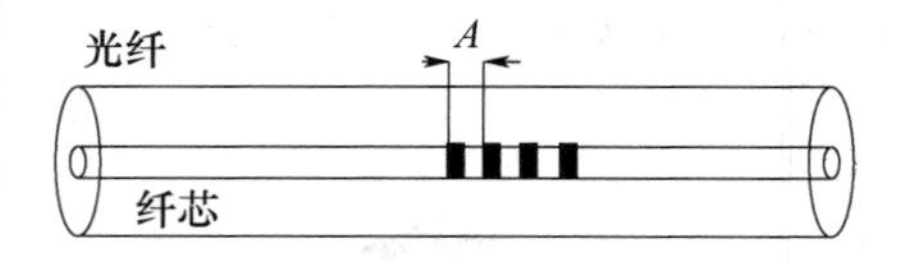

图 2-24　布拉格光纤光栅结构图

(1) 探测光源

探测光源即宽带光源或 LED，宽带光源可实现大功率稳定输出，满足大型传感网络光源的需要，具有双冷却系统和特殊设计的散热封装，可满足长期稳定运行的要求。

(2) 光纤光栅传感器监测系统

光纤光栅传感器监测系统可以把数百个甚至上万个传感头组成网络而进行远程在线实时监测。为提高监测系统的可靠性，利用模块化及网络化计算机的电控系统。监测系统采用了 CAN 总线网络技术连接各传感探测器的子系统，构成一个分布式的网络控制系统，网络结构如图 2-25 所示，其中每个传感器含有多个传感头。各种传感器由具有 CAN 总线网络接口功能的传感器组成，可按需要加以扩展。该系统可实现现场组网实地测量。

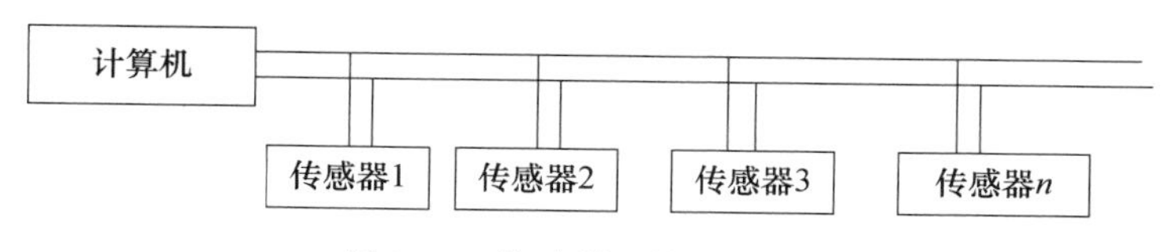

图 2-25 传感器网络控制系统

2.6.2 光纤传感器原理

将来自光源的光经过光纤送入调制器，使待测参数与进入调制区的光相互作用后，导致光的光学性质（如光的强度、波长、频率、相位、偏正态等）发生变化，称为调制光信号，再通过利用被测量对光的传输特性施加的影响，完成测量。

光纤传感器可按测量原理分为以下两大类：

（1）物性型光纤传感器：物性型光纤传感器是利用光纤对环境变化的敏感性，将输入物理量变换为调制的光信号。其工作原理基于光纤的光调制效应，即光纤在外界环境因素，如温度、压力、电场、磁场等改变时，其传光特性会发生变化的现象。

（2）结构型光纤传感器：结构型光纤传感器是由光检测元件（敏感元件）与光纤传输回路及测量电路所组成的测量系统。其中光纤仅作为光的传播媒质，所以又称为传光型或非功能型光纤传感器。它的优点是性能稳定可靠，结构简单，造价低廉，缺点是灵敏度低。

2.6.3 布拉格光栅传感器

布拉格光栅传感器的基本原理是在光纤芯内制成折射率周期分布的传感区，输入光在这个区域内反射，反射信号的波长随折射率变化的周期和大小而变化。通过光谱分析仪对光波长的检测就可以获得待测量。

其敏感元件是设置在光纤内部的具有固定间隔的光栅，它是用特殊工艺在光纤的一个区段内形成多个等距离的很薄的折射率稍高的光纤体圆盘。光线射入这一区域时，每一个高折射率的圆盘会有稍许反射。布拉格光栅的应变监测精度可达到纳米级，其监测结果不受光源强度、光纤长度的影响，结果的可靠性高。

使用时主要有两种安装方式：

一是预先将传感器绑扎在钢筋或预应力锚索上再将其直接埋入混凝土中。绑扎方式如图 2-26 所示。

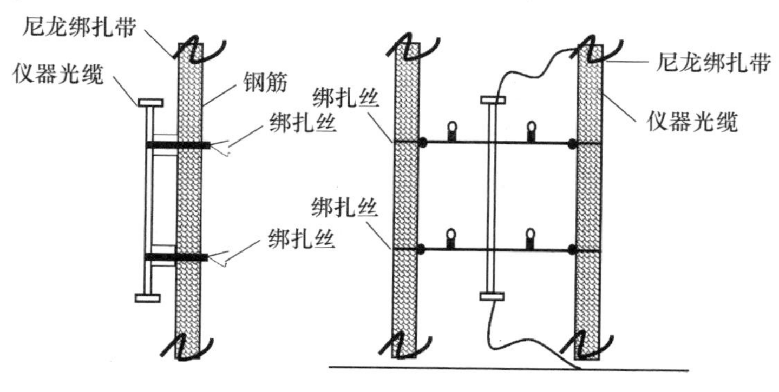

图 2-26 绑扎示意图

二是将传感器预先浇筑到混凝土预制块内，再将预制块浇筑到混凝土结构中，或灌注到混凝土观测孔中。

2.6.4 光纤传感器的埋设

要实现光纤传感器在土木工程中的应用，核心的内容就是解决好光纤传感器在土木工程结构中埋入（或粘贴）的问题。归纳起来主要为：

1. 埋入、粘贴工艺

光纤传感器在土木工程结构中不能任意摆放，必须遵从埋入（或粘贴）的传感器和所要检测的要求与目标一致，如要检测裂缝（裂纹），光纤传感器必须设置在裂缝发生位置而且不能与裂缝平行，否则不可能探测到裂缝。光纤埋入时，混凝土的捣实、固化等可能会损害光纤传感器，导致埋入光纤传感器的存活率不高。

针对上述问题，有下面几种较好的解决方案：

（1）在光纤传感器外套上金属导管，一起埋入混凝土结构中，在混凝土捣实以后，还没有固结以前，将金属导管取出。

（2）光纤传感器外包一条与混凝土膨胀系数较一致的金属导管，外部的荷载通过金属导管传递到光纤传感器上。

（3）把光纤传感器粘贴于钢筋上，钢筋的应力、应变足以反映结构的内部状态。

（4）将光纤传感器直接埋入小型预制构件中，然后把小型预制构件作为大型构件的一部分埋入。

（5）采用特殊光纤制作传感器，如熊猫光纤、双折射光纤等，提高其适应环境的能力。

2. 接触面胶粘剂

光纤粘贴于基体上时，为了防止光纤从包层中脱开或光纤从基体材料上脱开，在基体材料与光纤之间需要性能优良的胶粘剂。基体除了固相以外，还存在大量的微小孔洞，由于毛吸作用，胶粘剂能很好地渗透到空隙中去，固化后可以形成很强的胶结强度，一般的胶粘剂都能达到此目的。

2.7 传感器的选择与标定

2.7.1 传感器的选择

现代传感器在原理与结构上千差万别，所以在进行某个量的测量之前首先要根据具体的测量目的、测量对象以及测量环境合理地选用传感器。传感器确定之后，与之相配套的测量方法和测量设备也就可以确定了。测量结果的成败，在很大程度上取决于传感器的选用是否合理，所以传感器的选择显得尤为重要，现把传感器的选用原则总结如下。

1. 精度

精度是传感器的一个重要的性能指标，它是关系到整个测量系统测量精度的一个重要环节。传感器的精度越高，其价格越昂贵，因此，传感器的精度只要满足整个测量系统的精度要求即可，不必选得过高，即可在满足同一测量目的的诸多传感器中选择比较便宜和简单合理的传感器。

如果测量目的是定性分析，选用重复精度高的传感器即可，不宜选用绝对量值精度高的；如果是为了定量分析，必须获得精确的测量值，就需选用精度等级能满足要求的传感器。

2. 线性范围

传感器的线性范围是指输出与输入成正比的范围。从理论上讲，在此范围内，灵敏度保持定值。传感器的线性范围越宽，其量程就越大，并且能保证一定的测量精度。在选择传感器时，当传感器的种类确定以后首先要看其量程是否满足要求。

实际上，任何传感器都不能保证绝对的线性，其线性度也是相对的。通常当所要求测量精度比较低时，在一定的范围内，可将非线性误差较小的传感器近似看作线性的，这会给测量带来极大的方便。

3. 灵敏度的选择

在土工测试时，在传感器的线性范围内，通常希望传感器的灵敏度越高越好。但传感器灵敏度高有其优点也有缺点。优点是传感器灵敏度高，被测量变化对应的输出信号的值就比较大，有利于信号处理。缺点是传感器的灵敏度高，与测量无关的外界噪声容易混入，也会被放大系统放大，影响测量精度。因此，要求传感器本身应具有较高的信噪比，尽量减少从外界引入的干扰信号。传感器的灵敏度是有方向性的。当被测量是单向量，而且对其方向性要求较高，则应选择其他方向灵敏度小的传感器；如果被测量是多维向量，则要求传感器的交叉灵敏度越小越好。

4. 稳定性

传感器使用一段时间后，其性能保持不变化的能力称为稳定性。影响传感器长期稳定性的因素除传感器本身结构外，主要是传感器的使用环境。因此，要使传感器具有良好的稳定性，传感器必须要有较强的环境适应能力。比如在铁路路基动应力长期测试中，土压力传感器的工作环境隐蔽潮湿且常受水分的影响，所以要求稳定性要好。

因此在选择传感器之前，应对其使用环境进行调查，并根据具体的使用环境选择合适的传感器，或采取适当的措施，减小环境的影响。

土工测试中传感器的稳定性有定量指标，在超过使用期后，在使用前应重新进行标定，以确定传感器的性能是否发生变化。在某些要求传感器能长期使用而又能轻易更换或标定的场合，所选用的传感器稳定性要求更严格，要能够经受住长时间的考验。

5. 频率响应特性

土工测试中传感器的频率响应特性决定了被测量的频率范围，必须在允许频率范围内保持不失真的测量条件，实际上传感器的响应总有一定延迟，而延迟时间越短越好。

传感器的频率响应高，可测的信号频率范围就宽，而由于受到结构特性的影响，机械系统的惯性较大，固有频率低的传感器可测信号的频率较低。在动态测量中，应根据信号的特点（稳态、瞬态、随机等）与响应特性，避免产生较大的误差。

一般来说，传感器的基本要求如下：

（1）输出与输入之间成比例关系，直线性好，灵敏度高；

（2）滞后、漂移误差小；

（3）不因其接入而使被测试对象受到影响；

（4）抗干扰能力强，即受被测量之外量的影响小；

（5）重复性好，有互换性；

（6）抗腐蚀性好，能长期使用；

（7）容易维修和校准。

在选择传感器时，使其各项指标都达到最佳是最好的，实际可能满足上述全部性能要求，但这样就不经济。在固体介质如岩体中测量时，由于传感器与介质的变形特性不同，且介质变形特性往往呈非线性，因此不可避免地破坏了介质的原始应力场，引起了应力的重新分布。这样，作用在传感器上的应力与未放入传感器前该点的应力是不相同的，这种情况称为不匹配。由此引起的测量误差叫做匹配误差。故在选择和使用固体介质中的传感器时，其关键问题就是要使传感器与介质相匹配。

2.7.2 传感器的标定

传感器的标定又称率定，就是通过试验建立传感器输入量与输出量之间的关系，即求取传感器的输出特性曲线，又称标定曲线。由于传感器在制造上的误差，即使仪器相同，其标定曲线也不尽相同。因此，传感器在出厂前都做了标定，因此在购买传感器后，必须检验各传感器的编号和与其对应的标定资料。传感器在运输、使用等过程中，内部元件和结构因外部环境影响和内部因素的变化，其输入输出特性也会有所变化，必须在使用前或定期进行标定。

标定的基本方法是利用标准设备产生已知的标准值，如已知的标准力、压力、位移等作为输入量，输入到待标定的传感器中，得到传感器的输出量，然后将传感器的输出量与输入的标准量做比较，从而得到标定曲线。另外，也可以用一个标准测试系统，去测未知的被测物理量，再用待标定的传感器测量同一个被测物理量，然后把两个结果做比较，得出传感器的标定曲线。

传感器的种类不同、使用情况不同，其标定方法也不同，对于荷重、应力、应变传感器和压力传感器等的静标定方法是利用压力试验机进行。更精确的标定则是在压力试验机上用专门的荷载标定器标定。位移传感器的标定则是采用标准量块或位移标定器。传感器的动标定要根据被测量动态过程的频率范围，考虑选用不同的标定设备。在对高频（几千赫兹至几十千赫兹）压力传感器做动标定时，常采用函数发生器标定法。其基本原理是由函数发生器产生一阶跃压力波去激励被测传感器，通过一定的测量线路，将这一阶跃信号作用下传感器所产生的动态响应的过渡过程曲线记录下来，根据过渡过程，利用近似计算方法求得被标定传感器的传递函数，从而获得它的幅频特性和相频特性。

3　测量数据处理及误差分析

3.1　测量误差与精度

3.1.1　测量误差的概念

要准确认识事物，必须对事物进行定量分析；要进行定量分析必须要先对认识对象进行观测并取得数据。在取得观测数据的过程中，由于受到多种因素的影响，在对同一对象进行多次观测时，每次的观测结果总是不完全一致或与预期目标（真值）不一致。之所以产生这种现象，是因为在观测结果中始终存在测量误差。这种观测量之间的差值或观测值与真值之间的差值，称为测量误差（亦称观测误差）。

用 l 代表观测值，X 代表真值，则有

$$\Delta = l - X \tag{3-1}$$

式中，Δ 就是测量误差，通常称为真误差，简称误差。

一般来说，观测值中都含有误差。例如，同一人用同一台经纬仪对某一固定角度重复观测多次，各测回的观测值往往互不相等；同一组人，用同样的测距工具，对同一段距离重复测量多次，各次的测距值也往往互不相等。又如，平面三角形内角和为 180°，即为观测对象的真值，但三个内角的观测值之和往往不等于 180°；闭合水准测量线路各测段高差之和的真值应为 0，但经过大量水准测量的实践证明，各测段高差的观测值之和一般也不等于 0。这些现象在测量实践中普遍存在，究其原因，是由于观测值中不可避免地含有观测误差。

3.1.2　测量误差的来源

为什么测量误差不可避免？是因为测量活动离不开人、测量仪器和测量时所处的外界环境。不同的人，操作习惯不同，会对测量结果产生影响。另外，每个人的感觉器官不可能十分完善和准确，都会产生一些分辨误差，如人眼对长度的最小分辨率是 0.1mm，对角度的最小分辨率是 60″。测量仪器的构造也不可能十分完善，观测时测量仪器各轴系之间还存在不严格平行或垂直的问题，从而导致测量仪器误差。测量时所处的外界环境（如风、温度、土质等）在不断变化之中，风影响测量仪器和观测目标的稳定，温度变化影响大气介质的变化，从而影响测量视线在大气中的传播线路等。这些影响因素，就是测量误差的三大来源。通常把观测者、仪器设备、环境等三方面综合起来，称为观测条件。观测条件相同的各次观测，称为等精度观测，获得的观测值称为等精度观测值；观测条件不相同的各次观测，称为非等精度观测，相应的观测值称为非等精度观测值。

3.1.3 研究测量误差的目的和意义

一般来说，人们在测量中总希望每次观测所出现的测量误差越小越好，甚至趋近于0。但要做到这一点，就要用极其精密的测量仪器，采用十分严密的观测方法，付出高昂的代价。然而，在生产实践中，根据不同的测量目的和要求，是允许在测量结果中含有一定程度的测量误差的。因此，实际测量工作并不是简单地使测量误差越小越好，而是根据实际需要，将测量误差限制在适当的范围内。

研究测量误差是为了认识测量误差的基本特性及其对观测结果的影响规律，建立处理测量误差的数学模型，确定未知量的最可靠值及其精度，进而判定观测结果是否可靠或合格。认识了测量误差的基本特性和影响规律，才能指导测量员在观测过程中如何制定观测方案，采取措施尽量减少测量误差对测量结果的影响。

3.1.4 测量误差的分类及处理方法

根据测量误差的性质，测量误差可分为粗差、系统误差和偶然误差三大类，即

$$\Delta=\Delta_1+\Delta_2+\Delta_3 \tag{3-2}$$

式中 Δ_1——粗差；

Δ_2——系统误差；

Δ_3——偶然误差。

1. 粗差

粗差是一种大级量的观测误差，例如超限的观测值中往往含有粗差。粗差也包括测量过程中各种失误引起的误差。粗差产生的原因较多，有测量员疏忽大意、失职而引起的，如读数错误、记录错误、照准目标错误等；有测量仪器自身或受外界干扰发生故障而引起的；还有容许误差取值过小造成的。粗差对测量结果的影响巨大，必须引起足够的重视，在观测过程中要尽量避免。

发现粗差的有效办法是：严格遵守国家测量规范或规程，进行必要的重复观测，通过多余观测条件，采用必要而严密的检核、验算等措施。不同的人、不同的仪器、不同的测量方法和不同的观测时间是发现粗差的最好方式。一旦发现粗差，该观测值必须舍弃并重测。测量员要养成良好的测量习惯，如记录员站在水准仪的右侧，不仅要记录数据，还要回报数据，时刻提醒观测员水准器有没有整平。

尽管测量员已十分认真、谨慎，粗差有时仍然会发生。因此，如何在观测数据中发现并剔除粗差，或在数据处理过程中削弱粗差对测量结果的影响，是测绘界十分关注的问题。

2. 系统误差

在相同的观测条件下，对某量进行一系列观测，其误差符号或大小均相同或按一定规律变化，这种误差称为系统误差。如钢尺尺长误差、仪器残余误差对测量结果的影响。系统误差具有积累性，对测量结果的影响很大，因此，必须予以足够重视。处理系统误差的办法有以下几项：

（1）用计算的方法加以改正。如钢尺的温度改正、倾斜改正等。

（2）用合适的观测方法加以削弱。如在水准测量中，测站上采用“后—前—前—后”的观测程序可以削弱仪器下沉对测量结果的影响；在水平角测量时，采用盘左、盘右观测值取平均值的方法可以削弱视准轴误差的影响。

（3）将系统误差限制在一定的允许范围之内。有些系统误差既不便于计算改正，又不能采用一定的观测方法加以消除，如视准轴误差对水平角的影响、水准尺倾斜对读数的影响。对于这类误差，则必须严格遵守操作规程，对仪器进行精确检校，使其影响减少到允许范围之内。

3．偶然误差

在相同的观测条件下，对某量进行一系列观测，其误差符号或大小都不一致，表面上看不出任何规律性，这种误差称为偶然误差。偶然误差也有很大的累积性，而且在观测过程中无法避免或削弱。

粗差可以被发现并被剔除，系统误差可以被预知或采取一定措施进行削弱，而偶然误差是不可避免的，因此，讨论测量误差的主要内容和任务就是研究在带有偶然误差的一系列观测值中，如何确定未知量的最可靠值及其精度。

从单个偶然误差来看，其出现的符号和大小没有一定的规律，但对大量偶然误差进行统计分析就发现了规律，并且误差个数越多，规律越明显。

通过大量实验统计，结果表明，当观测次数较多时，偶然误差具有如下统计特性：绝对值小的误差出现的概率比绝对值大的误差出现的概率大（单峰性）；绝对值相等的正负误差出现的概率相同（对称性）；绝对值很大的误差出现的概率趋于零（有界性）；误差的算术平均值随着测量次数的增加而趋于零（抵偿性）。因此，增加测量次数可以减小偶然误差，但不能完全消除。

引起偶然误差的原因也很多。与仪器精密度和观察者感官灵敏度有关，如仪器显示数值的估计读数位偏大和偏小，仪器调节平衡时平衡点确定不准；还有测量环境扰动变化以及其他不能预测、不能控制的因素，如空间电磁场的干扰，电源电压波动引起测量的变化等。

由于测量者的过失，如实验方法不合理，用错仪器，操作不当，读错数值或记错数据等引起的误差，是一种人为的过失误差，不属于测量误差，只要测量者态度严肃认真，过失误差是可以避免的。

实验中，精密度高是指随机误差小，而数据很集中；准确度高是指系统误差小，测量的平均值偏离真值小；精确度高是指测量的精密度和准确度都高，数据集中而且偏离真值小，即随机误差和系统误差都小。

为了简单而形象地表示偶然误差的上述特性，今以偶然误差的大小为横坐标，以其相应出现的个数为纵坐标，画出偶然误差大小与其出现个数的关系曲线，这种曲线称为误差分布曲线。误差分布曲线的峰越高、坡越陡，表明绝对值小的误差出现较多，即误差分布比较密集，反映观测成果质量好；曲线的峰越低、坡越缓，表明绝对值大的误差出现较少，即误差分布比较离散，反映观测成果质量较差。

3.1.5 精密度、准确度和精确度

精密度表征在相同条件下多次重复测量中测量结果的互相接近和互相密集的程度，

它反映随机误差的大小。准确度则表征测量结果与被测量真值的接近程度，它反映系统误差的大小。而精确度则反映测量的总误差。精密度、准确度和精准度的概念以及三者之间的关系可用图 3-1 加以表示。

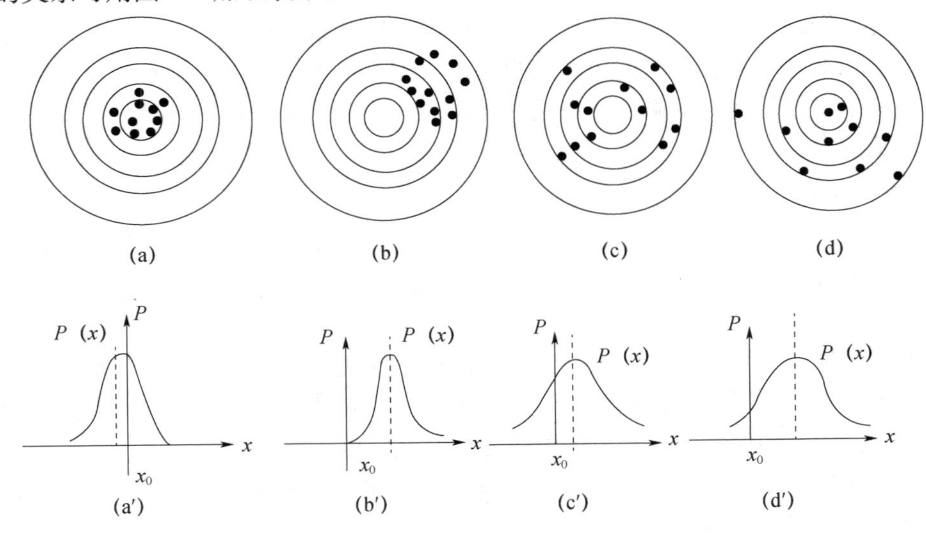

图 3-1 精密度、准确度和精确度的关系

图 3-1 中圆的中心代表真值的位置，各小黑点表示测量值的位置。图（a）表示精密度和准确度都好，因而精确度也高。图（b）表示精密度好，但准确度差的情况。图（c）表示精密度差而准确度好的情况。图（d）则表示精密度和准确度都差的情况。图（a′）、（b′）、（c′）、（d′）中还显示出了概率分布密度函数的形状及其与真值 x_0 的相对位置。很显然，在消除了系统误差的情况下，测量的精确度和精密度才是一致的。

3.2 数据处理的基本原理和概念

3.2.1 误差的表示方法

利用任何量具或仪器进行测量时，总存在误差，测量结果总不可能准确地等于被测量的真值，而只是它的近似值。测量的质量高低以测量精确度作指标，根据测量误差的大小来估计测量的精确度。测量结果的误差越小，则认为测量就越精确。

（1）绝对误差。测量值 X 和真值 A_0 之差为绝对误差，通常称为误差。记为

$$D=X-A_0 \tag{3-3}$$

由于真值 A_0 一般无法求得，因而上式只有理论意义。常用高一级标准仪器的示值作为实际值 A 以代替真值 A_0。由于高一级标准仪器存在较小的误差，因而 A 不等于 A_0，但总比 X 更接近于 A_0。X 与 A 之差称为仪器的示值绝对误差。记为

$$d=X-A \tag{3-4}$$

与 d 相反的数称为修正值，记为

$$C=-d=A-X \tag{3-5}$$

通过检定，可以由高一级标准仪器给出被检仪器的修正值 C。利用修正值便可以求

出该仪器的实际值 A。即

$$A=X+C \tag{3-6}$$

（2）相对误差。衡量某一测量值的准确程度，一般用相对误差来表示。示值绝对误差 d 与被测量的实际值 A 的百分比值称为实际相对误差。记为

$$\delta_A=\frac{d}{A}\times 100\% \tag{3-7}$$

以仪器的示值 X 代替实际值 A 的相对误差称为示值相对误差。记为

$$\delta_X=\frac{d}{X}\times 100\% \tag{3-8}$$

一般来说，除了某些理论分析外，用示值相对误差较为适宜。

（3）引用误差。为了计算和划分仪表精确度等级，提出引用误差概念。其定义为仪表示值的绝对误差与量程范围之比。

$$\delta_A=\frac{\text{仪表示值的绝对误差}}{\text{量程范围}}\times 100\%=\frac{d}{X_n}\times 100\% \tag{3-9}$$

式中　d——示值绝对误差；

X_n——标尺上限值－标尺下限值。

（4）算术平均误差。算术平均误差是各个测量点的误差的平均值。

$$\delta=\frac{\sum|d_i|}{n}\quad (i=1,\ 2,\ \cdots,\ n) \tag{3-10}$$

式中　n——测量次数；

d_i——第 i 次测量的误差。

（5）标准误差。标准误差亦称为均方根误差。其定义为

$$\sigma=\sqrt{\frac{\sum d_i^2}{n}} \tag{3-11}$$

上式用于无限测量的场合。实际测量工作中，测量次数是有限的，则改用下式

$$\sigma=\sqrt{\frac{\sum d_i^2}{n-1}} \tag{3-12}$$

标准误差不是一个具体的误差，σ 的大小只说明在一定条件下等精度测量集合所属的每一个观测值对其算术平均值的分散程度，如果 σ 的值越小，则说明每一次测量值对其算术平均值分散度就越小，测量的精度就越高，反之精度就越低。

3.2.2　最小二乘法原理

1. 最小二乘法的基本原理

从整体上考虑近似函数 $p(x)$ 同所给数据点 $(x_i,\ y_i)$ $(i=0,\ 1,\ \cdots,\ m)$ 误差 $r_i=p(x_i)-y_i$ $(i=0,\ 1,\ \cdots,\ m)$ 的大小，常用的方法有以下三种：一是误差 $r_i=p(x_i)-y_i$ $(i=0,\ 1,\ \cdots,\ m)$ 绝对值的最大值 $\max\limits_{0\leqslant i\leqslant m}|r_i|$，即误差向量 $\boldsymbol{r}=(r_0,\ r_1,\ \cdots,\ r_m)^{\mathrm{T}}$ 的∞-范数；二是误差绝对值的和 $\sum\limits_{i=0}^{m}|r_i|$，即误差向量 $\boldsymbol{r}$ 的1-范数；三是误差平方和 $\sum\limits_{i=0}^{m}r_i^2$ 的算术平方根，即误差向量 $\boldsymbol{r}$ 的2-范数。前两种方法简单、自然，但

不便于微分运算，后一种方法相当于考虑 2-范数的平方，因此在曲线拟合中常采用误差平方和 $\sum_{i=0}^{m} r_i^2$ 来度量误差 r_i（$i=0$，1，…，m）的整体大小。

数据拟合的具体作法是：对给定数据（x_i，y_i）（$i=0$，1，…，m），在取定的函数类 Φ 中，求 $p(x)\in\Phi$，使误差 $r_i=p(x_i)-y_i$（$i=0$，1，…，m）的平方和最小，即

$$\sum_{i=0}^{m} r_i=\sum_{i=0}^{m}[p(x_i)-y_i]^2=\min \tag{3-13}$$

从几何意义上讲，就是寻求与给定点（x_i，y_i）（$i=0$，1，…，m）的距离平方和为最小的曲线 $y=p(x)$（图 3-2）。函数 $p(x)$ 称为拟合函数或最小二乘解，求拟合函数 $p(x)$ 的方法称为曲线拟合的最小二乘法。

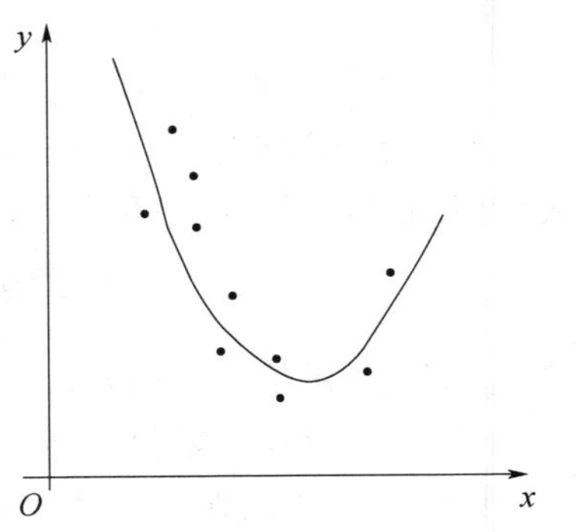

图 3-2　最小二乘法原理曲线

在曲线拟合中，函数类 Φ 可有不同的选取方法。

2. 多项式拟合

假设给定数据点（x_i，y_i）（$i=0$，1，…，m），Φ 为所有次数不超过 m（$n\leqslant m$）的多项式构成的函数类，现求一 $p_n(x)=\sum_{k=0}^{n} a_k x^k\in\Phi$ 使得

$$I=\sum_{i=0}^{m}[p_n(x_i)-y_i]^2=\sum_{i=0}^{m}\left(\sum_{k=0}^{n} a_k x_i^k-y_i\right)^2=\min \tag{3-14}$$

当拟合函数为多项式时，称为多项式拟合，满足式（3-13）的 $p_n(x)$ 称为最小二乘拟合多项式。特别地，当 $n=1$ 时，称为线性拟合或直线拟合。显然

$$I=\sum_{i=0}^{m}\left(\sum_{k=0}^{n} a_k x_i^k-y_i\right)^2$$

为 a_0，a_1，…，a_n 的多元函数，因此上述问题即为求 $I=I(a_0, a_1, \cdots, a_n)$ 的极值问题。由多元函数求极值的必要条件，得

$$\frac{\partial I}{\partial a_j}=2\sum_{i=0}^{m}\left(\sum_{k=0}^{n} a_k x_i^k-y_i\right)x_i^j=0\quad j=0, 1, \cdots, n \tag{3-15}$$

即

$$\sum_{k=0}^{n}\left(\sum_{i=0}^{m} x_i^{j+k}\right)a_k=\sum_{i=0}^{m} x_i^j y_i\quad j=0, 1, \cdots, n \tag{3-16}$$

式（3-15）是关于 a_0，a_1，…，a_n 的线性方程组，用矩阵表示为

$$\begin{bmatrix} m+1 & \sum_{i=0}^{m} x_i & \cdots & \sum_{i=0}^{m} x_i^n \\ \sum_{i=0}^{m} x_i & \sum_{i=0}^{m} x_i^2 & \cdots & \sum_{i=0}^{m} x_i^{n+1} \\ \vdots & \vdots & & \vdots \\ \sum_{i=0}^{m} x_i^n & \sum_{i=0}^{m} x_i^{n+1} & \cdots & \sum_{i=0}^{m} x_i^{2n} \end{bmatrix}\begin{bmatrix} a_0 \\ a_1 \\ \vdots \\ a_n \end{bmatrix}=\begin{bmatrix} \sum_{i=0}^{m} y_i \\ \sum_{i=0}^{m} x_i y_i \\ \vdots \\ \sum_{i=0}^{m} x_i^n y_i \end{bmatrix} \tag{3-17}$$

式（3-15）或式（3-16）称为正规方程组或法方程组。

可以证明，方程组（3-16）的系数矩阵是一个对称正定矩阵，故存在唯一解。从式（3-16）中解出 a_k（$k=0, 1, \cdots, n$），从而可得多项式

$$p_n(x) = \sum_{k=0}^{n} a_k x^k \tag{3-18}$$

可以证明，式（3-17）中的 $p_n(x)$ 满足式（3-13），即 $p_n(x)$ 为所求的拟合多项式。我们把 $\sum_{i=0}^{m}[p_n(x_i)-y_i]^2$ 称为最小二乘拟合多项式 $p_n(x)$ 的平方误差，记作

$$\|r\|_2^2 = \sum_{i=0}^{m}[p_n(x_i)-y_i]^2$$

由式（3-14）可得

$$\|r\|_2^2 = \sum_{i=0}^{m} y_i^2 - \sum_{k=0}^{n} a_k\left(\sum_{i=0}^{m} x_i^k y_i\right) \tag{3-19}$$

多项式拟合的一般方法可归纳为以下几步：

（1）由已知数据画出函数粗略的图形——散点图，确定拟合多项式的次数 n；

（2）列表计算 $\sum_{i=0}^{m} x_i^j$（$j=0, 1, \cdots, 2n$）和 $\sum_{i=0}^{m} x_i^j y_i$（$j=0, 1, \cdots, 2n$）；

（3）写出正规方程组，求出 $a_0, a_1, \cdots, a_n$；

（4）写出拟合多项式 $p_n(x) = \sum_{k=0}^{n} a_k x^k$。

在实际应用中，$n<m$ 或 $n \leqslant m$；当 $n=m$ 时所得的拟合多项式就是拉格朗日或牛顿插值多项式。

3.2.3 随机误差的估算

对某一测量进行多次重复测量，其测量结果服从一定的统计规律，也就是正态分布（或高斯分布）。我们用描述高斯分布的两个参量（x 和 σ）来估算随机误差。设在一组测量值中，n 次测量的值分别为：$x_1, x_2, \cdots, x_n$。

1. 算术平均值

根据最小二乘法原理证明，多次测量的算术平均值

$$\bar{x} = \frac{1}{n}\sum_{i=1}^{n} x_i \tag{3-20}$$

是待测量真值 x_0 的最佳估计值。称 $\bar{x}$ 为近似真实值，以后我们将用 $\bar{x}$ 来表示多次测量的近似真实值。

2. 标准偏差

误差理论证明，平均值的标准偏差

$$S_x = \sigma_x = \sqrt{\frac{\sum_{i=1}^{n}(x_i-\bar{x})^2}{n-1}} \quad \text{（贝塞尔公式）} \tag{3-21}$$

其意义表示某次测量值的随机误差在 $-\sigma_x \sim +\sigma_x$ 之间的概率为 68.3%。

3. 算术平均值的标准偏差

当测量次数 n 有限，其算术平均值的标准偏差为

$$\sigma_{\bar{x}}=\frac{\sigma_x}{\sqrt{n}}\sqrt{\frac{\sum_{i=1}^{n}(x_i-\bar{x})^2}{n(n-1)}} \tag{3-22}$$

其意义是测量平均值的随机误差在 $-\sigma_{\bar{x}} \sim +\sigma_{\bar{x}}$ 之间的概率为 68.3%。或者说，待测量的真值在（$\bar{x}-\sigma_{\bar{x}}$）～（$\bar{x}+\sigma_{\bar{x}}$）范围内的概率为 68.3%。因此 $\sigma_{\bar{x}}$ 反映了平均值接近真值的程度。

4. 标准偏差 σ_x

标准偏差 σ_x 小，表示测量值密集，即测量的精密度高；标准偏差 σ_x 大，表示测量值分散，即测量的精密度低。估计随机误差还有用算术平均误差、$2\sigma_x$、$3\sigma_x$ 等其他方法来表示的。

3.2.4 异常数据的剔除

剔除测量列中异常数据的标准有 $3\sigma_x$ 准则、肖维准则、格拉布斯准则等。

1. $3\sigma_x$ 准则

统计理论表明，测量值的偏差超过 $3\sigma_x$ 的概率已小于 1%。因此，可以认为偏差超过 $3\sigma_x$ 的测量值是其他因素或过失造成的，为异常数据，应当剔除。剔除的方法是将多次测量所得的一系列数据，算出各测量值的偏差 Δx_i 和标准偏差 σ_x，把其中最大的 Δx_j 与 $3\sigma_x$ 比较，若 $\Delta x_j > 3\sigma_x$，则认为第 j 个测量值是异常数据，舍去不计。剔除 x_j 后，对余下的各测量值重新计算偏差和标准偏差，并继续审查，直到各个偏差均小于 $3\sigma_x$ 为止。

2. 肖维准则

假定对一物理量重复测量了 n 次，其中某一数据在这 n 次测量中出现的概率不到半次，即小于 $\frac{1}{2n}$，则可以肯定这个数据的出现是不合理的，应当予以剔除。

根据肖维准则，应用随机误差的统计理论可以证明，在标准误差为 σ 的测量列中，若某一个测量值的偏差等于或大于误差的极限值 K_σ，则此值应当剔除。不同测量次数的误差极限值 K_σ 列于表 3-1。

表 3-1　肖维系数表

n	K_σ	n	K_σ	n	K_σ
4	1.53σ	10	1.96σ	16	2.16σ
5	1.65σ	11	2.00σ	17	2.18σ
6	1.73σ	12	2.04σ	18	2.20σ
7	1.79σ	13	2.07σ	19	2.22σ
8	1.86σ	14	2.10σ	20	2.24σ
9	1.92σ	15	2.13σ	30	2.39σ

3. 格拉布斯（Grubbs）准则

若有一组测量得出的数值，其中某次测量得出数值的偏差的绝对值$|\Delta x_i|$与该组测量列的标准偏差σ_x之比大于某一阈值g_0（n，$1-p$），即

$$|\Delta x_i|>g_0(n,1-p)\cdot\sigma_x$$

则认为此测量值中有异常数据，并可予以剔除。这里g_0（n，$1-p$）中的n为测量数据的个数，而p为服从此分布的置信概率。一般取p为0.95和0.99（至于在处理具体问题时究竟取哪个值，则由实验者自己来决定）。我们将在表3-2中给出$p=0.95$和$p=0.99$时或$1-p=0.05$和$1-p=0.01$时，对不同的n值所对应的g_0值。

表3-2　g_0（n，$1-p$）值表

n \ $1-p$	0.05	0.01	n \ $1-p$	0.05	0.01
3	1.15	1.15	17	2.48	2.78
4	1.46	1.49	18	2.50	2.82
5	1.67	1.75	19	2.53	2.85
6	1.82	1.94	20	2.56	2.88
7	1.94	2.10	21	2.58	2.91
8	2.03	2.22	22	2.60	2.94
9	2.11	2.32	23	2.62	2.96
10	2.18	2.41	24	2.64	2.99
11	2.23	2.48	25	2.66	3.01
12	2.28	2.55	30	2.74	3.10
13	2.33	2.61	35	2.81	3.18
14	2.37	2.66	40	2.87	3.24
15	2.41	2.70	45	2.91	3.29
16	2.44	2.75	50	2.96	3.34

3.3 直接测量值的处理

3.3.1 直接测量值的最优概念

对被测量重复测量n次，则得测量列$\{X_i\}$，通过测量列可以求得最优概值，即算术平均值X_0，并可给出其估计误差。

直接测量值得最优概值

$$X_0=\frac{X_1+X_2+\cdots+X_n}{n}=\frac{\sum_{i=1}^{n}X_i}{n} \tag{3-23}$$

直接测量的最优概值为其算术平均值。

计算标准误差

根据贝塞尔公式，可计算测量列标准误差

$$\sigma=\sqrt{\frac{\sum_{i=1}^{n}v_i^2}{n-1}} \tag{3-24}$$

最优概值的标准误差 $\sigma_{X0}=\frac{\sigma}{\sqrt{n}}$。

3.3.2 直接测量值的误差分析

从式（3-24）可以看出，为了提高最优概值的精度，减少随机误差的影响，途径之一是增加重复测量的次数 n。考虑其他因素，n 的取值一般为 4～16。

还需强调，应注意 σ 与 σ_{X0} 的区别。对测量列而言，标准差 σ 是测量手段精密度的指标，一套测量装置、仪表和仪器、测量方法和条件，就对应了一个确定的 σ 值；从根本上说，提高测量精密度，应从改善仪器仪表和测量条件入手，以减少 σ 值；我们在评价仪表精度时，常采用 σ 或 σ 的倍数值表示。在实际测量中，只有当我们利用这个仪表进行 n 次重复测量时，为评价最优概值的精密度，才使用 σ_{X0}，用 σ_{X0} 或 σ_{X0} 的倍数估计置信区间。

σ 与 σ_{X0} 表征不同的内涵，使用时务必注意。当被测对象稳定时，合理地增加测量次数，才可以提高测量结果的精度，这时，σ 表示仪表的精密度。当被测对象变化很大而仪表及其条件正常稳定工作时，σ 则可看作是被测对象稳定性的指标，是随机变化的指标；在这种情况下，n 次测量只是对 n 个不同量的测量结果，计算 σ_{X0} 则无意义，这时，应利用随机过程的理论和处理方法来描述对象了。

3.3.3 处理后结果的表达形式

由于实际上只能做到有限次等精度测量，由式（3-24）可以看到，最优概值的标准误差随测量次数 n 的增大而减小，但减小速度要比 n 的增长慢得多，即仅靠单纯增加测量次数来减小标准差收益不大，同时由于测量次数越多，也越难保证测量条件的恒定，从而带来新的误差，因而实际测量中的 n 取值并不很大，一般在 10～20 之间。

3.4 间接测量值的处理

3.4.1 间接测量值的最优概值及标准误差

1. 最优概值

间接测量值的最优概值 Y_0 可以把各直接测量量的最优概值代入下式求得：$Y_0=f(X_{10}, X_{20}, \cdots, X_{m0})$，式中，$X_{10}$，$X_{20}$，…，$X_{m0}$ 为 m 个可直接测量的独自自变量 X_1，X_2，…，X_m 的最优概值，即算术平均值。

2. 标准误差

在直接测量中，测量误差就是被测量的误差；但在间接测量中，测量误差是各个测量值的函数。因此，研究间接测量的误差也就是分析各直接测量的误差量是怎样通过已知的函数关系传递到间接测量结果中的，以及应该怎样估计间接测量值的误差。

研究函数误差，一般有下列三个基本内容：

（1）已知函数关系和各个测量值的误差，求间接测量值的误差。

（2）已知函数关系和规定的函数总误差，要求分配各个测量值的误差。

（3）确定最佳的测量条件，即函数误差达到最小值时的测量条件。

如果对间接被测量的测量列 $\{Y_i\}$ 同直接测量一样定义，它的测量列标准误差为

$$\sigma_Y = \sqrt{\frac{\sum_{i=1}^{n} u_i^2}{n-1}}$$

3.4.2　应用过程中的误差处理原则

在间接测量中，当给定了函数 Y 的误差 σ_Y 再反过来求各个自变量的部分误差的元值，以保证达到对已知函数的误差要求，这就是函数误差分配。在设计测量系统时常常要根据技术要求中规定的允许误差来选择方案和分析，既要作误差分析又要作误差分配，以便对各个元件及仪表提出适当的要求，从而保证整个测量系统满足设计要求。误差分配是在已知要求的总误差的前提下，合理分配各误差分量的问题。当规定了间接测量结果的误差不能超过某一规定值时，可利用误差传递公式求出各直接测量量的误差允值，从而满足间接测量量误差的要求。同时，可根据各直接测量量允许误差的大小来选择适当的测量仪表。

3.5　有效数字和计算规则

3.5.1　有效数字概念

所谓“有效数字”是指在分析和测量中所能得到的有实际意义的数字。换句话说，有效数字的位数反映了计量器具的精密度和准确度。记录和报告的结果只应包含有效数字，对有效数字的位数不能任意增删。因此必须按实际工作需要对测量结果的原始数据进行处理。

3.5.2　有效数字的记录

有效数字是由全部确定数字和一位不确定的可疑数字构成的。从最后一个算起的第二位以前的数字应该是可靠的（确定的），只有末位数字是可疑的（不确定的），总体构成有效数字的数值。如 2.368 为四位有效数字，698523 为五位有效数字。

这里要注意：当数字“0”用于指示小数点的位置，而与测量的准确度无关时，不是有效数字；当它用于表示与测量准确程度有关的数值大小时，则是有效数字。这与“0”在数值中的位置有关。其要点列举如下：

（1）如“0”在数字前，仅起定位作用，则“0”本身不是有效数字。如某一测量结果记录为 0.02315g，为四位有效数字。

（2）数值中间的“0”为有效数字。如2.04和5005分别为三位和四位有效数字。

（3）“0”在数字后面为有效数字。如6.230和0.1420均为四位有效数字。

（4）以“0”结尾的整数，有效位数不确定。此时应根据测定值的准确度改写成指数形式。如2.42×10^4和2.4200×10^4，分别为三位和五位有效数字。

3.5.3 有效数字修约规则

测量结果的数据处理和结果表达是测量过程的最后环节，由于测量结果含有测量误差，测量结果的有效位数应保留适宜，太多会使人误认为测量准确度很高，同时也会带来计算上的烦琐；太少则会损失测量准确度。测量、计算结果的数值应按《数值修约规则》进行修约，即按“四舍六入五余进，奇进偶舍”规则修约。

“四舍六入五余进，奇进偶舍”规则，即当尾数不大于4时，舍去；尾数不小于6时进位；当尾数为5时，则视保留的末位数是奇数还是偶数：5前为偶数应将5舍去，5前为奇数则将5进位。这一规则具体运用如下：

（1）拟舍弃的第一位数字小于5，则舍去，拟保留的末位数字不变。如2.7258修约到只保留一位小数时，其被舍弃的第一位数字为2（小于5），则修约后的数值应为2.7。

（2）拟舍弃的第一位数字大于5，则进1，即拟保留的末位数字加1。如2.78修约到只保留一位小数时，其被舍弃的第一位数字为8（大于5），则修约后的数值应为2.8。

（3）拟舍弃的第一位数字为5，而其后的数字不全为零，则进1。如2.7502修约到只保留一位小数，其被舍弃的第一位数字是5，5后面为“01”，则修约后的数值应为2.8。

（4）拟舍弃的第一位数字为5，而其后无数字或数字全部为零，则视被保留的末位数字为奇数或偶数而定，末位数字为奇数时进1，末位数字为偶数时舍去。如2.705、2.735修约到保留三位有效数字，修约后的数值分别为2.70和2.74。

（5）负数修约时，先将它的绝对值按上述规定进行修约，然后在修约值前面加负号。

（6）拟修约数字应在确定修约位数后一位修约获得结果，不得连续修约。

3.5.4 有效数字的计算规则

1. *加法和减法*

几个数相加减的结果，经修约后保留有效数字的位数，取决于绝对误差最大的数值或者说与各近似值中小数点后位数最少者相同。在实际运算过程中，保留的位数比各数值中小数点后位数最少者多保留一位小数，而计算结果按数值修约规则处理。

例如：$29.2+36.58-3.028\approx29.2+36.58-3.03=62.75$，最后计算结果保留一位小数，为62.8。

2. *乘法和除法*

几个数相乘除时，得数经修约后，其有效数字的位数应与参加运算的各近似值中有效数字位数最少者相同，即所得结果的有效数字位数取决于相对误差最大的数值。在实际运算中，先将各近似值修约至比有效数字位数最少者多保留一位有效数字，再将计算结果按数值修约规则处理。

例如：$0.235\times28.6\times61.689\approx0.235\times28.6\times61.69=414.6184$，三个参与运算的数值的有效数字位数分别为三、三、五，所以最后计算结果用三位有效数字表示，为4.15×10^2。

3. 乘方和开方

近似值乘方或开方时，原近似值有几位有效数字，计算结果就可以保留几位有效数字。

例如：$3.58^2=12.8164$，运算结果保留三位有效数字为12.8。

$\sqrt{6.28}=2.5059928\cdots$，运算结果保留三位有效数字为2.50。

4. 对数和反对数

在近似值的对数计算中，所取对数的小数点后的位数（不包括首数）应与真数的有效数字位数相同。换言之，对数有效数字的位数，只计小数点以后的数字的位数，而不计对数的整数部分。

5. 平均值

计算4个或4个以上近似数值的平均值时，先将计算结果修约至比要求的位数多一位，再按数值修约规则处理。

如：求下列数值的平均值$\overline{x}$：6.38、6.39、6.40、6.34、6.42。

$$\overline{x}=\frac{6.38+6.39+6.40+6.34+6.42}{5}=6.386$$

修约后平均值计算结果为6.39。

6. 差方和、方差和标准偏差

差方和、方差和标准偏差在运算过程中对中间结果不作修约，只将最后结果修约至要求的位数。

7. 常数

公式中的常数，如π、e、$\sqrt{2}$等，它们的有效数字位数是无限的，运算时一般根据需要，比参与运算的其他量多取一位有效数字即可。

3.6 系统误差分析

3.6.1 系统误差的判别

实际测量中产生系统误差的原因多种多样，系统误差的表现形式也不尽相同，但仍有一些办法可用来发现和判断系统误差。

1. 理论分析法

凡由测量方法或测量原理引入的系统误差，不难通过对测量方法的定性、定量分析发现，甚至计算出系统误差的大小。

2. 校准和比对法

当怀疑测量结果可能会有系统误差时，可用准确度更高的测量仪器进行重复测量，以发现系统误差。测量仪器定期进行校准或标定并在标定证书中给出修正值，目的就是发现和减小使用被检仪器进行测量时的系统误差。

也可以采用多台同型号仪器进行比对，观察比对结果，以发现系统误差，但这种方法通常不能察觉和衡量理论误差。

3. 改变测量条件法

系统误差通常与测量条件有关，如果能改变测量条件，比如更换测量人员、测量环境、测量方法等，根据对分组测量数据的比较，有可能发现系统误差。

上述 2、3 两种方法都属于实验比对法，一般用来发现恒值系统误差。

4. 剩余误差观察法

剩余误差观察法是通过观察测量所得的一系列数据中各个剩余误差的大小、符号的变化规律，以判断有无系统误差及系统误差类型。

为了直观，通常将剩余误差制成曲线，如图 3-3 所示，其中图（a）显示剩余误差 v_i 大体上正负相同，无明显变化规律，可以认为不存在系统误差；图（b）中 v_i 呈现线性递增规律，可认为存在累进性系统误差；图（c）中 v_i 大小和符号大体呈现周期性，可认为存在周期性系统误差；图（d）中 v_i 变化规律复杂，大体上可认为同时存在线性递增的累进性系统误差和周期性系统误差。剩余误差法主要用来发现变值系统误差。

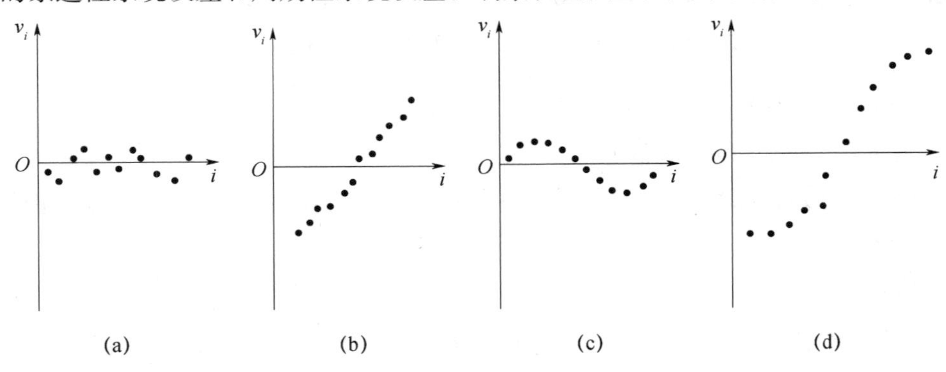

图 3-3　剩余误差曲线

3.6.2　消除系统误差产生的根源

产生误差的原因很多，如果能找出并消除产生系统误差的根源或采取措施防止其影响，将是解决问题最根本的办法。减少系统误差需要注意以下几个方面。

（1）采用正确的测量方法和测量原理。后面将专门讨论能有效削弱系统误差的测量技术与方法。

（2）选用的仪器仪表类型要正确，准确度要满足测量要求。

（3）测量仪器应定期标定、校准，测量前要正确调节零点，应按操作规程正确使用仪器。尤其对于精密测量，测量环境的影响不能忽视，必要时应采取稳压、恒温、电磁屏蔽等措施。

（4）条件许可时，可尽量采用数字显示仪器代替指针式仪器，以减小由于刻度不准及分辨力不高等因素带来的系统误差。

（5）提高测量人员的学识水平和操作技能，去除一些不良习惯，尽量消除带来系统误差的主观原因。

3.6.3　处理系统误差的一般原则

（1）在实验测量工作中，往往在实验测量的设计和安装时，就应尽量减少产生系统误差的可能；其次，测量结果处理时，还需针对系统误差的不同规律，恰当地进行数据处理，以最大限度地消除系统误差对测量结果的影响。一般性处理的原则是：

①对所使用的仪器应按期严格检定，并须在规定的使用条件下，按操作规程正确使用。

②对于确知存在而又无法消除的系统误差，须正确地进行数据处理。

（2）恒定系统误差，其方向和大小均已确定不变，故应采用对测量值修正的办法消除；变化系统误差，一般先估计在测量过程中的变化区间 $[a, b]$，$a<b$。取 $(a+b)/2$ 作为恒定系统误差加以修正，取区间的半宽度 $(a+b)/2=e$，作为随机误差的误差限 $[-e, e]$，近似按随机误差处理。

（3）尽可能排除实验装置中可能产生系统误差的因素。

3.6.4　削弱系统误差的典型测量技术

1. 零示法

零示法是在测量中，把被测量与已知标准量相比较，当两者的效应互相抵消时，零示器示值为零，此时已知标准量的数值就是被测量的数值。零示法原理如图 3-4 所示，图中 X 为被测量，S 为同类可调节已知标准量，P 为零示器。零示器的种类有光电检流计、电流表、电压表等，只要零示器的灵敏度足够高，测量的准确度基本上等于标准量的准确度，而与零示器的准确度无关，从而可消除由于零示器不准所带来的系统误差。

电位差计是采用零示法的典型例子，图 3-5 是电位差计的原理图，其中 E_s 为标准电压源，R_s 为标准电阻，U_x 为待测电压，P 为零示器，一般用检流计作为零示器。调节 R_s 使 $I_p=0$，则被测电压 $U_x=U_s$，即

$$U_x=\frac{R_2}{R_1}E_s \tag{3-25}$$

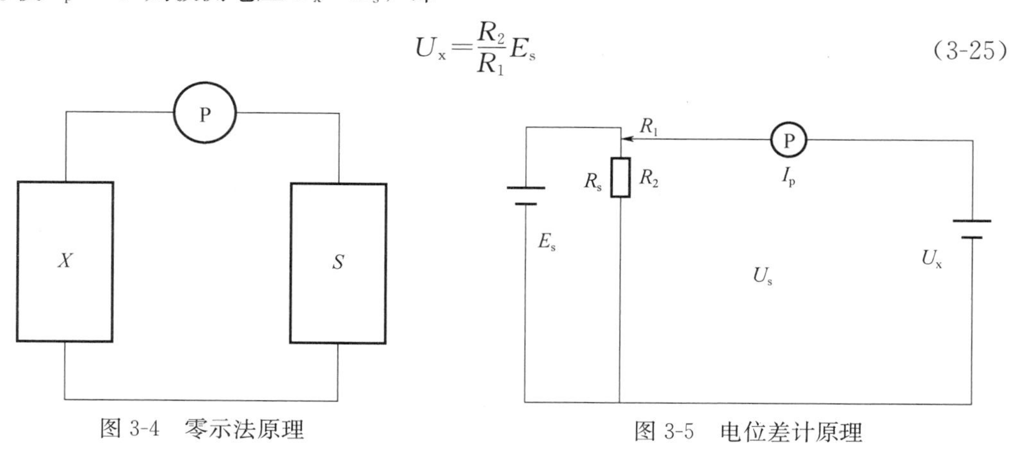

图 3-4　零示法原理　　图 3-5　电位差计原理

由式（3-25）可知，被测量 U_x 的数值仅与标准电压源 E_s 及标准电阻 R_1、R_2 有关，只要标准量的准确度很高，被测量的测量准确度也就很高。

零示法广泛用于电阻测量（各类电桥）、电压测量（电位差计及数字电压表）及其他参数的测量。

2. 替代法

替代法又称置换法。它是在测量条件不变的情况下，用一标准已知量去替代被测量，通过调整标准量而使仪器的示值不变，于是标准量的值即等于被测量值；当标准量不可变时，可以测出被测量与标准量之间的差值。那么，被测量则等于标准量加上差值。由于替代前后整个测量系统及仪器示值均未改变，因此测量中的恒定系统误差对测量结果不产生影响，测量准确度主要取决于标准已知量的准确度及指示器灵敏度。

上面介绍的两种测试技术，主要用来削弱恒定系统误差。关于累进性系统误差和周期性系统误差的消除技术，可参考有关资料。

3. 利用修正值或修正因数加以消除

根据测量仪器检定书中给出的校正曲线、校正数据或利用说明书中的校正公式对测得值进行修正，是实际测量中常用的办法，这种方法原则上适用于任何形式的系统误差。

4. 随机化处理

所谓随机化处理，是指利用同一类型测试仪器的系统误差具有随机特性的特点，对同一被测量用多台仪器进行测量，取各台仪器测量值的平均值作为测量结果。通常这种方法并不多用，首先费时较多，其次需要多台同类型仪器，这在实际测量中往往是做不到的。

5. 智能仪器中系统误差的消除

在智能仪器中，可利用微处理器的计算控制功能，削弱或削除仪器的系统误差。利用微处理器削弱系统误差的方法很多，下面介绍两种常用的方法。

（1）直流零位校准

这种方法的原理和实现都比较简单，首先测量输入端短路时的直流零电压（输入端直流短路时的输出电压），并将测得的数据存储到校准数据存储器中，而后进行实际测量，并将测得值与存储的直流零电压数值相减，从而得到测量结果。这种方法在数字表中得到广泛应用。

（2）自动校准

测量仪器中模拟电路部分的漂移、增益变化、放大器的失调电压和失调电流等都会给测量结果带来系统误差，可以利用微处理器实现自动校准或修正。

4　原位测试与模型试验

4.1　荷载试验

平板静力载荷测试简称载荷测试。它是模拟建筑物基础工作条件的一种测试方法，起源于20世纪30年代的苏、美等国。其方法是在保持地基土的天然状态下，在一定面积的承压板上向地基土逐级施加荷载，并观测每级荷载下地基土的变形特性。测试所反映的是承压板以下大约1.5～2倍承压板宽的深度内土层的应力应变时间关系的综合性状。

4.1.1　荷载试验设备

载荷测试的设备由承压板、加荷装置及沉降观测装置等部件组合而成。目前，组合型式多样，成套的定型设备已应用多年。

1. 承压板

承压板有现场砌置和预制两种，一般为预制厚钢板（或硬木板）。对承压板的要求是，要有足够的刚度，在加荷过程中承压板本身的变形要小，而且其中心和边缘不能产生弯曲和翘起。其形状一般为方形（也有圆形者），对密实黏性土和砂土，承压板面积一般为1000～5000cm^2，对一般土多采用2500～5000cm^2。

2. 加荷装置

加荷装置包括压力源、载荷台架或反力构架。加荷方式可分为两种，即重物加荷法和油压千斤顶反力加荷法。

重物加荷法，即在载荷台上放置重物，如铅块等（图4-1）。由于此法笨重，劳动强

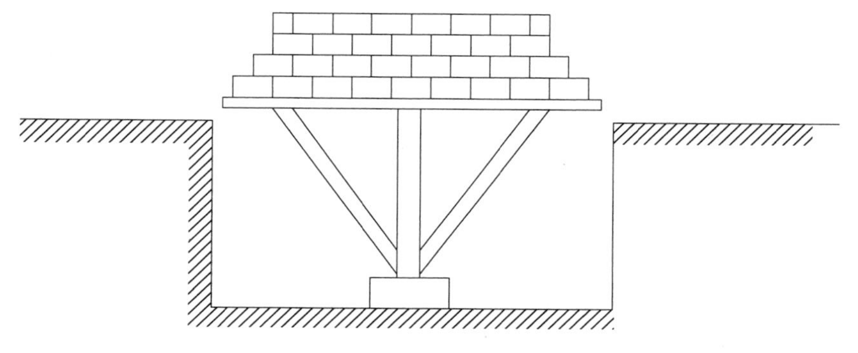

图4-1　载荷台式加压装置

度大，加荷不便，目前已很少采用。其优点是荷载稳定，在大型工地常用。

油压千斤顶反力加荷法，即用油压千斤顶加荷，用地锚提供反力（图 4-2）。由于此法加荷方便，劳动强度相对较小，已被广泛采用，并有定型产品，如上海新卫机器厂的载荷测试机就是一种定型产品。

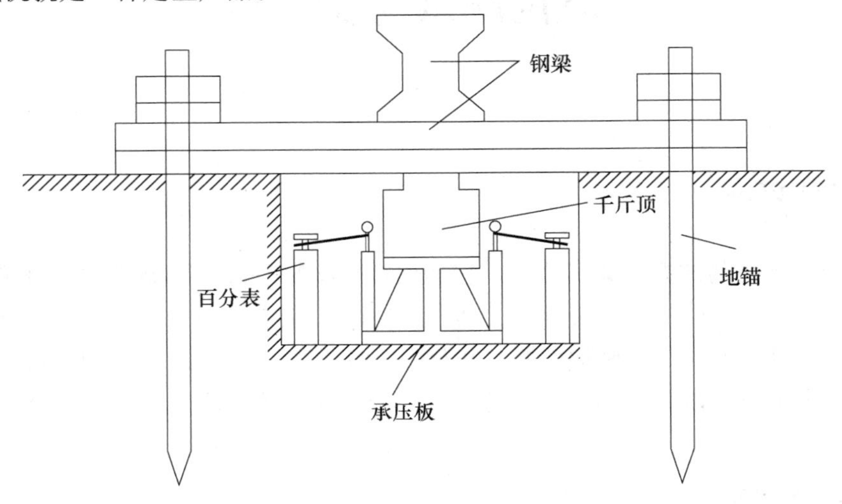

图 4-2　千斤顶加压装置

4.1.2　荷载试验原理和方法

1. 试验原理

平板荷载试验以布西奈斯克弹性力学鲜土体中应力分布计算公式为依据，结合土的材料常数（弹性变形模量 E_0 和泊松比 ν）建立半无限体表面（作用在地基顶面）作用集中荷载，地基土沉降量计算公式，根据苏联学者什塔耶尔 1949 年推导的刚性承压板下计算地基沉降量理论公式

$$s=0.785\frac{1-\nu^2}{E_0}dp_0 \quad （圆形板） \tag{4-1}$$

$$s=0.785\frac{1-\nu^2}{E_0}bp_0 \quad （方形板） \tag{4-2}$$

式中　p_0——作用在基础底面（地基顶面）的平均附加压力，试验中用 p-s 直线段内任一点的压力（kPa）；

d——圆形承压板的直径（cm）；

b——方形承压板的边长（cm）；

s——在试验中 p-s 直线段上和压力 p 对应的沉降量（cm）。

2. 试验方法

（1）载荷测试一般在方形试坑中进行。试坑底的宽度应不小于承压板宽度（或直径）的 3 倍，以消除侧向土自重引起的超载影响，使其达到或接近地基计算的半空间平面问题边界条件的要求。在靠近坑底处取原状土样两个。

（2）为了保持测试时地基土的天然湿度与原状结构，应注意做到以下几点：

①测试之前，应在坑底预留20～30cm厚的原土层，待测试将开始时再挖去，并立即放入载荷板。

②对软黏土或饱和的松散砂，在承压板周围应预留20～30cm厚的原土作为保护层。

③在试坑底板标高低于地下水位时，应先将水位降至坑底标高以下，并在坑底铺设2cm厚的砂垫层，再放下承压板等，待水位恢复后进行试验。

④安装设备，参考图4-1或图4-2，其安装次序与要求如下：

a. 安装承压板。安装承压板前应整平试坑底面，铺设1～2cm厚的中砂垫层，并用水平尺找平，以保证承压板与试验面平整均匀接触。

b. 安装千斤顶、载荷台架或反力构架。其中心应与承压板中心一致。

c. 安装沉降观测装置。其支架固定点应设在不受变形影响的位置上，沉降观测点应对称放置。

应避免测试点冰冻、暴晒、雨淋，并在周围挖好排水沟。必要时设置工作棚。经全面检查无问题后方可加压。

⑤加荷（压）。安装完毕，即可按等量分级加荷。测试的第一级荷载，应将设备的质量计入，且宜接近所卸除土的自重（相应的沉降量不计）。每级荷载增量，一般取预估测试土层极限压力的1/8～1/10。当不宜预估其极限压力时，对较松软的土，每级荷载增量可采用10～25kPa；对较坚硬的土，采用50kPa；对硬土及软质岩石，采用100kPa。

⑥观测每级荷载下的沉降。观测要求如下：

a. 沉降观测时间间隔：加荷开始后，第一个30min内，每10min观测沉降一次；第二个30min内，每15min观测一次；以后每30min观测一次。

b. 沉降相对稳定标准：连续四次观测的沉降量，每小时累计不大于0.1mm时，方可施加下一级荷载。

⑦尽可能使最终荷载达到地基土的极限承载力，以评价承载力的安全度。当测试出现下列情况之一时，即认为地基土已达极限状态，可终止试验。

a. 承压板周围的土体出现裂缝或隆起。

b. 在荷载不变情况下，沉降速率加速发展或接近一常数。压力、沉降量曲线出现明显拐点。

c. 总沉降量超过承压板宽度（或直径）的1/10。

⑧当需要卸荷观测回弹时，每级卸荷量可为加荷增量的2倍，历时1h，每隔15min观测一次。荷载完全卸除后，继续观测3h。

4.1.3　试验资料整理及工程应用

1. 试验资料整理

（1）压力-沉降量关系曲线

①对载荷测试的原始数据进行检查和校对，整理出荷载与沉降量、时间与沉降量汇总表。然后，绘制压力p与沉降量s关系曲线（图4-3）。该曲线是确定承载力、地基土变形模量和土的应力与应变关系的重要依据。

②在载荷试验中，由于各种因素的影响，p-s 曲线偏离坐标原点。这时，应对 p-s 关系曲线加以校正，也就是校正沉降量观测值。其方法有：

a. 图解法：在按原始试验数据绘制的 p-s 关系曲线上找出比例界限点。从比例界限点引一直线，使比例界限前的各沉降点均匀靠近直线，直线与纵坐标交点的截距即为 s_0，将直线上任一点的 s、p 和 s_0，代入下式，求得 p-s 曲线直线段的斜率 C。

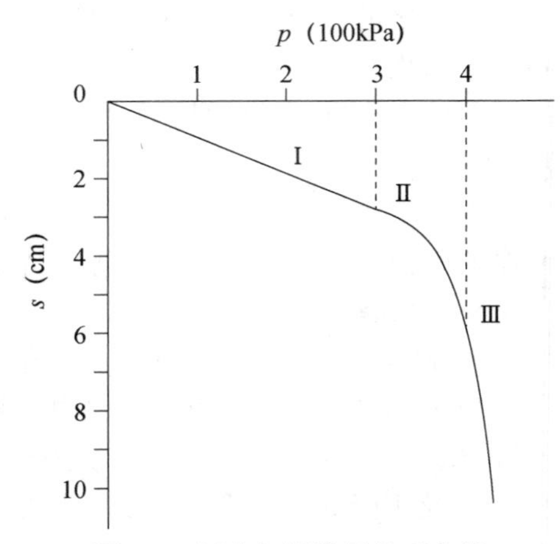

图 4-3　压力与沉降量关系曲线
Ⅰ—弹性变形阶段；Ⅱ—塑性变形阶段；Ⅲ—破坏阶段

因
$$s=s_0+Cp \tag{4-3}$$

故
$$C=\frac{s-s_0}{p} \tag{4-4}$$

b. 最小二乘法：其计算式如下：

$$Ns_0+C\sum p-\sum s=0 \tag{4-5}$$

$$s_0\sum p+C\sum p^2-\sum ps=0 \tag{4-6}$$

联立方程组（4-5）、（4-6），得：

$$C=\frac{N\sum ps-\sum p\sum s}{N\sum p^2-\left(\sum p\right)^2} \tag{4-7}$$

$$s_0=\frac{\sum s\sum p^2-\sum p\sum ps}{N\sum p^2-\left(\sum p\right)^2} \tag{4-8}$$

式中　N——直线段加荷次数；

其他符号意义同前。

c. 求得 p-s 曲线直线段截距 s_0 及斜率 C 后，就可用下述方法对原始沉降观测值 s 进行校正。对比例界限以前各点，根据 C、p 值按式（4-9）校正：

$$s'=Cp \tag{4-9}$$

对于比例界限以后各点，按式（4-10）校正：

$$s'=s-s_0 \tag{4-10}$$

式中　s'——沉降量校正值；

其他符号意义同前。

③根据校正后的 s' 值绘制 p-s'（压力-沉降量）关系曲线，即一般称的 p-s 曲线。

（2）破坏发展过程

①弹性变形阶段

p-s 曲线呈直线或近似直线段，第一拐点较明显。主要是地基土压密带动周围土体下沉，地面下沉最大值恰与第一拐点荷载（称比例极限荷载，近似称为弹性极限或屈服极限）相对应。承压板周围地面没有变形。

②塑性变形阶段

p-s 曲线斜率渐增，由直线段变为曲线段，再趋向陡降。地基土因塑性变形而产生侧胀、挤出，甚至使承压板周围土体微隆起，产生放射状剪切裂纹。此时，荷载超过比例极限荷载 30％～50％。

③破坏阶段

p-s 曲线明显变陡，显示出第二个拐点，有些土这个拐点不明显，曲线后来几乎平行于 s 轴，甚至向 s 轴靠近。承压板周围地面出现环状裂纹，距承压板边缘 $0.5d$～$1.0d$ 的范围内有冲切破坏特征，表明地基土体已进入破坏状态。

以上是地基土整体剪切破坏、局部剪切破坏、冲切破坏的典型特征，还有些亚类形式。对于砂类土、碎石类土主要取决于它的密实度；对于黏性土主要取决于它的应力历史和固结程度，需要了解和分析它的前期固结压力和超固结比（OCR）的情况。

2. 测试成果应用

（1）地基承载力的确定

在确定地基土的容许承载力（承载力标准值 f_k）时，通常要考虑两个因素，即：在多大荷载作用下地基土的变形达到逐渐稳定状态；所产生的变形是否影响建筑物的正常使用。

利用载荷测试成果确定地基承载力的方法，是以 p-s 曲线的特征点所对应的压力作为基本依据的。这两个特征点可以把 p-s 曲线分为三段，分别反映了地基土在逐级受压以至破坏的三个变形阶段，即直线变形阶段、剪切变形或塑性变形破坏阶段、整体剪切破坏阶段。①在直线变形阶段，地基土所受压力较小，主要是压密变形或似弹性变形，地基变形较小，处于稳定状态。直线段端点所对应的压力即为比例界限 p_0，可作为地基土的容许承载力。此点靠近塑性变形破坏阶段，和临塑荷载（由理论计算得来）p 很接近。②当压力继续增大超过比例界限时，在基础（或承压板）边缘出现剪切破裂或称塑性破坏。随压力继续增大，剪切破裂区不断向纵深发展，此段 p-s 关系呈曲线形状。曲线末端（为一拐点）所对应的压力即为极限界限，可作为地基土极限承载力 p_1。可通过极限承载力除以一定的安全系数（一般取 2.5～3.0）的方法确定地基土容许承载力。③如果压力继续增加，承压板（或基础）会不断急剧下沉。此时，即使压力不再增加，承压板仍会不断急剧下沉，说明地基发生了整体剪切破坏。

上述确定地基容许承载力的方法，一般适用于低压缩性土，地基受压破坏形式为整体剪切破坏，曲线上拐点明显。

对于中、高压缩性土，地基受压破坏形式为局部剪切破坏或冲剪破坏，其 p-s 曲线无明显的拐点。这时可用 p-s 曲线上的沉降量 s 与承压板的宽度（或换算成直径）B 之比等于 0.02 时所对应的压力作为地基土容许承载力。对砂土和新近沉积的黏性土，则采用 $s/B=15$ 时所对应的压力为容许承载力。

（2）计算基础的沉降量

直接利用原位测试成果，特别是载荷试验成果计算地基的变形量，较据室内试验得出的压缩模量计算更接近于实际。前者在国外应用甚广。苏联规定用载荷试验的变形模量计算地基变形量；日本用 p-s 曲线先算出地基系数，然后计算沉降量；欧美国家也有类似情况。我国曾习惯于用压缩模量指标采用分层总和法计算地基沉降量，结果和实际沉降量差别较大。1974 年颁布的《工业与民用建筑地基基础设计规范》（TJ 7—74），在分层总和法的基础上提出了一个较为简便的计算公式，根据我国多年的建筑经验，在公式前加了一个经验系数，以修正理论计算的误差。尽管如此，仍不如采用原位测试得到的土的变形模量进行计算更符合实际。

(3) 地基基床系数 K 的确定

根据基床系数的定义，K 的确定方法如下：

$$K=\frac{p_2-p_1}{s_2-s_1} \tag{4-11}$$

式中 p_1、p_2——p-s 曲线上的两点的荷载（kPa）；

s_1、s_2——p-s 曲线上与 p_1、p_2 对应的沉降（m）。

$$K=\frac{E_0}{H} \tag{4-12}$$

式中 E_0——地基土的变形模量（kPa）；

H——地基压缩层厚度（m），根据土力学和弹性地基梁理论，可取 $H=(0.5\sim1.0)b$（大基础，b 为基础宽度）或取 $H=(0.7\sim1.5)b$（中等大小的基础）。

根据变形模量计算公式，可导出

$$K=\frac{E_0}{(1-\nu^2)\ bw} \tag{4-13}$$

式中 E_0——地基的变形模量（kPa）；

ν——泊松比，对一般黏性土可取 $\nu=0.35$；

b——承压板宽度或直径（m），若承压板面积 $F=5000\text{m}^2$，则方形板 $b=70.7\text{cm}$，圆形板 $d=79.8\text{cm}$；

w——承压板形状系数。

4.2 静力触探试验

静力触探是指利用压力装置将有触探头的触探杆压入试验土层，通过量测系统测量土的贯入阻力，可确定土的某些基本物理力学特性，如土的变形模量、土的容许承载力等。静力触探加压方式有机械式、液压式和入力式三种。静力触探在现场进行试验，将静力触探所得比贯入阻力（P_s）与载荷试验、土工试验有关指标进行回归分析，可以得到适用于一定地区或一定土性的经验公式，可以通过静力触探所得的计算指标确定土的天然地基承载力。

4.2.1 静力触探试验设备

1. 加压装置

我国的加压装置已经做到大中小型配套。

(1) 全液压传动静力触探车，由载重卡车改装而成。其动力可使用汽车本身动力，分单缸、双缸两种，也可以外接电源，最大贯入力可达 200kN。

(2) 齿轮机械式静力触探，既可单独组装，也可装在汽车上，贯入深度有限。

(3) 手摇式轻便静力触探，在交通不便或软黏土地区比较适用。

2. 反力装置

既然触探钻杆要贯入土中，而且要达到一定的深度，那就有反力作用，反力有三种形式。

（1）利用地锚作反力，若地表有一层较硬的黏性土覆盖时，可以打若干根地锚作反力，地锚长度1.2～1.5m。

（2）用重物作反力，在触探架上压以足够的重物，如钢轨、生铁块等，如贯入深度在30m以内，约需压重4.0～5.0t。

（3）利用车辆自重作反力，将整个触探设备装在载重汽车上，利用自重作反力，可在汽车上装上拧锚机，下若干根地锚。

3. 探杆

探杆通常用外径32～35mm（也有直径42mm），壁厚5.0mm的无缝钢管制成。每根探杆的长度以1.0m为宜。

4. 探头

（1）单桥探头

单桥探头由锥头、传感器（弹性元件）、顶柱、电阻应变片等组成。单桥探头的结构构造如图4-4所示。

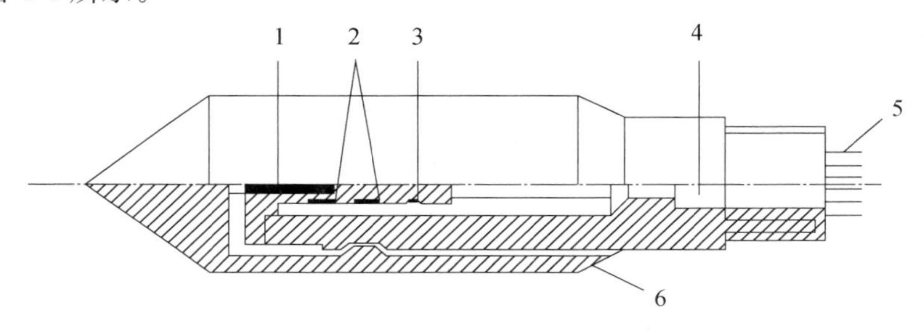

图4-4　单桥探头结构

1—顶柱；2—电阻应变片；3—传感器；4—密封垫套圈；
5—四星电缆；6—外套筒

单桥探头所测阻力包括锥尖阻力和侧壁摩阻力在内的总贯入阻力，也称比贯入阻力，按式（4-14）计算

$$P_s=\frac{P}{A} \tag{4-14}$$

式中　P——总贯入阻力（kN），包括端阻和侧阻；

A——锥底截面积（m^2或cm^2）。

单桥探头的尺寸规格见表4-1。

表4-1　单桥探头的规格

型号	锥底直径（mm）	锥底面积（mm^2）	有效侧壁长度（mm）	锥角（°）
Ⅰ—1	37.5	10	57	60
Ⅰ—2	43.7	15	70	60
Ⅰ—3	50.4	20	81	60

（2）双桥探头

双桥探头的组成、结构构造如图 4-5 所示。

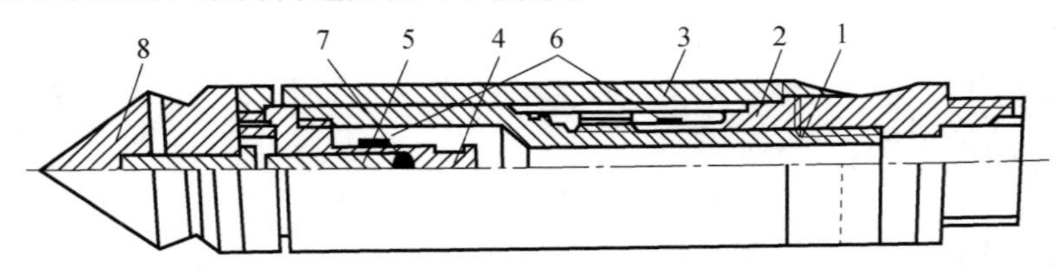

图 4-5　双桥探头结构

1—传力杆；2—摩擦传感筒；3—摩擦筒；4—锥尖传感器；

5—顶柱；6—电阻应变片；7—钢珠；8—锥尖头

双桥探头可以分别测出锥尖总阻力 Q_c（kN）和侧壁总摩阻力 P_f（kN）并按下式计算

$$q_c=\frac{Q_c}{A} \tag{4-15}$$

$$f_s=\frac{P_f}{F_s} \tag{4-16}$$

式中　q_c、f_s——锥尖（头）阻力和侧壁摩阻力（kPa）；

A、F_s——锥底面积和外套摩擦筒表面积（m^2）。

双桥探头的尺寸规格见表 4-2。

表 4-2　双桥探头的规格

型号	锥底直径（mm）	锥底面积（cm^2）	摩擦筒表面积（cm^2）	锥角（°）
Ⅰ—1	35.7	10	200	60
Ⅰ—2	43.7	15	300	60
Ⅰ—3	50.4	20	300	60

（3）孔隙水压探头

孔隙水压静力触探技术的英文缩写为 CPTU。这是一种带有孔隙水压力测试的静力触探探头，它具有双桥探头的各构造部分，还增加了一个由透水陶粒做成的透水滤器和一个孔隙水压传感器。透水陶粒的渗透系数为（1.1±0.1）×10cm/s，其抗渗能力为（110±5）kPa，透水滤器可镶嵌于探头的锥尖、锥面或锥尾。孔隙水压静力触探探头能同时测定锥头阻侧壁摩阻力和孔隙水压力，还能测探头周围土中孔隙水压力的消散过程。孔隙水压静力触探探头的饱和处理是至关重要的技术环节，如果探头不饱和，则测试失真，其测试精度更多地依赖于现场操作。

5. 电阻应变式传感器及相关仪器

电阻应变片既有传感器的作用，也有记录仪器的作用。电阻应变片有纸基丝式应变片和胶基箔式应变片。其尺寸为：3×5、3×8、4×10、5×8（mm），其电阻值为1200、24092、32002（Ω）等。胶基箔式应变片散热性能好，允许通过较大电流，寿命长，柔性好，蠕变小，所以应用较好。

使用电阻应变片，需要以下仪器配合，即电阻应变仪、数字式测力仪、自动记录绘图仪、数据采集仪等。

4.2.2　触探试验过程及技术

1. 试验原理

静力触探的基本原理就是用准静力（相对动力触探而言，没有或很少冲击荷载）将一个内部装有传感器的触探头以匀速压入土中，由于地层中各种土的软硬不同，探头所受的阻力自然也不一样，传感器将这种大小不同的贯入阻力通过电信号输入记录仪表中记录下来，再通过贯入阻力与土的工程地质特征之间的定性关系和统计相关关系，来实现取得土层剖面、提供浅基承载力、选择桩端持力层和预估单桩承载力等工程地质勘察目的。

2. 技术标准

探头的尺寸和加工精度，直接影响着触探资料的准确性。统一探头几何尺寸的目的是为了使触探试验资料能够相互引用与对比。规定加工精度是为了保证探头的几何尺寸，限制探头几何尺寸的误差，同时也是为了使探头各部件能够正常工作。选用的探头几何尺寸及加工精度必须符合我国规定的标准。探头各部件的机械性能影响着探头的测试精度及使用寿命。探头各部件中材质要求较高的是传感器，传感器是探头的“心脏”，对探头的测试精度、使用寿命起着决定性的作用。传感器应使用高强度钢材制作，最好采用 60Si2Mn 钢，并进行热处理。探头其余部件的材质要求并不高，用 40Cr 或 45 钢均可，也要经过热处理。

探头的线性误差：探头的线性误差是指探头在率定时，荷载 P 和输出电压 V 本应是线性关系，如有偏离即为线性误差。线性误差是影响探头测试精度的主要因素之一。线性误差的大小可用端点连线法确定。以零载和满载时输出电压值所连直线 OA 作标准，求得测点最大误差 ΔV 即为最大的线性误差。我国规定探头的线性误差应小于量程的±1%，也就是 $\Delta V/V_m < \pm 1\%$，否则为不合格探头。线性误差的大小主要与传感器空心柱的材质有关。在其他条件相同的情况下，用 $60Si_2Mn$ 钢制成的传感器要比用 40Cr 或 40CrNi 钢制成的传感器线性误差小得多。影响线性误差的其他因素有传感器空心柱的加工精度（如同轴度、粗糙度等）、应变片及贴片质量的好坏等，但这几种因素的影响相对较小。探头的线性误差越小，说明探头的线性越好。有些探头加荷时与卸荷时的线性误差有较大区别，因此，探头的线性误差要在加荷与卸荷两种情况下进行检验，都应满足线性误差要求。

探头的归零及重复性误差：探头的归零及重复性误差均影响探头的测试精度。其误差大小主要与传感器空心柱的材质、应变片及贴片质量的好坏等有关。两种误差均应小于 1%，在检验时必须排除仪器本身的误差影响，一般可用线性好、归零及重复性误差小的探头先校核仪器，确认仪器正常后再去检验探头归零及重复性误差的大小。

探头的绝缘度：探头的绝缘度是指应变片电阻丝及外接引线与探头金属件间的绝缘电阻。新探头的绝缘电阻应大于 500MΩ，探头使用后绝缘电阻衰减是允许的，但不能低于 100MΩ。绝缘电阻过小将使零漂增大，严重时电桥不能平衡，测试工作无法进行。

绝缘电阻的主要影响因素是探头的密封质量。密封效果不好，会使探头内部传感器受潮而降低其绝缘电阻。另外，绝缘电阻受贴片胶、贴片、外接引线等质量好坏的影响，如贴片胶本身质量差，贴片时胶层太薄，引线本身绝缘不好等。

探头的密封质量：探头的密封质量是影响探头使用寿命的主要因素。探头的修理过程中发现，损坏的探头约有80%是由于探头密封质量不好造成的，尤其是双桥探头。在触探过程中，由于地下水有水头压力，当探头密封不好时，土中的水就会进入探头内部，使传感器受潮，严重时应变片被水浸泡，时间长了就会使传感器表面生锈，应变片与空心柱开始脱胶，致使传感器不能正常工作，探头报废。

3. 试验成果

静力触探成果应用很广，主要可归纳为以下几方面：

(1) 划分土层及土类判别

根据静力触探资料划分土层应按以下步骤进行：

①将静力触探探头阻力与深度曲线分段。分段的依据是根据各种阻力大小和曲线形状进行综合分段。如阻力较小、摩阻比较大、超孔隙水压力大、曲线变化小的曲线段所代表的土层多为黏土层；而阻力大、摩阻比较小、超孔隙水压力很小、曲线呈急剧变化的锯齿状则为砂土。

②按临界深度等概念准确判定各土层界面深度。静力触探自地表匀速贯入过程中，锥头阻力逐渐增大（硬壳层影响除外），到一定深度（临界深度）后才达到一较为恒定值，临界深度及曲线第一较为恒定值段为第一层；探头继续贯入到第二层附近时，探头阻力会受到上下土层的共同影响而发生变化，变大或变小，一般规律是位于曲线变化段的中间深度即为层面深度，第二层也有较为恒定值段，依此类推。

③经过上述两步骤后，再将每一层土的探头阻力等参数分别进行算术平均，其平均值可用来判定土层（类）名称，土层（类）名称的判定办法可依据各种经验图形进行。还可用多孔静力触探曲线求场地土层剖面。

(2) 求土层的工程性质指标

用静力触探法推求土的工程性质指标比室内试验方法可靠、经济，周期短，因此很受欢迎，应用很广。可以判断土的潮湿程度及重力密度、计算饱和土重力密度、计算土的抗剪强度参数、求取地基土基本承载力、用孔压触探求饱和土层固结系数及渗透系数等。

(3) 在桩基勘察中的应用

用静力触探可以确定桩端持力层及单桩承载力，这是由于静力触探机理与沉桩相似。双桥静力触探远比单桥静力触探精度高，在桩基勘察中应优先采用。

4.3 动力触探试验

动力触探试验（DPT）是岩土工程勘察常用的一种原位测试方法。该方法是利用一定的落锤质量，将一定尺寸、一定形状的探头打入土中，根据打入的难度，即贯入锤击数，判定土层名称及其工程性质。如将锥形探头换成管式标准贯入器，落锤质量采用

63.5kg，则可称为标准贯入试验（SPT）。

4.3.1 动力触探设备

1. 动力触探仪

动力触探仪根据动能不同，可分为六部分：

（1）导向杆（包括向上、向下）。

（2）提引器。按提引器挂住重锤顶帽的内缘或外缘而分为内挂式、外挂式。提引器使其内的活动装置发生变位，完成挂锤、脱钩及重锤的提升或自由下落。

（3）重锤。钢质圆柱形，其高径比为 1∶1～1∶2，其中心圆孔直径比导杆外径约大几毫米。

（4）锤座。常用的锤座有轻型（10kg）、中型（28kg）、重型（63.5kg）、特（超）重型（120kg），锤座直径一般小于锤径的 1/2 并大于 10cm。

（5）触探（钻）杆。探杆也分为轻、中、重、特（超）重型，其探杆外径见表 4-3。

（6）探头。多为圆锥形，国内常用的探头直径有 40、44、45、62、74（mm）五种，它们的锥角都为 60°。

2. 动力触探试验的主要机具

（1）动力设备。主要为柴油机、汽油机、电动机等，功率为 6～8 马力为宜（1 马力＝735W）。

（2）承重架。应配轻便而稳定的支架，高度 6～7m 为宜。

（3）提升设备。如卷扬机、变速器等。

（4）起拔设备。国内常采用振动起拔，这样做不损坏部件。欧洲一些国家常采用丢弃探头的办法。

3. 国内动力触探类型及规格

国内应用的动力触探类型及规格见表 4-3。

表 4-3 国内动力触探类型及规格

触探类型	落锤质量（kg）	落锤距离（cm）	探头规格	触探指标	触探杆外径（mm）
轻型	10±0.2	50±0.2	圆锥头，锥角 60°，锥底直径 4.0cm，锥底面积 12.6cm^2	贯入 30cm 的锤击数 N_{10}	25
中型	28±0.2	80±0.2	圆锥头，锥角 60°，锥底直径 6.18cm，锥底面积 30cm^2	贯入 10cm 的锤击数 N_{28}	33.5
重型	63.5±0.5	76±2	圆锥头，锥角 60°，锥底直径 7.4cm，锥底面积 43cm^2	贯入 10cm 的锤击数 $N_{63.5}$	42
超重型	120±1.0	100±2	圆锥头，锥角 60°，锥底直径 7.4cm，锥底面积 43cm^2	贯入 10cm 的锤击数 N_{120}	50～60

4.3.2 动力触探试验过程及要求

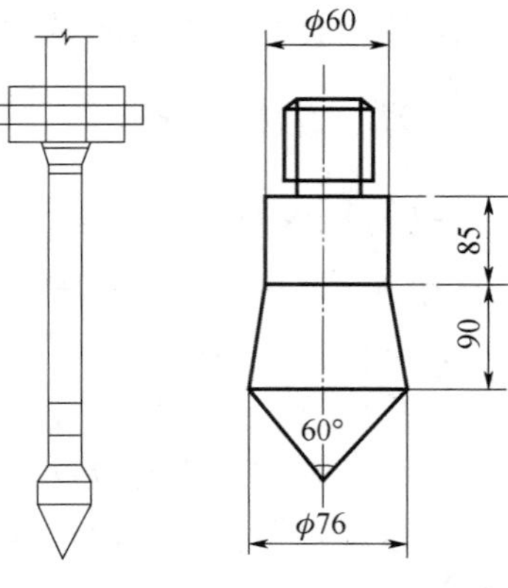

(a) 轻型动力触探试验设备　(b) 重型、超重型动力触探试验设备

图 4-6 动力触探的类型

动力触探的测试方法大同小异。《土工试验规程》（SL 237—1999）对各种动力触探测试法分别作了规定。现将轻型、重型、超重型测试程序和要求分别叙述于下（图 4-6）。

1. 轻型动力触探

（1）先用轻便钻具钻至试验土层标高以上 0.3m 处，然后对所需试验土层连续进行触探。

（2）试验时，穿心锤落距为（0.50±0.02）m，使其自由下落。记录每打入土层中 0.30m 时所需的锤击数（最初 0.30m 可以不记）。

（3）若需描述土层情况时，可将触探杆拔出，取下探头，换钻头进行取样。

（4）如遇密实坚硬土层，当贯入 0.30m 所需锤击数超过 100 击或贯入 0.15m 超过 50 击时，即可停止试验。如需对下卧土层进行试验时，可用钻具穿透坚实土层后再贯入。

（5）本试验一般用于贯入深度小于 4m 的土层。必要时，也可在贯入 4m 后，用钻具将孔掏清，再继续贯入 2m。

2. 重型动力触探

（1）试验前将触探架安装平稳，使触探保持垂直进行。垂直度的最大偏差不得超过 2%。触探杆应保持平直，连结牢固。

（2）贯入时，应使穿心锤自由落下，落锤高度为（0.76±0.02）m。地面上的触探杆的高度不宜过高，以免倾斜与摆动太大。

（3）锤击速率宜为每分钟 15～30 击。打入过程应尽可能连续，所有超过 5min 的时间段都应在记录中予以注明。

（4）及时记录每贯入 0.10m 所需的锤击数。其方法可在触探杆上每 0.1m 画出标记然后直接（或用仪器）记录锤击数：也可以记录每一阵击的贯入度，然后再换算为每贯入 0.1m 所需的锤击数。最初贯入的 1m 内可不记读数。

（5）对于一般砂、圆砾和卵石，触探深度不宜超过 12～15m；超过该深度时，需考虑触探杆的侧壁摩阻影响。

（6）每贯入 0.1m 所需锤击数，连续三次超过 50 击时，即停止试验。如需对土层继续进行试验，可改用超重型动力触探。

（7）本试验也可在钻孔中分段进行，一般可先进行贯入，然后进行钻探，直至动力触探所测深度以上 1m 处，取出钻具将触探器放入孔内再进行贯入。

3. 超重型动力触探

（1）贯入时穿心锤自由下落，落距为（1.00±0.02）m。贯入深度一般不宜超过 20m；超出此深度界限时，需考虑触探杆侧壁摩阻的影响。

（2）其他步骤可参照重型动力触探进行。

4.3.3 标准贯入试验

1. 概述

标准贯入试验（SPT），简称标贯，是动力触探测试方法的一种，其设备规格和测试程序全世界已趋于统一。它和圆锥动力触探测试的区别主要在于探头不同。标贯探头不是圆锥形，而是空心圆柱形，即常称的标准贯入器。在测试方法上也不同，标贯是间断贯入，每次测试只能按要求贯入 0.45m，只计贯入 0.30m 的锤击数 N，称标贯击数 N，N 没有下角标，以与圆锥贯入锤击数相区别。圆锥动力触探是连续贯入，连续分段计锤击数。

标准贯入试验设备主要由标准贯入器（探头）、触探杆、穿心锤等组成。穿心锤重 63.5kg，下落高度 76cm；贯入器内径 35mm，外径 51mm，全长为 700mm；触探杆外径 42mm（孔深大于 15m 时，用外径 50mm 的触探杆）。最大贯入试验深度 30m 左右或可更深。

2. 标准贯入试验方法

先钻孔至试验土层标高以上 15cm 处，清除孔底虚土、残土，有时为防止孔中流砂与塌孔，一般应采用泥浆护壁。

贯入前，检查触探杆（钻杆）与贯入器的接头是否连接好，然后将贯入器放入孔中，保持导向杆、触探杆和贯入器的铅垂度，以保证穿心锤中心施力，贯入器垂直打入。

贯入时穿心锤落距 76cm（锤重要核实），应采用自动脱钩落锤装置。首先将贯入器打入土层 15cm，此为预打，不计锤击数，以后开始记录每打入 30cm 的锤击数，记为 $N_{63.5}$。如遇密实土层、硬土层，锤击数 $N \geqslant 50$ 时，贯入度还小于 30cm，此时停止贯入，不必强打，记录 $N=50$ 击时的贯入深度 s，按 $\frac{30\times 50}{s}$ 算得 $N_{63.5}$，或记录贯入深度为 10cm 时的锤击数，也记为 $N_{63.5}$，作为重型动力触探处理。

重复上述步骤，再探测下一深度。

在整理资料时，需要进行触探杆长度校正，$N=\alpha N_{63.5}$，α 是触探杆长度校正系数（表 4-4）。因为标准贯入试验全世界都统一标准，所以 N 不再有脚标。

表 4-4 触探杆长度校正系数 α

触探杆长度（m）	≤3	6	9	12	15	18	21
α	1.00	0.92	0.86	0.81	0.77	0.73	0.70

4.3.4 动力触探测试法的工程应用

1. 划分土类或土层剖面

根据动力触探击数可粗略划分土类（图 4-7）。一般来说，锤击次数越少，土的颗粒越细；锤击次数越多，土的颗粒越粗。在某一地区进行多次勘测实践后，就可以建立起当地土类与锤击数的关系。如与其他测试方法同时应用，则精度会进一步提高。图 4-7 就是动、静力触探同时应用判定土类的一种方法。做标准贯入试验时，还可同时取土样，直接进行观察和描述，也可进行室内试验检验。

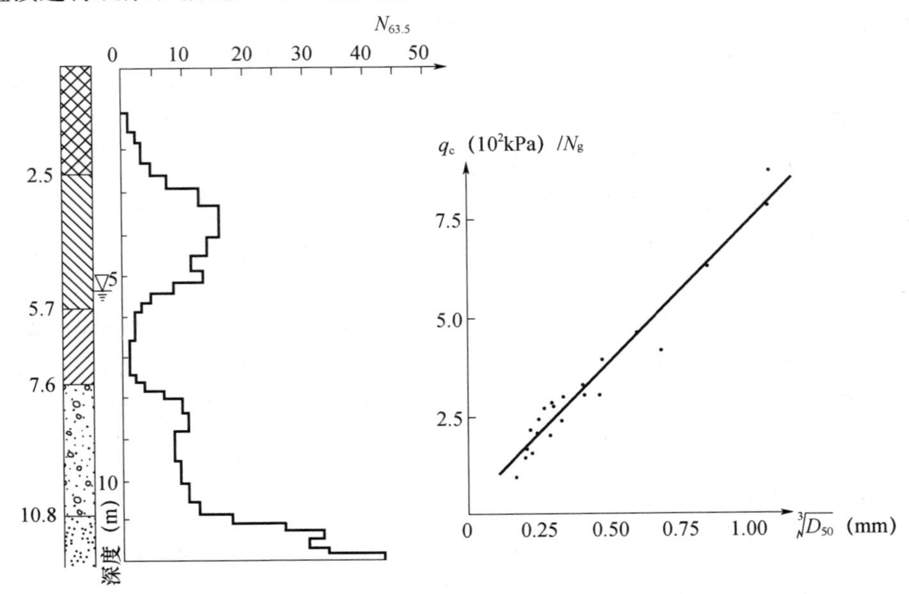

图 4-7　动力触探直方图及土层划分和 $N_{自}$、q_c 和 $\sqrt[3]{D_{50}}$ 关系图

图 4-7 中的直线方程为：

$$\frac{q_c}{N_{自}}=7.56\sqrt[3]{D_{50}}+0.12 \tag{4-17}$$

式中　$N_{自}$——标贯自动落锤锤击数；

D_{50}——土的平均粒径（mm）；

q_c——锥尖阻力（100kPa）。

根据触探击数和触探曲线，可以划分土层剖面。根据触探曲线形状，将触探击数相近段划为一层，并求出每层触探击数的平均值，定出土的名称。动力触探曲线和静力触探曲线一样，有超前段、常数段和滞后段。在确定土层分界面时，可参考静力触探的类似方法。

2. 确定地基土的容许承载力基本值

用动力触探成果确定地基土的容许承载力 f_{ak}（或称地基土承载力基本值），是一种快速简便的方法，已被多种规范所采纳。

（1）轻型动力触探与黏性土的承载力 f_{ak}的关系（表 4-5）

表 4-5　轻型动力触探与黏性土的承载力 f_{ak}的关系

N_{10}	6	10	20	30	40	50	60	70	80	90
f_{ak}（kPa）	51	69	114	159	204	249	294	339	384	429

（2）轻型动力触探与含少量杂物的杂填土承载力 f_{ak}的关系（表 4-6）

表 4-6　轻型动力触探与含少量杂物的杂填土承载力 f_{ak} 的关系

N_{10}	15～20	18～25	23～30	27～35	32～40	35～50
e	1.25～1.15	1.20～1.10	1.15～1.00	1.05～0.90	0.95～0.80	<0.8
f_{ak}（kPa）	40～70	60～90	80～120	100～150	130～180	150～200

（3）中型动力触探与黏性土、粉土承载力 f_{ak} 的关系（表 4-7）

表 4-7　中型动力触探与黏性土、粉土承载力 f_{ak} 的关系

N_{28}	2	3	4	6	8	10	12
f_{ak}（kPa）	120	150	180	240	290	350	400

（4）重型动力触探与黏性土、粉土承载力 f_{ak} 的关系（表 4-8）

表 4-8　重型动力触探与黏性土、粉土承载力 f_{ak} 的关系

$N_{63.5}$	1	1.5	2	3	4	5	6	7	8	9	10	11	12
f_{ak}（kPa）	60	90	120	150	180	210	240	265	290	320	350	375	400
状态	流塑	软塑		可塑					硬塑～坚硬				

3. 重型动力触探的应用

（1）重型动力触探和砂类土密实度的关系（表 4-9）

表 4-9　重型动力触探和砂类土密实度的关系

土的分类	$N_{63.5}$	砂类土的密实度	砂类土的孔隙比
砾砂	<5	松散	>0.65
	5～8	稍密	0.65～0.50
	8～10	中密	0.50～0.45
	>10	密实	<0.45
粗砂	<5	松散	>0.8
	5～6.5	稍密	0.80～0.70
	6.5～9.5	中密	0.70～0.60
	>9.5	密实	<0.60
中砂	<5	松散	>0.90
	5～6	稍密	0.90～0.80
	6～9	中密	0.80～0.70
	>9	密实	<0.70

（2）重型动力触探和砾石类土的变形模量（表 4-10）

表 4-10 重型动力触探和砾石类土的变形模量

$N_{63.5}$	变形模量 E（MPa）	$N_{63.5}$	变形模量 E（MPa）
3	10	16	37.5
4	12	18	41
5	14	20	44.5
6	16	22	48
7	18.5	24	51
8	21	26	54
9	23.5	28	56.5
10	26	30	59
12	30	35	62
14	34	40	64

4. 标贯试验结果 N 的工程应用

对沙土：

（1）确定沙土的密实度，分为松散、稍密、中密、密实、极密实 5 级。

（2）确定沙土的内摩擦角 φ，可用于边坡和地基的稳定性试验。

（3）判断土层振动液化的可能性。

对黏性土：

确定一般黏性土的无侧限抗压强度，评价地基强度。

对桩基：

（1）确定单桩的极限承载力，判断地基的加固效果。

（2）判断沉桩的可能性。

4.4 十字板剪切试验

十字板剪切试验是一种用十字板测定饱和软黏性土不排水抗剪强度和灵敏度的试验，属于土体原位测试试验的一种。它是将十字板头由钻孔压入孔底软土中，以均匀的速度转动，通过一定的测量系统，测得其转动时所需之力矩，直至土体破坏，从而计算出土的抗剪强度。由十字板剪切试验测得之抗剪强度代表孔内土体的天然强度（不排水抗剪强度）。

4.4.1 十字板剪切试验的设备

十字板剪切试验的设备为十字板剪切仪，按传力方式分为机械式和电测式两类。目前国内有三种：开口钢环式、轻便式和电测式，前两者属于机械式。

（1）开口钢环式十字板剪切仪（图 4-8）。该仪器是利用蜗轮旋转将十字板头插入土层中，借开口钢环测力装置（图 4-9）测出阻力矩，来计算土的抗剪强度。该法应用较广，效果也较好。

（2）轻便式十字板剪切仪。该仪器在试验中难以准确掌握剪切速率和不易准确维持仪器的水平，测试精度不高，使用较少。其优点是轻便、易于携带、不需要动力，在一般简易小型工程中，具有熟练操作技术的工作人员可以应用。

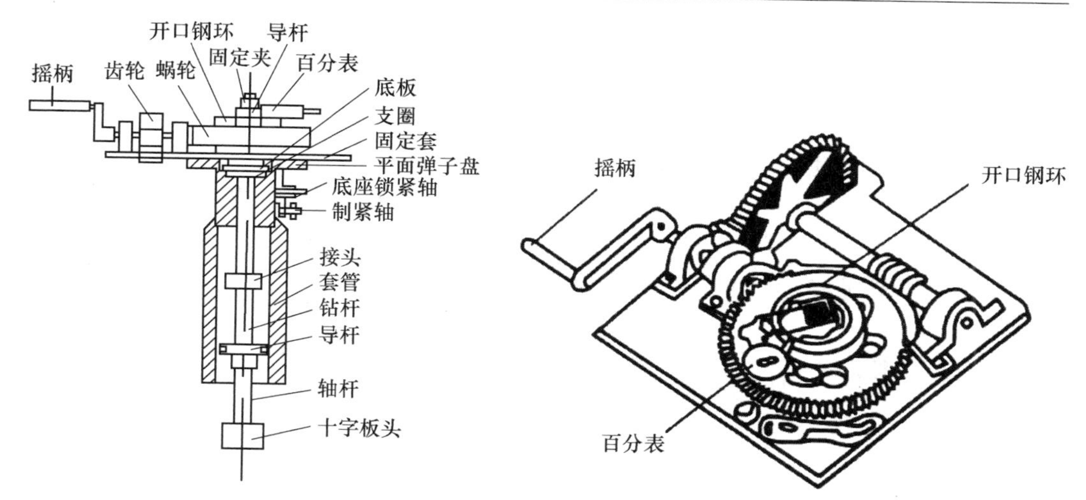

图 4-8 开口钢环式十字板剪切仪结构示意图

图 4-9 开口钢环测力装置

（3）电测式十字板剪切仪（图 4-10）。该仪器与钢环式的主要区别在于，测力设备不用钢环，而是在十字板头上方连接一贴有电阻应变片的扭力柱的传感器（图 4-11）。

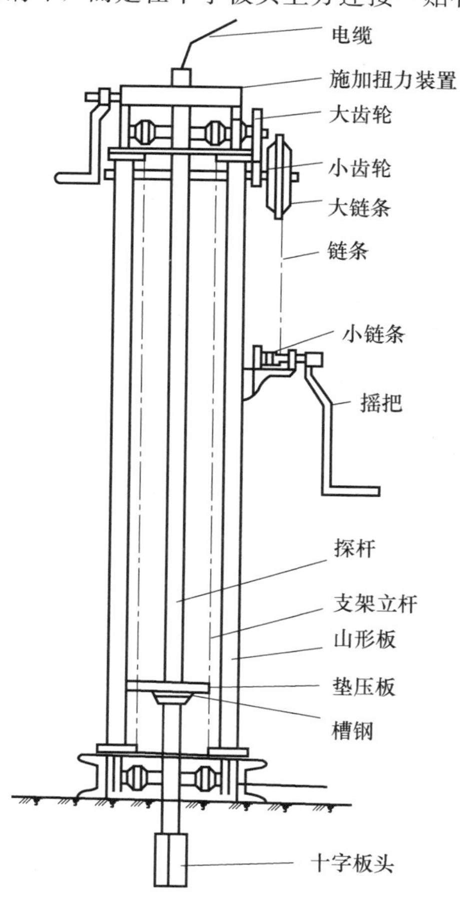

图 4-10 电测式十字板剪切仪的构造

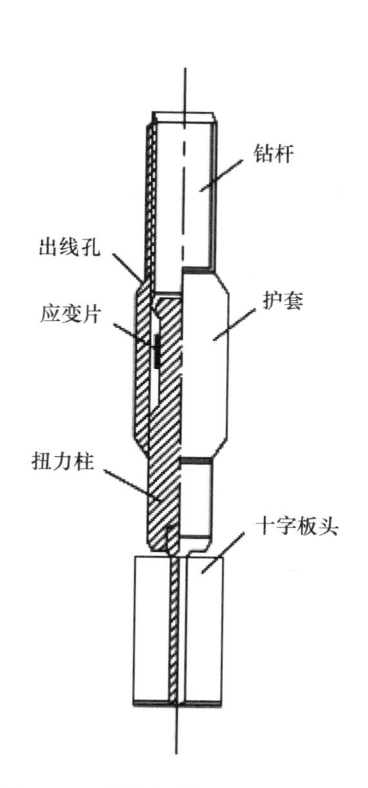

图 4-11 电测十字板头结构示意图

在地面用电子仪器直接量测十字板头的剪切扭力，不必进行钻杆和轴杆校正。实践表明，电测十字板剪切仪轻便灵活、操作容易，试验成果也比较稳定，目前已经得到广泛应用，并有取代其他型号的十字板剪切仪的趋势。

十字板剪切仪的主要部件有：

（1）压入主机：应能将十字板头垂直压入土中，可采用触探主机或其他压入设备。

（2）十字板：国外十字板头形状有矩形、菱形、半圆形等，国内多采用矩形，常用的十字板头规格和相应规格的十字板常数值如表 4-11 所示。

表 4-11　十字板头规格和十字板常数 k 的值

十字板头规格 $D \times H$（mm）	施力转盘半径 R（mm）	十字板常数 k（cm^3）
50×100	200	0.0427
75×100	200	0.0181
75×120	200	0.0156

一般来说，十字板是横断面呈十字形、带刃口的金属板，高度为 10～12cm，转动直径为 5.0～7.5cm，板厚为 2～3mm，刃口为 60°。对于不同的土可以选用大小不同的十字板头，一般在软土中采用 75mm×100mm 的较为合适，在稍硬的土中可采用 50mm×100mm。

（3）轴杆：轴杆的直径一般为 20mm。按轴杆与十字板头的连接方式，国内广泛使用离合式，也有采用套筒式。离合式轴杆是利用一离合器装置，使轴杆与十字板头能够离合，以便分别作十字板总剪力试验和轴杆摩擦校正试验。套筒式轴杆是在轴杆外套上一个带有弹子盘的可以自由转动的钢管，使轴杆不与土接触，从而避免了两者的摩擦力。在套筒下端 10cm 与轴杆间的间隙内涂黄油，上端间隙灌机油，以防泥浆进入。

（4）测力装置：开口钢环测力装置（图 4-10）是通过钢环的拉伸变形来反映施加扭力的大小。这种装置使用方便，但有时由于推进蜗轮加工不够精密或有沾污物，转动时有摇晃现象，影响测力的精确度。电阻应变式测力装置是在十字板头上端的轴杆部位安置测扭力传感器，在高强弹簧钢的扭力柱上贴有两组正交的，并与轴杆中心线成 45°的电阻应变片，组成全桥接法。扭力柱的上部与轴杆相接。套筒主要用以保护传感器。它的上端丝扣与扭力柱接头用环氧树脂固定，下端呈自由状态，并用润滑防水剂保持其与扭力柱的良好接触。这样，应用这种装置就可以通过电阻应变片直接测读十字板头所受的扭力，而不受轴杆摩擦、钻杆弯曲及塌孔等因素的影响，提高测试精度。

（5）扭力装置：由蜗轮蜗杆、变速齿轮、钻杆夹具和手柄组成。

（6）其他：钻杆、水平尺、管钳等。

4.4.2　十字板剪切试验的原理及技术要求

1. 试验原理

十字板剪切试验是在钻孔某深度的软黏性土中插入规定形式和尺寸的十字板头（图 4-12），施加扭转力矩，使板头内的土体与周围土体产生相对扭剪，直至土体破坏，测出土体抵抗扭转的最大力矩，然后根据力矩的平衡条件，推算出土体抗剪强度。在推算强度时，作了以下几点假定：

（1）剪破面为一圆柱面，圆柱面的直径与高度分别等于十字板头的宽度 D 和高度 H，如图 4-13 所示。

（2）圆柱面侧面的抗剪强度 τ_{fv} 和上下端面上的抗剪强度 τ_{fH} 为均匀分布并相等，即 $\tau_{fv}=\tau_{fH}=\tau_f$，如图 4-13 所示。由于十字板现场剪切试验为不排水剪切试验，因此其试验结果与无侧限抗压强度试验结果接近，饱和软土在固结不排水剪切时 $\varphi=0$，故 $\tau=\frac{q_u}{2}=c_u$。

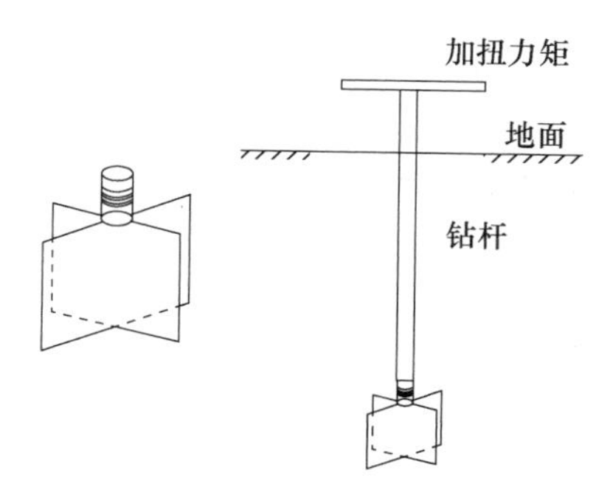

图 4-12　十字板头

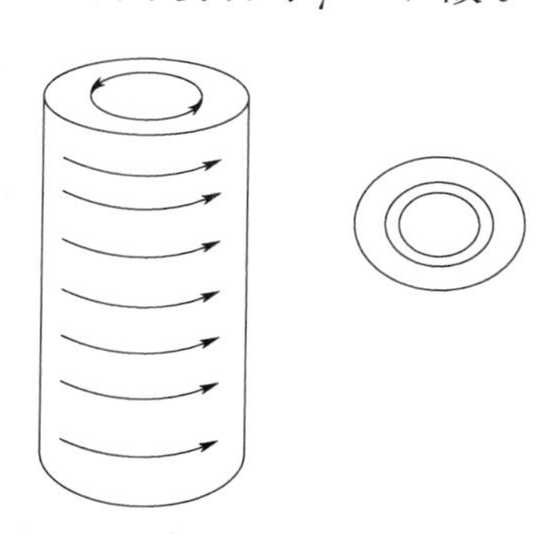

图 4-13　圆柱形破坏面上抗剪强度的分布

于是，土体产生的最大阻力矩 M 为

$$M=M_1+M_2 \tag{4-18}$$

式中　M_1——圆柱侧面的抵抗力矩；

M_2——圆柱上下面的抵抗力矩，其计算式为：

$$M_1=C_u\times\pi DH\times\frac{D}{2}$$

$$M_2=2C_u\times\frac{1}{4}\times\pi D^2\times\frac{2}{3}\times\frac{D}{2}=\frac{1}{6}C_u\pi D^2$$

代入式（4-17）中得：

$$M=C_u\times\pi DH\times\frac{D}{2}+\frac{1}{6}C_u\pi D^3=\frac{1}{2}C_u\times\pi D^2\left(\frac{D}{3}+H\right)$$

$$C_u=\frac{2M}{\pi D^2\left(\frac{D}{3}+H\right)} \tag{4-19}$$

式中　C_u——十字板抗剪强度；

D——十字板直径；

H——十字板头高度。

实际上，M 值还应该等于测得的总力矩减去轴杆与土体间的摩擦力矩和仪器机械的摩阻力矩，即

$$M=(P_f-f)R \tag{4-20}$$

式中　P_f——剪损土体的总作用力；

f——轴杆与土体间的摩擦力和仪器机械摩阻力；

R——施加转盘半径。

将式（4-19）代入式（4-18），可得十字板剪切试验推算抗剪强度的公式为

$$C_u=\frac{2R}{\pi D^2\left(\frac{D}{3}+H\right)}(P_f-f) \tag{4-21}$$

2. 技术要求

（1）进行钻孔十字板剪切试验时，十字板插入孔底以下的深度应大于5倍钻孔直径，以保证十字板能在不扰动土中进行剪切试验。

（2）十字板插入土中与开始扭剪间的间歇时间应小于5min。因为插入时产生的超孔隙压力的消散，会使侧向有效应力增大。TorStensson（1977）发现间歇时间为1h和7d的试验所得的不排水抗剪强度比间歇时间为5min的约分别增大9%和19%。

（3）应很好地控制扭剪速率。速率过慢，会由于排水导致强度增大；速率过快，饱和软黏土会产生黏滞效应，这也使强度增大，一般应控制为6°～12°/min或1°～2°/10s。

（4）十字板剪切试验点的布置，对均质土竖向间距可为1m，对非均质或夹薄层粉细砂的软黏性土，宜先做静力触探，结合土层变化，选择软黏土进行试验。

4.4.3　十字板剪切试验过程及适用条件

1. 开口钢环式十字板剪切仪的试验过程

用该设备在现场测定软黏性土的不排水抗剪强度和残余强度等的基本方法和要求为：

（1）先钻探开孔，下直径ϕ127mm套管至预定试验深度以上75cm处（为避免扰动，预留近6倍钻孔直径的土层），再用提土器逐段清孔至套管底部以上15cm处，并在套管内灌水，以防止软土在孔底涌起及尽可能保持试验土层的原始结构和应力状态。用木套管夹或链条钳将套管固定，以防套管下沉或扭力过大时套管发生反向旋转。清除孔内残土。为避免试验土层受扰动，一般使用有孔螺旋钻清孔。

关于下套管问题，已有一些勘察单位只在孔口下一个3～5m长套管，只要保持孔内满水，可同样达到维护孔壁稳定的效果，而这样可大大节省试验工作程序。

（2）将十字板头、离合器、轴杆与试验钻杆及导杆等逐节接好，下入孔内，至十字板与孔底接触。各杆件要直，各接头必须拧紧，不得稍有松动，以减少不规则的扭力损耗。

（3）将摇把套在导杆上向右转动，使十字板离合齿咬合，再将十字板徐徐压入土中至预定试验深度。当试验深度处为较硬夹层时，应穿过夹层进行试验。

（4）套上传动部件，转动底板使导杆键槽与钢环固定夹键槽对正，用锁紧螺钉将固定套与底座锁紧，再转动手摇柄使特制键自由落入键槽，将指针对准任何一整数刻度，装上百分表并调至零位。

（5）以约1°/s的速度旋转转盘，每转1°测记钢环变形读数1次，直至读数不再增大或开始减小时，即表示土体已被剪损，此时施于钢环的作用力就是剪损原状土的总作用力p_f值。

（6）拨下连接导杆与测力装置的特制键，套上摇把，连续转动导杆及轴杆、十字板头等6圈，使土完全扰动，再按步骤（4）以同样剪切速度进行试验，可得剪损扰动土的总作用力P'_f值。

重塑土的抗剪强度试验视工程需要而定，一般情况下可酌情减少试验次数。

(7) 拨下特制键，将十字板轴杆向上提 3～5cm，使连结轴杆与十字板头的离合器处于离开状态，然后仍按步骤（4）可测得轴杆与土之间的摩擦力和仪器机械摩阻力值。

(8) 试验完毕，卸下转动部件和底座，在导杆孔中插入吊钩，逐节提取钻杆和十字板头。清洗十字板头，检查螺钉是否松动，轴杆是否弯曲。

(9) 水上进行十字板试验，当孔底土质软时，为防止套管在试验过程中下沉，应采用套管控制器。

通过测得试验点的原状土的不排水抗剪强度 C_u 和扰动土的不排水抗剪强度（或称残余强度）C'，从而可以求得土的灵敏度。

(10) 完成上述基本试验步骤后，拔出十字板，继续钻进，进行下一深度的试验。

试验间距的选择，可根据工程需要及土层情况来确定，一般每隔 0.5～1m 测定一次。在极软的土层中，也可以不必拔出十字板，而连续压入十字板 3～4 次，在不同深度进行试验。

2. 电测式十字板剪切试验过程

试验操作步骤为：

(1) 在试验点两旁将地锚旋入土中，安装和固定压入主机，用分度值为 1mm 的水平尺校平，并安装好施加扭力的装置。

(2) 将十字板头接在扭力传感器上并拧紧。把穿好电缆的钻杆插入扭力装置的钻杆夹具孔内，将传感器的电缆插头与穿过钻杆的电缆插座连接，并进行防水处理。接通量测仪表，然后拧紧钻杆，钻杆应平直，接头要拧紧，宜在十字板以上 1m 的钻杆接头处加扩孔器。

(3) 将十字板头压入土中预定的试验深度后，调整机架使钻杆位于机架面板导孔中心。

(4) 拧紧扭力装置上的钻杆夹具，并将量测仪表调零或读取初读数。

(5) 顺时针方向转动扭力装置上的手摇柄，当量测仪表读数开始增大时，即开动秒表以 0.1°/s 的速率旋转钻杆。每转 1°测记读数 1 次，应在 2min 内测得峰值。当读数出现峰值或稳定值后，再继续旋转测记 1min。峰值或稳定值作为原状土剪切破坏时的读数。

(6) 松开钻杆夹具，用板手或管钳快速将钻杆顺时针方向旋转 6 圈，使十字板头周围的土充分扰动后，立即拧紧钻杆夹具，测记重塑土剪切破坏时的读数。

重塑土的抗剪强度试验视工程需要而定，一般情况下可酌情减少试验次数。

(7) 如需继续进行试验，可松开钻杆夹具，将十字板头压至下一个试验深度。

(8) 全孔试验完毕后，逐节提取钻杆和十字板头，清洗干净，检查各部件完好程度。

根据上述试验数据，计算土的抗剪强度和土的灵敏度，最后，根据需要绘制土的抗剪强度随深度变化曲线和各试验点抗剪强度与转动角度的关系曲线。

3. 十字板剪切试验的适用条件

长期以来，野外十字板剪切试验被认为对于均质饱和软黏性土是一种有效可靠的原位测试方法，国内外应用很广。但其缺点是仅适用于测定饱和软黏性土的抗剪强度，对于具有薄层粉砂、粉土夹层的软黏性土，测定结果往往偏大，而且结果比较分散；它对硬塑黏土和含有砂层、砾石、贝壳、树根及其他未分解有机质的土层不适用，如采用会损伤十字板头。故在进行十字板剪切试验前，应先进行勘探，摸清土层分布情况。

4. 十字板剪切试验的影响因素

（1）土的各向异性

实际土体在不同程度上是各向异性的，τ_{fV}不等于τ_{fH}，而且往往不但峰值的绝对值不同，而且达到峰值所需的变位（即扭转角）也不同。有时需要采用不同 D/H 比的十字板头，在邻近位置进行多次测定，以便区分τ_{fV}和τ_{fH}。

（2）扭转速率

试验结果表明，扭转速率对测试结果的影响很大。由于颗粒之间存在着黏滞阻力，旋转越快，测得的强度越高。特别是在塑性高的黏土中，这种效应尤其明显。目前国内外一般采用 0.1°/s 的速率，这种速率测得的强度与模拟实际工程加载速率很慢、扭转速率接近于零时的强度基本相同。

（3）插入深度对土的扰动的影响

清孔能扰动试验点的土质，故插入深度原则上不应小于所用套管直径的 5 倍。各国采用的插入深度范围为 46～92cm。我国通常采用 75cm。

（4）逐渐破坏效应

十字板旋转时两端和周围各点的应力分布不均匀，相应地，其应变分布也不均匀，这就使得在整个剪切面上不能同时达到峰值抗剪强度。特别是在高灵敏度的黏土中，常常在某些产生应力集中的部位先出现局部破坏，然后逐渐发展，直至整体破坏，故测得的平均强度实际上低于峰值强度。

（5）剪切时排水的可能性

十字板抗剪强度 C_u 主要由破坏面上的有效应力控制。十字板剪切试验虽被认为是不排水抗剪试验，实际上在规定的 0.1°/s 的剪切速率下，存在着排水的可能性，特别是这种剪切速率远比实际建（构）筑物的加荷速率要快，因此十字板剪切试验所得的“不排水抗剪强度”偏大。

（6）内摩擦角的影响

十字板剪切试验在理论上假定 $\varphi=0$，但天然状态下饱和软土的 φ 角并不等于零，因此得到的十字板强度 C_u 比实际强度高。

（7）圆柱破坏面形成的假定

Leblane 通过室内十字板剪切试验发现，抗剪强度峰值发生在扭剪角不大时。随着扭剪角增大，强度降低，直至残余强度为止。当扭剪角超过 45°时，才发展为完整的圆柱破坏面，而且剪切破坏面实际上为带状，其直径比十字板叶片直径大 5%，这使计算所得的抗剪强度值偏大。

（8）试验时土体强度的触变效应

Flaate 首先提出，试验前十字板头插入土中静置的时间延长时，测得的抗剪强度值会增大，这与插入十字板头所产生的孔隙水压力消散和黏土触变强度的恢复有关。为增加试验资料的可比性，有必要对十字板插入土中和试验开始时的间隔作出统一的规定。

（9）试验方式的选择

采用不同的试验设备、钻进方式和操作方法也都会影响所测试土层的抗剪强度。电测式十字板比非电测式的试验结果往往偏小15%～20%。这是由于电测装置从根本上消除了机械安装、钻杆弯曲、轴杆摩擦等因素的影响。

总之，影响十字板剪切试验的因素很多，各因素对测定的不排水抗剪强度影响归纳见表4-12。

表4-12 十字板剪切试验影响因素

影响因素	影响（%）	十字板常数 k（cm^3）	影响（%）
十字板厚度	−10～25	剪切面剪应力非均匀分布	6～9
十字板嵌入对土的扰动	−15～25	破坏圆柱直径大于十字板直径	5
插入间歇时间	10～20		
土的各向异性比各向同性	5～12	扭转速率：$I_P<19$ 的土	±5～20
应变软化	10	$I_P>40$ 的土	±30～40

4.4.4 十字板剪切试验的成果应用

在软土地基勘察中，十字板剪切试验应用广泛，其试验成果主要应用于以下几个方面：

（1）估算地基容许承载力；

（2）估算土的液性指数 I_L；

（3）估计土的应力历史；

（4）预估单桩承载力；

（5）求软黏土灵敏度 S_t；

（6）用于测定地基强度变化；

（7）检验地基加固效果。

除此之外，十字板强度可用于水利工程软土地基及其他软土填、挖方斜坡工程的稳定性分析与核算。特别是应用轻便型十字板剪切仪，试验操作简单、迅速，可以在施工中随时测定。例如，对已经破坏的软基或斜坡，其滑动带土的强度比滑动带上、下土的强度有显著的降低，所以用轻便十字板剪切仪能较好地确定它的位置。用十字板剪切仪测定软土中地基及边坡遭受破坏后的滑动面及滑动面附近土的抗剪强度，反算滑动面上土的强度参数，可为地基与边坡稳定性分析和确定合理的安全系数提供依据。在软土地基堆载预压处理过程中，可用十字板剪切试验测定地基强度的变化，用于控制施工速率及检验地基加固程度。

4.5 旁压试验

旁压试验是在现场钻孔中进行的一种水平向荷载试验。具体试验方法是将一个圆柱形的旁压器放到钻孔内设计标高，加压使得旁压器横向膨胀，根据试验的读数可以得到钻孔横向扩张的体积-压力或应力-应变关系曲线，据此可用来估计地基力学参数，又称横压试验。

4.5.1 旁压试验设备

旁压试验所用的设备是旁压仪，主要由旁压器、量测与输送系统、加压系统三部分组成，如图 4-14 所示。

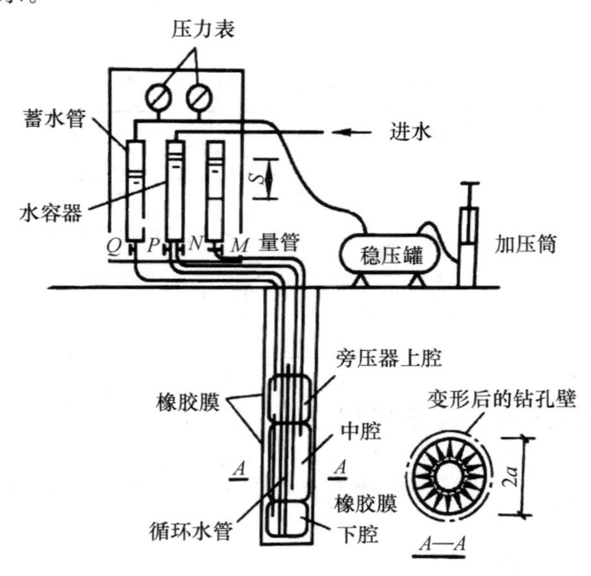

图 4-14　旁压仪示意图

（1）旁压器：结构为三腔式圆柱形，外套弹性膜。常用的 PY-3 型旁压器，外径 50mm（带金属铠甲扩套时为 55mm），三腔总长 500mm。中腔为测量腔，长 250mm。上、下腔为辅助腔，各长 125mm，上、下腔之间用铜导管沟通，与测量腔隔离。腔体外部用一块弹性膜（橡胶膜）包起来，弹性膜受到压力作用后产生膨胀，挤压孔周围的土。这个压力一般是通过液压（水压）来传递的。三腔中轴为导水管，用来排泄地下水。

（2）变形量测装置：由测管量测孔壁土体受压后的相应变形值。

（3）加压稳压装置：压力源为高压氮气或人工打气，并附压力表，加压稳压均采用调压阀。

4.5.2 旁压试验类型

旁压试验按照旁压器在土中的设置方式分为：预钻式旁压试验、自钻式旁压试验和压入式旁压试验。

预钻式旁压试验是在土中预先钻一竖向孔，再将旁压器下入孔内试验标高处进行旁压试验。预钻式旁压试验具有设备轻便、测试时间短的优点。

自钻式旁压试验是在旁压器下端组装旋转切削钻头和环形刃具。以静压压入土中，同时用钻头将进入刃具的土破碎，并用泥浆将碎土冲带到地面。钻到预定试验位置后，由旁压器进行旁压试验。自钻式旁压试验克服了预先成孔等一系列缺点，避免了对孔壁土体产生扰动，也克服了旁压孔的深度会因塌孔、缩孔等原因而受到的限制，精度较高。

压入式旁压试验又分圆锥压入式试验和圆筒压入式试验。圆锥压入式试验是在旁压器的下端连接一圆锥，利用静力触探压机，以静压方式将旁压器压到试验深度进行旁压试验，在压入过程中对周围有挤土影响。圆筒式压入试验是在旁压器的下端连接一圆筒（下有开口），在钻孔底以静压方式压入土中一定距离进行旁压试验。

4.5.3 旁压试验原理及技术要求

1. 试验原理

旁压试验是一种在钻孔中进行的横向荷载试验。首先在土体中预先钻一个符合要求的竖直钻孔，然后将旁压器（探头）放在孔内的试验标高处进行试验。根据试验的读数可以得到应力-应变和体积-压力之间的关系曲线，据此可用来对试验土体进行分类，评估它的物理状态，确定土体的强度参数、变形参数、地基的承载能力、建筑物基础的沉降、单桩的承载力与沉降以及侧向的地基反力系数等。其基本原理是通过旁压器在竖直的孔内加压，使旁压膜膨胀，并由旁压膜（或护套）将压力传给周围土体（或软岩），使土体（或软岩）产生变形直至破坏，如图 4-15 所示。并通过测量装置测出施加的压力和土变形之间的关系，然后绘制应力-应变（或钻孔体积增量、或径向位移）关系曲线。根据这些关系对孔周围所测土体（或软岩）的承载力、变形性质等进行评价。

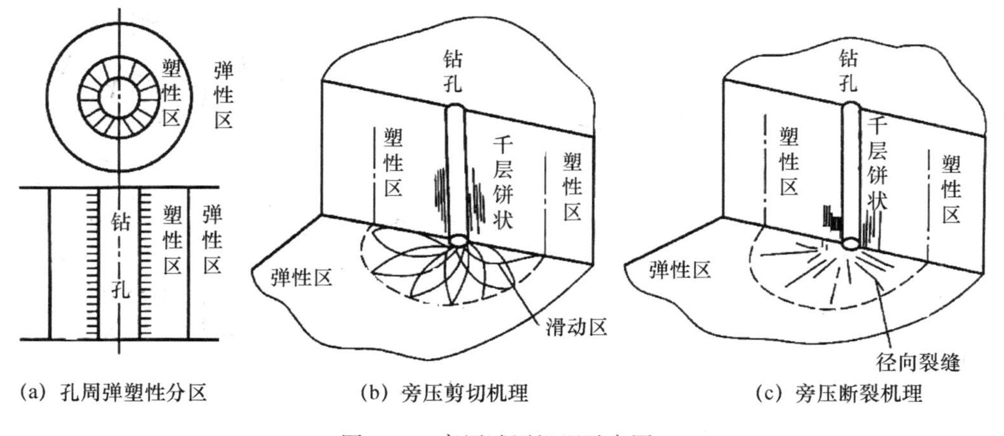

图 4-15 旁压试压机理示意图

2. 技术要求

(1) 仪器的率定

旁压试验的率定包括：弹性膜约束力的率定、仪器综合变形率定。正式试验前，对新旁压仪应进行弹性膜的约束力校正和仪器综合变形率定。当更换新弹性膜或者当弹性膜使用次数较多、仪器长期未使用时，都应进行弹性膜约束力校正和仪器综合变形率定。

①弹性膜约束力的率定：在周围没有土反力的条件下，测定旁压器弹性膜（包括保护罩）扩张所需的压力。率定前，先使弹性膜预膨胀 5 次，然后按正式试验的压力增量逐级加压，并按试验采用的测读时间记录扩张体积（或半径）。为了克服温度对弹性膜约束力的影响，应尽可能使率定时的温度与试验温度接近。弹性膜约束力率定曲线如图

4-16 所示。

②仪器综合变形的率定：把旁压仪器放置在一内径比旁压器外径略大、长度比旁压器长 20cm 以上的圆壁钢筒内，使旁压器在有侧限条件下逐级加压，观测管线的膨胀体积。各级压力下的观测时间与正式试验一致。测得压力与扩张体积的关系曲线如图 4-17 所示。

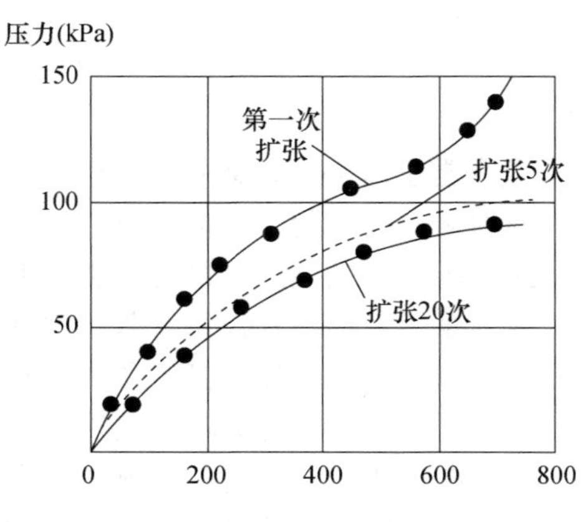

图 4-16 弹性膜约束力率定曲线

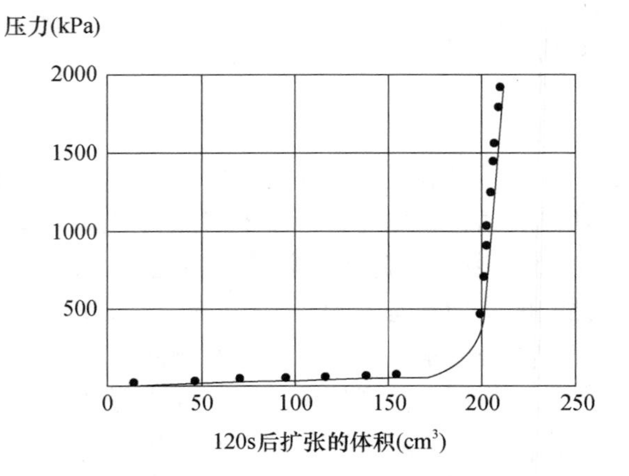

图 4-17 仪器综合变形率定曲线

仪器综合变形校正系数 a_p 可由式（4-22）求出

$$a_p=\frac{\Delta V}{\Delta P} \tag{4-22}$$

式中 ΔV——旁压器的体积增量（m^2）；

ΔP——压力增量（kPa）。

将 a_p 乘各级总压力后即得各级总压力下仪器综合变形校正值。

（2）试验位置和成孔要求

旁压试验前，最好先进行静力触探，选取贯入阻力均匀、厚度不小于 1m 的层位做旁压试验。试验的最小深度、连续试验的层位间距、取土钻孔或其他原位测试孔与旁压试验孔间的水平距离，均不宜小于 1m。

成孔直径比旁压器外径大 2～8mm 为宜，强度高的土孔径宜小，孔形要圆整，孔壁要垂直，应尽量减轻对孔壁土体的扰动，保护孔壁土体的含水率。成孔深度一般应比试验深度大 50cm。

预钻式旁压试验，关键是成孔的质量，要求钻孔孔壁的扰动不大，孔形整圆光洁，孔径与旁压器外径之比介于 1.03～1.10 之间。自钻式旁压试验，对钻头离刃口的位置、钻头转速、进尺速度、泥浆压力和流量等应通过试验选择合理的组合，使自传时对周围土体的扰动最小。

（3）压力增量和观测时间

旁压试验的加荷一般采用应力控制方法（分级加荷），加荷等级以 8～14 级为宜，各级加荷增量可相等，也可以不相等。如不相等，在初始阶段压力增量可以小些，以满足确定 P_0 的需要，即由似弹性阶段向塑性阶段过渡，为确定临塑压力 P_f，也可用较小的压力增量。表 4-13 给出了《土工实验规程》（SL 237—1999）对压力增量的建议值。

表 4-13 旁压试验压力增量建议值

土类	压力增量（kPa）	
	临塑压力前	临塑压力后
淤泥、淤泥质土、流塑状态的黏质土、饱和或松散的粉细砂	<15	≤30
软塑状态的黏质土、疏松的黄土	15～25	30～50
可塑至硬塑状态的黏质土，一般黄土，中密至密实很湿的粉细砂，稍密至中密的中、粗砂	25～50	50～100
坚硬状态的黏质土，密实的中、粗砂	50～100	100～200
中密至密实的碎石类土	≥100	≥200

每级压力下体积变化的观测时间，一般为 1～3min，使试验在不排水条件下进行，读数时间为 15s、30s、60s、120s、180s。

4.5.4 试验方法

1. 预钻旁压试验的操作步骤

（1）试验前平整试验场地，根据土的分类和状态选择适宜的钻头开孔，要求孔壁垂直、呈完整的圆形，尽可能减少孔壁土体扰动。

（2）钻孔时，若遇松散砂层和软土地层时，须用泥浆护壁钻进。钻孔孔径应略大于旁压器外径 2～6mm。

（3）试验点布置原则：必须保证旁压器上、中、下三腔都在同一土层中。试验点垂直间距一般不小于 1m，每层土不少于 1 个测点。层厚大于 3m 的土层，一般不少于 2 个测点，亦可视工程需要确定测点位置和数量。

取完土样或做过标贯试验的部位不得进行旁压试验。

（4）试验前在水箱内注满蒸馏水或无杂质的冷开水，打开水箱安全盖。

（5）检查并接通管路，把旁压器的注水管和导压管的快速接头对号插入。

（6）把旁压器竖立于地面，打开水箱至量管、辅管各管阀门，使水从水箱分别注入旁压器各个腔室，并返回到量管和辅管。在此过程中需不停地拍打尼龙管并摇晃旁压器，以便尽量排除旁压器和管路中滞留的气泡。为了加速注水和排除气泡，亦可向水箱稍加压力。

当量管和辅管水位升到刻度零或稍高于零，即可终止注水，关闭注水阀和中腔注水阀。

（7）调零。把旁压器垂直提高，直到使中腔的中点与量管零位相平，打开调零阀，并密切注意水位的变化，当水位下降到零时，立即关闭调零阀、量管阀和辅管阀，然后放下旁压器。

（8）将旁压器放入钻孔中预定的试验深度，其深度以中腔中点为准。打开量管阀和辅管阀施加压力。

（9）用高压氮气源加压时，接上氮气加压装置（导管手动加压装置则应关闭）。把减压阀按逆时针方向拧到最松位置，打开气源阀，按顺时针方向调节减压阀，使高压降低到比所需最高试验压力大 100～200kPa，然后缓慢地按顺时针方向调节调压阀并调到所需的试验压力。

（10）手动加压时，先接上打气筒，关闭氮气加压阀，打开手动加压阀，用打气筒向储气罐加压，使储气罐内的压力增加到比所用最高试验压力大 100～200kPa。然后按顺时针方向缓慢旋转调节阀调到所需的试验压力。

（11）加压等级一般为预计极限压力的 1/8～1/12。

（12）各级压力下相对稳定时间标准为 1min 或 3min。按下列时间顺序测记量管的水位下降值。

对 1min 稳定时间标准：15s、30s、60s。

对 3min 稳定时间标准：1min、2min、3min。

（13）在任何情况下，扩张体积相当于量测腔的固有体积时，应立即终止试验。

（14）试验结束后，采取以下方法使弹性膜恢复原状。

①试验深度小于 2m 时，把调压阀按逆时针方向拧到最松位置，即与大气相通，利用弹性膜的约束力回水至量管和辅管，当水位接近零时，即可关闭量管阀和辅管阀。

②试验深度大于 2m 时，打开水箱安全盖，再打开注水阀和中腔注水阀，利用试验压力使旁压器回水至水箱。

③当需排净旁压器内的水时，打开排水阀和中腔注水阀，利用试验压力排净旁压器内的水。

④也可引用真空泵吸回水。

（15）终止试验消压后，必须等 2～3min 后才能取出旁压器，并仔细检查、擦洗、装箱。

（16）当需进行下一试验点的测试时，重复上述步骤进行。

2. 自钻旁压试验的操作步骤

（1）试验点布置原则：必须保证旁压器上、中、下三腔都在同一土层中。试验点垂直间距一般不小于 1m，每层土不少于 1 个测点。层厚大于 3m 的土层，一般不少于 2 个测点，亦可视工程需要确定测点位置和数量。

（2）在所选定的试验点上，安装自钻旁压仪。利用自动切削装置切碎土体，用循环冲洗液将碎的土屑输送到地面。同时将旁压器置放于所需试验的位置。

（3）利用液压或气压按照预钻旁压试验的步骤（8）或步骤（12）进行加压，并测记量管水位或传感器的输出值。

（4）试验结束后按照预钻旁压试验的步骤（14）使弹性膜恢复原状，取出旁压器。

4.5.5 旁压测试法成果应用

1. 判别土的状态

利用旁压试验成果来判别土的状态，应根据不同的情况选用不同的方法。

（1）判别土的稠度状态：利用旁压试验成果可按表 4-14 所提供的标准来判别黏性土的稠度状态。

表 4-14 黏性土的稠度状态的判别

P'_c（kPa）	状态	不排水抗剪强度 C_u（kPa）
0～75	流塑	＜20
75～150	软塑	20～40
150～350	可塑	40～75
350～800	硬塑	75～150
800～1600	很硬	＞150
＞1600	坚硬	

（2）判别土的密实状态：利用旁压试验成果可按表 4-15 所提供的标准来判别砂土的状态。

表 4-15 砂土的密实度的判别

P'_c（kPa）	密实度	标准贯入击数 N
0～200	很松散	0～4
200～500	松散	4～10
500～1500	中密	10～30
1500～2500	密实	30～50
＞2500	很密	＞50

2. 推求土的应力历史

利用旁压试验来推求土的应力历史，一般可按表 4-16 所提供的标准进行。

表 4-16 黏性土的固结状态

固结状态	E_M/P_L	固结状态	E_M/P_L
重度超固结	＞15	正常固结	8～12
轻度超固结	12～15	欠固结	5～8

3. 确定地基容许承载力

（1）临塑压力法：大量的测试资料表明，用旁压测试的临塑压力 P_f 减去土层的静止侧压力 P_0，所确定的承载力与载荷测试得到的基本承载力基本一致。国内在应用旁压测试确定地基承载力时，一般采用下式：

$$f_k = P_f - P_0 \tag{4-23}$$

（2）极限压力法：对于红黏土、淤泥等，其旁压曲线经过临塑压力后急剧拐弯，破坏时的极限压力与临塑压力之比值（P_L/P_f）小于 1.7。为安全起见，采用极限压力法为宜：

$$f_k = \frac{P_L - P_0}{F} \tag{4-24}$$

式中 F——安全系数，一般取 2～3。

以上 P_0、P_f、P_L 及 f_k 的单位均为 kPa。

4. 确定单桩轴向容许承载力

工程中常以基础侧边的摩阻力和横向抗力是否能有效地发挥来区分浅基础和深基础。对浅基础，在设计中忽略侧边阻抗的作用；对深基础则不然。桩基础是最常用的深基础，其承载力由桩周侧的摩阻力和桩端承载力两部分提供。由于这种共同作用的性质比较复杂，目前在工程计算中常把这种作用分开来考虑，然后叠加求总的承载力。

考虑到旁压孔周围土体受到的作用是以剪切为主，与桩-土的作用机理比较相近，因此，分析和建立桩的承载力和旁压试验结果之间的相关关系是可能的。目前，国内外都在进行该方面的努力，并已取得了一些成绩。

Baguelin 等于 1978 年提出，可用下式估算桩的承载力标准值，即

$$\begin{aligned}[q_d] &= p_L/3 \\ [q_f] &= p_L/20\end{aligned} \tag{4-25}$$

式中 $[q_d]$ ——桩端承载力特征值（kPa）；

$[q_f]$ ——桩侧摩阻力特征值（kPa）。

除此之外，通过旁压试验，还可以计算土的强度指标、土的变形参数以及地基沉降。

4.6 岩土的渗透性测试

岩石渗透性（permeability of rocks）是流体（通常指地下水和石油）流动通过岩石的能力。岩石渗流对岩石力学性质有重要的影响，它会改变岩石的受力情况，引起岩石变形、破裂、软化、泥化或溶蚀，从而危及岩体的稳定性。因此，岩石渗透性是岩石力学的主要研究内容之一。

4.6.1 渗流的基本原理

水在岩石中的渗流是一个很复杂的问题，至今还没完全研究清楚。工程上为了便于探讨，往往把水在岩石中的流动假定为同在其他边界条件下的流动一样，分为层流和非层流，并借用水力学和流体力学的原理和方法进行研究。在层流运动中，水头损失与流速呈线性关系，是 1852 年法国达西用砂土做实验得出的。实验用的砂土具有均匀分布的互相连通的孔隙，即所谓连续多孔介质。通过试验，得出被称为达西渗流定律的下述公式：

$$v=KJ$$

或

$$Q=KJA$$

式中 v——渗透流速；

K——比例常数，称为渗透系数；

J——水力坡降，表示渗透水流沿流向每前进单位距离时的水头损失；

Q——渗透流量；

A——垂直于渗流方向的截面积。

在层流运动中水流平稳，水质点的运动轨迹互相平行。

在非层流运动中，一般假定水头损失与流速呈非线性关系：

$$v=KJ_1/m$$

式中 K——非层流时的渗透系数；

m——非线性指数，通常为1～2。

在非层流运动中，水流不平稳，水质点的运动轨迹互相穿插。

地下水在岩石中的渗流大都以层流运动为主。只有当水力坡降很大，岩石中存在大裂隙、大空洞，水流湍急时，才出现非层流。

渗流水不是通过整个断面，而只通过岩石中的贯通的孔隙或裂隙流动，因此流动的实际平均速度大于达西定律所列的。但为方便起见，工程上仍按达西定律计算。

4.6.2 测孔隙水压力

1. 敞开式测压管（观测井）

当透水性好时，安置敞开式测压管（观测井）。测压管的高度要大于孔隙水压力的水柱高，此时孔隙水压力的变化就是管（井）中的水头变化。当土中渗透系数>10^{-4} cm/s时，用这个方法测试较好。可将井管（直径50～60mm）打入含水层，管下端应在最低地下水位（承压水顶板）以下一段距离，在管子下端20～30cm以上长度位置穿孔，以便进水，管下端未穿孔部分，用来沉淀进入管内的细小颗粒，作为沉淀段。在进水段外侧用麻袋或塑料编织袋包住，能正常进水又能防止大颗粒进入管中，起到滤网的作用。此时管（井）中的水位高度即为孔隙水压力水柱（头）高度。

当透水层有好几层时，可分别测试。

当井管不便打入含水层时，可先钻孔，孔底填1.0m厚的纯净砂，将井管打入砂中30cm，同上述方法进行测试。

测压管可用镀锌管，当地下水侵蚀性明显时可用塑料管。

当土中渗透性很小时，会使水流入测压管的速度减慢。埋设测压管也会使测压管中的水位滞后现象比较严重。对于这些现象，应使测压管进水管与土的接触面积增大，上部观测段应使用小直径管或使用封闭式测压计，会得到一些改善。

2. 封闭式测压计

封闭式测压计形式很多，原理各异。如液压式、气压式、电感式（又可分为钢弦式、电阻应变片式、差动电阻式）。这里介绍钢弦（也称振弦）式孔隙水压力计。钢弦（振弦）式孔隙水压力计的工作原理是：土体中的孔隙水通过装在测头的透水石，传到压力薄膜上，压力薄膜受力后产生挠曲变形，引起装在薄膜上的钢弦振动变形，随之钢弦（振弦）的自振频率发生变化，用频率计测定频率变化的大小，再换算为孔隙水压力，换算公式为

$$u=k\ (f_0^2-f^2) \tag{4-26}$$

式中 k——测头的灵敏度系数（kPa/Hz^2），仪器自标定；

f_0——测头零压时的频率（Hz）；

f——测头受压后的频率（Hz）。

电阻应变片式孔隙水压力计的长期稳定性不如钢弦（振弦）式好。孔隙水压力计形

式很多，应用方便，可埋在水工建筑物内或地基内，也可以埋在桩基、挡土墙、衬砌、桥墩内测试。

4.6.3 渗透性及压水试验

1. 岩土的渗透性

岩土材料的渗透性，必须考察三个方面：介质条件是什么？用什么测试方法和测试指标？评价标准是什么？比如用野外抽水方式测得岩土材料的渗透系数（cm/s 或 m/d），又比如用野外（工程现场）注水或压水试验测得岩土材料的渗透系数或单位吸水量。根据渗透系数或单位吸水量再来判断岩土材料的渗透特性。

2. 压水试验

压水试验是测定岩石（体）渗透性特征最常用的一种渗透试验方法。它是靠水柱自重或泵压力将水压入到钻孔内岩壁周围的裂隙中并以一定条件下单位时间内的吸水量多少来表示岩层（体）的渗透性。如长江三峡坝址岩体的单位吸水量 $w<0.01$。

3. 压水试验的目的和作用

压水试验的目的和作用与工作阶段有关。

（1）在工程地质勘察阶段，为了解岩层的透水性，要测定渗透系数。

（2）在灌浆施工阶段之前，为了解岩体（层）中裂隙的大小、分布、连通情况及是否有充填等，为保证固结或防渗标准，需要得知每一灌浆段上的单位吸水量，以确定灌浆材料及稀稠、灌浆工艺过程及技术参数［如灌浆深度，灌浆孔径、孔距、排（行）距等］。

4. 压力的组成和选用

压水试验中压力的大小选用是一个重要因素。一般情况下，使用较高的压力是有利的，它有利于弄清裂隙的存在状况和日后的灌浆质量，但压力也不能太大，压力太大易引起裂隙扩展或引起上部岩层的抬动变形。在地质勘察时用低压如 0.1～0.3MPa；在冲洗钻孔时用高压，也要小于或等于灌浆压力，如 0.6～1.5MPa，根据岩性和裂隙状况，也可以更大。

实际压力的组成可用下式表示：

$$p=p_0+p_1-\Delta p \tag{4-27}$$

式中 p_0——压力表指示压力，换算成水柱高（m），压力表装在进水管上。

p_1——压力表至地下水位的水柱高（m）；

Δp——均匀管路压力损失水头（m）。

在压水或灌浆中，管路不可能都是均匀的，从来水（浆）方向说，有时由大管变小管，有时由小管变大管，管路水头损失都不一样，可参考常士骠主编《工程地质手册》（第三版）（北京：中国建筑工业出版社，1992）933 页或参考水利电力部第四、第十三工程局勘测设计院编《大坝基础灌浆》（北京：水利电力出版社，1976）68 页。

5. 压力实验的方法

施工时总是先钻孔再冲洗钻孔，然后进行压水试验、灌浆及检查质量，直至全部完成。钻孔孔径一般为75～91mm。岩性不同，钻头质量不同，孔径也不同。孔位方向最好与裂隙面垂直，穿透很多裂隙面，钻孔偏斜应符合专门的规程规定。钻孔的布孔型式及孔距应根据岩性、裂隙状况、岩层透水性、压力大小及压水、灌浆材料的稀稠、岩层单位吸水（浆）量等情况综合考虑而定，一般为3～5m。

压水试验施工时，要用专门的活动栓塞（橡胶制品为主）隔绝在一定的钻孔区段，以不同的压力不断压水。根据压力大小，可分为一个或三个压力阶段（低压、中压、高压）。采用三个压力阶段可以提高试验精度，但时间较长。一个压力阶段因省时也较常采用。

压水试验常用的具体方法如下：

（1）由上向下分段压水法

这种压水方法如图4-18所示。每钻进一段（一般为5.0m左右），使用活动栓塞隔离，进行压水（浆），最后将固结的水泥（塞）钻透，再钻进下一段，重复以上过程。

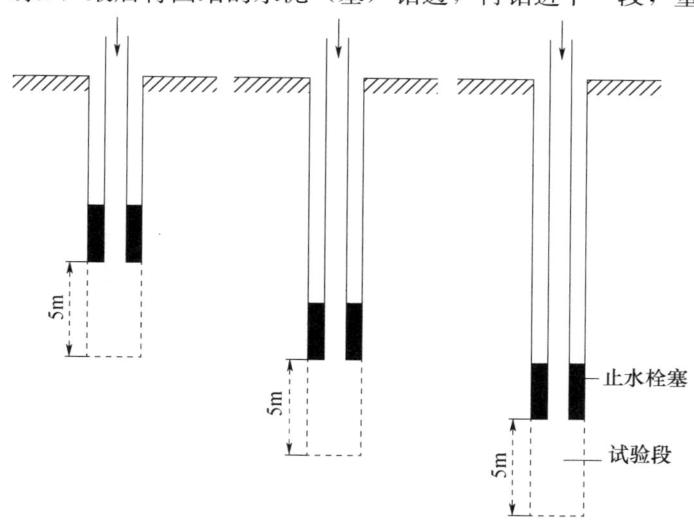

图4-18 由上向下分段压水法

（2）由下而上分段压水法

这种压水方法如图4-19所示。将栓塞安置好后，先在下段压水，然后上提栓塞，用黏土或水泥阻塞孔底，用栓塞分段隔离压水。此方法实际采用少。

（3）综合压水法

这种压水方法如图4-20所示。将钻孔钻至预定试验深度，将栓塞固定安置在第一试验段上部，进行第一次压水，试验段长度通常为5.0m左右。随钻井逐次延长综合压水段长度，直至符合设计要求。

6. 试验测量指标

压水试验的结果，一般用单位吸水（浆）量表示，即在相当于1m高的压力水头作用下，岩孔中每米长度上，每分钟内压（吸）入孔壁裂隙中的水（浆）量，它的计量单位为L/（min·m·m）。在水文地质中，常用单位为留容（法国人Lu-geon），也常译为吕荣、吕容或柳容。他在20世纪初期建议压水试验压力采用1.0MPa（相当于100m

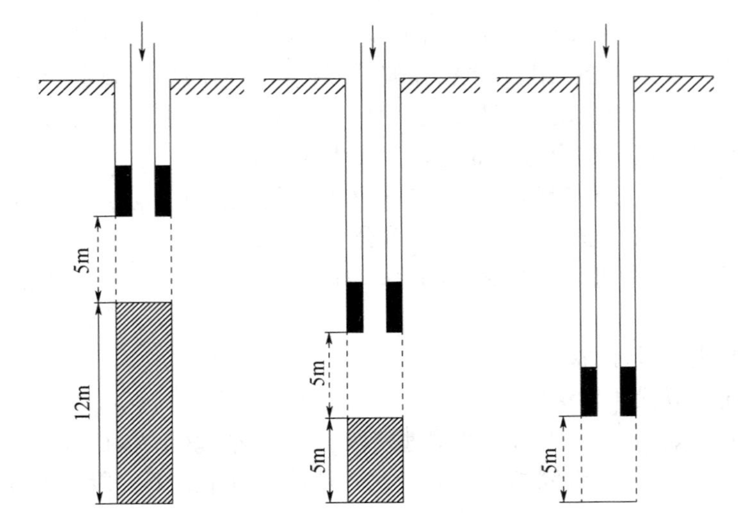

图 4-19　由下而上分段压水法

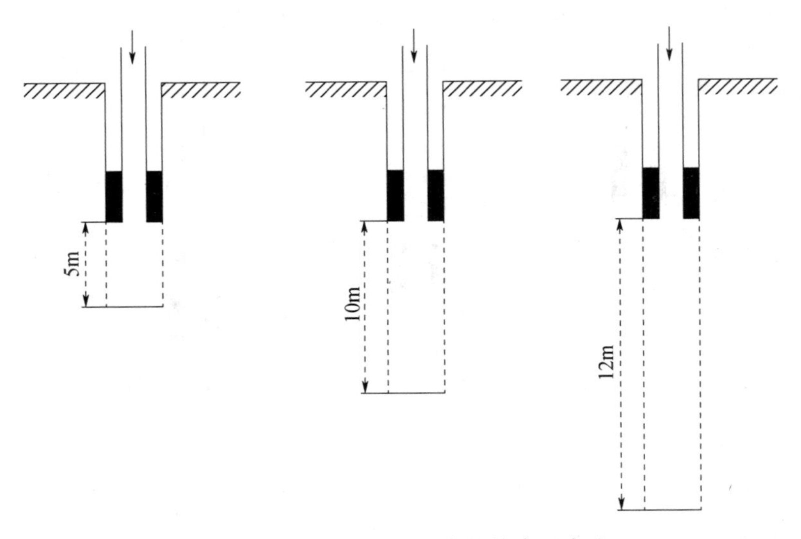

图 4-20　单栓塞位置固定的综合压水法

水头压力)，在这种压力作用下，岩石（体）钻孔中每米段长、每分钟压（吸）入岩壁裂隙中的水量为 1L 时，称为 1 留容，它的计量单位为 L/（min・m・m）。也有人主张压水试验压力不用 1MPa，而用 0.3MPa、0.6MPa、0.3～0.8MPa，所以在使用压水试验结果时，一定要弄清楚试验压力和试验条件。

7. 试验结果及应用

由压水试验可计算单位吸水量（ω）及岩层的渗透系数（K），即：

$$\omega=\frac{Q}{l\cdot s} \tag{4-28}$$

式中　Q——钻孔中压水的稳定流量即吸水量（L/min）；

l——钻孔压水试验段长度（m）；

s——压水试验段上压力，转化成水柱（头）高度（m）。

当压水试验段底部距隔水层的厚度大于试验段长度时，则岩层的渗透系数 K 计算如下：

$$K = 0.525\omega\log\frac{0.66l}{r} \tag{4-29}$$

式中　r——钻孔半径（m）。

当压水试验段底部距隔水层的厚度小于试验段长度时，则岩层的渗透系数 K 计算如下：

$$K = 0.525\omega\log\frac{1.32l}{r} \tag{4-30}$$

式中各符号含义和式（4-28）、式（4-29）相同。

单位吸水量（ω）与渗透系数（K）均用来评价岩体（层）的渗透水特征。岩土渗透等级划分见表4-17。

表4-17　岩土渗透等级划分

渗透等级	裂隙岩体单位吸水量 ω [L·(min·m·m)$^{-1}$]	土的渗透系数 K（m·d^{-1}）
极严重透水	>10	>100
严重透水	10～1.0	100～25
强透水	1.0～0.1	25～5.0
中等透水	0.1～0.05	5.0～0.2
弱透水	0.05～0.01	0.2～0.02
极弱透水或不透水	<0.01	<0.02

4.6.4　灌浆工艺和封闭裂隙

灌浆可分为水工坝体的帷幕灌浆，固结灌浆，在界面处的接触灌浆，地基、基础、围岩、破碎带灌浆，裂隙、断层、洞穴灌浆等。压水试验的最终目的是为了灌浆（压浆），灌浆设计方案及施工工艺与压水相似。

1. 灌浆施工方法

（1）自上而下分段（通常为5.0m）灌浆

灌浆工艺过程如图4-21所示。这种灌浆方法适用于下列情况：

①岩石破碎，孔壁不稳固，孔径不均匀。

②竖向节理、裂隙发育。

③渗漏情况比较严重。

自上而下分段灌浆方法由于灌浆塞置于已灌段的下部，所以返浆量少甚至没有，浆液大部充填裂隙，容易保证灌浆质量。由于已灌段在上面，能逐渐增大灌浆压力，提高灌浆效果和质量，但上段要待凝，下段才能灌，费时较多。

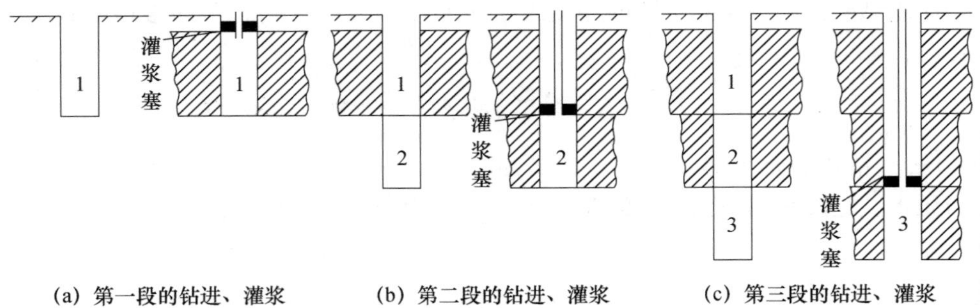

图 4-21　自上而下分段灌浆程序示意图

1、2、3—灌浆先后顺序的段号

（2）自下而上分段灌浆

这种灌浆方法适用于岩石比较完整，节理、裂隙不很发育，渗透性不很大的情况。这种方法无须待凝，施工省时间，但要增大灌浆压力。灌下段时，上段裂隙易受岩粉堵塞，影响灌浆质量。自下而上分段灌浆工艺过程如图 4-22 所示。

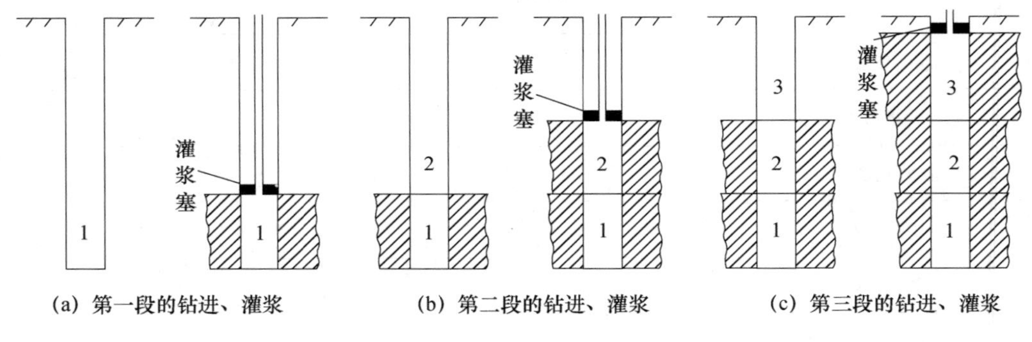

图 4-22　自下而上分段灌浆程序示意图

1、2、3—灌浆先后顺序的段号

（3）综合灌浆法

将灌浆塞（同压水试验的止水栓塞）固定安置在第一灌浆段（通常为 5.0m 左右）的上部，然后进行封闭的自上而下的分段灌浆，随钻进逐渐延长综合灌浆段长度，直到符合设计要求。当上部岩层裂隙多，比较破碎，钻孔又深时，此法比较好。也可以自下而上分段灌浆，视地质、岩性及费时多少而定。灌浆工艺过程如图 4-23 所示。

2. 灌浆压力

灌浆压力是指灌浆段上所受的全部压力，由三个部分组成：灌浆孔口（进浆）压力表上的指示压力，压力表至灌浆段间的浆液自重，压力表至灌浆段间的管路损失。前两部分之和减去后一部分为灌浆实际压力。灌浆压力的具体大小应由试验确定，如大坝灌浆应大于大坝水库的设计水头压力。在施工时也可以分级逐步达到最大压力，如分为 $0.5p$、$0.8p$、$1.0p$（p 为最大压力），压力不同，单位吸浆量也不同。如丹江口大坝灌浆压力用 1MPa，长江三峡大坝坝基用 1.5MPa，少数大坝、高坝灌浆压力更大，甚至达到 3～5MPa。

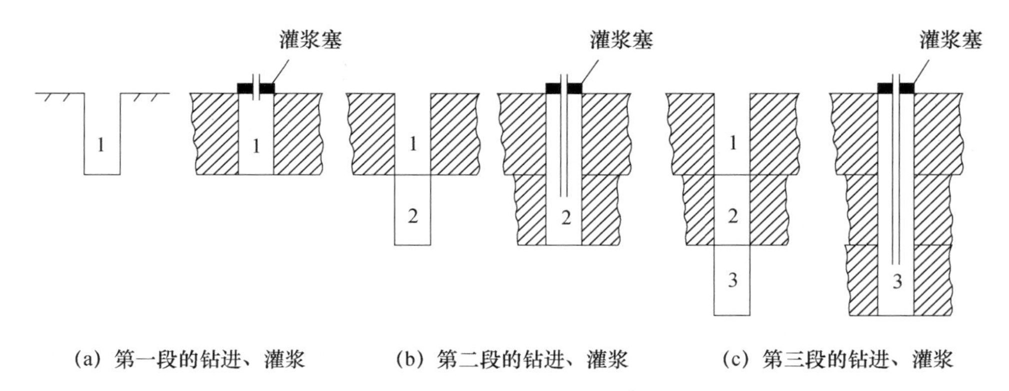

图 4-23 自上而下孔口封闭的分段灌浆程序示意图
1、2、3—灌浆先后顺序的段号

3. 灌浆材料及添加剂

(1) 最常用的灌浆材料是水泥浆（水泥和水）。水泥品种一般有：

①普通硅酸盐水泥，简称普通水泥。

②火山灰质水泥。

③矿渣水泥。

④抗硫酸盐水泥。

⑤大坝水泥，又可分为硅酸盐大坝水泥和矿渣大坝水泥。

水泥的强度等级是水泥强度大小的标志，测定指标为水泥的抗压强度，检测标准主要为水泥砂浆硬结 28d 后的强度。在灌浆中的水泥的强度等级不低于 32.5MPa，一般为 32.5～42.5MPa。

(2) 水灰比

必须有一定的水灰比，保证浆液具有一定的流动性，才能灌进岩层的节理、裂隙中，灌浆时要堵塞宽度≥0.2mm 的裂隙。再小的裂隙要靠化学灌浆或硅化法处理加固，硅化法是向裂隙中注入 $Na_2O \cdot nSiO_2$ 液或同时注入 $CaCl_2$ 溶液，起到填充、胶结、固化作用。

所谓水泥浆的水灰比，我国用质量比，英、美国家常采用体积比。我国水灰比的范围一般为 10∶1～0.5∶1。我国灌浆采用的比级为 10∶1、5∶1、3∶1、2∶1、1.5∶1.0、1∶1、0.8∶1、0.6∶1、0.5∶1；还有第二种比级：10∶1、8∶1、6∶1、5∶1、4∶1、3∶1、2∶1、1∶1、0.8∶1、0.6∶1。

(3) 水泥浆的凝结和安定性

水泥的凝结时间分为初凝和终凝，都有一定的时间要求。要保证初凝时间不能太早，终凝时间不能太迟。

水泥体积的安定性是指水泥硬化后因体积膨胀体积变化的均匀特性。安定性好即试件煮沸一定时间后体积膨胀值小于国家规定标准并且没有发现裂纹、没有变形。这是水泥质量评价的重要指标之一。

(4) 对地下水侵蚀的抵抗性能

在灌浆处理的范围内，如有地下水的侵蚀性，就要求水泥具有抗侵蚀性。可以通过选择水泥品种、检验水泥中的有害成分和在水泥中或水泥浆中加添加剂等方法，提高水泥的抗侵蚀性。

（5）水泥浆中的添加剂

为了改善水泥或水泥浆的某些性能，提高或保证灌浆质量，经常需要（使用）一些添加剂。

①速凝剂。常用的速凝剂有 $CaCl_2$、$Na_2O \cdot nSiO_2$，掺加量为水泥用量的百分之几。

②塑化剂。这是亲水性表面活性剂，目的在于增加塑性，改善浆液的流动性。常用的塑化剂有亚硫酸盐酒精废液、苇浆废液、膨润土（含蒙脱土的一种黏土，液限为100%，塑性指数 $I_P=52$）试剂、磷酸钠（Na_3PO_4）、焦磷酸钠（NaP_2O_7）等，它们的掺加量更少，通常为水泥用量的百分之零点几。

③其他添加剂。根据需要，有的情况下需要添加缓凝剂、膨胀剂、稳定剂，有的情况下需要添加使后期强度增高的增强剂等，不一而足。

（6）化学灌浆

水泥灌浆应用很普遍。水泥是常用的灌浆材料，但它的不足之处是细微裂隙（如裂隙宽度<0.2mm）灌不进去，对于裂隙中有集中渗流时，水泥灌浆就不易生效。化学灌浆可以填塞宽度<0.2mm，甚至宽度<0.1mm 的裂隙。化学灌浆是将化学材料所配制的浆液作为灌浆材料的一类灌浆方法。

①丙凝灌浆：丙凝是一种合成有机化合物，它具有与水几乎一样的可灌性，是一种含水率很大的凝胶体，常用来堵塞渗漏。

②甲凝灌浆：甲凝以甲基丙烯酸甲酯为主要成分，黏度很低，渗透性很强，可填塞宽度<0.1mm 的裂隙，黏结力和强度很高。

③环氧树脂：环氧树脂浆液是以环氧树脂为主，加入一定的固化剂、稀释剂、增韧剂等混合而成。环氧树脂灌浆多用于混凝土补强工程，效果好。

（7）其他浆液灌浆材料

在岩石力学、土力学、地基和基础领域内，灌浆的类型和工程项目很多，灌浆的材料也很多。除水泥浆外，还有黏土浆、石灰浆、水玻璃（$Na_2O \cdot nSiO_2$）浆、水泥砂浆等，以及各种混合浆。

4. 可灌性

可灌性就是浆液能不能灌进去，灌浆效果和目的能不能达到的问题。这显然取决于灌浆的浆液材料和被灌的岩层（体）情况。

从浆液方面讲，主要就是浆液的黏度要小，流动性要好，渗透性要强。为了进一步改善浆液性能，使可灌性更好，必要时再掺一些添加剂如增塑剂。如灌水泥浆，我国用的水灰比（质量比）范围为10：1～0.5：1，英、美国家用的水灰比（体积比）范围为20：1～0.5：1，又如我国用的水泥黏土浆（水泥：黏土：水）为1：1：20～1：1：8，灌浆用的32.5～42.5MPa 普通水泥，颗粒粒径为（30～50）μm，在压力作用下，浆液在裂隙中扩散能力强。

从被灌的岩层（体）方面讲，要求具有下述条件：

（1）岩体材料裂隙宽度≥0.2mm，再小的裂隙要用化学灌浆；

（2）单位吸水量 ω>0.01L/（min·m·m），或渗透系数 K>1.0m/d；

（3）裂隙中水的流速$\leqslant$80m/d，水的流速太大时，要在浆液中加速凝剂；

（4）地下水的化学成分不影响水泥的凝结和硬化。

在灌浆工程中常用一个术语叫可灌比，它是被灌材料砂石粒径级配曲线上D_{15}和灌浆材料（如水泥）粒径级配曲线上d_{85}的比值，用$M=\frac{D_{15}}{d_{85}}$表示，$M\geqslant15$时可灌水泥浆，$M\geqslant10$时可灌水泥黏土浆。在工程实践中，M值还要结合渗透系数K、$D_5\leqslant0.1$mm和粒径级配不均匀系数$C_u=\frac{D_{60}}{D_{10}}$三项指标综合考虑，并结合浆液配比、灌浆压力及灌浆工艺等因素，再通过试验确定有关技术参数。

5. 灌浆事故分析及措施

（1）灌浆中断

在灌浆过程中因出现一些情况而被迫暂停的现象称灌浆中断。其情况有机械方面的、输浆管方面的、仪表方面的（如压力表）、地质方面的（如节理和裂隙发育、岩层破碎）、灌浆塞堵塞不严大量跑浆等需要停灌一段。一般来说，应尽量连续灌浆，不得不中断时，要采取措施尽量减少对灌浆质量的影响。应采取的措施是：灌浆中断后应立即压水冲洗正在灌的灌浆段钻孔，以免不久前灌入的浆液沉淀、凝结、堵塞灌浆孔。

（2）串浆、冒浆、漏浆

串浆指浆液从其他钻孔中流出。说明裂隙多、互相连通，也可能灌浆压力偏大。施工中可适当加大灌浆孔距，采用自上而下分段灌浆，有利于防止串浆。在一个灌浆孔中，由于岩层裂隙多，灌浆塞（橡胶塞）堵塞不严，在压力作用下浆液串到灌浆孔上部，也是一种串浆形式。在压水试验中应仔细检查，发现类似的现象，用质量更好的橡胶塞。由上而下分段灌浆时，上一段灌浆后，应当有适当的待凝时间，可以改善上述情况。

如果灌浆孔浆液沿裂隙上串而冒出地表称为冒浆。如果裂隙发育、上下连通性好，为了保证灌浆质量，要封堵裂隙，不可随便降低灌浆压力。应提高孔口封堵质量，如用质量更好的灌浆塞（橡胶塞），再用棉、麻之类嵌塞，表面再抹一层速凝的水泥浆或水泥砂浆，适当灌入浓浆，根据经验，这些都可以解决问题。

在裂隙很发育的岩体中产生大量漏浆是重大事故，也可能浆液漏到灌浆段（范围）以外，也可能漏到岩体中的洞穴中，这是一个“无底洞”，必须高度重视，慎重处理。这主要是由于地质勘察工作失误或工作不细，未发现本来应该发现的问题，如灌浆段（范围）附近的大裂隙、洞穴或裂隙极发育，连通性极好。对于这种情况，应结合工程地质、地质力学、岩石力学、岩体力学与工程，岩体灌浆处理范围内的稳定、强度、防渗等要求综合考虑，采取对策。

（3）有涌水情况下的灌浆施工

岩体中有裂隙，裂隙中常有水，甚至存在承压水，在灌浆时就会有涌水现象，加固（包括灌浆处理）水库大坝时，也常有涌水现象。这时可用稀浆（水灰比大）在灌浆压力不降低的情况下进行灌浆，直到结束。或灌浆和压水同时进行，压力可用0.6～0.8MPa，也能取得效果。或用浓浆进行灌浆，内加促（速）凝剂，直到结束。

(4) 冬季灌浆

灌浆工作地方，温度应在10℃以上，对浆液和输浆管路应加热（热水或蒸汽），工作地方应不间断测试温度，以保证灌浆质量。

6. 灌浆效果及检验

当吸浆量减少到一定程度时，灌浆工作就可结束。其定量标准没有严格统一，因为灌浆目的有所不同，岩层情况、灌浆材料及压力也不完全相同。一般来讲，在规定的灌浆压力作用下，当岩层吸浆量 $Q \leqslant 1L/min$ 时，灌浆即可停止，在这个范围内，工程指挥会依各种情况再作出明细规定。

如大坝帷幕灌浆，防渗标准要求很高，要求 $\omega \leqslant 0.05 \sim 0.011L/(min \cdot m \cdot m)$，大坝、高坝情况用较小值，中低坝用较大值。

如大坝固结灌浆，强度是主要的，抗渗标准可以低些，压水试验中要求 $\omega \leqslant 0.05 \sim 0.02L/(min \cdot m \cdot m)$。

除大坝灌浆外，还有界面（如断层、混凝土与岩层）灌浆，地基基础灌浆，隔水帷幕、围岩灌浆，破碎带、洞穴灌浆等，虽情况不同，各有要求，但一般总是低于大坝灌浆的要求，可参照大坝的固结灌浆和帷幕灌浆的检验方法进行。如隔水帷幕，有一定的防渗要求，可以是地下连续墙，也可以是高压旋喷、深层搅拌形成的墙体。

除上述检验方法之外，还可以在坝体内设置的廊道中检查扬压力（渗流压力和浮托力之和）的水位，若水位很低说明灌浆质量很好。

还可以用弹性波速检验，灌浆后堵塞裂隙，岩体成了弹性连续介质，与裂隙介质相比波速是不同的。通过灌浆前后测得不同的弹性波速，可以判断灌浆的质量、强度及防渗性能。

4.6.5 测试结果及应用

本章的测试工作就是观测井、测孔隙水压力及灌浆工程效果检验。

观测井，通常在井中放置监测仪器，并定时采取水样进行分析测试，监测地下水水位、水温、水质变化情况，这是为了环境保护，保护环境就是保护人类自身的生存利益。自然环境的变迁，如沙漠化、水源短缺、对森林的破坏，直接影响甚至毁灭人类自身的生存环境。

测孔隙水压力意义也很重要。在饱和土中总应力由有效应力和孔隙水压力组成。在非饱和土中总应力包括有效应力、孔隙水压力和孔隙气压力。孔隙水压力和孔隙气压力较难测准，因而有效应力原理的应用就受到影响。有效应力原理是土力学理论的重大发展，它反映了岩土工程强度的本质。岩土工程计算中都有误差，甚至误差很大。原因当然是多方面的，但最主要的原因有两个：一个是材料力学、弹性力学中均匀、连续、各向同性的弹性体假定是近似的，不完全符合实际；另一个是计算参数误差大，可靠性差。使计算参数测试提高可靠度，这是个重要问题，是对岩土力学的贡献。

岩体和土体的重要区别是岩体中有各种成因的节理、裂隙甚至是裂缝，这些裂隙（缝）的存在严格地说使岩体不成为连续体，这就从根本上动摇了材料力学、弹性力学，也是岩土力学的根本假定，所以许多学者尤其对岩石（体）力学问题，从损伤力学，甚至从断裂力学角度去研究，就是承认岩体不是，至少不是严格的连续体。但目前，从岩土力学与工程应用方面讲，还是材料力学、弹性力学基础。岩体中的压水、灌浆工程就是要堵塞裂隙，使岩体成连续体，至少成为近似连续体，从根本上改善了岩性，改变了岩体工程测试的前提条件。测试岩体中界面的接触应力（压力）、岩体（石）中应力（包括构造应力即地应力，工程荷载作用下的附加应力），要求紧密接触，接触良好，只有这样才能很好地传递应力，测试才能准确。岩体内部裂隙被封堵后，成了连续介质，岩体（石）内部埋设仪器、仪表后，所有变形、变位、应变、位移才能测得准，这就为反分析法提供了基础条件。反分析法是测位移、形变、应变，在此基础上去作应力、应变参数分析，因为有了应力才有应变，现在是测了应变，再分析应力、应变参数，所以称为反分析法，在数学物理方程中称逆问题。反分析法是一种既老又新的方法，比如西医诊病，先查问症状，再分析病理，再用药；中医诊病，先望、闻、问、切，再分析病理，再用药，这就是反分析，先查明果，后分析因。又比如测挡土墙位移、变形，再反演土的抗剪强度。又比如大家所熟知的本构关系，也是反分析，先弄清各种影响因素的作用方向和规律，再通过演绎或归纳建立方程，然后再求解方程。

岩土的渗透性及测试应用是广泛的，如野外抽水、基坑降排水、管涌、流砂、地层液化、隔水帷幕、隧道及矿井渗漏水、桥墩围堰、大坝基础防渗、水下工程、农田灌溉、地面沉降、环境工程如回灌等都与岩土的渗透性有关，都要进行测试。

4.7　岩土中的应力测量

岩土中的应力测量分为两种类型：一类是在界面处的应力称为接触应力，如基础底面、挡土墙背处（包括深基坑支撑和土层的接触面处）、地下洞室衬砌外侧、桩端界面处、双层地基界面处、深埋管道底部或外侧，这些都是在两种材料的界面处；另一类是在土体内部，如地基内部、边坡体内部，还有厚衬砌内部、地下连续墙内部（严格说，后两种情况不是土中应力）。

4.7.1　土压力计（盒）测量原理及技术

我们在这里介绍钢弦（振弦）式土压力计（盒），其构造如图4-24所示。这种土压力计早些年由辽宁省丹东市生产，近年来在北京、南京、广州等地生产的土压力计更先

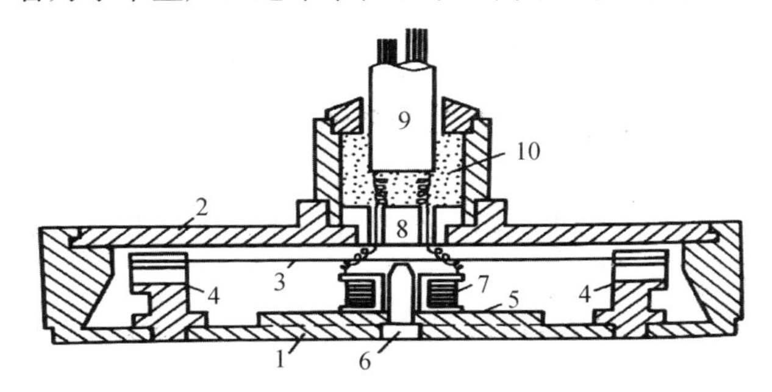

图4-24　一种钢弦式土压力计示意图

1—金属薄膜；2—外壳；3—钢弦；4—支架；5—底座；6—铁芯；7—线圈；8—接线栓；9—屏蔽线；10—环氧树脂封口

进。其工作原理是金属薄膜与土直接接触，金属薄膜内表面的两个支架张拉着一根钢（振）弦，金属薄膜受到压力后发生挠曲伸长变形，钢（振）弦振动，其自振频率相应变化，可用频率仪测定频率。当钢弦的自振频率发生变化时，线圈磁阻发生变化，使线圈的感应电动势发生变化，其变化频率与弦的振动频率相同，薄膜的位移与频率的平方成正比。测得了频率，就知道了薄膜位移，再反推受力大小，这也是反分析法。事先通过仪表率定（标定），得到压力与频率间的关系，就可以用于实际测定。

实测中还有一个温度变化问题，由于金属薄膜和钢（振）弦中因温度变化产生同样的应变，因而可以得到自动补偿。土压力计的适用温度为－25～＋60℃，可以满足现场测量要求。

钢弦式土压力计广泛应用于土石坝、护岸、高层建筑地基基础、管道地基基础、桥墩、挡土墙、隧道、地下铁道、机场、公路、防渗墙等建（构）筑物中。

测量大面积土的接触压力时，可埋设多个土压力计（盒），以求平均值。

测量土体内部压力时要注意，安置土压力计时不得改变土中应力状态，这就要求压力计的直径与厚度之比达到一定值，以尽量减少误差。土压力计测量作用于水平面上的垂直压力时比较准确。

在永久（或临时）支撑中测量结构所承受的荷载时，要避开支撑端部应力分布不均匀的影响，安置土压力计要离开端部一定距离。当支撑材料弹性模量不稳定时（例如木支撑），应变就不可靠，甚至不能用。

还要注意水分、水蒸汽渗入土压力计产生的影响，土压力计本身必须密封。

4.7.2 地应力测量原理及发展

1. 地应力的概念

地应力（crustal stress）是存在于地壳中的应力，即由于岩石形变而引起的介质内部单位面积上的作用力。它一般包括两部分：(1) 由覆盖岩石的质量引起的应力，它是由引力和地球自转惯性离心力引起的；(2) 由邻近地块或底部传递过来的构造应力。这种应力是指与标准状态差异的部分，它除包括由邻近地块或底部传来的现代构造应力外，还包括过去构造运动残留下来而尚未完全松弛掉的残留应力，以及附近人为工程（如隧洞、开采面）引起的应力变化。通常，地壳内各点的应力状态不尽相同，并且应力随（地表以下）深度的增加而线性地增加。由于所处的构造部位和地理位置不同，各处的应力增加的梯度也不相同。地壳内各点的应力状态在空间分布的总合，称为地应力场。与地质构造运动有关的地应力场，称为构造应力场，通常指导致构造运动的地应力场。

地应力活动会影响或产生地质构造。剧烈的地应力活动会引起地震。地应力活动还可影响地壳内岩石、矿物的物理性质和化学性质。因此，也可以利用这种物理和化学性质的改变来分析地应力的活动情况。

地应力是引起采矿、水利水电、土木建筑、铁道、公路、军事和其他各种地下或露天岩土开挖工程变形和破坏的根本作用力，是确定工程岩土力学属性，进行围岩稳定性分析，实现岩土工程开挖设计和决策科学化的必要前提。

地应力状态对地震预报、区域地壳稳定性评价、油田油井的稳定性、核废料的储存、岩爆、煤和瓦斯突出的研究以及地球动力学的研究等也具有重要意义。

2. 地应力的起源与发展

1932年，美国人R. S. Lieurace率先在胡佛大坝坝底泄水隧洞采用岩体表面应力解除法测量洞壁的围岩应力状态，开辟了地应力测量的先河。20世纪50年代初，瑞典人N. Hast采用压磁套芯应力解除法在斯堪的纳维亚半岛进行了大规模的地应力测量试验，首次测得近地表地层中水平应力大大超过垂直应力，证明了A. Heim的静水压力假说和A. H. Gennik的垂直应力大于水平应力的理论不具普遍性；同时，他还认为这种现象与斯堪的纳维亚半岛的缓慢地壳构造运动有关。另外，他还将地应力测量引入了地质构造分析与地壳应力场研究之中。

20世纪60年代以后，地应力测量理论和方法呈现多样化发展趋势，除了套芯应力解除法和水压致裂法等主流方法外，还涌现了诸如声发射法、应变恢复法、钻孔崩落法、岩芯饼化法、地质构造分析法及应力场反演法等一系列间接测量地应力的方法。

20世纪80年代以后，地应力测量受到世界各国的广泛关注，特别是一些发达国家相继开展了深部应力（应变）监测计划。如美国的板块边界计划（PBO），在美国西部圣安德森断层边界计划安装200套钻孔应变仪，以研究美国西部板块边缘地区的变形；日本在京都地区与伊豆半岛等地安装了近40套深井地壳活动综合监测装置，用于地震活动性研究及地震预警监测。

我国地应力测量试验和研究开始于20世纪50年代后期，是由著名地质学家李四光和陈宗基两位教授分别指导的地质力学研究所和三峡岩基专题研究组率先组织实施的。1966年邢台地震之后，在李四光教授的指导下，在河北省隆尧县建立了全国第一个、也是世界上第一个地应力监测台站。该台站发现了地应力与地震活动有密切的联系。在过去的几十年间，我国地应力测试技术得到了迅速发展，相继研制成功了压磁应力解除法、空芯包体应力解除法、水压致裂法、声发射法地应力测试系统仪器设备。汶川地震后，我国在南北地震带及首都圈安装了最新研制的压磁应力监测仪器，显示了良好的地震前兆及响应信息。为了提高地球深部资源勘查和灾害预警水平，我国近期启动了深部探测技术与实验研究，这为建立我国地应力测量及监测网络、提高地震预警能力提供了坚实的物质基础和技术保障。

4.7.3 地应力测量的主要方法

迄今为止，可用于地应力测量的方法虽然很多，但尚未形成统一的分类标准。根据测量数据特点的不同，地应力测量大体分为绝对应力测量和相对应力测量。前者主要是确定地壳应力背景值，即主应力的大小和方向；后者则是观测应力随时间变化的动态变化规律，通常也称为地应力监测。根据测量基本原理的不同，绝对应力测量方法又可分为直接测量法和间接测量法。所谓直接测量法就是利用测量仪器直接测量和记录各种应力量，并由这些应力量和原岩应力的相互关系直接换算得到原岩应力值。间接测量法则是借助某些传感元件或媒介，测量和记录与岩体相关物理量的变化（如密度、泊松比、弹性波速等变化），然后通过相应的公式换算间接得到原岩应力值。

目前，较为常用的绝对应力测量方法主要有水压致裂法、声发射法、钻孔崩落法、套芯应力解除法、应变恢复法等。其中，前3种方法属于直接测量方法，后2种方法属于间接测量方法。相对应力测量方法包括压磁法、压容法、体应变法、分量应变法及差应变法等。其中，最为常用的方法是钻孔应变测量，包括钻孔分量应变法和钻孔体积应变法。具体方法如下：

1. 套芯应力解除法

套芯应力解除法是2003年国际岩石力学测试专业委员会（ISRM）推荐的一种地应力测量方法，是当前国内外最为常用的一种地应力测量方法。它是以平面应力状态为理论基础，假定岩体是连续、均匀、各向同性、线弹性的。具体测量方法如图4-25所示。

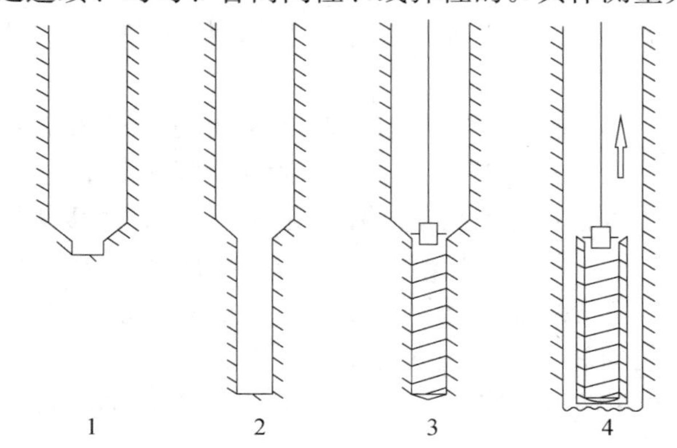

图4-25　套芯应力解除法测量程序图

1—磨打喇叭口；2—打小孔；3—安装测量元件；4—套芯取出标定

目前，主要采用的套芯应力解除法有空芯包体应力解除法和压磁应力解除法。空芯包体应力解除法采用空芯包体应变计进行测量，压磁应力解除法采用以铁磁体磁致伸缩原理为基础设计的传感器进行应力测量。压磁应力解除法地应力测量技术最早起源于瑞典，经过中国地质科学院地质力学研究所的长期改进和创新，该方法已在国内许多重大工程应用中取得了良好的效果。相比较而言，空芯包体应力解除法操作简单，经济实用，精确度较高，且可测量三维应力状态，但是其测量深度较浅（仅数十米），且多用于隧道、矿山、地下硐室安全设计等方面。压磁应力解除法是一种平面测量方法，在3个相互正交的钻孔中可测得三维应力值，其测量探头稳定性好、灵敏度高，测量深度大（可达100～200m），多用于对变形控制要求较高的隧道、硐室及核废料处置等工程中。

2. 水压致裂法

水压致裂法地应力测量是通过在钻孔中封隔一小段钻孔，向封隔段注入高压流体（通常为水），并通过孔壁岩体的胀裂来确定地应力的一种方法（图4-26）。由于该方法可以在无须岩石力学参数的情况下直接测量应力值，特别是可以直接确定最小主应力值，再加上其具有操作简单、测量深度较大等优点，目前已被广泛应用。2003年，国际岩石力学测试专业委员会推荐了经典水压致裂法（HF）和原生裂隙水压致裂法（HTPF）。

HF法地应力测量假设岩体为理想、非渗透性的且有一个主应力为垂直方向，大小等于上覆岩层质量。严格意义上讲，HF法是一种平面测量方法，若要获取全应力张量，需采用三孔交汇测量。HF法选择岩性完整的测试段，进行3～5个压裂循环试验并生成压力-时间曲线。最小水平主应力大小可从曲线中分析得到，其中关闭压力的准

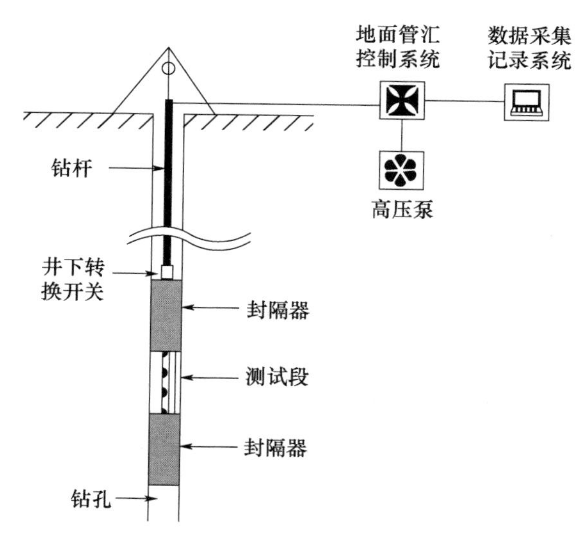

图 4-26 单回路水压致裂测量系统

确判读是关键，ISRM 推荐至少用 2 种方法保证其可靠性。孔壁的破裂方向即为最大水平主应力方向，一般用带有定位系统的印模器确定，但也可用地球物理成像技术记录裂隙方向。当岩体中存在较多原生裂隙时，可以选用 HTPF 法。HTPF 法是 HF 法的发展，能够估算全应力张量，且不涉及孔隙压力、钻孔方向和材料属性等参数，若裂隙间距大于 50m，需假设应力梯度，这会增加测试次数。作为目前能完整测量深部地应力的最有效方法，水压致裂法广泛应用于水电、石油、地热及科研钻探中。

3. 应变恢复法

应变恢复法的原理是岩芯从周围岩体分离后即发生体积恢复（一部分是立即发生的弹性恢复，另一部分是随时间缓慢发生的滞弹性恢复），且各方向的应变恢复量与之前所受压力正相关。应变恢复法可分为滞弹性应变恢复法（ASR）和微分应变曲线分析法（DSCA）。目前，该技术在日本发展得较为成熟，并在科研及工程中取得了较好的应用效果。

ASR 法通过对岩芯在径向和轴向测量应变恢复，可获得主应变方向，进而得到主应力方向，但对主应力值的估计较为困难，需要针对不同岩性建立准确的本构模型。DSCA 法认为，解除应力后，定位岩芯将随着膨胀而出现微裂隙，裂隙分布与原岩应力方向有关，裂隙密度与原岩应力大小成正比。通过对试件正交面上应变片施加静水压力、记录各应变片的应变值并描绘应变-压力曲线，可以分析得到 3 个主应力方向及比值。若已知其中一个主应力大小（通常假设垂直应力为上覆层岩体质量），即可确定另外两个主应力大小。

ASR 法岩芯定向费用较高，且影响测量结果的因素很多。DSCA 法操作复杂，仅为二维测量。但在一些大深度钻井条件下，当水压致裂法和应力解除法无法有效实施时，或者当需要其他方法的补充性数据来确保测量结果可信度时，应变恢复法具有较高的应用价值。

4. 钻孔崩落法

钻孔崩落指大深度的钻孔孔壁自然坍塌、掉块现象。同一地区井孔深部孔壁多发生塌陷，且具有相似的优势坍塌方位。钻孔孔壁挤压应力最大集中区通过剪切破碎而形成崩落，崩落的方向与最小水平主应力平行。有人认为，可利用崩落形状和岩石强度参数来确定水平主应力的大小，以及根据孔壁崩落的深度和宽度来估算应力值。崩落方位可以用井下电视等辅助工具描述。

钻孔崩落法的优点是速度较快，而且能在其他手段效率较低的深孔乃至超深孔中获取有效信息。但也有很多不足，比如需要有崩落段的存在，岩体的各向异性会扰乱崩落方位、损害已获信息的有效性、尚无令人满意的理论与方法确定应力值的大小等。钻孔崩落法广泛应用于石油工业及科研深钻中，如德国 KTB 深钻、日本海洋钻探计划（ODP）、中国台湾 TCDP 深钻和大陆科学钻探（CCSD）等。

5. 声发射法

声发射（AE）是材料内部储存的应变能快速释放时所产生的弹性波现象，德国人 J. Kaiser 研究发现，多晶金属的应力从其历史最高水平释放后，再重新加载时，若应力未达到先前的最大应力值，则很少有声发射产生；当应力达到和超过历史最高水平后，则大量产生声发射，这一现象叫做 Kaiser 效应。把从很少产生声发射到大量产生声发射的转折点称之为 Kaiser 点，该点对应的应力即为材料先前受到的最大应力。据此，在实验室对岩石试件进行 6 个以上不同方向的单轴压缩试验，可获得 6 个以上不同方向的压应力，并进一步根据弹性理论确定岩石取芯点的全应力张量。岩芯的定位多采用古地磁法。

由于声发射与弹性波传播有关，且高强度的脆性岩石通常具有较明显的 Kaiser 效应，而多孔隙低强度及塑性岩体的 Kaiser 效应往往不明显，所以一般不建议用 AE 法测定比较软弱疏松及塑性岩体中的应力。不过，M. Seto 通过试验认为，即使脆弱的岩芯，若采用多次加载也可以较好地分辨出 Kaiser 点，这为利用 AE 法测定软弱疏松岩体提供了可能。目前，AE 法在矿山和油田等工程中应用较多。

6. 相对地应力测量方法

长期以来，相对地应力测量的主流方法是钻孔应变观测，包括钻孔分量应变监测法和钻孔体积应变监测法。当前的监测台站多使用这类方法，限于篇幅，仅简要介绍这两种方法。

钻孔分量应变监测法是观测钻孔直径的相对变化量，原理上沿不同方位布设 3 个压磁式、振弦、电容或半导体应变片就可以测出钻孔所在的平面应变状态。我国主要使用四分量式应变仪（其 4 个顺次标记元件相隔 45°夹角），其优点是可以利用奇数与偶数元件位移量之和的相关性自行检验观测的正确性，且当其中 1 个元件不能正常工作时，其余 3 个元件仍然可以完成测量。钻孔体积应变监测法是测量岩石的体积应变，测量探头为液压式或液位式传感器。该法对岩石的完整性要求相对宽松，也容易获取长期稳定的资料，而且能在土层或松软岩层中测量。

地壳的构造运动、地球的固体潮汐作用、气压变化、地下水位变化、温度的变化以及人类的活动等都会造成地壳中的应力（应变）变化，而钻孔应力应变监测关心的又是构造运动引起的地壳中的应力（应变）变化，因此，需要对影响观测值变化的各种因素同时进行辅助监测。目前，钻孔应变监测主要用于地震预警，但也可以用于矿山安全监测。

4.7.4 地应力测试结果应用

1. 地应力场的分析模型

无论是二维还是三维地应力场，都是在承受荷载的情况，起码包括自重应力场和构造应力场。逐步开挖相当于逐步卸荷的过程。所以地下工程、边坡工程的岩体力学实质上是卸荷岩体力学，通常我们使用的都是加荷岩体力学，这不同于卸荷岩体力学。

力学模型要便于数学分析，自重应力场、构造应力场都要确定边界条件。边界条件包括边界范围和边界约束。边界范围涉及应力场特征、计算机功能和储存量大小以及计算结果的精度。边界约束在自重应力场中包括竖向约束和侧向约束（开挖自由面除外），加荷包括自重和水压；边界约束在构造应力场中包括竖向约束和侧向约束（自由面除外），加荷为水平向呈梯形分布的荷载。

计算域内不同岩层、风化程度及地质构造条件的影响，通过计算单元的物理、力学参数的设置和计算网格的疏密来反映。如果单元之间差异太大，也可以设置特殊的单元，如裂隙单元。

2. 选择水工坝址，确保稳定安全

水工大坝坝址的选择首要是确保稳定安全。以长江三峡大坝坝址确定为例。宜昌县三斗坪属岩浆岩—花岗岩，岩性均一、岩体完整坚硬，力学强度高，饱和抗压强度达100MPa。坝址区有两组断裂构造，规模不大且胶结良好，这说明构造应力（地应力）不大，实属难得。坝址位于岩浆岩结晶的黄陵背斜核部，没有新构造运动特征和孕育地震的发震构造，也说明构造应力（地应力）不大，是一个稳定性较高的刚性地块。

3. 选择最佳的地下洞室轴线

首先要确定在工程区域起控制作用的主构造线方向（如断层走向、褶皱轴线等），最大主应力线与它垂直。工程的轴线如地下洞室、边坡、深基坑开挖的轴线应和主构造线方向垂直或高角度相交，这样相对利多害少。

4. 洞形的选择

洞形的选择与地应力（构造应力）关系更密切。当水平应力和竖向应力有不同的比例关系时，根据弹性力学洞周应力重分布和应力集中的原理和计算方法，洞壁会出现拉应力和巨大的压应力，引起围岩破坏。当水平应力大于竖直应力时，地下洞室适宜于横放椭圆（横放鸡蛋）。国内外许多天然溶洞，跨高比大于1甚至远大于1，多年来稳定，就是符合了稳定的力学原理。当竖直应力大于水平应力时，地下洞室适宜于竖放椭圆（竖放鸡蛋）。根据洞周应力集中的弹性力学原理，洞壁拐角处应力集中也很厉害，所以洞壁圆滑些较好，处在郯庐断裂带上的山东青泉寺输水隧洞，将城门洞形改为马蹄形，围岩稳定性就更好些。

5. 底板和侧壁的内鼓破坏

在地下洞室、边坡、深基坑开挖、露天采场开挖中，如果地应力（构造应力）很大，工程设计和施工又有些不合理时（主要是地应力和工程开挖的方向），则会出现底板隆起、断裂，侧壁内鼓、断裂或滑塌。如美国、加拿大在大坝基坑、静水地基坑、露天采基坑开挖时，都出现过坑底的隆起、裂开、错断、爆裂，最大隆起高度达 2.4m，最大错断距达 34cm，地应力高达 14.8MPa。上述破坏形式对露天采场还是有利的。中国葛洲坝水电站厂房基坑开挖中也出现轻度的边墙内鼓、错断。开挖过程对岩体是个卸荷的力学过程，必然引起内鼓、错断、缩径，使施工支撑构件发生变形甚至破坏。

6. 合理确定洞室群间距

这个问题涉及地应力（构造应力）问题（包括大小和方向），又是一个复杂的弹性力学问题，比单洞设计要复杂得多。常通过弹性力学分析、数值计算和模型试验综合解决。

7. 地下洞室的设计与施工

这个问题是综合问题，包括洞室轴线确定，进出口位置的选择，洞型、施工顺序、支护类型（包括支护形式、材料、刚度及时间早晚）。有些问题前面已经讲过。地下工程的出、入口位置至关重要。除了要考虑岩体风化层厚度之外，就是地应力（构造应力）的大小、方向及可能引起边坡破坏包括隆起、褶曲、离层、断裂、滑塌失稳等。有关施工问题更加重要，施工开挖及顺序是卸荷岩体力学问题（过去研究得很不够），施工过程是许多技术问题的综合反映。支护的形式、材料、刚度及时间与地应力（构造应力）密切相关。新奥法（新奥地利隧道施工法）就是在应力、变形、时间三者之间找出一个最佳平衡点，新奥法的创始人就是一位岩石力学、工程地质专家。

4.7.5 地应力测量存在的问题与展望

1. 地应力测量存在的问题

随着我国工程建设不断向深部发展，地应力测量及监测正面临着严峻的考验。与发达国家相比，尚存在许多问题与不足。

首先，在宏观层面上存在的问题与挑战有：第一，测量和监测深度不足。目前，国际上最大地应力测量深度已达 5100m。在德国的 KTB 深钻及美国的 SAFOD 计划中，应力测量深度一般达到 2000～3000m；日本也建立了数十座深度为 1000～3800m 的深井观测台站。我国的绝大部分应力测量深度仅数百米，超过 1000m 的深井观测极为稀少，这严重制约了测量数据在空间上的代表性。第二，缺乏合理系统的地应力监测网络。我国虽然积累了大量的地应力测量数据，但数据分布不均且质量参差不齐，地应力监测台站少、布局不合理，大部分监测台站数据网络传输、数据分析处理能力也亟待加强，这些问题制约了我国地学领域的创新性发现。第三，统一的地应力测量规范和标准亟待解决。ISRM 早在 1987 年即发布了“确定岩石应力的建议方法”。2003 年，结合地应力测量方法的最新进展，又发布了新的建议规范。然而，在这些权威的地应力测量方法技术规范起草和编写过程中，没有我国相关领域科学家参与。

其次，在技术与操作层面上存在的问题与挑战有：第一，测量深度引起的仪器设备性能问题。深部岩体的苛刻环境要求钻探设备和监测仪器具备足够的耐高压、耐高温、抗干扰、防水能力，而仪器在这种环境下长期工作的稳定性以及与孔壁的耦合性不容忽视。第二，测量仪器和方法的精度与可重复性问题。测量的精度是确保数据可靠的关键，对此，除了改进已有仪器，更需要新技术、新材料的研发。测量过程和结果的可重复性既是测量工作科学、严谨的体现，又是测量仪器与方法广泛应用的保障，具有重要意义。第三，测量仪器及测量平台的现代化程度问题。提高测量与数据采集的质量与效率，推进测量成果网络传输与共享，建立测量方法标定平台，既需要增强地应力测量体系的现代化水平，又需要地应力测量系统向自动化、集成化、智能化方向发展。

2. 地应力测量展望

近年来，人们逐渐认识到，由于地壳结构的高度复杂性和非均质性，加之地形等因素的影响，基于浅部及孤立测点所获得的地应力测量数据的代表性十分有限。因此，只有提高地应力测量深度，加大监测密度，才可能比较准确地认识和把握某一构造单元地质构造活动的动力学成因和内在机制。有鉴于此，在绝对应力测量方面，深部乃至超深部应力测量已成为必然趋势。同时，考虑到目前尚没有哪一种地应力测量方法能够适应和胜任所有目的和环境的测试，采用多种方法联合观测，实现不同观测方法之间的优势互补已成为提高测量结果可信度的必然举措。此外，在相对应力测量方面，高密度深井综合监测已成为未来的发展方向。这不仅是深部地质研究的客观需要，也是消除气压、温度、地下水以及地面噪声等自然和人为因素干扰的现实需要。有鉴于此，钻孔分量应力和应变监测方法无疑将成为重点发展方向。目前，地应力相对测量正朝着多元化方向迈进，钻孔地应力（应变）监测以及其他物理参数检测技术将共同作为地球物理观测的重要手段，在未来深部地壳研究中发挥重要的作用。

4.8　模型试验

4.8.1　概述

模型试验指的是实体试验，通过在比例缩小或等比模型上进行相应的试验，获取相关数据及检查设计缺陷。在采用适当比例和相似材料制成的与原型相似的试验结构尺寸（或构件）上施加比例荷载，使模型受力后再现原型结构实际工作的结构试验。试验对象为仿照原型（实际结构）并按照一定比例尺复制而成的试验代表物，具有实际结构的全部或部分特征。模型尺寸一般要比原型结构小。按照模型相似理论，由模型的试验结果可推算实际结构的工作。严格要求的模拟条件必须是几何相似、物理相似和材料相似。模型按相似条件可分为相似模型和缩尺模型，按试验目的可分为弹性模型和强度模型。

地质力学模型试验最早由格恩库兹涅佐夫于 1936 年提出，是仿照真实结构并按照一定比例关系复制而成的试验代表物，它具有原型结构的全部或部分特征。地质力学模型试验根据相似理论，用适当的比例尺和相似材料制成与原型相似的试验对象，再现原型结构的实际工作状态，最后按照相似判据整理试验结果，推算原型结构的实际状态。地质力学模型试验的科学性取决于模型与原型具有相同物理性质的变化过程，要满足物理现象的单值相似条件，还要求对应的相似判据相等。

力学模型试验能形象、直观地模拟工程结构的受力、变形及破坏的全过程，可以比较全面、真实地模拟复杂的地质构造，揭示可控影响因素对人们关心的工程灾变孕育演化过程的影响，为建立新的理论和数学模型提供依据，从而为避免和防控工程灾害提供技术支持。

从20世纪70年代开始，清华大学、山东大学、中国矿业大学、长江科学院等高校和院所，结合水利、采矿、交通、国防等工程中的岩石力学问题，开展了大量的模型试验研究，取得了系列创新成果，为岩石力学的发展作出了重要贡献。如，清华大学李仲奎等研制了离散化多主应力面加载和控制系统，成功地解决了复杂三维初始地应力场的模拟问题，提出基于击实功复合作用系数以及密度随填筑深度非线性逆向控制的模型制作方法，提高了模型材料力学性质的稳定性；山东大学张强勇等在试验台架研制、相似材料制备、试验数据采集等方面开展了大量的工作，也取得了丰硕的成果。模型试验是岩石力学研究领域的重要手段，尤其是在理论尚不完备、非连续数值模拟技术尚未成熟的现阶段，地质力学模型试验在深部岩体力学研究中占据重要地位。

近年来，岩体力学模型试验在模型材料、模拟技术、试验研究诸方面得到广泛的发展，使其由定性分析转向定量分析并与有限单元计算分析相结合作大型复杂岩体工程稳定性分析。它不仅能够分析工程设计的可靠性，而且还可以研究确定工程处理的部位和措施，具有重大经济效益和重要的学术价值。

应当指出，像工程计算方法一样，在模型试验研究中，模型材料与原型材料的特性方面也允许一些简化假定，使问题容易得到解决。当然，模型试验的精度与所研究问题的性质、简化假定的程度有关，应以满足工程需要为准。

4.8.2 模型的相似原理

由于许多力学问题很难用数学方法去解决，必须通过试验来研究。然而直接试验方法有很大的局限性，其试验结果只适用于某些特定条件，并不具有普遍意义，因而即使花费巨大，也很难揭示现象的物理本质，并描述其中各量之间的规律性关系。还有许多现象不宜进行直接试验，况且，直接试验方法往往只能得出个别量之间的规律性关系，难以抓住现象的本质。那么我们最关心的问题就是从模型的试验结果所描述的物理现象能否真实再现原来物理现象？如果要使从模型试验中得到的精确的定量数据能够准确代表对应原型的流动现象，就必须在模型和原型之间满足以下的相似性。

相似是指组成模型的每个要素必须与原型的对应要素相似，包括几何要素和物理要素，其具体表现为由一系列物理量组成的场对应相似。对于同一个物理过程，若两个物理现象的各个物理量在各对应点上以及各对应瞬间大小成比例，且各矢量的对应方向一致，则称这两个物理现象相似。在流动现象中若两种流动相似，一般应满足几何相似、运动相似、动力相似。

1. 线弹性模型的相似关系

对于线弹性模型来说，可以从弹性力学的基本原理求出相似关系，即模型内所有点均满足平衡方程、相容方程、几何方程，模型表面所有点应满足边界条件，模型材料应像原型一样均应服从胡克定律。

我们把原型（p）和模型（m）之间相同物理量之比称为相似常数（C），即：

$$\left.\begin{array}{ll}\text{几何相似函数} & C_{\tau}=\lambda=\tau_{p}/L_{m}\\ \text{应力相似函数} & C_{\sigma}=\sigma_{p}/\sigma_{m}\\ \text{应变相似函数} & C_{\varepsilon}=\varepsilon_{p}/\varepsilon_{m}\\ \text{位移相似函数} & C_{\delta}=\delta_{p}/\delta_{m}\\ \text{弹性模量相似函数} & C_{E}=E_{p}/E_{m}\\ \text{泊松比相似函数} & C_{\mu}=\mu_{p}/\mu_{m}\\ \text{边界应力相似函数} & C_{\bar{\sigma}}=\bar{\sigma}_{p}/\bar{\sigma}_{m}\\ \text{体积力相似函数} & C_{X}=X_{p}/X_{m}\\ \text{材料密度相似函数} & C_{\rho}=\rho_{p}/\rho_{m}\\ \text{材料重度相似函数} & C_{\gamma}=\gamma_{p}/\gamma_{m}\\ \text{测压液体密度相似函数} & C_{\rho\omega}=\dfrac{(\rho\omega)_{p}}{(\rho\omega)_{m}}\end{array}\right\}\tag{4-31}$$

根据弹性理论，可以写出原型（p）和模型（m）在平面问题条件下的各方程式：

（1）平衡方程式

$$\left.\begin{array}{l}\dfrac{\partial(\sigma_{x})_{p}}{\partial x_{p}}+\dfrac{\partial(\tau_{xy})_{p}}{\partial y_{p}}+x_{p}=0\\ \dfrac{\partial(\sigma_{y})_{p}}{\partial y_{p}}+\dfrac{\partial(\tau_{xy})_{p}}{\partial x_{p}}+y_{p}=0\end{array}\right\}\tag{4-32}$$

$$\left.\begin{array}{l}\dfrac{\partial(\sigma_{x})_{m}}{\partial x_{m}}+\dfrac{\partial(\tau_{xy})_{m}}{\partial y_{m}}+x_{m}=0\\ \dfrac{\partial(\sigma_{y})_{m}}{\partial y_{m}}+\dfrac{\partial(\tau_{xy})_{m}}{\partial x_{m}}+y_{m}=0\end{array}\right\}\tag{4-33}$$

（2）相容方程式

$$\left(\frac{\partial^{2}}{\partial x_{p}^{2}}+\frac{\partial^{2}}{\partial y_{p}^{2}}\right)[(\sigma_{x})_{p}+(\sigma_{y})_{p}]=0\tag{4-34}$$

$$\left(\frac{\partial^{2}}{\partial x_{m}^{2}}+\frac{\partial^{2}}{\partial y_{m}^{2}}\right)[(\sigma_{x})_{m}+(\sigma_{y})_{m}]=0\tag{4-35}$$

（3）物理方程式

$$\left.\begin{array}{l}(\varepsilon_{x})_{p}=\dfrac{1+\mu_{p}}{E_{p}}[(1-\mu_{p})(\sigma_{x})_{p}-\mu_{p}(\sigma_{x})_{p}]\\ (\varepsilon_{y})_{p}=\dfrac{1+\mu_{p}}{E_{p}}[(1-\mu_{p})(\sigma_{y})_{p}-\mu_{p}(\sigma_{y})_{p}]\\ (\gamma_{xy})_{p}=\dfrac{2(1+\mu_{p})}{E_{p}}(\tau_{xy})_{p}\end{array}\right\}\tag{4-36}$$

$$\left.\begin{array}{l}(\varepsilon_{x})_{m}=\dfrac{1+\mu_{m}}{E_{m}}[(1-\mu_{m})(\sigma_{x})_{m}-\mu_{m}(\sigma_{x})_{m}]\\ (\varepsilon_{y})_{m}=\dfrac{1+\mu_{m}}{E_{m}}[(1-\mu_{m})(\sigma_{y})_{m}-\mu_{m}(\sigma_{y})_{m}]\\ (\gamma_{xy})_{m}=\dfrac{2(1+\mu_{m})}{E_{m}}(\tau_{xy})_{m}\end{array}\right\}\tag{4-37}$$

（4）几何方程式

$$\left.\begin{aligned}(\varepsilon_x)_p&=\partial u_p/\partial x_p\\(\varepsilon_y)_p&=\partial v_p/\partial y_p\\(\gamma_{xy})_p&=\partial u_p/\partial y_p+\partial v_p/\partial x_p\end{aligned}\right\}\tag{4-38}$$

$$\left.\begin{aligned}(\varepsilon_x)_m&=\partial u_m/\partial x_m\\(\varepsilon_y)_m&=\partial v_m/\partial y_m\\(\gamma_{xy})_m&=\partial u_m/\partial y_m+\partial v_m/\partial x_m\end{aligned}\right\}\tag{4-39}$$

（5）边界条件

$$\left.\begin{aligned}\overline{X_p}&=(\sigma_x)_p\cos\alpha+(\tau_{xy})_p\sin\alpha\\\overline{Y_p}&=(\sigma_y)_p\sin\alpha+(\tau_{xy})_p\cos\alpha\end{aligned}\right\}\tag{4-40}$$

$$\left.\begin{aligned}\overline{X_m}&=(\sigma_x)_m\cos\alpha+(\tau_{xy})_m\sin\alpha\\\overline{Y_m}&=(\sigma_y)_m\sin\alpha+(\tau_{xy})_m\cos\alpha\end{aligned}\right\}\tag{4-41}$$

式中　α——边界面法线与 x 轴所夹的角。

2. 破坏模型的相似关系

对于破坏模型来说，不仅要求在弹性阶段的模型应力和应变状态与原型相似，还要求在超出弹性阶段后直至破坏为止，模型的应力和应变状态也与原型相似。在超出弹性阶段之后，结构受到的荷载作用已经不是单调规律，此时还应满足残余应变相等的条件，即 $\varepsilon_p^0=\varepsilon_m^0$，有时还包括时间因素的影响，若变形随时间变化，则这种变形研究就是流变力学问题，此时就必须考虑时间相似常数。

弹塑性体的相似关系如下：

$$\left.\begin{aligned}&C_\sigma/C_X C_\tau=1.0\\&C_\mu=1.0\\&C_\varepsilon=1.0\\&C_E/C_\sigma=1.0\\&C_{\bar{\sigma}}/C_\sigma=1.0\\&C_\varepsilon^0=1.0\end{aligned}\right\}\tag{4-42}$$

弹塑性模型的应力应变关系为

$$\left.\begin{aligned}\varepsilon_m&=\varepsilon_p\\\sigma_m&=\sigma_p\end{aligned}\right\}\tag{4-43}$$

大量的混凝土和岩石的试验表明：在多轴应力作用下，混凝土和岩石强度基本上服从库仑-莫尔理论，还应该有以下相似关系：

凝聚力相似常数　　$C_C=C_p/C_m$

内摩擦系数相似常数　　$C_f=f_p/f_m$

抗压强度相似常数　　$C_R^C=R_p^C/R_m^C$

抗拉强度相似常数　　$C_R^t=R_p^t/R_m^t$

在破坏模型试验中，抗压和抗拉时的极限应变也应有如下相似关系：

$$\left.\begin{aligned}C_\varepsilon^C&=\varepsilon_p^C/\varepsilon_m^C=1.0\\C_\varepsilon^t&=\varepsilon_p^t/\varepsilon_m^t=1.0\end{aligned}\right\}\tag{4-44}$$

上述的相似关系包括几何、物理、力学、荷载、应力、应变、强度、时间等各个方面。实际上，要完全满足所有的关系式是困难的，因为原型和模型材料的所有各个物理量都是独立的，要完全相似不容易，只能是主要的物理量相似，就可以进行试验和研究。什么是主要物理量呢？这就需要研究者对原型、模型材料的物理特性，力学（各个阶段上的）特性，模型试验研究的环境、目标和要求有深刻的了解和掌握，这样才能选出、选准、选好主要的物理量，即必须遵守的相似关系，这是保证模型试验研究成功的前提条件。可见做好模型试验研究有一定的难度，尤其既要作定性的研究，又要作定量的分析。

4.8.3 模型材料

1. 对模型材料的要求

采用相似原理做模型试验，首先要选好模型（相似）材料，要求模型材料与原型材料具有物理-力学性质的相似性。这样量测模型变位及应力，再乘以相似系数，就得到了原型的变位及应力。

混凝土、岩石这些原型材料，本质上属于脆性材料，如果研究的问题是在弹性范围内的静力学问题，一般来说，模型材料的选择比较容易满足相似原理；如果研究的问题超出了弹性范围，研究破坏模型，那就必须考虑模型材料和原型材料的物理、力学性质在试验全程各个阶段的相似，这样问题就要复杂得多。究竟哪些物理量起着控制作用而成为主要矛盾呢？人们一直从理论上、试验上来研究这个问题，然而迄今并没有满意的公认的解答。比较可靠的办法只能是对具体的问题进行具体的分析，找出可以不遵守相似关系的次要影响因素，而主要影响因素则必须遵守相似关系，这是保证模型试验正常顺利进行的基本条件，以保证试验结果的可靠性、适用性。

究竟对模型材料有什么要求呢？通常对于线弹性材料模型的要求比较明确具体，如下：

（1）材料均匀、连续、各向同性，这些都是从宏观角度对物体的理想化要求。至于从微观角度讲，上述理想化要求和实际情况有些差别，包括模型材料和原型材料自身的特性。这些要求本来是材料力学、弹性力学的基本假定，这是对物理属性的基本要求。但是，严格说，这些要求只适合中小型试件。

（2）线性弹性，这是力学特征，即应力应变关系是线性关系，加载时的变形卸载后都能完全恢复。当荷载不是很大时，一般材料在一般环境条件下都有这种特征。

（3）模型和原型材料的泊松比应当很接近或相同。这是受荷条件下的变形特征即要求 $C_{\mu}=1.0$。

（4）模型材料具有足够低的弹性模量，以保证量测仪器测量变形时比较明显、比较方便。

（5）模型容易成型及加工制作，否则很难加工，且成本太高。

（6）物理、力学性能比较稳定，不容易受温度、湿度的影响，也不易受时间的影响。

（7）模型制作过程中，凝固时没有明显的膨胀、收缩及变形。

（8）模型制成后，在表面易于粘贴电阻应变片，这是量测应变的基本要求。

（9）模型材料要有适当的重度相似常数 C_{γ}。

（10）不论研究线弹性模型，还是研究破坏模型，在试验荷载下不应发生蠕变。我们用脆性材料，不会出现蠕变现象，否则，整个变形系统就会出现大问题，工程上也不允许。

2. 原型中不连续面及夹层的模拟

关于不连续面的模拟，对于岩石材料，无论从宏观角度还是从微观角度讲，都有许多节理、层理、夹层、裂隙。对于混凝土材料，从微观角度讲有裂隙、裂纹，即使从宏观角度讲也有不连续面，如温度应力引起的裂纹，还有普遍存在的施工缝。模型试验不完全同于中小型试件（样）试验。模型试验有结构、构件模型，这些还能做到均匀、连续。但是地力学、岩体力学模型，如大坝工程、大型边坡工程、隧洞工程、地下洞室工程等，则原型中的不连续面和薄夹层无论如何不可避免，客观存在各种不连续面，怎么模拟呢？常用降低弹性模量和强度的方法加以考虑，如降低内聚力和内摩擦角。如用清漆、油脂、石蜡、滑石粉、石墨、石灰岩粉、重晶石粉、云母、粒砂或它们按适当比例的混合物模拟各种夹层、节理裂隙，模拟滑动。用黏土掺入水玻璃、苏打而成固结砂来模拟断层和软弱带。

3. 荷载的模拟

在静力学模型中，荷载主要是岩土体自重、侧压力。岩体自重（体积力）是将实体和模型分成若干块体、在块体的重心处以钢丝相连，用千斤顶加荷。侧压力可分为面力（包括边界力）和水压力。面力是一般的加荷方式，无异于加体积力的方法，要避免用石碴、砖、混凝土块直接在模型表面加载，否则会改变模型的刚度。对于水压力，一般用橡胶袋贴近上游面，压入空气或内装水银、水或其他液体（如碳酸钾、氯化锌等）来模拟水压力。在做破坏模型试验时，因为加载大，也可以用液压千斤顶加荷。

4. 几种脆性材料模型

（1）石膏混合料模型

石膏是一种常见材料，属脆性材料。从早期到现代，它一直是常用的模型材料，这里的石膏不是一般的二水石膏（$CaSO_4 \cdot 2H_2O$），它是二水石膏经焙烧（温度 107～170℃）脱水演变而来的半水石膏 $CaSO_4 \cdot \frac{1}{2}H_2O$，称为建筑石膏，也称为模型石膏。它是气硬性胶凝材料。石膏的硬化速度主要取决于水膏比的大小。当用纯石膏不掺加添加剂时，水膏比为 1.0～2.0（水∶纯石膏）。拌和用水少时，凝结速度过快，浇制模型时操作不方便，有时需在石膏浆中掺入缓凝剂，用量为石膏的 0.5%～1.0%（质量分数），如掺入亚硫酸酒精废液或磷酸氢二钠，可以延缓初凝时间。半水石膏在凝结、硬化时略有膨胀，在干燥时又略有收缩，这些现象都随水膏比的增大而更加显著。半水石膏经水化还会变成二水石膏，在这个硬化结晶过程中所需的水量很少，多余的水分在干燥过程中会蒸发出来，结果使内部形成许多微小气孔，所以材料强度、弹性模量、重度也随之降低。这正是选用石膏模型的主要原因之一。石膏模型的弹性模量为（1.0～5.0）$\times 10^6$kPa，压缩或拉伸时差别不大。泊松比为 0.2 左右，变化范围太小。重度约为（5～10）kN/m^3。抗压强度为抗拉强度的 4～5 倍。

因为纯石膏加水浇制的模型在其特性方面还有些问题而不够理想，所以寻求改善的办法。简单的办法是在石膏中掺加别的材料，构成石膏混合料。掺加料如硅藻土、粉煤灰、水泥、标准砂等，以石膏用量为标准，掺加量是石膏用量的30%～90%，掺标准砂时，也可按2～3倍。有了某种掺加量，改变了模型材料的弹性模量、泊松比、重度值，增大了可调范围，即其变化范围增大了，也增大了模型材料抗压强度对抗拉强度的比值，更加符合模型试验对物理、力学指标的要求。

（2）石膏硅藻土混合料

硅藻土是由硅类水生物的介壳的堆积、压密、固结形成，其矿物成分以无定型的二氧化硅为主（$SiO_2 \cdot nH_2O$），属于水硬性材料，它的比表面积大、孔隙多、重度小、吸水性强、隔热性强，改善了材质的均匀性。当硅藻土的掺入量不断增加时，材料的弹性模量、重度、强度也不断增大，体积略有缩小，应力应变关系同纯石膏材料；具有良好的线性关系，且比例极限很高。石膏硅藻土混合料（适当用料和水比例）可使弹性模量达到（0.8～4.0）$\times 10^6$kPa，当石膏∶水∶硅藻土＝1∶1.5∶0.3时，弹性模量E＝（1.6～2.0）$\times 10^6$kPa，泊松比ν＝0.15～0.20，抗压强度R_C＝（23～26）$\times 10^2$kPa，抗拉强度R_t＝（3.5～4.5）$\times 10^2$kPa，很多国家使用这种模型。这种模型的吸湿影响很明显，应注意模型的存放条件和防潮措施。

（3）其他石膏混合材料

以石膏为基本材料，通过掺加料改变、调整材料性能，使之更适合模型试验的要求。掺加料可以是粉末状的，如硅藻土、各种岩粉、粉煤灰等；也可以是粒状材料，如砂类、浮石、膨胀珍珠岩、橡胶屑、炒锯末沥青等。粒状材料粒径应在d＝0.2～1.0mm范围内，粒径大了不行，应与测试仪器相配套。这类材料水膏比为1.5～4.0。可以在较大范围内调整材料的弹性模量［E＝（1～10）$\times 10^6$kPa］，如果采用加气剂制备泡沫石膏，则弹性模量值还可以显著降低，增大可调范围。

（4）水泥浮石混合料

水泥浮石混合料，实际上是一种轻质混凝土。浮石是一种酸性喷出岩，具有玻璃质结构、保温、隔热、白色、多气孔、质轻。浮石能浮于水面，并由此而得名，常用作混凝土骨料、橡胶的填料。水泥浮石混合料由水泥、浮石、石灰石粉膨润土、硅藻土等组成。这种材料多孔隙、强度低，混合料的力学性质大大降低，这样就维持了较好的相似关系。

水泥浮石混合料的弹性模量为（2～10）$\times 10^6$kPa，与混凝土有很好的相似关系。泊松比ν＝0.18～0.20，抗拉强度为抗压强度的7%～9%。这种混合料强度低，适合做大比例模型试验，既可作线弹性模型，也可以用于破坏模型试验。

作为模型材料，水泥浮石混合料也有局限性：①干燥失水时，容易引起收缩裂缝；②模型材料湿度大，表面粗糙不平，对粘贴电阻应变片不利；③一般只适用于浇制大比例模型，如1∶20～1∶30；④材料制备、模型浇制、模型养护、材料性质的稳定性等都比较复杂，因而影响了它的广泛应用。

（5）地质力学工程中的模型材料

研究地基与上部结构相互作用下结构及地基的破坏试验即所谓地质力学模型试验。地质力学模型试验用于研究水工大坝、地下厂房、隧洞、矿井、岸坡稳定等在弹性阶段和破坏阶段的力学特征。

作为由岩体、断层、破碎带、软弱带组成的所谓岩体结构来说，各部的弹性模量、泊松比互相有一个比值，材料的变形、应力应变关系是非线性的，必须要求应变相似常数 $C_\varepsilon=1.0$，即材料的屈服应变和破坏应变在原型和模型之间必须相等。在承载力模型试验中，除 E、μ 外，还要求材料强度等有关物理量相似。在考虑断层、破碎带、节理裂隙等不连续面的强度特征时，除满足原型、模型摩擦系数相等外，内摩擦角也必须相等，材料的抗剪强度必须符合相似条件。

由于岩体自重是重要荷载，一般情况下，要求模型材料重度与原型材料相近或稍大，地质力学模型材料的力学变形特征的相似比例必须和模型的几何比例接近或相等。有时只好降低模型材料的强度及弹性模量，以满足相似条件的要求。实践证明，选用适当的模型材料是地质力学模型试验的关键问题。

地质力学模型材料常用石膏和铅氧化物的混合材料，有时掺入砂、膨润土、钛铁矿粉等，这种材料与岩石的相似性较好，能达到较大的重度，改变配比可使材料强度有一个较大的变化范围，是一种应用广泛的地质力学模型材料。另一类模型材料是重晶石粉（$BaSO_4$）、环氧树脂、砂子、石膏、甘油、水的混合物等混合料，其强度和弹性模量都高于前一类材料，但需要高温固化。长江科学院和清华大学都在试验中配制了性能较好的地质力学模型材料。

（6）其他模型材料

所谓其他模型材料是指赛璐珞（一种塑料）、有机玻璃、环氧树脂，也可以掺一些铁粉、铝粉、砂类材料、矿物岩粉、水泥、石膏、硅藻土、橡胶屑、锯末等，所有经过试验得到性能适合的材料。还有用橡胶材料加热溶解制成低弹性模量的材料，通过一些掺合料来模拟岩体中的破碎带和软弱夹层。还有用水泥、石灰粉、橡胶屑和水的混合料来模拟岩体力学的变形特征，例如用水泥浮石砂浆模拟层状石灰岩及其各向异性，岩层中嵌入石蜡、石棉模拟褐煤和泥灰岩，研究岩层间的滑动。

模型材料类型很多，制备方法也多种多样，它可以用于研究地下厂房、蜗壳、隧洞、输水管道，也可以用来研究建筑领域中的各种建筑物，还可以用以研究交通工程中的各种桥梁结构。

生产实践的丰富多样性，决定了理论研究的广泛性。生产实践常常走在理论研究的前头，模型试验研究处在生产实践和理论研究的中间，把生产实践和理论研究联接起来，探索、揭示自然界的秘密，既推动了生产力的发展，也促进了科学理论研究的进步。

4.8.4 模型的制作与试验

1. 模型的制作

模型材料各部分应保证材料均匀，按照配方严格称量、拌和均匀，再加适量水调制，在成型时有浇筑、雕琢、砌（粘）结等几种工艺，形成整体或块体，在成型时要注意结构面、软弱夹层、节理裂隙、断层、破碎带、软弱带等的模拟。再进行模型的组合、烘干、粘结、加工。在烘干时，烘房温度要适当，一般的模型以 40～50℃为宜，还要注意通风以排除湿气。在雕琢、加工模型时要小心，以免损坏模型。

模型试验有大比例模型和小比例模型。一般而言，1∶100 以内的比例尺即几何相

似常数 $C_{\tau}\leqslant100$ 可称为大比例模型试验，包括 $C_{\tau}=1.0$ 的真型（原型）试验，如一座完整建筑物（办公、住宅、厂房、公共建筑等）进行抗震测试，也有的常做构件模型试验，没有注意到整个建筑物包括地基、基础的共同工作即相互作用与影响。1∶200 以上称为小比例模型试验。1∶100～1∶200 称为中间比例模型试验。大比例、小比例或中间比例要看模型制作的环境和条件，要看研究问题的部位和重要性，比如研究直墙拱形地下洞室的拱肩部，这个部分特别重要，应力-应变关系比较复杂，应力集中比较显著，所以应该用大比例模型，因为小比例模型仪表反映不太清楚，不能进行深入研究。还要看研究问题的深度和广度以及我们已知认识的程度，比如我们研究一个前沿课题，已知认识很少，就应当用大比例尺，由于小比例尺模型得到的资料太少，也不显著，会妨碍研究的深入。当然模型比例尺的大小也和使用的测试仪器的先进性、精度、灵敏度有关。

2. 模型加载与测试准备

首先提出一个普遍存在的问题，即模型在试验之前的应力状态是什么样的？对于这个问题有两种意见：一种意见是模型在试验之前无应力，也无荷载，加荷之后才有荷载、有应力状态。20 世纪 70 年代末以前，这种意见很普遍。以地下硐室为例，这种意见概括为先开洞后加载，按这样的思路去研究洞周围岩体中的应力-应变、变形，在一定条件下也会破坏。另一种意见在 20 世纪 70 年代末提出来，认为模型在试验之前已经处于某种应力-应变状态，荷载来自自重、水、气压力及地质构造应力，在某种应力-应变状态下开洞，开洞后洞周围岩中的应力-应变状态发生变化，这种变化称为二次应力状态，按照这个思路去研究洞周围岩体的应力-应变直至破坏。这种意见概括为先加载后开洞。第二个认识和分析思路、设计思想提出之后，很快得到了广大岩土力学与工程工作者的赞同和在实际工作中的使用。

根据上述观点，模型在试验前就要施加荷载，使其处于某种应力状态。荷载类型分为体积力（自重）、面力（包括边界力、侧压力、水压力）、地质构造应力（要尽量查清大小和方位）和外荷载。地质构造应力和外荷载可以化作体积力或面力加荷。体积力用分散的集中力代替自重，用面力代替体积力，还可以模拟施工分期加荷。面力可以用液体（如水银）加荷，也可以用气压（如气压袋）加荷，也可以用液压千斤顶加荷，上述加荷方式均可满足超载和破坏试验的需要。

4.8.5 相似材料模型试验

1. 相似材料

所选用的相似材料一般应符合下列基本要求：

（1）主要力学性质与模拟的岩层或结构相似；

（2）试验过程中材料的力学性能稳定，不易受温度、湿度等外界条件的影响；

（3）改变材料配比，可调整材料的某些性质以适应相似条件的需要；

（4）制作方便，成型容易，凝固时间短；

（5）成本低，来源丰富。

实践上，要选择满足上述全部要求的材料是不现实的，通常是只满足一些最基本的要求。目前采用的相似材料大多数是混合物，这种混合物由两类材料组成。一类是作为胶结物质的材料，另一类是作为骨架物质的惰性材料。这两种材料通常选用：

（1）胶结材料：石膏、水泥、石灰、水玻璃、碳酸钙、石蜡、树脂等。

（2）骨料：砂、黏土、铁粉、重晶石粉、铅粉、云母粉、软木屑、硅藻土和聚苯乙烯颗粒等。

胶结材料和惰性材料选好后，应当采用各种不同的配合比进行一系列试验。为减少试验次数和工作量，可采用正交设计选择材料配比，得出模型的若干种物理力学性能指标随配合比而变化的规律，由此选择模型材料合适的配合比。

此外，在混合材料中掺入少量添加剂可以改善相似材料的某些性质。如在以石膏为胶结材料的相似材料中，加入硅藻土，可改变相似材料的水膏比，使其软硬适中，便于制作和测试；加入砂土，可提高相似材料的强度和弹性模量；加入橡皮泥，可以提高相似材料的变形性；加入钡粉，可以增加相似材料的密度等。

相似材料的选择是费时费钱的事，前人已在这方面做了许多工作，积累了许多经验，选择时，参考已有的配方和经验是最为合算的。

通常，模拟混凝土的相似材料有纯石膏、石膏硅藻土、水泥浮石砂浆等，模拟岩石的相似材料有石膏胶结材料、石膏铅丹砂浆、环氧树脂胶结材料等。此外，用油脂类涂料，可模拟黏土夹层的黏滞滑动，而滑石涂料可模拟塑性滑动。用各种纸质面层、石灰粉、云母粉、滑石粉等模拟岩石节理面和分层面，也可用锯缝来模拟结构面。

2. 物理相似及相似比的选择

根据相似条件和量纲分析法，量纲相同的物理量的相似比相同，无量纲的物理量如应变 E、泊松比 ν、内摩擦角 φ 的相似比为 1，即模型与原型的物理量相等。根据量纲相同则相似比相同这一要求，在力学模型中，弹性模量、应力和强度的相似比都应相等，即 $C_E=C_\delta=C_C$。事实上，要选择一种相似材料，既要使其弹性模量满足选定的相似比，又要使其强度满足同样的相似比是很困难的，这就要根据所研究问题的需要来判断首先满足哪个物理量的相似比。如研究的目的是模型在破坏前的弹性阶段，则首先应使弹性模量满足选定的相似比；如研究目的是模型的破坏特性，则首先应使强度满足选定的相似比。

3. 荷载的模拟和加载系统

地下工程的荷载主要来自自重应力、构造应力和工程荷载。利用相似材料本身的重量模拟自重是最基本的方法，当模拟的地层很深，而所要研究的问题仅涉及洞室附近一部分围岩时，常常用施加面力的办法来代替研究范围以外的岩土介质的自重。在立体模型和大的平面模型中，可采用分块加载模拟自重，它是利用加载钢丝将载荷悬挂在模型下部，为此常将模型划分成许多立方体，并将载荷分散施加在每个立方块的重心处，这种均匀分布于结构内部的垂直力系与自重力系最接近，因而适用于研究应力-应变特征的模型。利用离心机旋转产生的离心力，可获得均匀分布的自重应力场，这就是离心机模型试验的理论基础。对于较深的平面模型，可利用面摩擦力来模拟自重应力，它是将模型平放在粗糙的纸带上，使砂纸带不断移动，即在模型面上产生摩擦力，从而模拟重力。对于构造应力和工程荷载，在设计模型时，应当采用双向或三向加载的系统来模拟。图4-27是英国皇家采矿学校的液压式双向加载装置，该装置采用油压系统控制压力，油压通过四个盒式胶皮囊与规则排列的钢质加载片传到平面模型上。在模型试验中，也可采用气囊式、杠杆式和千斤顶等加载装置。

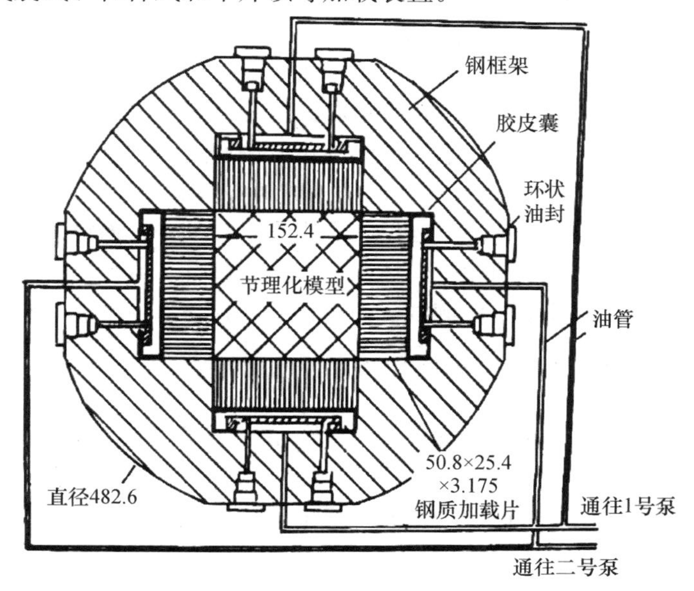

图4-27　液压式双向加载装置

模拟试验可在一般的或专用的框架型静力台架上进行，一般的静力台架可将预制好的模型安装在台架上进行试验，因而可对不同的模型进行试验。专用的台架则是为某一模型试验特制的，通常模型就在台架上浇注制作，因而试验周期较长。

4. 量测系统

在模型试验中，通常要量测的物理量是应变、位移和应力，同时要对试验过程中模型的变形和破坏的宏观现象进行观测、描述和记录。模型表面的应变一般采用粘贴电阻应变片的方法测试，模型内的应变则可用应变砖测试。位移的量测可采用在模型表面安设机械式应变计，在模型上安设位移传递片，用磁性表座将千分表和位移传感器固定在基准梁或模型架上测试，还可以用照相法测模型上各点的绝对位移，它是在模型上设置水平与垂直标尺，同时在模型上设置测标，组成平行于固定标尺的方格网，测点密度取决于观察目的与照相条件。试验时，对不同加载或开挖阶段的模型表面及测量系统进行系统拍照，然后在比长仪上比较各照相胶片上测标的距离，就可求得绝对位移，也可利用读数显微镜读出不同时间所拍胶片上测标的距离。模型中的应力的测量，在弹性范围内可采用应变片和应变计测量出应变，再由应变用胡克定律求出应力。当需要测量模型中超出弹性极限后的应力值时，就要采用应力计或小型压力传感器。应用素描和照相法，可记录模型在不同加载或开挖阶段的变化或破坏情况。

4.8.6　结构模型试验

1. 概述

在工程实践和理论研究中，结构试验的对象大多是实际结构的模型。对于工程结构中的构件或结构的某一局部，如梁、柱、板、墙，有可能进行足尺的结构试验。但对于整体结构，除进行结构现场静动载试验外，受设备能力和经济条件的限制，实验室条件下的结构试验大多为缩尺比例的结构模型试验。

结构模型试验是工程结构设计和理论研究的主要手段之一。在结构设计规范中，对各种各样的结构分析方法做出了规定。例如，线弹性分析方法、考虑塑性内力重分布的方法、塑性极限分析方法、非线性分析方法和试验分析方法等。其中，试验分析方法在概念上与计算分析方法有较大的差别。试验分析方法通过结构试验（其中主要是结构模型试验），得到体形复杂或受力状况特殊的结构或结构一部分的内力、变形、动力特性、破坏形态等，为结构设计或复核提供依据。应当指出，基于计算机的结构分析方法已经能够解决很多复杂的结构分析问题，但结构模型试验仍有不可替代的地位，并广泛应用于工程实践中。模型一般是指按比例制成的小物体，它与另一个通常是更大的物体在形状上精确地相似，模型的性能在一定程度上可以代表或反映与它相似的更大物体的性能。

模型试验的理论基础是相似理论。仿照原型结构，按相似理论的基本原则制成的结构模型，它具有原型结构的全部或部分特征。通过试验，得到与模型的力学性能相关的测试数据。根据相似理论，可由模型试验结果推断原型结构的性能。

2. 结构模型试验

对于结构模型试验，工程师和研究人员最关心的问题是结构模型试验结果在多大程度上能够反映原型结构的性能。而结构模型设计是结构模型试验的关键环节。

一般情况下，结构模型设计的程序如下：

（1）分析试验目的和要求，选择模型基本类型。缩尺比例大的模型多为弹性模型，强度模型要求模型材料性能与原型材料性能较为接近。

（2）对研究对象进行理论分析，用分析方程法或量纲分析法得到相似判据。对于复杂结构，其力学性能常采用数值方法计算，很难得到解析的方程式，多采用量纲分析法确定相似判据。

（3）确定几何相似常数和结构模型主要部位尺寸，选择模型材料。

（4）根据相似条件确定各相似常数。

（5）分析相似误差，对相似常数进行必要的调整。

（6）根据相似第三定理分析相似模型的单值条件，在结构模型设计阶段，主要关注边界条件和荷载作用点等局部条件。相似理论是模型试验的基础。进行结构模型试验的目的是试图从模型试验的结果分析预测原型结构的性能，相似性要求将模型结构和原型结构联系起来。

（7）形成模型设计技术文件，包括结构模型施工图、测点布置图、加载装置图等。

结构试验时的荷载作用应使结构处于某一种实际可能的最不利工作状态。试验时，荷载的图式要与结构设计计算的荷载图式一样，结构的工作与其实际情况才最为接近。有时，也常由于一些原因而采用不同于设计计算所规定的荷载图式，对这些情况应注意。如试验时采用某种更接近于结构实际受力情况的荷载布置方式，或采用等效荷载的方式来改变原来的加载图式。采用等效荷载试验时，必须全面验算由于荷载图式改变对结构产生的各种影响。必要时，应对结构构件作局部加强，或对某些参数进行修正。当构件满足强度等效而整体变形条件不等效时，则需对所测变形进行修正。当取弯矩等效时，尚需验算剪力对构件的影响。同时要求采用等效荷载的试验结果所产生的误差控制在试验允许的范围以内。

为保证试验工作的正常进行，对于试验加载用的设备装置，也必须进行专门的设计。在使用实验室内现有的设备装置时，也要按每项试验的要求对装置的强度、刚度进行复核计算。

对于加载装置的强度，首先要满足试验最大荷载量的要求，保证有足够的安全储备，同时要考虑到结构受载后有可能使局部构件的强度有所提高。试验加载装置在满足强度要求的同时，还必须考虑刚度的要求，在结构试验时，如果加载装置刚度不足时，将难以获得构件极限荷载下的性能。

试验加载装置设计还要求使它能符合结构构件的受力条件，要求能模拟结构构件的边界条件和变形条件，否则就失去了受力的真实性。在加载装置中还必须注意试件的支承方式。试验加载装置除了在设计上要满足一系列要求外，应尽可能使其构造简单，组装时花费时间少，特别是当要做同类型试件的连续试验时，还应考虑能方便试件的安装，并缩短其安装和调整的时间。结构试验时要掌握构件空间就位形式的不同和特点。

3. 试验加载制度

试验加载制度是指结构试验进行期间控制荷载与加载时间的关系。它包括加载速度的快慢、加载时间间歇的长短、分级荷载的大小和加载、卸载循环的次数等。结构构件的承载能力和变形性质与其所受荷载作用的时间特征有关。对于不同性质的试验，必须根据试验的要求制订不同的加载制度。

合理选择均布荷载或集中荷载的加载图式、数量及作用位置布置。也可以根据试验的目的要求，采用与计算简图等效的荷载图式。

荷载种类和加载图式确定以后，还应按一定程序加载。加载程序可以有多种，根据试验目的要求的不同而选择。一般结构静载试验的加载程序均分为预载、标准荷载（正常使用荷载）、破坏荷载三个阶段。需理解分级加载的目的和方法。

正确了解并掌握模型材料的物理性能及其对模型试验结果的影响，合理地选用模型材料是结构模型试验的关键之一。一般而言，模型材料可以分为三类，一类是与原型结构材料完全相同的材料，例如采用钢材制作的钢结构强度模型；另一类模型材料与原型结构材料不同，但性能较接近，例如采用微粒混凝土制作的钢筋混凝土结构强度模型；还有一类模型材料与原型结构材料完全不同，主要用于结构弹性反应的模型试验。

模型材料选择应考虑以下几方面的要求：

（1）根据模型试验的目的选择模型材料。

（2）模型结构材料满足相似要求。

（3）模型材料性能稳定且具有良好的加工性能。

（4）满足必要的测量精度。

结构模型的制作主要包括两个方面，一方面是如上所述材料的选择和配制；另一方面就是模型的加工。模型加工应满足以下要求：

（1）严格控制模型制作误差。

（2）保证模型材料性能分布均匀。

(3) 模型的安装和加载部位的连接满足试验要求。

模型试验和原型试验的基本原理是相同的。但模型试验有自身的特点，由于试验对象在局部缩小，但整个试验的规模和难度却不一定缩小。在模型试验中应注意以下问题：

(1) 较大尺寸或原型结构试验前，结构材料性能试验可以采用标准的试验方法。

(2) 模型结构试验对试验环境有更高的要求。

(3) 由于模型尺寸缩小，对测试仪器和加载设备有更高的精度要求。

(4) 由于尺寸缩小，模型结构及构件的刚度和强度都远小于原型结构。

4. 试验的观测

在确定试验的观测项目时，首先应该考虑反映结构整体工作和全貌的整体变形，通过对某些指标的测量结果深入分析，掌握整个结构工作状态和物理性能变化。对于某些试验，反映结构局部工作状况的局部变形也是很重要的，可以用来推断结构强度等重要指标。

要注意测点的选择与布置的基本原则，保证测点的适合数量和可靠性、校核性。

注意仪器的选择与测读的原则，遵循仪器的精度要求，测试结果的范围限制，以及现场具体情况和方便操作，以及仪表本身的特性与试验要求的吻合等。

仪器仪表的测读应按一定的程序进行，具体的测定方法与试验方案、加载程序有密切的关系。在拟订加载方案时，要充分考虑观测工作的方便与可能，反之，确定测点布置和考虑测读程序时，也可根据试验方案所提供的客观条件，密切结合加载程序加以确定。

由于结构构件的变形，特别是混凝土构件的变形在一定程度上与荷载持续时间有关，因此，在结构静力试验中，量测变形在时间上应有一个统一的规定，这样，量测的结果才具有可比性。同样，在结构动力试验时，也必须严格控制仪表测读时间。

在试验中，对于重要的控制测点的读数，应边做记录，边做整理，与预计理论值进行比较，以利于发现问题并及时纠正。

4.8.7 离心模拟实验

1. 概述

离心模型是利用相似模拟来研究物理现象，以帮助解决理论与设计问题，是工程上常用的方法。重力是大地工程结构物最主要的受力变形、破坏因素。由 Rocha 及 Roscha 建议之相似性条件，模型材料及模型内应力状态必须与原型（prototype）完全相同。

20 世纪 90 年代以来，离心模型技术在岩土工程各领域得到普遍的认可及发展，土工离心机的数量及尺寸也不断增加，应用领域也不断扩大。西南交通大学运用离心模型试验技术，开展了散粒体沙堆模型试验，分析了散粒体斜坡崩滑地质灾害的自组织临界性现象和地震诱发作用下散粒体斜坡崩滑失稳的模式与规律。清华大学在国内首次进行了环境岩土力学和运移过程研究，利用土工离心机进行了轻非水相流体污染物、重金属离子等在非饱和土中迁移的模拟，研究污染物的迁移机理及其对地下水的影响，同时也研究了土性对污染物迁移机理的影响，为选取合适的清污技术提供了依据。岩土及结构的地震动力响应是最近10年来我国土工离心模型试验的研究热点，如地基的地震反应，混凝土面板堆石坝的地震反应，结构-岩土相互作用的动态响应，黄土震陷性研究，边坡及其处治措施的地震响应特征，砂土液化等。随着城市基础建设的不断发展，地铁隧道施工及其相关问题也越来越突出，对此的研究也越来越多。如隧道结构的受力及变形特征，隧道开挖对地表及建筑物影响的研究与分析，黏土的成拱能力等。2001年，世界上最大、最先进的土工离心机之一在香港科技大学研制成功，这是世界上第一台双向振动台，安装了先进的4轴向机械手，并配备了精确的数据采集和控制系统。先后在这台土工离心机上进行了船舶撞击桥桩、松散填土的潜在静态液化机理、土钉加固边坡的效果、浅表层松散填土边坡稳定性研究等。

在进行地震、爆破等研究时，需要把土工模型置于离心场的同时，再耦合一定频率的振动，能提供该振动的是放置于工作吊篮的离心振动台。除香港科技大学外，我国建立的土工离心振动台（清华大学2001年、南京水利科学研究院2004年、同济大学2006年）均停留在一维水平，振动能力较小，精度不高。如今，浙江大学和中国水利水电科学研究院的振动台正处于研制阶段。中国水利水电科学研究院的振动台将可能成为我国首台可在水平和垂直方向同时振动的水平垂直2D振动台。

凭借拥有数量最多的土工离心机，日本成为世界上土工离心模型技术应用最成熟的国家，不仅提高了建筑施工技术，通过试验验证的创新性设计，也极具国际竞争力。

我国的土工离心机集中在高校和国家科研设计单位，如今共拥有土工离心机近20台。在增加土工离心机数量的同时，也应该加大现有离心机的利用率，提高工作性能，加强对先进模拟技术的研究。我国的一些私人机构和公司也开始接受这项技术，进行了一系列的工程研究，如边坡破坏机理试验、加筋土挡土墙、储灰场灰渣沉积特点及深埋管道上覆土压力的变化规律、水库土工防渗膜、隧道施工及其相关问题、桥涵及回填、基础承载力及固结沉降、基坑工程等，得到了对工程实践有意义的一些结论和建议。但总体来说，应用领域较窄，研究深度不够，并多是依托高校或科研单位的研究团队完成。

2. 作用

离心模型试验，研究土工格栅加筋台背回填材料作用于台背土压力的分布状况、加筋体的沉降变形特性、筋材的应变和变形特征。经分析比较提出了加筋回填材料离心模型试验的测量方法，通过黏性土、加筋黏土、风积沙、加筋风积沙等几种材料的台背回填离心模型试验和研究，发现土工格栅的加筋作用对土压力和沉降变形的影响显著；回填体中加筋材料所在的位置越深，该层筋材的拉伸应变值越大；同一层筋材上，靠近回填体与相邻路堤接壤处发生的拉伸应变最大。结果表明：适当提高底层加筋材料的强度，增加锚固端加筋材料的长度，能明显提高回填体的整体稳定性，减少台背回填区表面的沉降变形。

3. 分类

我国土工离心模型试验技术就其应用类型而言大致有如下4类：

（1）原型的模拟。这是最常用的方面，用来预测和验证工程的工作状态，尤其适用于地震和降雨导致边坡破坏，以及近海石油勘探中，风荷或浪涌作用下桩的特性研究。

很多场合，对工程结构做原位试验以验证其安全性是极为困难的。如高土石坝性态预测、深水结构及近海桩结构的安全性评定等。

在我国已用土工离心机完成了挡土墙与岩土-结构相互作用、埋入式结构与地下开挖、基础承载力及稳定性、动力响应、环境岩土力学与运移过程等方面的设计研究工作。由材料试验和数值计算、反馈分析向结构设计与离心试验并举，是未来岩土工程设计的发展趋势。

（2）新现象和新理论的研究。离心模型技术已经成功应用于研究各种难解的现象。如大地构造、土的液化研究、污染物运移、渗流研究等，它们所用的材料与原型材料没有相似的关系。

（3）参数研究。这也是应用很广的一个方面，因为这是比较容易和比较可靠的测定方法。一般来说，在实际测试和参数变化试验之前，必须设计一个测试试验。通过改变模型参数（如几何性状、荷载以及边界条件、降水强度或土的类型等），可以获得测试结果对各参数变化的敏感度以及关键参数，从而指导工程设计。

（4）数值分析成果验证。无论是数值模拟还是物理模拟，都必须进行条件简化及假设。很多情况下，数值模拟仍然受限于进行二维模拟。而土工离心模拟则不存在这些问题，相反，其模拟三维问题比二维平面应变问题更简单。数值分析的精度不仅取决于材料所用的模型，也取决于参数的选取。通常，模型参数可能不具备任何物理意义或者通过试验手段难以确定，由此得出的模拟结果和基于此的工程设计必然会存在争议。例如，对于离岸石油钻井平台的升降式或铲罐式钻油台，受竖向、横向和弯矩荷载的作用，数值模拟的效果并不理想。应力条件和参数已知的离心模型试验就成为校正数值分析最可靠的手段。

4. 离心模型技术特点

步入 21 世纪，土工离心机作为一种重要的工具得到了广泛的推广和发展。随着离心机应用范围的不断扩展，基础机械也在不断发展，将能够模拟各种可能状况。通过上述回顾与总结，可以看出近年来我国离心模型技术发展表现出以下特点：

（1）土工离心机设备在试验技术水平、规模和数量上，都已经基本达到了国际先进水平；

（2）离心模型试验的工程应用领域不断扩大，如岩石工程、环境岩土力学等方面的应用；

（3）离心模型技术可用于验证土的本构关系和土力学的理论，但是并未充分发挥；

（4）量测设备是试验取得成功的前提保证，具有独立知识产权的量测仪器开发仍需努力。

4.8.8 模型实验的误差问题

1. 误差的类型和来源

在正常情况下，测试误差可分为几类。

（1）系统误差。这是测试系统各部分自身固有的误差，如仪器精度不高，灵敏度不高，测试环境温度不合适或温度很不稳定，模型相似关系差别大，导线长度太大等，这些是先天性带来的误差，这种误差不好消除。

（2）偶然误差。这是在测试过程中随机出现的现象，随机就有偶然的意思。误差有大小正负之分。测量值的分布规律可能是正态分布，也可能是近似正态分布或别的分布。但在测量很大（重复测量）的情况下，偶然误差可以减小。

（3）失误（过失）误差。这是在试验过程中由于各种原因人为造成的误差，如读数误差、计算误差，几乎不可避免，只能靠工作人员对研究的问题和方法有一定的了解和精心操作、细心核对，失误误差可以大大减小，甚至消除。

（4）间接误差。我们要研究试验体内的应力状态，但仪器直接测得的是应变变形，要通过胡克定律（线性弹性）或材料的物理方程、本构方程去演变出应力状态，这叫反分析法。这就提出一个问题，即对于所研究的问题胡克定律是否适用，物理方程、本构方程是否可靠，通常由此会带来误差。这是个科学研究的问题，有一定难度。

（5）破坏试验的误差。模型试验工作量大、费时、花钱多，不容易做。对于弹性应力阶段，可以在加载过程中多次观测或反复加载，可以得到尽量多的测试数据，可以消除部分误差，接近最佳值即真值。破坏是整个试验的结果，是一次性的，不可能反复出现，也不可能反复测试。根据误差传递和累积，对试验结果带来的误差也显而易见。

2. 对误差的处理

这主要指偶然误差，从大量的测试数据中求出算术平均值（只要测试次数多，算术平均值 X 比较接近真值），按正态分布或近似正态分布，求出标准误差 σ，如果观测值 X 和均值（比较接近期望值即真值）的误差在 $\pm 3\sigma$ 以内，获得真值的概率为 99.7%，这点误差被工程界认可，认为测量正确。如果误差在 $\pm 3\sigma$ 范围之外，这个（些）观测数据不能采用，这就是所谓的 3σ 原则。3σ 范围之外的误差不属于偶然误差，应属于系统误差、过失误差、间接误差或累积误差。误差分析可参考浙江大学数学系高等数学教研组编的《概率论与数理统计》（人民教育出版社，1981 年），或参考冯师颜的《误差理论与实验数据处理》（科学出版社，1964 年）。

5　无损检测技术

5.1　超声检测技术

5.1.1　超声波检测原理

超声波无损检测就是通过超声波与试件相互作用，就反射、透射和散射的波进行研究，对试件进行宏观缺陷检测、几何特性测量、组织结构和力学性能变化的检测和表征，进而对其特定应用性进行评价的技术。超声检测是利用超声波的透射和反射进行检测的。超声波可以穿透无线电波、光波无法穿过的物体，同时又能在两种特性阻抗不同的物质交界面上反射，当物体内部存在不均匀性时，会使超声波衰减改变，从而可区分物体内部的缺陷。因此，在超声检测中，发射器发射超声波的目的是超声波在物体遇到缺陷时，一部分声波会产生反射，发射和接收器可对反射波进行分析，精确地测出缺陷，并显示出内部缺陷的位置和大小，测定材料厚度等。超声检测作为一种重要的无损检测技术，不仅具有穿透能力强、设备简单、使用条件和安全性好、检测范围广等根本性的优点外，而且其输出信号是以波形的方式体现，使得当前飞速发展的计算机信号处理、模式识别和人工智能等高新技术能被方便地应用于检测过程，从而提高检测的精确度和可靠性。

1. 超声波的性质及特征

科学家们将每秒钟振动的次数称为声音的频率，它的单位是赫兹（Hz）。我们人类耳朵能听到的声波频率为20～20000Hz。因此，我们把频率高于20000Hz的声波称为“超声波”。在土木工程测试技术中的无损检测超声波频率范围为0.2～25MHz。

超声波具有以下特征：（1）超声波波长短、沿直线传播、指向性好，可在气体、液体、固体、固溶体等介质中有效传播。（2）超声波可传递很强的能量，穿透力强。（3）超声波在介质中的传播特性包括反射与折射、衍射与散射、衰减、声速、干涉、叠加和共振等多种变化，并且其振动模式可以进行波型转换。（4）超声波在液体介质中传播时，达到一定程度的声功率就可在液体中的物体界面上产生强烈的冲击，即“空化现象”。

2. 超声波的产生和接收

声波是一种机械波，超声波是一种频率很高的声波。使用具有压电或磁致伸缩效应的材料便可产生超声波。当在压电材料两面的电极上加上电压，它就会按照电压的正负和大小，在厚度方向产生伸、缩的特点。利用这一性质，若加上高频电压，就会产生高频伸缩现象。如果把这个伸缩振动设法加到被检工件的材料上，材料质点也会随之产生振动，从而产生声波，在材料内传播。

超声波的接收是同超声波的发射完全相反的过程，即超声波传到被检材料表面，使表面产生振动，并使压电晶片随之产生伸缩，就可在仪器示波屏上进行观察和测定。

3. 超声波的衰减

超声波在材料中传递时，随着传播距离的增大，垂直于声路上的单位面积通过的声能会逐渐减弱，这种现象称之为超声波的衰减。

造成超声波能量衰减的因素主要有3个方面：（1）扩散衰减：超声波在介质中传播时，由于声束存在扩散现象，其自身的波前扩散会造成随着声程的增大而垂直于声束传播方向的单位面积通过的声能逐渐减小，即称为扩散衰减，其取决于波的几何形状，而与传声介质的性质无关。（2）散射衰减：散射衰减与传声介质中质点的声阻抗特性均匀性有关，即与材料自身的成分、显微结构特性相关，如与晶粒大小、晶界析出物、晶界形态、晶内相成分等显微组织形态有关，并将最终变成热能损耗。（3）吸收衰减：超声波传递时能量衰减的另一个重要原因是内吸收造成的衰减，与传声介质的黏滞性、热传导、边界摩擦、弹性滞后、分子弛豫等机理有关，这些原因导致的超声能量衰减统称为吸收衰减。

超声波在材料中衰减的大小与超声波频率密切相关，实际上是与超声波的波长相关，在同一材料中，即使频率相同而波形不同，具有不同的传播速度。波长不同，表现出来的超声衰减也不同。

5.1.2　超声波检测系统

超声波检测系统包括超声波检测仪、换能器和检测构件，如图5-1所示。

1. 超声波检测仪

超声波检测仪是超声检测的主体设备，是专门用于超声检测的一种电子仪器。

超声波检测仪的分类：

（1）按回波显示方式分类：脉冲式检测仪按回波信号显示方式可分为A型显示、B型显示和C型显示三种类型。

A型显示是一种波形显示，屏幕的横坐标代表声波的传播时间（或距离），纵坐标代表反射波的声压幅度。图5-2为A型显示原理图。图中，T—发射脉冲，F—来自缺陷的回波，B—底面回波。

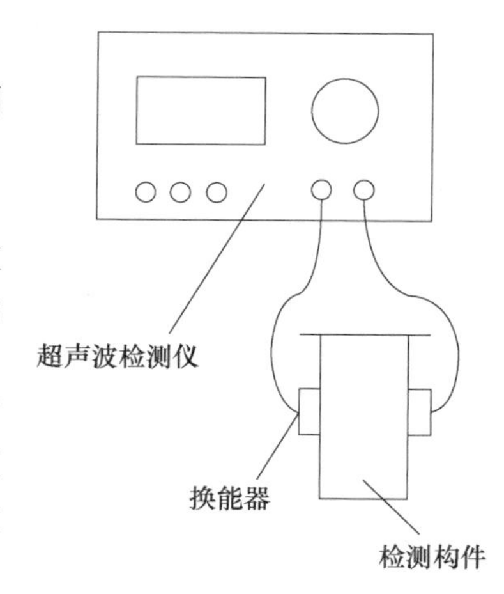

图5-1　超声波检测系统示意图

B型显示的是试件的一个二维截面图，屏幕纵坐标代表探头在探测面上沿一直线移动扫查的位置坐标，横坐标是声传播的时间（或距离）。图5-3为B型显示原理图。

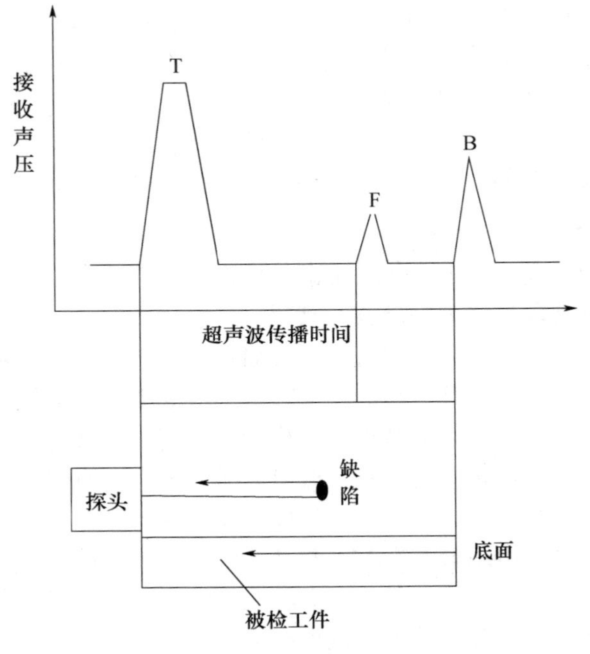

图 5-2　A 型显示原理图

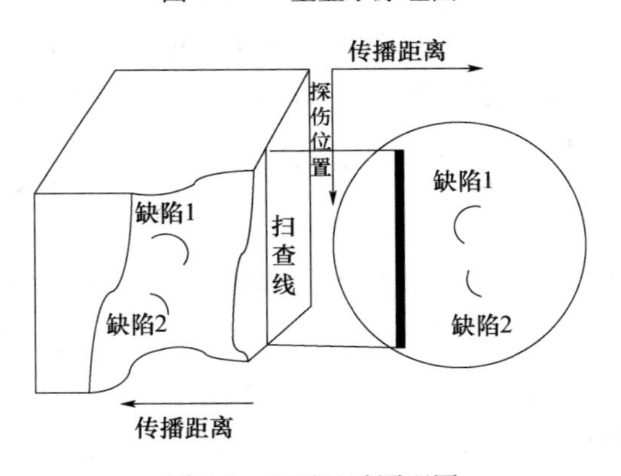

图 5-3　B 型显示原理图

C 型显示的是试件的一个平面投影图，探头在试件表面做二维扫查，屏幕的二维坐标对应探头的扫查位置。探头在每一位置接收的信号幅度以光点辉度表示。图 5-4 为 C 型显示原理图。

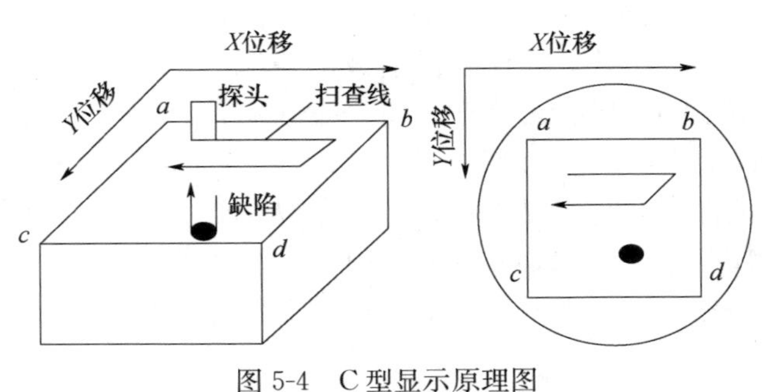

图 5-4　C 型显示原理图

（2）按超声波的通道分类：可分为单通道检测仪和多通道检测仪。

2. 超声波探头

超声波探头利用压电晶体的正、逆压电效应实现声能和电能的互相转换。超声波探头结构如图 5-5 所示。组成部分为：压电晶片——实现声电相互转换；阻尼块——吸收声能加大阻尼；外壳——保护固定内部元件；电极——实现晶片和电缆连接。

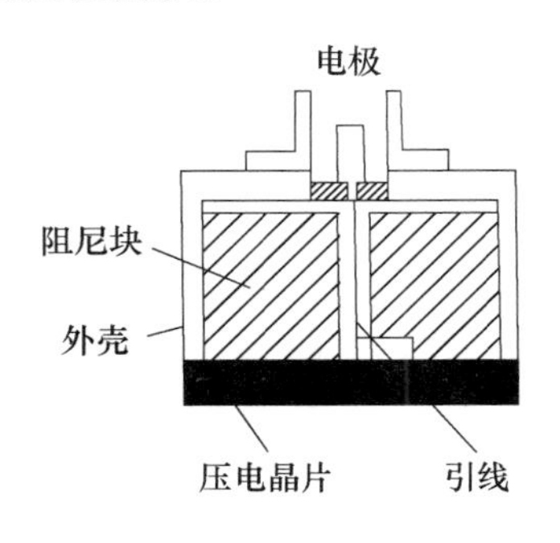

图 5-5　超声波探头结构图

超声波检测中由于被探测工件的形状和材质、探测目的、探测条件不同，因而要使用不同形式的探头。其中最常用的是接触式纵波直探头、接触式横波斜探头、双晶探头、水浸探头与聚焦探头等。

3. 耦合剂

与一般的测量过程一样，为了保证检测结果的准确性与重复性、可比性，必须用一个具有已知固定特性的试块对检测系统进行校准。这种按一定的用途设计制作的具有简单形状人工反射体的试件即称为试块。超声检测用试块通常分为两种类型，即校准试块和参考试块。

当探头和试件之间有一层空气时，超声波的反射率几乎为 100%，即使很薄的一层空气也可以阻止超声波传入试件，耦合剂就是为了改善探头和试件间声能的传递而加在探头和检测面之间的液体薄层。耦合剂可以填充探头与试件间的空气间隙，使超声波能够传入试件，这是使用耦合剂的主要目的。除此之外，耦合剂有润滑作用，可以减少探头和试件之间的摩擦，防止试件表面磨损探头，并使探头便于移动。在液浸法检测中，通过液体实现耦合，此时液体也是耦合剂。常用的耦合剂有水、甘油、变压器油、化学糨糊等。

在进行超声波测试前，应了解设计施工情况，包括构件尺寸、配筋、混凝土组成、施工方法和混凝土龄期等。选择探头频率，如采用 500KC 探头并将仪器置“自振”工作频率一挡，已能满足要求。测试应选择配筋少、表面干燥、平整及有代表性的部位，将发射与接收探头测点互相对应画在构件两侧，编号并涂黄油，即可测试。测试时，要注意零读数和掌握超声波传播时间精确读法。测定超声波在混凝土内的传播时间时，将仪器中“增益”调节到最大，容易取得较精确的时间读数。另外还需在平时凭借衰减器熟悉不同振幅下第一个接收波信号起点的位置，这样在测定低强度等级或厚度较大的混凝土时，就能对振幅小的波形读出较精确的读数。

5.1.3　超声检测方法

1. 脉冲反射法

脉冲反射法是利用超声波在试件内传播的过程中，遇有不同介质的界面时将发生反射的原理进行检测的。它采用一个探头兼做发射和接收器件，接收信号并在探伤仪的荧光屏上显示，并根据缺陷及底面反射波的有无、大小及其在时间轴上的位置来判断缺陷的有无、大小和方位。图 5-6 是接触法单探头直射声束脉冲反射法的基本原理。

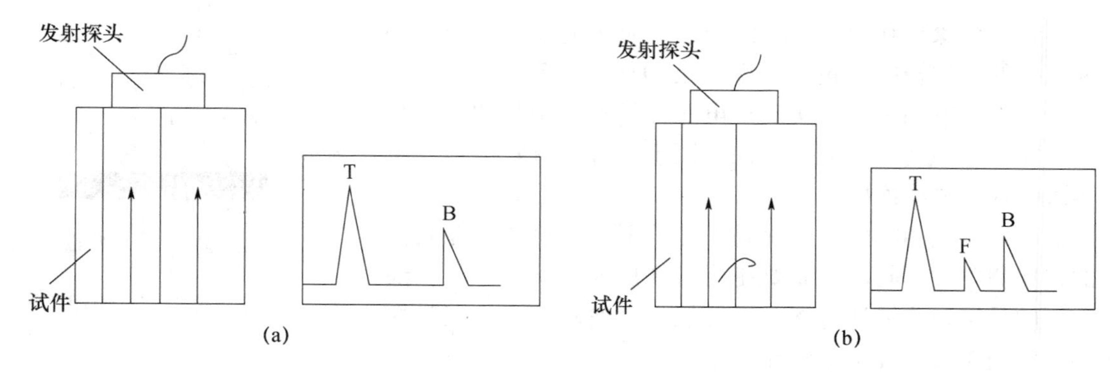

图 5-6　接触法单探头直射声束脉冲反射法

2. 穿透法

穿透法是将发射探头和接收探头分别置于试件的两个相对面上，根据超声波穿透试件后的能量变化情况来判断试件内部质量。因此，通过不同位置的接收信号强度不同，就可以判断缺陷的大小和位置，如图 5-7 所示。

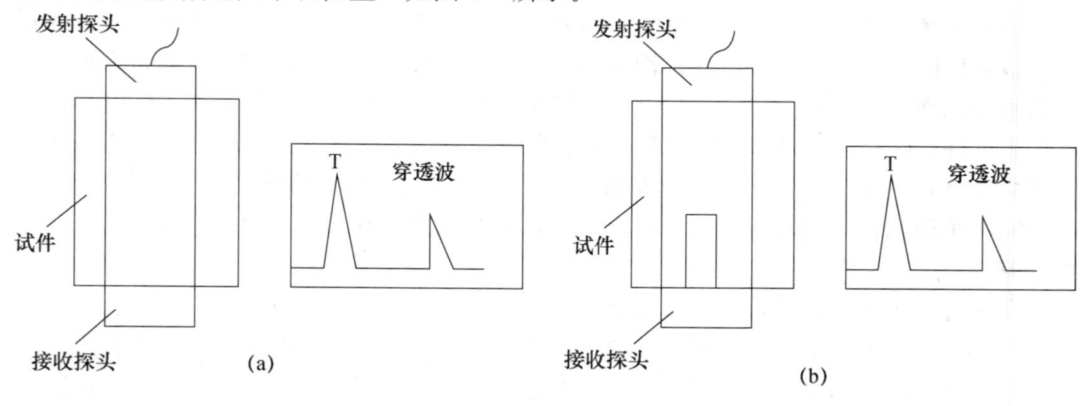

图 5-7　直射声束穿透法

3. 液浸法

液浸法是在探头与试件之间填充一定厚度的液体介质作耦合剂，使声波首先经过液体耦合剂，而后再入射到试件中，探头与试件并不直接接触。另外，自动化检测还需要相应的辅助设备，它们对单一产品往往具有很高的检测能力，但缺乏灵活性。

5.1.4　超声检测通用技术

超声检测方法可采用多种检测技术，每种检测技术在实施过程中，都有其需要考虑的特殊问题，其检测过程也各有特点。但各种超声检测技术又都存在着通用的技术问题，例如，检测的过程都可归纳为以下几个步骤：试件的准备；检测条件的确定，包括超声波检测仪、探头、试块等的选择；检测仪器的调整；扫查；缺陷的评定；结果记录与报告的编写。

1. 超声波检测仪的选择

对于超声波检测仪的选择，可以从以下几个方面进行考虑：

（1）所需采用的超声频率特别高或特别低时，应注意频带宽度。

（2）对薄试件检测和近表面缺陷检测时，应注意发射脉冲是否可调为窄脉冲。

（3）检测大厚度试件或高衰减材料时，选择发射功率大、增益范围大、电噪声低的检测仪，有助于提高穿透能力和小缺陷显示能力。

（4）对衰减小或厚度大的试件，选用重复频率可调为较低数值的检测仪，可避免幻象波的干扰。

（5）室外现场检测时，应选择质量轻，荧光屏亮度好，抗干扰能力强的便携式超声波检测仪。

（6）自动快速扫查时，应选择重复频率高的检测仪。

2. 探头的选择

（1）晶片尺寸

探头晶片尺寸对检测的影响主要通过其对声场特性的影响体现出来。多数情况下，检测大厚度的试件时，采用大直径探头较为有利；检测厚度较小的试件时，则采用小直径探头较为合理。

（2）频率

超声波的频率在很大程度上决定了其对缺陷的探测能力。对于小缺陷、近表面缺陷或薄件的检测，可以选择较高频率；对于大厚度试件、高衰减材料，应选择较低频率。

3. 耦合剂的选择

耦合剂的选择主要考虑以下四个方面：透声性能好，声阻抗尽量和被探测材料的声阻抗相近；有足够的润湿性、适当的附着力和黏度；对试件无腐蚀，对人体无损害，对环境无污染；容易清除，不易变质，价格便宜，来源方便。

5.1.5 超声声时值的测量

在每个测区相对的两侧面选择相对的呈梅花状的五个测点。对测时，要求两探头的中心同置于一条轴线上。涂于探头与混凝土检测面之间的黄油是为了保证两者之间具有可靠的声耦合。测试前，应将仪器预热10min，并用标准棒调节首波幅度至30～40mm后测读声时值作为初读数。实测中，应将探头置于测点并压紧，将接收信号中扣除初读数后即为各测点的实际声时值。

5.1.6 测区声速值计算

取各测区五个声时值中三个中间值的算术平均值作为测区声时值的测试值t_m（μs），则测区声速v值为

$$v=\frac{L}{t_m} \tag{5-1}$$

式中　L——超声波的传播距离（可用钢尺直接在试件上测量）（mm）。

5.1.7 超声检测技术应用现状

1. 超声在测定混凝土结构强度及厚度中的应用

（1）强度检测技术

超声检测是利用混凝土的抗压强度与超声波在混凝土中的传播参数（声速）之间的相关性来检测混凝土强度的。混凝土的弹性模量越大，强度越高，超声波的传播速度越快。试验表明，这种相关关系可以用非线性数学模型来拟合，即通过试验建立混凝土强度和声速的关系曲线。现场检测混凝土强度时，应该选择浇筑混凝土的模板侧面为测试面，每一试件上相邻测区间距不大于2m。

测试面应清洁平整，干燥无缺陷和无饰面层。每个测区内相对测试面上对应的辐射和接收换能器应在同一轴线上，测试时必须保持换能器与被测混凝土表面有良好的耦合，并利用黄油或凡士林等耦合剂，以减少声能的反射损失。按拟订的回归方程计算或查表取得对应测区的混凝土强度值。

（2）声波反射法测量厚度

如图5-8所示，超声波从一种固体介质入射到另一种固体介质时，在两种不同固体的分界面上会产生波的反射和折射。声阻抗率相差越大，则反射系数也越大，反射信号就越强。所以只要能从直达波和反射波混杂的接收波中识别出反射波的叠加起始点，并测出反射波到达时，就可以由式（5-2）计算混凝土的厚度。

$$H=\frac{1}{2}\sqrt{(cT^2)-L^2} \qquad (5-2)$$

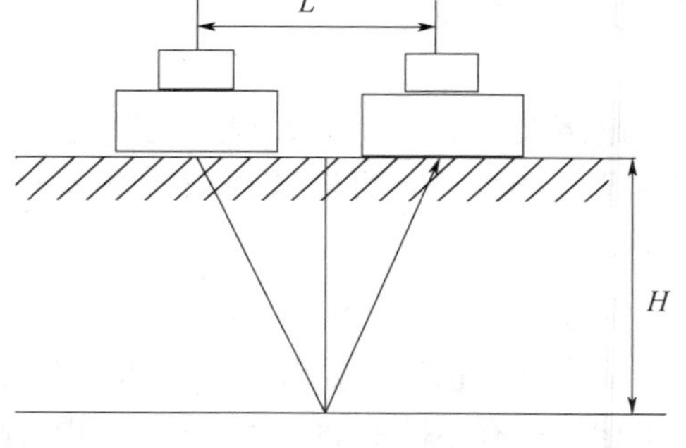

图5-8 反射法测量厚度原理图

式中 H——混凝土厚度；

c——混凝土中声速；

T——反射波声时；

L——两换能器间距。

由式（5-2）知，要准确得到厚度，关键是如何设法测得较准确的混凝土声速 c 和混凝土结构底面反射波声时 T。当换能器固定时，L 是一个常数。

2. 超声在桥梁混凝土裂缝检测中的应用

桥梁结构的使用性能及耐久年限，主要由设计、施工和所用材料的质量等诸多因素共同决定。由于设计、施工和材料可能存在某些缺陷，这些缺陷会使桥梁结构先天存在着某些薄弱之处。此外，桥梁在营运使用中又会受到不可避免的人为损伤及各种大自然侵蚀，带来后天病害。

先在与裂缝相邻的无缺陷混凝土计算出超声波在测距为 $2a$ 的混凝土中的声时 t_0；再将超声换能器置于裂缝两侧各为 a 的距离，计算出跨缝测试超声波的声时 t_c，计算裂缝深度 d_c 公式为：

$$d_c=a\sqrt{\left(\frac{t_c}{t_0}\right)^2-1} \qquad (5-3)$$

3. 超声在焊接方面的应用

采用超声相控阵技术及B扫描实时成像技术，通过足够数量的探头排列和触发时间控制，并选用不同频率范围，可以实现嵌入式电阻丝电熔连接接头的检测。

通过对比超声图像与接头实剖图，发现该方法能可靠地检出物体中的缺陷，并能较精确地确定缺陷位置和大小。在聚乙烯管道安装工程中的检测进一步验证了该技术的可靠性。

检测示意图如图5-9所示。超声相控阵检测结合B扫描技术可以判断检测截面上电阻丝的位置，从而可以判断由于管材和套筒配合过紧造成的电阻丝垂直方向的错位情况，从实剖图上得到验证，如图5-10所示。比较超声成像图和实剖图可以看出，相控阵超声方法对金属丝有较好的分辨效果，连很微小的位移也能分辨出来，定位精度达0.5mm。

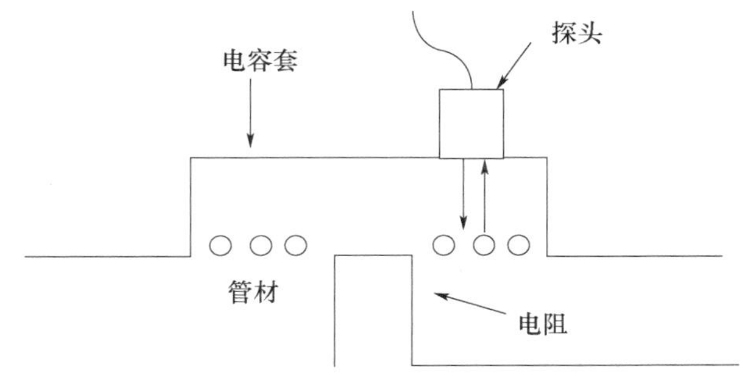

图5-9　焊接检测示意图

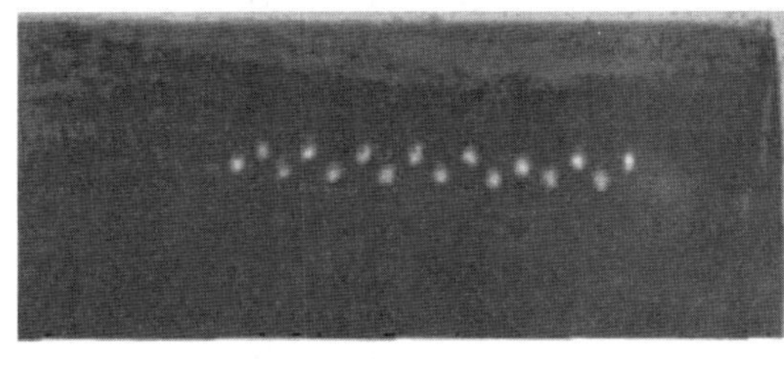

(a) 实剖图

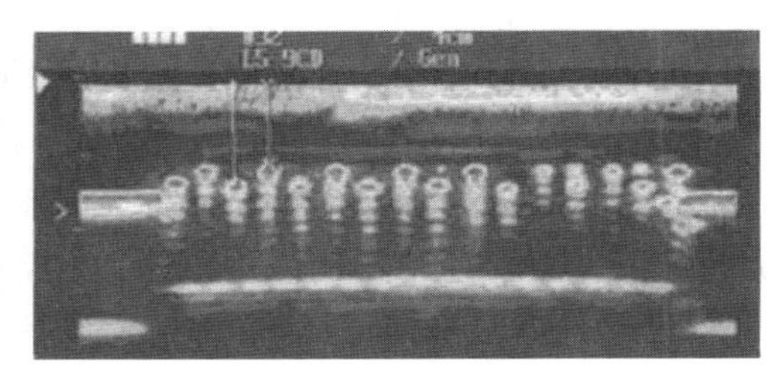

(b) 超声成像图

图5-10　电阻丝错位图

4. 混凝土强度评定

根据混凝土材料强度R与声速v的标定曲线，可以按检测所得的声速查得测区混凝土强度值，进而推断结构或构件的混凝土强度。图5-11和图5-12分别为卵石混凝土和碎石混凝土的R-v标定曲线，可以供实际检测中参考。

标定曲线的制作是一项十分重要又相当繁重的工作，需要通过大量不同配合比和不同龄期混凝土试件的超声波测试与抗压试验，由数理统计方式对测试数据进行回归、整理和分析后才能得到。由于受材料性质离散性的影响，标定曲线具有一定的误差，同时还受到检测仪器种类的限制。对于一般检测人员，应尽可能参照与检测对象和条件较为一致的标定曲线，同时还应结合其他检测手段，如试块强度测试，回弹法检测等综合判定。

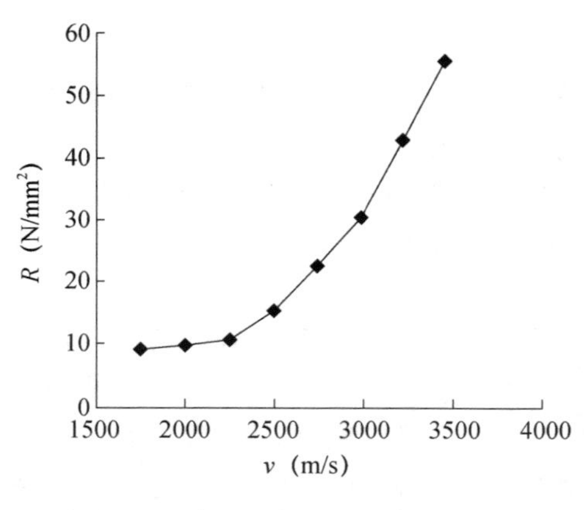

图 5-11　卵石混凝土 R-v 标定曲线

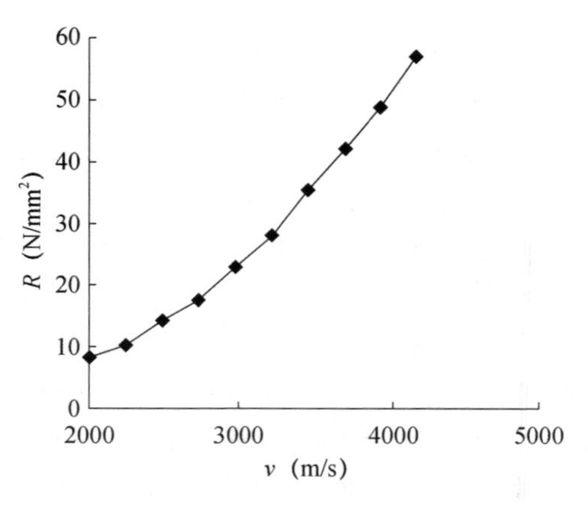

图 5-12　碎石混凝土 R-v 标定曲线

5.2　回弹法检测技术

5.2.1　回弹仪

回弹法检测是指以在结构或构件混凝土上测得的回弹值和碳化深度来评定结构或构件混凝土强度的方法。通常，在对试块试验有疑问时，作为混凝土强度检验的依据之一。采用回弹法检测不会影响结构与构件的力学性质和承载能力，因而被广泛应用于工程验收的质量检测中。

图 5-13 为常用的指针直读式混凝土回弹仪，其作原理为：将弹击杆顶住混凝土的表面，轻压仪器，使按钮松开，弹击杆徐徐伸出，并使挂钩挂上了弹击锤。使回弹仪对混凝土表面缓慢均匀施压，待弹击锤脱钩，冲击锤击杆后，弹击锤即带动指针向后移动直至到达一定位置时，指针块的刻度线即在刻度尺上指示某一回弹值。使回弹仪继续顶住混凝土表面，进行读数并记录回弹值，如条件不利于读数，可按下按钮，锁住机芯，将回弹仪移至他处读数。逐渐对回弹仪减压，使弹击杆自机壳内伸出，挂钩挂上弹击锤，待下一次使用。回弹仪必须经过有关检定单位检定，获得检定合格证后在检定有效期内使用。每次现场测试前后，回弹仪须在洛氏硬度 $H_{RC}=60\pm2$ 的标准钢砧上率定。率定时，钢砧应稳固平放在刚度大的混凝土地坪上，回弹仪向下弹击，弹击杆分 4 次旋转，

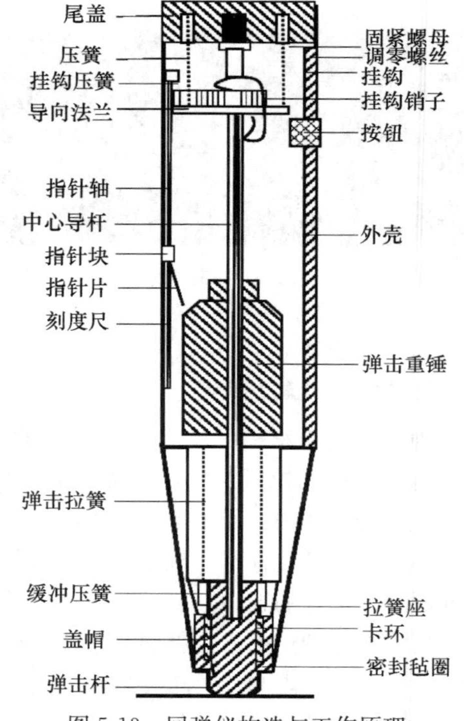

图 5-13　回弹仪构造与工作原理

每次旋转 90°，弹击 3 次进行回弹值平均。每旋转一次率定的回弹平均值应在 80±2 范围内，否则须送检定单位重新检定。

5.2.2　回弹值的测量

1. 测量时试样、测区、测面和测点的要求

被测试构件和测试部位应具有代表性，试样的抽样原则为：当推定单个构件的混凝土强度时，可根据混凝土质量的实际情况测定数量。当用抽样法推定整个结构的混凝土强度时，随机抽取的试样数量不少于结构或构件总数的 30%。测点布置采用测区和测面的概念。在每个试样上均匀布置测区，测区数不少于 10 个，相邻测区的间距不宜大于 2m。每个测区宜分为两个测面，通常布置在结构或构件的两相对浇筑侧面上，如果不能满足这一要求时，一个测区允许只有一个测面，测区的大小以能容纳 16 个回弹测点为宜，一般取为 $400cm^2$。混凝土的回弹表面应清洁、平整、干燥，不应有裂缝、接缝、饰面层、粉刷层、浮浆、油垢以及蜂窝、麻面等，必要时可用砂轮打磨清除表面上的杂物和不平整处，测面上不应有残留的粉末或碎屑。结构或构件的试样，测区均应标有清晰的编号，测区在试样上的位置和外观质量均应进行详细记录。

2. 回弹值的读取与整理

在进行测试时，应使回弹仪的轴向与测试面垂直，每一测区弹击 16 点。当一个测区有两个测面时，则每一个测面弹击 8 点。测点应在测面上均匀分布，避开外露的石子和气孔，相邻测点间距不小于 3cm。测点距离构件边缘或外露钢筋、铁件的距离一般不小于 5cm，同一个测点只允许回弹一次。

测区 16 个测点测试结束后，将回弹值中三个最大值和三个最小值去除，按式（5-4）计算测区的平均回弹值：

$$R_m = \frac{\sum_{n=1}^{n} R_i}{10} \tag{5-4}$$

式中　R_m——测区平均回弹值（精确到 0.1）；

R_i——第 i 个测点的回弹值。

当回弹仪非水平方向测试混凝土表面时，根据回弹仪轴线与水平方向的角度 α，应将测区平均回弹值加上角度修正值 ΔN_α 后，再按式（5-5）计算水平方向测试时的平均回弹值：

$$R_m = R_{mx} + \Delta N_\alpha \tag{5-5}$$

式中　R_{mx}——回弹仪与水平方向成 α 角测试时测区的平均回弹值，按式（5-4）计算；

ΔN_α——不同测试角度下的回弹修正值。

5.2.3　混凝土回弹法质量检测

1. 检测原理

根据相关研究显示，混凝土的抗压强度与表面硬度存在着某种特定的关系，在利用回弹仪的弹击锤以特定的弹力打击在混凝土的表面时，根据回弹的高度来判定混凝土表

面的硬度，通过一定的比例换算，即可推算出混凝土的抗压强度。所以，应用这种特定的数理比例关系检测混凝土的抗压能力，是一种科学合理的计算方式。

2. 特点分析

应用回弹仪的回弹高度与混凝土表面的特定比例关系检测混凝土的抗压强度的操作简单，测试过程迅速，应用的设备简单，检测需要的经济支持和技术支持简单，具有明显的测量优势。但是不能否认的是，回弹仪测量并不具备很好的精准性，所以不适合应用于有高精度要求的测量。

3. 适用条件

回弹法适用于普通混凝土工程结构的抗压强度检测，由于其设备的简单，其具有一定的检测使用条件。严格控制检测使用条件，是一种提高检测准确度的有效方式。对混凝土检测时有以下五个方面的要求：（1）混凝土表层与内部结构一致的混凝土工程；（2）抗压强度在 10～60MPa 范围内的混凝土工程，抗压强度太小或者太大都不适宜应用回弹法进行测量；（3）混凝土工程的龄期在 14～1000d 内；（4）环境温度在－4～40℃；（5）混凝土表面干燥。

4. 混凝土检测中回弹法检测的方法

（1）回弹仪的率定试验

以下两方面的原因可能会影响到混凝土强度推定的准确性，一方面是由回弹仪的质量引起的，而另一方面是由测试性能直接引起的，高性能的回弹仪有利于确保检测结果的真实性和准确性。洛氏硬度 HRC 为 60±2 的标准钢砧上的回弹仪的标准状态的平均率定应为 80±2，如果缺乏这一条件则回弹仪就需要及时进行调整或校验。批量检测项目检测前后，回弹仪率定值的差异会导致测试结果偏低。因此，在大批量检测过程中随时进行率定检测有利于确保检测结果的准确性。

（2）回弹法在混凝土检测中的适用条件

回弹仪是回弹法在混凝土检测中最常用的仪器，回弹仪首先可以检测出混凝土的表面硬度，然后根据混凝土的表面硬度来推算出混凝土强度。《建筑结构检测技术标准》的第 4.3.2 条规定：采用回弹法时，被检测混凝土的表层质量应具有代表性，且混凝土的抗压强度和龄期不应超过相应技术规程限定的范围。因此，回弹法在混凝土的检测过程中要建立在保证混凝土的内外质量基本一致的基础上。当混凝土表层与内部质量遭受化学腐蚀、火灾、冻伤以及内部存在缺陷时，这种情况下回弹法不能直接用于检测混凝土的强度。

（3）正确选择测区

检测构件布置测区要保证相邻两测区的间距小于 2m，测区和构件端部或施工缝边缘的距离要控制在 0.2～0.5m 的范围内，测区应位于回弹仪水平方向检测混凝土浇筑的侧面，同时也要保证其位于对称的两个可测面上，但也有可以选在一个可测面上的情况。选在一个可测面上时一定要均匀分布，在构件的重要部位和薄弱部位应避开预埋件。回弹法在混凝土的检测中正确选择测区在这个过程中发挥了重要作用。

5. 测强基准曲线与测区混凝土强度值

回弹值与混凝土抗压强度的关系称为测强基准曲线，为了使用方便，通常以测区混凝土强度换算表的形式给出：

$$R_n = 0.025R_m^{2.0109} \times 10^{-0.035d_m} \quad (5\text{-}6)$$

式中，R_m 应分别按照式（5-4）和式（5-5）来计算。

对于泵送混凝土，其测强曲线采用幂指数的表达式，具体为

$$R_n = 0.03488R_m^{1.9400} \times 10^{-0.0173d_m} \quad (5\text{-}7)$$

泵送混凝土的回弹强度根据测区的平均回弹值 R_m 和平均碳化深度 d_m 可由《回弹法检测混凝土抗压强度技术规程》查得。

5.2.4　碳化深度的测量

回弹值测量完毕后，用凿子等工具在测点内凿出直径约 15mm、深度约 6mm 的孔洞，除去孔洞中的粉末和碎屑，建议不用水冲洗孔洞。然后先用浓度为 1%～2%的酚酞酒精溶液滴在孔洞内壁的边缘处，再用碳化深度测量仪测量自混凝土表面至未碳化混凝土的距离，即已呈紫红色部分的垂直深度 d，测量精度至 0.25mm，平均碳化深度小于 0.4mm 时，取 $d=0$，即按无碳化考虑。平均碳化深度大于 6mm 时，取 $d=6$mm。测区的平均碳化深度值 d_m 为

$$d_m = \frac{\sum_{i=1}^{n} d_i}{n} \quad (5\text{-}8)$$

式中　d_i——第 i 次测量的碳化深度值（mm）；

　　　n——测区的碳化深度测量次数。

5.3　声发射检测技术

5.3.1　声发射技术原理

1. 声发射信号的产生

当材料或零部件受外力作用产生变形、断裂或内部应力超过屈服极限而进入不可逆的塑性变形阶段，都会以瞬态波形式释放出应变能，或者在外部条件作用下，材料或零部件的缺陷或潜在缺陷改变状态而自动发出瞬态弹性波的现象，称为声发射，有时也称为应力波发射。如果释放的应变能足够大，就产生可以听得见的声音。大多数金属材料塑性变形和断裂时也有声发射产生，但声发射信号的强度很弱，人耳不能直接听见，需要借助灵敏的电子仪器才能检测出来。声发射检测是一种动态无损检测方法，利用外部条件使构件或材料的内部结构发生变化，从而使缺陷或潜在缺陷处在运动变化的过程中，才能实施无损检测。因此，裂纹等缺陷在检测中主动参与了检测过程。如果裂纹等缺陷处于静止状态，没有变化和扩展，就没有声发射产生，也就不可能实现声发射检测。而且由于声发射信号来自缺陷本身，因此可用声发射法判断缺陷的严重性。声发射检测到的是一些电信号，根据这些电信号来解释结构内部的缺陷变化往往比较复杂，需要丰富的知识和其他试验手段的配合。

（1）位错运动和塑性变形

实际上，材料或构件晶体内存在各种各样的缺陷，当晶体内沿某一条线上的原子排列与完整晶格不同时就会形成缺陷，高速运动的位错产生高频率、低幅值的声发射信号，而低速运动的位错则产生低频率、高幅值的声发射信号。100～1000个位错同时运动时可产生仪器能检测到的连续信号，几百个到几千个位错同时运动可产生突发型信号。

（2）裂纹的形成和扩展

塑性材料裂纹的形成与扩展同材料的塑性变形有关，一旦裂纹形成，材料局部区域的应力集中得到卸载，产生声发射。材料的断裂过程大体分为3个阶段：裂纹产生、裂纹扩展、最终断裂。这3个阶段都能产生强烈的声发射。

脆性材料不产生明显的塑性变形，如图5-14所示，因此一般认为，位错塞积是脆性材料形成微裂纹的基本原理，因此脆性材料发射频率低，每次的发射强度大，塑性材料与之形成对比，声发射频率高，每次发射强度小。

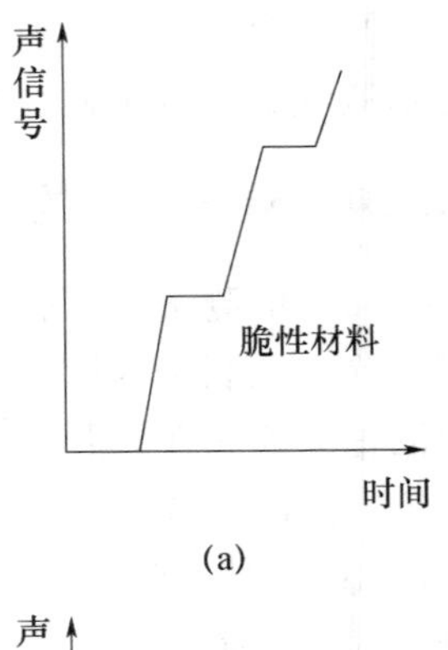

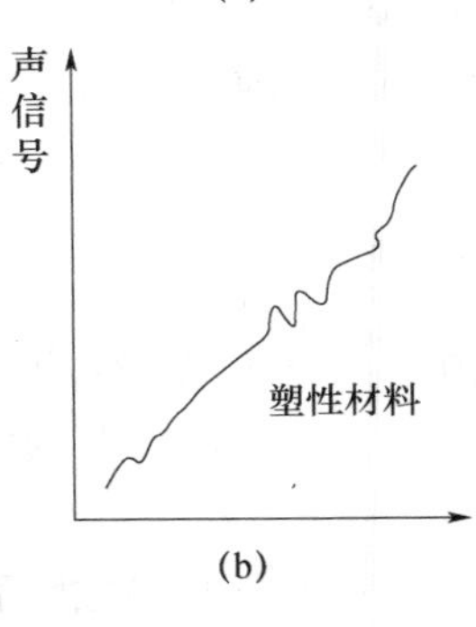

图5-14　脆性和塑性材料声发射型号比较

2. 声发射检测原理及系统

（1）检测原理

从声发射源发射的弹性波最终传播到达材料的表面，引起可以用声发射传感器探测的表面位移，这些传感器将材料的机械振动转换为电信号，然后再被放大、处理、记录，声发射原理如图5-15所示。固体材料中内应力的变化产生声发射信号，在材料加工、处理和使用过程中有很多因素能引起内应力的变化，如位错运动、孪生、裂纹萌生与扩展、断裂、无扩散型变、磁畴壁运动、热胀冷缩、外加负荷的变化等。人们根据观察到的声发射信号进行分析与推断，以了解材料产生声发射的机制。

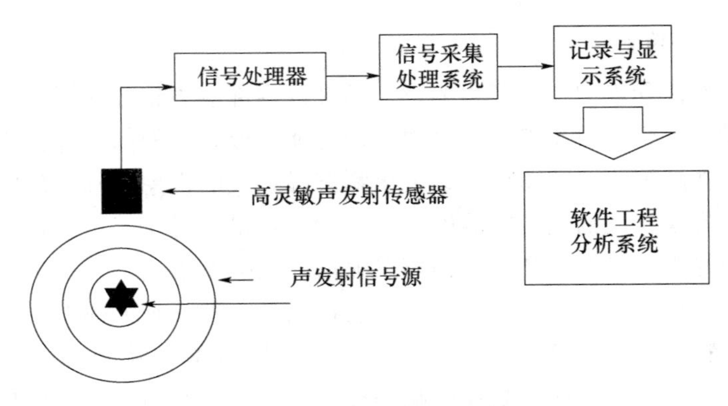

图5-15　声发射原理图

（2）检测系统

声发射检测系统主要由声发射传感器、前置放大滤波器、信号处理器三部分组成，如图5-16所示。

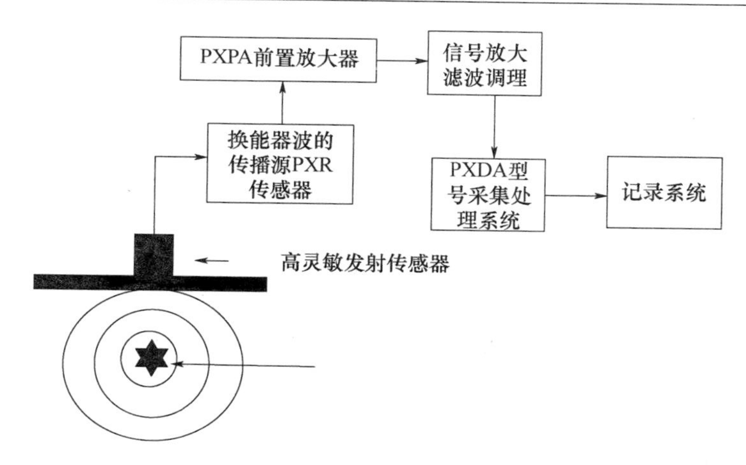

图 5-16　声发射检测系统

在预期产生缺陷的部位放置声发射传感器，AE 源产生声发射信号，通过耦合界面传导 AE 传感器，AE 传感器采集包含 AE 源的状态信息的 AE 信号，通过放大滤波器等对采集的 AE 信号进行放大、滤波、转换等处理，并将转换后的信号进行对比及特征分析，通过外端显示设备输出。

（1）换能器。声发射装置使用的换能器是由壳体、保护膜、压电元件、阻尼块、连接导线及高频插座组成。压电元件通常使用锆钛酸铅、钛酸钡和铌酸锂等，灵敏度高。裂纹形成和扩展发出的声发射信号由换能器将弹性波变成电信号输入前置放大器。

（2）前置放大器。声发射信号经换能器转换成电信号，其输出可低至十几微伏，这样微弱的信号若经过长的电缆输送，可能无法分辨出信号和噪声。设置低噪前置放大器，其目的是为了增大信噪比，增加微弱信号的抗干扰能力。前置放大器的增益为40～60dB。

（3）滤波器。声发射信号是宽频谱的信号，频率范围可从几赫兹到几兆赫兹，为了消除噪声，选择需要的频率范围来检测声发射信号，目前一般选样的频率范围为 5Hz～2MHz。

（4）主放大器和阈值整形器。信号经前述处理之后，再经过主放大器放大，整个系统的增益可达到 80～100dB。为了剔除背景噪声，设置适当的阈值电压，低于阈值电压的噪声被割除，高于阈值电压的信号则经数据处理，形成脉冲信号，包括振铃脉冲和事件脉冲。

5.3.2　声发射信号处理

1. *声发射信号特征参数*

（1）声发射事件

突发型声发射信号，经过包络检波后，波形超过顶置的阈值电压形成一个矩形脉冲（图 5-17），叫作一个事件。设置某一阈值电压，振铃波形超过这个阈值电压的部分形成矩形窄脉冲（图 5-18），计算这些振铃脉冲数就是振铃计数，累加起来称为振铃总数。某一个事件的振铃计数就是事件振铃计数。仪器发出的声发射信号是一个随机信号（图

5-19)，那么一个时间的振铃计数为

$$n_0=\frac{f_0}{\beta}\ln\frac{U_p}{U_1}$$

式中 f_0——工作频率；

β——衰减系数；

U_p——峰值电压；

U_1——阈值电压。

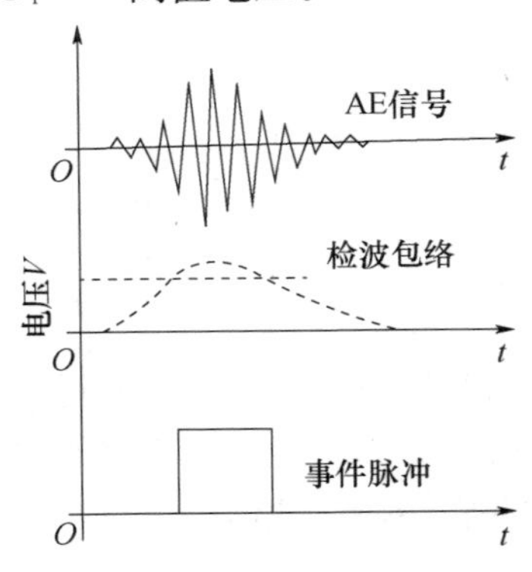

图 5-17　突发型型号波形

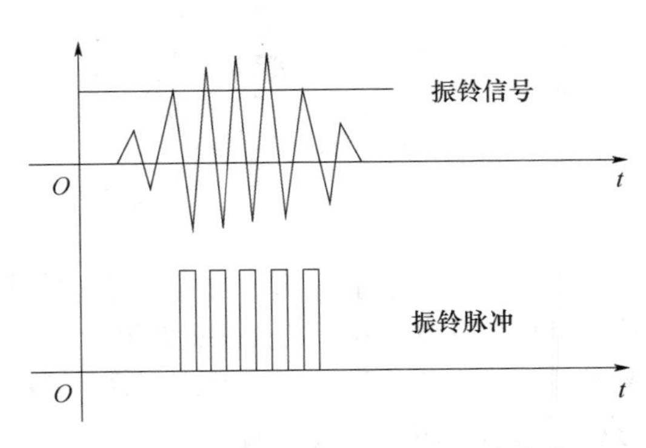

图 5-18　一个声发射信号的振铃波形

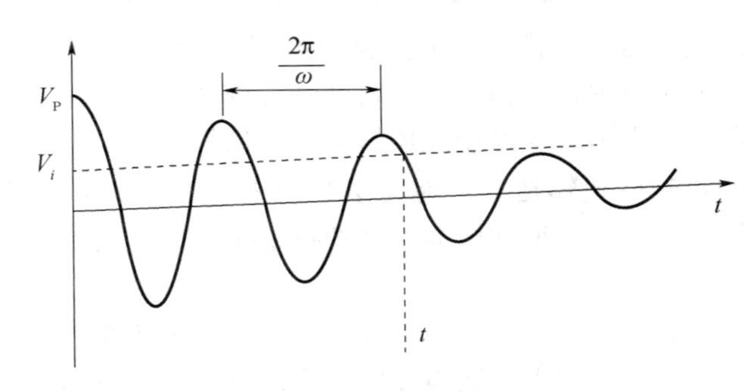

图 5-19　随机信号

（2）能量

声发射能量反映了声发射源以弹性波形式释放的能量。能量分析是针对仪器输出的信号进行的。

瞬态信号的能量定义为

$$E=\frac{1}{R}\int_0^{\infty}V^2(t)\mathrm{d}t$$

式中 $V(t)$——随时间变化的电压；

R——电压测量电路的输入阻抗。

2. 信号处理

声发射信号是一种复杂的波形，包含着丰富的声发射源信息，同时在传播的过程中还发生畸变并引入干扰噪声。如何选用合适的信号处理方法来分析声发射信号，从而获取正确的声发射源信息，是声发射检测技术发展中的难点。根据分析对象的不同，可把声发射信号处理和分析方法分为两类：一类是声发射信号特征参数分析，利用信号分析处理技术由系统直接提取声发射信号的特征参数，然后对这些参数进行分析和评价，得到声发射源信息。二类是声发射信号波形分析，根据所记录信号的时域波形及与此相关联的频谱、相关数等来获取声发射信号所含信息，如 FFT 变换、小波变换等。很多声发射源的特性是以这些参数来进行描述，为工程实际应用带来极大的方便。

3. 声发射信号参数分析

参数分析是目前声发射信号分析较为常用的方法，它是波形方法的简述。根据波形提取几个相关的统计数据，以简化的波形特征参数来表示声发射信号的特征，然后对其进行分析和处理，得到声发射源的相关信息。图 5-20 为声发射信号简化波形参数的定义。常用的声发射信号参数的含义、特点及用途见表 5-1。

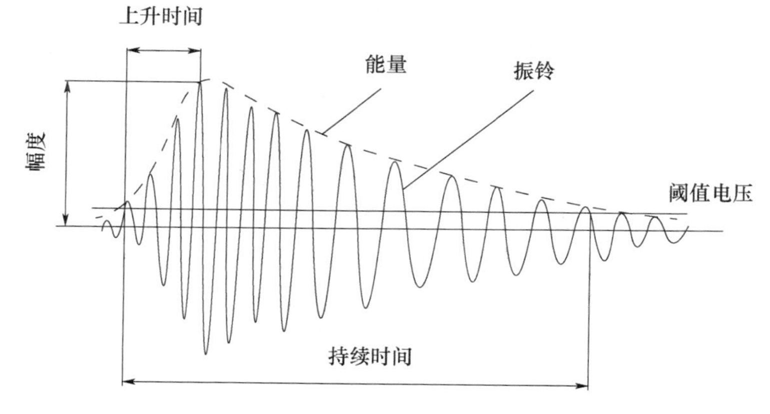

图 5-20　AE 信号参数

表 5-1　常见的声发射信号参数的含义、特点和用途

参数	含义	特点与用途
撞击计数	超过阈值并使某一通道获取数据的任何信号称为一个波击，可分为总计数、计数率	反映 AE 活动的总量和频度，常用于 AE 活动性评价
事件计数	由一个或几个波击鉴别所得 AE 事件的个数，可分为总计数和计数率	反映 AE 事件的总量和频度，用于波源的活动性和定位集中度评价
振铃计数	越过门槛信号的振荡次数，可分为总计数和计数率	粗略反映信号强度和频度，广泛用于 AE 活动性评价，但甚受门槛的影响
幅值	事件信号波形的最大振幅值，通常用 dB 表示	直接决定事件的可测性，常用于波源的类型鉴别、强度及衰减的测量
能量计数	事件信号检波包络线下的面积，可分为总计数和计数率	反映事件的相对能量或强度。可取代振铃计数，也用于波源的类型鉴别
持续时间	事件信号第一次越过门槛到最终降至门槛所经历的时间间隔，以 μs 表示	与振铃计数十分相似，但常用于特殊波源类型和噪声鉴别
上升时间	事件信号第一次越过门槛至最大振幅所经历的时间间隔，以 μs 表示	因受传播的影响而其物理意义变得不明确，有时用于机电噪声鉴别
有效值电压 RMS	采样时间内信号电平的均方根值，以 V 表示	与 AE 的大小有关。不受门槛的影响，主要用于连续型 AE 活动性评价

续表

参数	含义	特点与用途
平均信号电平 ASL	采样时间内信号电平的均值，以 dB 表示	对幅度动态范围要求高而时间分辨率要求不高的连续型信号，尤为有用。也用于背景噪声水平的测量
时差	同一个 AE 波到达各传感器的时间差，以 μs 表示	取决于波源的位置、传感器间距和传播速度，用于波源的位置计算
外变量	试验过程外加变量，包括经历时间、载荷、位移、温度及疲劳周次	不属于信号参数，但属于波击信号参数的数据集，用于 AE 活动性分析

4. *声发射信号波形分析*

信号波形分析的常用方法包括时域分析、频谱分析和时频分析，它们各自具有不同的特点。时域分析是最直观、最容易理解的信号表达形式。在一些对幅值感兴趣的工程问题中，这种描述最为有用，例如结构振动的位移、加速度等。但是它没有任何频率信息，看不到信号的成分，不利于分析振源、振动传递与频率的关系等问题。频谱分析一般通过傅里叶变换把信号映射到频域加以分析，虽然这种方法能够将时域特征和频域特征联系起来，能分别从信号的时域和频域观察，但不能表述信号的时-频局部性质，而这恰恰是非平稳信号最根本和最关键的性质。在此基础上，人们对傅里叶分析进行了推广，提出了很多能表征时域和频域信息的信号分析方法，如短时傅里叶变换、Gabor 变换、小波变换等。

（1）连续小波变换

设 $\Psi(t) \in L^2(R)$，基于傅里叶变换为 $\hat{\Psi}(\omega)$，当 $\hat{\Psi}(\omega)$ 满足容许条件

$$C_\Psi = \int_R \frac{|\hat{\Psi}(\omega)|^2}{|\omega|} d\omega < \infty \tag{5-9}$$

时，我们称 $\Psi(t)$ 为一个基本小波或母小波。由容许性条件可知：$\Psi(t)$ 具有衰减性，为此称之“小”；同时，$\Psi(t)$ 具有震荡性，故称之为“波”；将母函数 $\Psi(t)$ 经伸缩和平移后得：

$$\Psi_{a,b}(t) = \frac{1}{\sqrt{|a|}}\Psi\left(\frac{t-b}{a}\right) \qquad a, b \in \mathrm{R};\ a \neq 0 \tag{5-10}$$

称其为一个小波序列。其中 a 为伸缩因子，b 为平移因子。对于任意的函数 $f(t) \in L^2(R)$ 的连续小波变换为：

$$W_f(a, b) = |a|^{-\frac{1}{2}} \int_R f(t)\, \overline{\Psi\left(\frac{t-b}{a}\right)} dt \tag{5-11}$$

其重构公式（逆变换）为：

$$f(t) = \frac{1}{C_\Psi} \int_{-\infty}^{\infty}\int_{-\infty}^{\infty} \frac{1}{a^2} W_f(a,b) \Psi\left(\frac{t-b}{a}\right) da db \tag{5-12}$$

从定义上可看出，小波变换也是一种积分变换，小波分解的过程就是不断改变小波窗的中心（即时移）和尺度后与信号相乘作积分运算，从而得到信号在每一个频率尺度

下任意时刻的信号成分。小波分解的结果反映了信号 $f(t)$ 在尺度 a（频率）和位置 b（时间）的状态。

（2）离散小波变换

在实际运用中，检测信号都是离散的试件序列，因此在计算机上进行小波分析时，连续小波必须加以离散化。需要强调指出的是，这一离散化都是针对连续的尺度参数 a 和连续平移参数 b 的，而不是针对时间变量 t 的。

通常，把连续小波变换中尺度参数 a 和平移参数 b 的离散公式分别取作 $a=a_0^j$，$b=ka_0^jb_0$，这里 $j\in Z$，扩展步长 $a_0\neq 1$ 是固定值，为方便起见，总是假定 $a_0>1$。所以对应的离散小波函数 $\Psi_{j,k}(t)$ 即可写作：

$$\Psi_{j,k}(t)=a_0^{-\frac{j}{2}}\Psi\left(\frac{t-ka_0^jb_0}{a_0^j}\right)=a_0^{-\frac{j}{2}}\Psi(a_0^{-j}t-kb_0) \tag{5-13}$$

则称

$$(W_f)(j,k)=a_0^{-\frac{j}{2}}\int_R f(t)\overline{\Psi(a_0^{-j}t-kb_0)}\mathrm{d}t$$

为 $f(t)$ 的离散小波变换。

离散化的连续小波变换以一定方式对 (a,b) 进行离散采样。采用的网格采样取 $a=a_0^j$，$b=ka_0^jb_0$，即对小尺度的高频成分采样步长小，而对大尺度的低频成分采样步长大。

最常用的是二进制的动态采样网格：$a_0=2$，$b_0=1$，每个网格点对应的尺度为 2^j，而平移为 2^jk。将离散化数取 $a_0=2$，$b_0=1$ 的离散小波称为二进小波。

5. 小波变换的多分辨分析

多分辨率分析的具体实现是把信号 $f(t)$ 通过一个低通滤波器 H 和一个高通滤波器 G，分别得到信号的低频成分 $A(t)$ 和信号的高频成分 $D(t)$，滤波器则由小波基函数决定。若在一次小波变换完成后，低频成分 $A(t)$ 中仍含有高频成分，则对 $A(t)$ 重复上述过程，直到 $A(t)$ 中不含高频成分，该分解过程可以表示为：

$$\begin{aligned} f(t) &= A_1(t)+D_1(t) \\ &= A_2(t)+D_2(t)+D_1(t) \\ &\cdots\cdots \\ &= A_j(t)+\sum_{i=1}^{j}D_i(t) \end{aligned} \tag{5-14}$$

式中，$A_j(t)=\sum\limits_{k\in z}c_{j,k}\Phi_{j,k}(t)$，是信号 $f(t)$ 中频率低于 $2^{-j-1}f_s$ 的成分，f_s 为采样频率，而 $D_j(t)=\sum\limits_{k\in z}d_{j,k}\Psi_{j,k}(t)$，则是频率介于 $2^{-j-1}f_s$ 与 $2^{-j}f_s$ 之间的成分，$\Phi(t)$ 和 $\Psi(t)$ 为尺度函数和小波函数，j 表示小波分解级数。上式中的系数由以下递推公式推出：

$$\begin{cases} c_{j,k}=\sum\limits_n c_{j-1,k}\overline{h}_{n-2k} \\ d_{j,k}=\sum\limits_n c_{j-1,k}\overline{g}_{n-2k} \qquad (k=0,1,2,\cdots,N-1) \\ c_{0,k}=f_k \end{cases} \tag{5-15}$$

上式表明，信号 $f(t)$ 按 Mallat 算法分解，分成了不同的频率成分，并将每一级低频率通道再次分解，分解级数越高，频率划分就越细，越能分解出更低频的成分。

6. *声发射噪声的排除*

（1）声发射噪声的类型

声发射噪声类型包括机械噪声和电磁噪声。机械噪声是指由于物体间的波击、摩擦、振动所引起的噪声；而电磁噪声是指由于静电感应、电磁感应所引起的噪声。

（2）声发射噪声的来源

声发射检测过程中常见的电磁噪声来源：①由于前置放大器引起的不可避免的本底电子噪声；②因检测系统和试件的接地不当而引起的回路噪声；③因环境中电台和雷达等无线电发射器、电源干扰、电开关、继电器、马达、焊接、电火花、打雷等引起的电噪声。

声发射检测过程中常见的机械噪声来源主要有三方面：摩擦引起的噪声，波击引起的噪声，流体过程产生的噪声。

①摩擦噪声。加载装置在加载过程中由于相对机械滑动引起的声响，包括试样夹头、施力点、容器支架、螺丝、裂纹面的闭合与摩擦等；

②波击噪声。包括雨、雪、风沙、振动及人为敲打引起的声响；

③流体噪声。包括高速流动、泄漏、空化、沸腾、燃烧等引起的声响。

（3）噪声的排除方法

噪声的鉴别和排除是声发射技术的主要难题，现有许多可选择的软件和硬件排除方法。有些需在检测前采取措施，而有些则要在实时或事后进行。噪声的排除方法、原理和适用范围见表 5-2。

表 5-2　噪声的排除方法、原理和适用范围

方法	原理	适用范围
频率鉴别	选择滤波器，探头、前放	低频的机械噪声
幅度鉴别	调整固定或浮动检测门槛值	低幅度机电噪声
前沿鉴别	对信号波形设置上升时间滤波窗口	来自远区的机械噪声或电脉冲干扰
主副鉴别	用波到达主副传感器的次序及其门电路，排除先到达副传感器的信号，而只采集来自主传感器附近的信号，属空间鉴别	来自特定区域外的机械噪声
符合鉴别	用时差窗口门电路，只采集特定时差范围内的信号，属空间鉴别	来自特定区域外的机械噪声
载荷控制门	用载荷门电路，只采集特定载荷范围内的信号	疲劳试验时机械噪声
时间门	用时间门电路，只采集特定载荷时间内的信号	点焊时电极或开关噪声
数据滤波	对波击信号设置参数滤波窗口，滤除窗口外的波击数据，包括：前端实时滤波和事后滤波	机械噪声或电磁噪声
其他	差动式传感器、前放一体式传感器、接地、屏蔽、加载销孔预载，隔声材料、示波器观察等	机械噪声或电磁噪声

5.3.3 声发射定位检测方法

1. 直线定位法

直线定位法是在一维空间中确定声发射源位置坐标，大多用于焊缝缺陷定位。在一维空间内放置两个换能器，它们所确定的声源位置必须在两个换能器连线或圆弧线上。取坐标原点为两个换能器之间连线的中点，如图 5-21 所示。

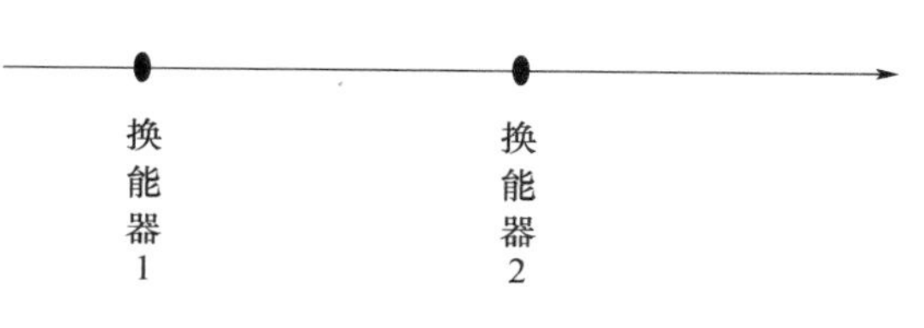

图 5-21 直线定位法原理

声源的位置坐标可由下式求出：

$$x=\operatorname{sign}n\,(\Delta t)\,\frac{\Delta t}{2}v\begin{cases}\operatorname{sign}n\,(\Delta t)=1，信号先到换能器 2\\ \operatorname{sign}n\,(\Delta t)=1，信号先到换能器 1\end{cases}$$

式中 Δt——相对时差；

v——声速。

2. 平面三角形定位法

将 4 个换能器分别置于（0，0），（−1，$-B$），（1，$-B$）与（0，A），其中后三点构成一个正三角形，（0，0）为三角形的内心，并取其为直角坐标系的原点，见图 5-22。在 P（x，y）点有一声源，通过无线信号测出声源到各个换能器的距离，通过圆形方程求交叉点，即可求出声源 P（x，y）的位置。

3. 归一化正方阵定位法

归一化正方阵定位是一种将声源位置坐标按换能器位置坐标归一化的定位方法。将四个换能器置于直角坐标系中的位置（1，1），（1，−1），（−1，−1），（−1，1）。由声源 P（x，y）的声波到达换能器 1 的传播时间到换能器 2、3 和 4 的时差来定位（图 5-23）。

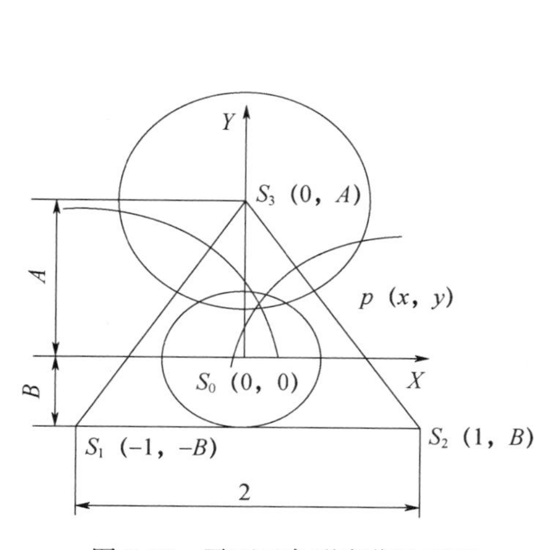

图 5-22 平面三角形定位法原理

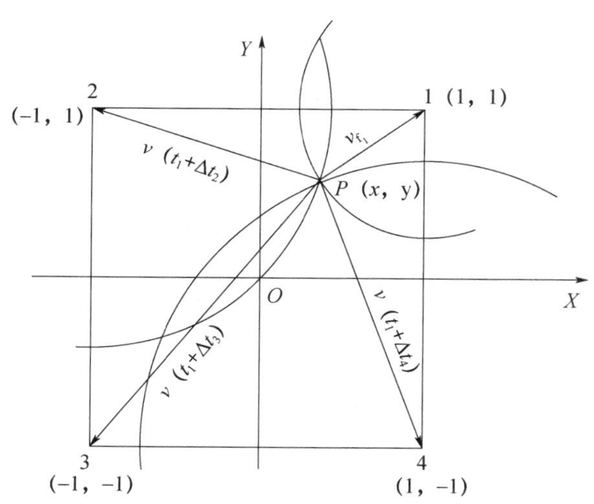

图 5-23 归一化正方阵定位法

5.3.4 声发射检测技术的特点

1. 声发射检测技术的优点

（1）几乎不受材料限制

除少数材料外，无论是金属还是非金属材料，在一定条件下都有声发射发生，因此，声发射检测几乎不受材料限制。

（2）声发射检测是一种动态无损检测技术

声发射检测可用来判断缺陷的性质。一个同样大小、同样性质的缺陷，当它所处的位置和所受的应力状态不同时，对结构的损伤程度也不同，而其声发射特征也是有差别的。明确了来自缺陷的声发射信号，就可以长期连续地监视缺陷的安全性，这是其他无损检测方法难以实现的。

（3）灵敏度高

结构或部件的缺陷在萌生之初就有声发射现象，因此，只要及时对 AE 信号进行检测，就可以判断缺陷的严重程度，即使很微小的缺陷也能检测出来，检测灵敏度非常高。

（4）可检测活动裂纹

声发射检测可以显示裂纹增量（零点几毫米数量级），因此可以检测发展中的活动裂纹。

（5）可以实现在线监测

对压力容器等人员难以接近的场合和设备，如用 X 射线检测则必须停产，但用声发射则不需要停产，可以减少停产损失。

2. 声发射检测技术的局限性

（1）声发射特性对材料甚为敏感，又易受到机电噪声的干扰。因此，对数据的正确解释要有更为丰富的数据库和现场检测经验。

（2）声发射检测一般需要适当的加载程序。多数情况下，可利用现成的加载条件，但有时还需要特殊准备。

（3）由于声发射的不可逆性，试验过程的声发射信号不可能通过多次加载重复获得，因此，每次检测过程的信号获取是非常宝贵的，应避免因人为疏忽而造成数据的丢失。

（4）声发射检测所发现的缺陷的定性定量，仍需依赖于其他无损检测方法。

3. 声发射检测技术的应用范围

根据声发射的特点，现阶段声发射技术主要用于其他方法难以或不能适用的对象与环境、重要构件的综合评价、与安全性和经济性关系重大的对象等。因此，声发射技术不是替代传统的方法，而是一种新的补充手段。

（1）石油化工工业：各种压力容器、压力管道和海洋石油平台的检测和结构完整性评价，常压储罐底部、各种阀门和埋地管道的泄漏检测等。

（2）电力工业：高压蒸汽汽包、管道和阀门的检测与泄漏监测，汽轮机叶片的检测，汽轮机轴承运行状况的监测，变压器局部放电的检测等。

（3）材料试验：材料的性能测试、断裂试验、疲劳试验、腐蚀监测和摩擦测试，铁磁性材料的磁声发射测试等。

（4）民用工程：楼房、桥梁、起重机、隧道、大坝的检测，水泥结构裂纹开裂和扩展的连续监视等。

（5）航天和航空工业：航空器壳体和主要构件的检测与结构完整性评价，航空器的时效试验、疲劳试验检测和运行过程中的在线连续监测，固体推进剂药条燃速测试等。

（6）金属加工：工具磨损和断裂的探测，打磨轮或整形装置与工件接触的探测，修理整形的验证，金属加工过程的质量控制，焊接过程监测，振动探测，锻压测试，加工过程的碰撞探测和预防。

（7）交通运输业：长管拖车、公路和铁路槽车及船舶的检测与缺陷定位，铁路材料和结构的裂纹探测，桥梁和隧道的结构完整性检测，卡车和火车滚子轴承与轴连轴承的状态监测，火车车轮和轴承的断裂探测。

（8）矿山地质：边坡、巷道稳定性监测，山体滑坡监测。

（9）其他：硬盘的干扰探测，带压瓶的完整性检测，庄稼和树木的干旱应力监测，磨损摩擦监测，岩石探测，地质和地震上的应用，发动机的状态监测，转动机械的在线过程监测，钢轧辊的裂纹探测，汽车轴承强化过程的监测，铸造过程的监测，Li/MnO_2电池的充放电监测，耳鼓膜声发射检测，人骨头的摩擦、受力和破坏特性试验，骨关节状况的监测等。

5.4　X射线检测技术

5.4.1　X射线检测原理

1. X射线的产生

X射线的产生方法中最简单、最常用的是用加速后的电子撞击金属靶。产生X射线的主要部件是X射线管、变压器和操作台。目前常用的X射线主要由X射线管产生，X射线管是一种具有阴、阳两极的真空管，其中阴极用钨丝制成，阳极（俗称靶极）用高熔点金属制成。X射线管结构如图5-24所示。变压器为提供X射线管灯丝电源和高电压而设置，一般前者仅需12V以下电压，为一降压变压器，后者需40～150kV（常用为45～90kV），为一升压变压器。操作台主要为调节电压、电流和曝光时间而设置，包括电压表、电流表、示时计、调节旋钮和开关等。X射线的产生原理如图5-25所示。

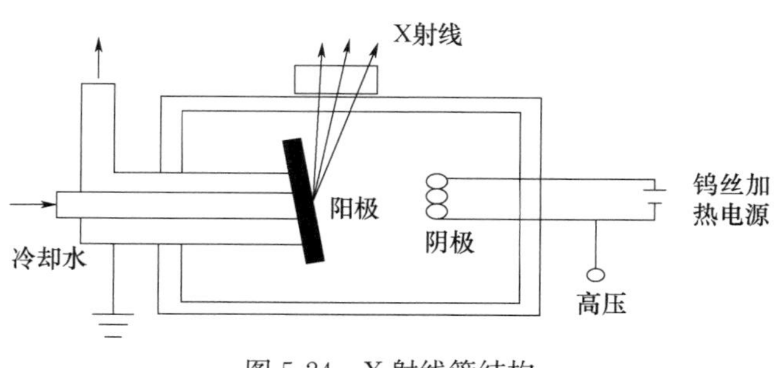

图5-24　X射线管结构

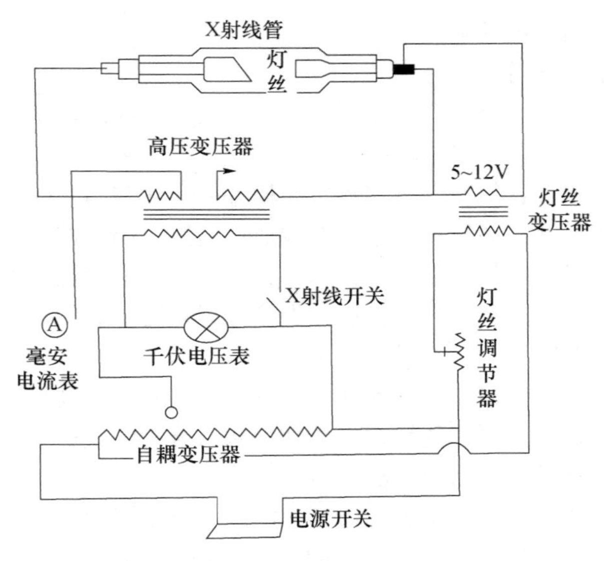

图 5-25 X射线产生原理

电源接通后会有大量的热电子束从被加热到白炽状态的钨丝端射出，射出后的热电子经过几万伏至几十万伏的高压加速，从阴极飞向阳极，高速的电子束撞击靶极，电子的速度急降，动能几乎全部损失，但是电子的大部分动能都转换成了热能，只有很小的一部分变成了X射线从阳极发出，形成X射线光谱的连续部分，称之为制动辐射。通过加大加速电压，电子携带的能量增大，则有可能将金属原子的内层电子撞出。于是内层形成空穴，外层电子跃迁回内层填补空穴，同时放出波长在0.1nm左右的光子。由于外层电子跃迁放出的能量是量子化的，所以放出的光子的波长也集中在某些部分，形成了X光谱中的特征线，此称为特性辐射。由于撞击后的电子动能大部分都转化成了热能，所以工作中的X射线管必须进行冷却，避免阴极温度过高而熔化。

2. X射线与物质的相互作用

(1) 衰减特性

X射线具有很强的穿透性，能够穿透很多可见光照不能透射的物质，例如塑料、纸、木材等。在X射线射入并透射物质的同时，不可避免地与物质发生一定的作用，这种相互作用实际上是入射X射线的光子与被透射物质的原子之间的相互关系，并且这种相互关系是单次的随机事件。就入射光子束中的某个辐射光子而言，它们穿透物质时只有两种可能：一种是在与物质发生作用后光子丢失自身的全部能量进而转化为其他形式的能量，被称为光子的吸收；另一种情况是入射光子的能量只有部分丢失，之后光子沿着与入射光不同的方向射出，这种情况称为光子的散射。当X射线透射物质时，无论是发生光子的吸收还是光子的散射，都会伴随光子数的减少，透射过的X射线强度必然会降低，这种现象称为X射线的衰减特性。X射线强度的改变与物质的材料、密度、厚度等因素相关。

常用的X射线主要有两种：一种是仅仅具有一种波长或者单一能量光子的单能X射线，另外一种是具有不同波长或者不同能量的光子的多能X射线。在理论上使用单能的X射线源检测物质是非常理想的，能够更准确地测量物质的特征值。但在实际的工业检测中，获得单能X射线是比较困难的，实际产生的射线中不可能仅仅是单一波长的X射线，大多数为多能X射线。多能射线由不同能量的光子组成，对于光子能量的变化，射线的衰减系数是变化的，在穿透材料时不同能量光子具有不同的衰减系数。为了使X射线的应用更理想化，尽量获取单能X射线。但在获取单能X射线的过程中，全部单能X射线是很难获得的，大部分为部分单能X射线。研究表明，透射后的射线强度与衰减系数（μ）和物质厚度（x）成正比。当入射射线强度为I_0，透射后的射线强度为I，可得透射后的X射线强度公式为：

$$I=I_0\times e^{-\mu x} \tag{5-16}$$

式中，μ为衰减系数，等于散射系数（δ）和吸收系数（τ）的和。但实践证明，平常散射系数要比吸收系数小得多，可以忽略不计，因此衰减系数就等于吸收系数。

当σ为原子的截面面积，n为单位体积内的原子数，所以可得$\mu=\sigma\times n$，其中单位体积内原子数n又可表示为：

$$n=\frac{L\rho}{A} \tag{5-17}$$

式中 L——阿伏加德罗常数，$L\approx 6.022\times 10^{23}$mol；

ρ——物质的密度；

A——原子的摩尔质量。

$\mu=\sigma\times\frac{L\rho}{A}$，则X射线强度衰减公式为：

$$I=I_0\times e^{-\frac{L\rho}{A}\sigma x} \tag{5-18}$$

（2）物理效应

X射线照射物质时，主要发生光电效应、电子对效应、康普顿散射、瑞利散射这几种常见的物理效应，在发生光电效应的同时，可能会伴随俄歇电子的产生。

①光电效应

透射X射线强度衰减的多少与入射X射线的能量强度有关，当X射线处在低能区域时（通常为1～100kV），光电效应起主要作用，此效应为当入射光子照射到物体上时，与原子作用逐出电子时候发生的，但是光电效应不能是入射光子与原子核外的自由电子发生的，必须是由入射光子与原子核内层电子相互作用产生。当入射光子的能量等于或大于原子核内层束缚能级时，入射光子与原子核内层电子相互作用，自身的能量全部消失，电子获得能量后，逃离原子核的束缚，以自由电子的形态射出，成为光电子，光电效应由此产生，并伴随有特征X射线和俄歇电子的产生。光电效应产生的光电子，其发射方向与入射光子能量大小相关；当入射光子能量较低时，光电子主要在与入射光子方向垂直的方向，随着入射光子能量的增大，光电子的发射方向逐渐倾向于入射光子方向。

光电效应的横截面积由吸收物质的属性和X射线光子能量决定。横截面积随着物质的原子序数（Z）和有效原子序数（Z_{eff}）的增大而增大，同时也随着入射X射线波长的增大而增大。

当光电效应发生时，由于原子核内层的电子被释放，该层电子出现空缺，使得原子处于不稳定状态，这样就要由其他能级层的电子来填充，使原子重新回到稳定状态。在电子跃迁的过程中，伴随着一个重要特征，即荧光辐射，产生荧光X射线。在电子跃迁的过程中，可能存在另一种情况的发生，当较高能级层的电子填充空缺时，由于需要填充的电子能量低于填充电子的能量，在电子空缺填充完成后，多余部分的能量必然被释放，这些能量激发更外层的电子，使外层电子被激活，成为自由电子，这种现象被称为俄歇效应，产生的电子也就被称为俄歇电子。

②康普顿散射

在X射线通过物质散射时，散射线中除有与入射X射线波长相同的散射线外，还有比入射线波长更长的射线。其波长的改变量与散射角θ有关，而与入射射线波长及散射物质均无关。

经康普顿散射后，随着散射角θ的增大，散射物质的原子量越大，散射光中波长变长的散射线强度越小；原子量越小，散射光中波长变长的散射线强度越大。在原子序数大的原子中，内层电子占电子总数的比例大，光子被它们散射的概率大，因此，原子量越大的散射物质，其康普顿效应越不明显；原子量越小的散射物质，其康普顿效应越明显。

康普顿散射可在两种情况下发生，其一是入射光子与被照物质原子的外层电子相互作用，由于外层电子质量比入射光子质量大得多，发生碰撞后，入射光子的能量基本不变，所以散射光子的波长不会改变，这部分散射光即是与入射射线波长相同部分的散射射线；另一种情况是入射光子与外层的自由电子相互作用，X射线设为一些$\varepsilon=h\nu$的光子，与自由电子发生完全弹性碰撞，电子获得一部分能量，散射的光子能量减小，频率减小，波长变长。

根据探测器接收散射射线的位置不同，可将散射射线分为前散射与背散射两种。当探测器安装位置与射线源同方向时，接收到的散射线称为前散射；当探测器的安装位置与射线相对时，接收到的散射线称为背散射。虽然前散射和背散射的能量与总散射能量成比例，但并未存在一个准确的关系式可以描述这两种散射与总散射能量的关系。X射线照射物质时，散射信号在检测物质成分中扮演着相当重要的角色，尤其在危险物品的检测中成果显著。

③瑞利散射

瑞利散射主要发生在低能X射线照射物质时，散射后光子能量与入射光子能量相同，这种散射通常被称为弹性散射。原子中的某个束缚电子吸收入射光子的能量后，跃迁到高能级电子层，与此同时，有一个与入射光子能量相当的散射光子飞出，此过程能量损失很小，可以忽略不计，即认为散射光子能量等于入射光子能量。当入射光子的能量大于200kV时，瑞利散射可以忽略不计。

瑞利散射主要有以下特点：

a. 散射光子能量强度与入射射线波长的四次方成反比；

b. 散射光子能量强度在不同观察方向，散射光子能量的强度是不同的；

c. 散射光子具有偏振性，其偏振程度同散射光子方向和耦极矩方向夹角相关；

d. 相对于入射射线来说，瑞利散射产生一种频率和波长不改变而传播方向改变的次级电磁波。

（3）电子对效应

X射线照射物质时，在两种情况下可能发生电子对效应，一种是当入射光子能量高于 1.02MeV 时，光子穿过原子时，在原子核附近库仑场力的作用下，入射光子将转化为一个负电子和一个正电子，同时入射光子自身能量消失，这种过程被称为电子对效应。电子对效应产生的正负电子沿着不同的方向射出，射出的方向与 X 射线入射光子的能量大小有关。另一种情况是入射光子可能与原子层的电子发生电子对效应，但此种现象发生的概率要比入射光子穿过原子核附近发生电子对效应发生的概率要小得多，只有当入射光子的能量大于 2.04MeV 时才有可能发生。

综上所述，X 射线与被透射物质发生的作用主要有光电效应、康普顿散射、电子对效应和瑞利散射这四种物理现象，但究竟何种现象占有的比重大，这与入射光子能量的大小和作用物质成分有一定的关系，并且与入射光子作用的对象、产物都有一定的差异。当入射光子能量较低时，主要发生的是光电效应和瑞利散射，但两者的作用对象和作用产物也不同，光电效应是入射光子与原子内层轨道电子发生碰撞，作用后的产物是光电子（荧光辐射）和俄歇电子，而瑞利散射的作用对象是轨道电子，作用产物是光子；当入射光子的能量低于 1.02MeV 时，康普顿效应占主要因素，康普顿效应的作用对象是原子的外层电子和自由电子，相互作用后的产物是前后散射光子及反冲电子；当入射光子的能量大于 1.02MeV 时，将发生电子对效应，其作用的对象为原子核及原子核周围的自由电子，相互作用后的产物是正负电子对。

总体来说，X 射线能量的改变主要是由物质的吸收和散射造成的，根据物质材料、内部结构、密度和厚度等因素的不同，X 射线与被透射物质的相互作用也存在差异。而且入射的 X 射线强度的大小在 X 射线与物质相互作用中也起到一定的作用，随着入射 X 射线强度的不同，物质对 X 射线的吸收和散射的强度也是变化的。当低能 X 射线照射物质时，物质的吸收对 X 射线的衰减起主要作用；当高能 X 射线照射物质时，散射作用对 X 射线的衰减起主要作用。

在常见的能量范围内，如几千电子伏特到十几兆电子伏特范围内，X 射线与物质的相互作用主要有光电效应、康普顿效应和电子对效应这三类过程。这三类效应的反应截面与 X 射线的能量有关，但在一定的能量区域只有一种效应占优势，这三种主要的相互作用过程存在着竞争。当光子能量在 0.8～4MeV 之间时，无论原子序数多大，康普顿效应都占主导地位；在很宽的光子能量范围内，对于低能 X 射线和原子序数高的吸收物质，光电效应占优势；中能 X 射线和原子序数低的吸收物质，康普顿效应占优势；而对于高能 X 射线和原子序数高的吸收物质，电子对效应占优势。

3. 射线探伤原理

X 射线检测是利用 X 射线具有较强的穿透能力，穿透被测物的射线带有反映被测物内部结构的信息，通过射线强度的变化来检测与评判材料或工件内部各种宏观或微观缺陷的性质、大小及其分布情况。显然，这里涉及 X 射线在穿透物质时产生一系列极为复杂的物理过程。用射线检测时，若被检工件内存在缺陷，缺陷与工件材料不同，其对射线的衰减程度不同，且透过厚度不同，透过后的射线强度则不同。X 射线在穿越物质后其基本物理过程的总效果是射线强度的减弱，这种强度的减弱可能部分来自射线的偏转，即散射部分是被物质吸收而转化为其他形式的能量。实验结果表明，导致射线在穿透物质后的强度衰减，将取决于射线本身的强度和穿透物质的厚度及材料的吸收特性。

5.4.2 X射线技术设备及应用

1. X射线机的分类

X射线机按其结构形式可分为携带式、移动式和固定式。携带式射线机多采用组合式X射线发生器，因其体积小、质量轻，而适用于施工现场和野外作业的探伤工作；移动式X射线机能在车间或实验室内移动，适用于中、厚板焊件的探伤；固定式X射线机则固定在确定的工作环境中，靠移动焊件来完成探伤工作。

同时，X射线机按射线束的辐射方向可分为定向辐射和周向辐射两种。其中周向辐射X射线机特别适用于管道、锅炉和压力容器的环形焊缝探伤，由于一次曝光可以检查整个焊缝，显著提高了效率。

便携式、移动式X射线机的典型产品如图5-26所示。

图5-26　便携式、移动式X射线机产品

2. X射线探伤的方法

（1）射线照相法

射线照相法是根据被检工件与其内部缺陷介质对射线能量衰减程度的不同，使得射线透过工件后的强度不同，使缺陷能在射线底片上显示出来的方法。从X射线机发射出来的X射线透过工件时，由于缺陷内部介质对射线的吸收能力和周围完好部位不一样，因而透过缺陷部位的射线强度不同于周围完好部位。把胶片放在工件适当位置，在感光胶片上，有缺陷部位和无缺陷部位将接受不同的射线曝光。再经过暗室处理后，得到底片。然后把底片放在观片灯上就可以明显观察到缺陷处和无缺陷处具有不同的黑度。评片人员据此就可以判断缺陷的情况。

①射线照相法探伤条件的选择原则

a. 像质等级的确定

像质等级就是射线照相质量等级，是对射线探伤技术本身的质量要求。我国将其划分为三个级别：

A级——成像质量一般，适用于承受负载较小的产品和部件。

AB级——成像质量较高，适用于锅炉和压力容器产品及部件。

B级——成像质量最高，适用于航天和核设备等极为重要的产品和部件。

不同的像质等级对射线底片的黑度、灵敏度均有不同的规定。为达到其要求，需从探伤器材、方法、条件和程序等方面预先进行正确选择和全面合理布置。对给定工件进行射线照相法探伤时，应根据有关规定和标准要求选择适当的像质等级。

b. 探伤位置的确定及其标记

在探伤工件中，应按产品制造标准的具体要求对产品的工作焊缝进行全检即100%检查或抽检。抽检面有5%、10%、20%、40%等几种，采用何种抽检面应依据有关标准及产品技术条件而定。

对允许抽检的产品，抽检位置一般选在：可能或常出现缺陷的位置；危险断面或受力最大的焊缝部位；应力集中部位；外观检查感到可疑的部位。

对于选定的焊缝探伤位置必须进行标记，使每张射线底片与工件被检部位能始终对照，易于找出返修位置。标记内容主要有：定位标记，包括中心标记、搭接标记；识别标记，包括工件编号、焊缝编号、部位编号、返修标记等；3B标记，该标记应贴附在暗盒背面，用以检查背面散射线防护效果。若在较黑背景上出现“B”的较淡影像，应予重照。另外，工件也可以采用永久性标记（如钢印）或详细的透照部位草图标记。

c. 射线能量的选择

射线能量的选择实际上是对射线源的kV、MeV值或γ源的种类的选择。射线能量越大，其穿透能力越强，可透照的工件厚度越大。但同时也带来了由于衰减系数的降低而导致成像质量下降。所以在保证穿透的前提下，应根据材质和成像质量要求，尽量选择较低的射线能量。

d. 胶片的选取

射线胶片不同于普通照相胶卷是其在片基的两面均涂有乳剂，以增加射线敏感的卤化银含量，通常依卤化银颗粒粗细和感光速度快慢，将射线胶片予以分类。探伤时可按检验的质量和像质等级要求来选用，检验质量和像质等级要求高的应选用颗粒小、感光速度慢的胶片。反之则可选用颗粒较小、感光速度较快的胶片。

e. 增感屏的选取

射线照相中使用的金属增感屏，是由金属箔（常用铅、钢或铜）等粘合在纸基或胶片片基上制成。其作用主要是通过增感屏被射线投射时产生的二次电子和二次射线，增强对胶片的感光作用，从而增加胶片的感光速度。同时，金属增感屏对波长较长的散射线有吸收作用。这样，由于金属增感屏的存在，提高了胶片的感光速度和底片的成像质量。

金属增感屏有前、后屏之分。前屏（覆盖胶片靠近射线源的一面）较薄，后屏（覆盖胶片背面）较厚。其厚度应根据射线能量进行适当的选择。

f. 灵敏度的确定及像质计的选用

灵敏度是评价射线照相质量的最重要的指标，它标志着射线探伤中发现缺陷的能力。灵敏度分绝对灵敏度和相对灵敏度。绝对灵敏度是指在射线底片上所能发现的沿射线穿透方向上的最小缺陷尺寸。相对灵敏度则用所能发现的最小缺陷尺寸在透照工件厚度上所占的百分比来表示。由于预先无法了解沿射线穿透方向上的最小缺陷尺寸，为此必须采用已知尺寸的人工“缺陷”——像质计来度量。

像质计有线型、孔型和槽型三种，探伤时，所采用的像质计必须与被检工件材质相同，应安放在焊缝被检区长度1/4处，钢丝横跨焊缝并与焊缝轴线垂直，且细丝朝外。

在透照灵敏度相同情况下，由于缺陷性质、取向、内含物的不同，所能发现的实际尺寸不同。所以在达到某一灵敏度时，并不能断定能够发现缺陷的实际尺寸究竟有多大。但是像质计得到的灵敏度反映了对于某些人工“缺陷”、金属丝等发现的难易程度，因此它完全可以对影像质量做出客观的评价。

②射线照相法的优点

a. 缺陷显示直观：射线照相法用底片作为记录介质，通过观察底片能够比较准确地判断出缺陷的性质、数量、尺寸和位置。

b. 容易检出那些形成局部厚度差的缺陷：对气孔和夹渣之类缺陷有很高的检出率。

c. 射线照相能检出的长度和宽度尺寸分别为毫米数量级和亚毫米数量级，甚至更少，且几乎不存在检测厚度下限。

d. 几乎适用于所有材料，在钢、钛、铜、铝等金属材料上使用均能得到良好的效果，该方法对试件的形状、表面粗糙度没有严格要求，材料晶粒度对其不产生影响。

③射线照相法的局限

a. 对裂纹类缺陷的检出率则受透照角度的影响，且不能检出垂直照射方向的薄层缺陷，例如钢板的分层。

b. 检测厚度上限受射线穿透能力的限制，更大厚度的工件则需要使用特殊的设备——加速器，其最大穿透厚度可达400mm以上。

c. 一般不适宜钢板、钢管、锻件的检测，也较少用于钎焊、摩擦焊等焊接方法的接头的检测。

d. 射线照相法检测成本较高，检测速度较慢。

e. 射线对人体有伤害，需要采取防护措施。

（2）射线荧光屏观察法

荧光屏观察法是将透过被检物体后的不同强度的射线，再投射在涂有荧光物质的荧光屏上，激发出不同强度的荧光而得到物体内部的影像的方法。此法所用设备主要由X射线发生器及其控制设备、荧光屏、观察和记录用的辅助设备、防护及传送工件的装置等几部分组成。检验时，把工件送至观察箱上，X射线管发出的射线透过被检工件，落到与之紧挨着的荧光屏上，显示的缺陷影像经平面镜反射后，通过平行于镜子的铅玻璃观察。

荧光屏观察法只能检查较薄且结构简单的工件，同时灵敏度较差，最高灵敏度在2%～3%，大量检验时，灵敏度最高只达4%～7%，对于微小裂纹是无法发现的。

3. 射线实时成像检验

射线实时成像检验是工业射线探伤很有发展前途的一种新技术，与传统的射线照相法相比具有实时、高效、不用射线胶片、可记录和劳动条件好等显著优点。由于它采用X射线源，常称为X射线实时成像检验。国内外将它主要用于钢管、压力容器壳体焊缝检查；微电子器件和集成电路检查；食品包装夹杂物检查及海关安全检查等。

这种方法是利用小焦点或微焦点X射线源透照工件，利用一定的器件将X射线图像转换为可见光图像，再通过电视摄像机摄像后，将图像直接或通过计算机处理后再显示在电视监视屏上，以此来评定工件内部的质量。通常所说的工业X射线电视探伤，是指X光图像增强电视成像法，该法在国内外应用最为广泛，是当今射线实时成像检验的主流设备，其探伤灵敏度已高于2%，并可与射线照相法相媲美。

4. 射线计算机断层扫描技术

计算机断层扫描技术，是根据物体横断面的一组投影数据，经计算机处理后，得到物体横断面的图像。

射线源发出扇形束射线，被工件衰减后的射线强度投影数据经300个左右检测器接收后，能覆盖整个扇形扫描区域被数据采集部采集，并进行从模拟量到数字量的高速A/D转换，形成数字信息。在一次扫描结束后，工件转动一个角度再进行下一次扫描，如此反复下去，即可采集到若干组数据。这些数字信息在高速运算器中进行修正、图像重建处理和暂存，在计算机CPU的统一管理及应用软件支持下，便可获得被检物体某一断面的真实图像，显示于监视器上。

5.4.3　X射线检测技术特点

X射线检测方法用底片作为记录介质，可以直接得到缺陷的直观图像，且可以长期保存。通过观察底片能够比较准确地判断出缺陷的性质、数量、尺寸和位置。容易检出那些形成局部厚度差的缺陷。对气孔和夹渣之类缺陷有很高的检出率，对裂纹类缺陷的检出率则受透照角度的影响。它不能检出垂直照射方向的薄层缺陷，例如钢板的分层。X射线检测所能检出的缺陷高度尺寸与透照厚度有关，可以达到透照厚度的1%，甚至更小。所能检出的长度和宽度尺寸分别为毫米数量级和亚毫米数量级，甚至更小。X射线检测薄工件没有困难，几乎不存在检测厚度下限，但检测厚度上限受射线穿透能力的限制。而穿透能力取决于射线光子能量。

1. X射线检测技术优点

检测结果直观；缺陷定性比较容易，定量和定位比较方便；检测结果可以保存；适用对象广。

2. X射线检测技术缺点

成像直观、影像可以长期保存，探伤灵敏度很高，对体积状缺陷敏感，缺陷影像的平面分布真实、尺寸测量准确。对被测物的表面光洁度没有严格要求。材料晶粒度对检测结果影响不大，可以适用于各种材料内部缺陷检测。所以在压力容器焊接质量检验中和钢丝皮带探伤等工业探伤领域得到广泛应用。

3. 影响灵敏度的有关因素

（1）射线源尺寸与焦距的大小

影响射线透照灵敏度的因素很多，其中之一就是几何不清晰度。它通常用半影宽度U_g来度量，由下式可知

$$U_g=\frac{dT}{f-T} \tag{5-19}$$

式中　d——射线源有效焦点尺寸；

f——射线源与胶片间的距离，称为焦距；

T——透照厚度。

选择焦距大小时，不但要考虑几何不清晰度的要求，也要考虑曝光时间不能太长。为满足几何不清晰度和曝光时间之间的折中要求，ISO 国际标准对最小焦距做出具体规定：对 A 级检测：$f=7.5db^{\frac{2}{3}}$（b 为标准校核值）；对 B 级检测：$f=15db^{\frac{2}{3}}$。因此，ISO 国际标准允许的几何不清晰度表达式为：对 A 级检测：$U_g=\dfrac{b^{\frac{1}{3}}}{7.5}$，对 B 级检测：$U_g=\dfrac{b^{\frac{1}{3}}}{15}$。

（2）射线能量

X 射线能量的大小取决于 X 射线管电压的高低。管电压越高，X 射线能量越大，探伤时穿透能力越强。射线检测工件的首要条件是要使射线能够透过工件并使胶片感光，这就要求透照时必须有足够的射线硬度，但并不是管电压越高越好。因为透照电压直接决定材料的吸收系数和胶片的固有不清晰度，并影响积累因子的大小，所以对射线照相灵敏度有重要的影响。这样，在能穿透工件的情况下，尽量采用较低管电压，减小射线能量。这样，衰减系数就变小了，有缺陷部位与无缺陷部位的射线强度差变大，从而在底片上有缺陷部位与无缺陷部位黑白对比度增大，提高底片的灵敏度。

（3）散射线和无用射线的影响

射线检测过程中不可避免地要产生散射线，在散射线作用下胶片也会感光，从而降低了底片的对比度和清晰度；散射线严重时，会因散射的作用而减少像质计影像中清晰可见的数量，降低灵敏度。对于散射线必须采取如下的防范措施：①屏蔽措施；②限束的措施；③背衬措施；④过滤措施；⑤采用金属增感屏。

（4）被检工件的外形

外形复杂或厚薄相差悬殊的工件进行射线检测时，如果按厚的部位选择曝光条件，则薄的部位曝光就会过量、底片全黑；如果按薄的部位选择曝光条件，则厚的部位曝光不足，得不到最佳对比度。对这样的工件进行射线检测必须采取专门措施，例如分两次曝光或采取补偿的方法，使用补偿泥或补偿液，使黑度彼此接近。

（5）缺陷本身形状及其所处位置

射线检测发现缺陷的能力是有一定限度的，它对气孔、夹渣、未焊透等缺陷比较容易发现，而对裂纹、细微未熔合等片状缺陷，在透照方向不合适时就不易发现。①射线源的位置不同（焦距不同），缺陷的影像就有变化。②对于细微裂纹，特别是裂纹平面不平行于射线方向时，在底片上就很难发现。

由于缺陷在焊缝中的取向可能是各种方向的，而射线检测底片上的影像是在一个平面上的投影，不可能表示出缺陷的立体形状，所以要确定出缺陷的大小，还需要用几个透照方向来确定出不同方位的缺陷大小。对角焊缝或对接焊缝进行斜透射时，缺陷影像可能变形，底片上的缺陷影像位置与缺陷在焊缝中的实际位置也会有所错动。由此可见，缺陷的形状、方向性和在工件中所处的位置对底片影像均有不同程度的影响，既影响其清晰度也影响其灵敏度，应用时应予以注意。

（6）暗室处理

暗室处理是射线检测的一个重要过程，如果处理不当就会前功尽弃。诸如显影过度、显影不足或显影液失效，有杂物混入等均影响底片的质量。从某种意义上来说，暗室处理质量是保证底片质量的重要环节，必须引起重视，操作时应养成持角棱操作的习惯，以防止底片上粘上污物、指纹等，同时还应注意防止划伤、破损等。

4. 缺陷的可检出性

（1）三类缺陷可检出的最小尺寸

①体积类缺陷的可检出性。主要指气孔、缩孔、夹渣、缩松等缺陷，这些缺陷从总体上看都具有较大的体积，在空间上没有特殊的延伸方向，且与基体材料具有明显不同的射线吸收性质。因此，其可检出性主要由射线照相的对比度决定，射线照相的不清晰度对其可检出性无明显影响。

②分散的细小缺陷的可检出性。主要是指小气孔、点状夹渣，其基本形状可视为球形，随缺陷性质的变化，对射线的吸收也将变化。

③面状小缺陷的可检出性。裂纹、未熔合及未焊透、冷隔等都可视为面状缺陷，这类缺陷在断面上都有较大的深度/宽度比，延伸方向规则或不规则。

（2）不同位置缺陷的可检出性

一般来说，被检物体上存在的线吸收系数、射线照相总的不清晰度以及积累因子值的变化，使得不同位置缺陷的最小可检出尺寸也不同，因而同一种缺陷在位于不同位置时将有不同的可检出性。

5. X射线防护

（1）目的：射线检测中的防护，是减少射线对工作人员和其他人员的影响，也就是采取适当措施，从各方面把射线剂量控制在国家规定的允许剂量标准（100mrem/周）以下，以避免超剂量照射和减少射线对人体的影响。

（2）标准《电离辐射防护与辐射源安全基本标准》（GB 18871—2002）中，对放射性工作人员和非放射性工作人员的每年最大允许剂量的当量值作了规定。

（3）防护方法

对工业探伤用X射线的防护原则一般有3种，即屏蔽防护、距离防护和时间防护。

①屏蔽防护：利用各种屏蔽物体吸收射线，以减少射线对人体的伤害。例如由砖墙或水泥墙建成的射线防护室。不同屏蔽材料对射线的吸收能力不同，不同的X射线管电压所需的防护厚度也不同。防护屏蔽材料和防护层厚度是根据X射线机的基本参数及使用情况（管电压、管电流、照射方向、位置距离和每周实际工作时间等）来确定的。

②距离防护：在进行野外或流动性检测时是非常经济有效的方法，这是因为射线的剂量率与距离的平方成反比，增大距离可使射线剂量率大大下降。在没有防护物或防护层厚度不够时，利用增大距离的方法同样能够达到防护的目的。

③时间防护：指尽可能减少接触射线的时间。例如在比较大的射线剂量下工作应缩短一天内的实际工作时间，以保证探伤工作人员在一天内不超过国家规定的最大允许剂量当量值17mrem。因此，在射线场中所要求完成的工作应事先计划安排好，以便使操作人员在辐射场中停留的时间最短。

6　地面建筑物的变形监测

6.1　工程建筑物变形监测

6.1.1　变形监测的概念

地下空间的开发和利用受到地面建筑的影响，尤其是在城市范围内修建地下工程，如地铁、地下街、地下停车站（场）等均需要考虑其对地面和地下建筑的影响。地面建筑通常要依靠基础部分来传递其上部的各种荷载，在修建地面建筑尤其是高层和超高层建筑时，基础往往设置得较深。建筑物本身及其基础，也由于地基的变形及其外部荷载与内部应力的作用而产生变形。过大的变形可能导致结构开裂或失稳。因此需要对建筑物本身和基坑在建造期间的变形进行监测，尤其是在建设地下工程期间，地面建筑物的基础和性质会影响地下工程的设计与施工。同样地下工程的设计与施工也必须考虑受其影响的地面建筑物的安全与稳定。这就要求对建筑物的变形进行监测，以便做出相应的评价。对于基础，主要监测的内容是均匀沉降与不均匀沉降。由沉降监测资料可以计算基础的绝对沉降值与平均沉降值。由不均匀沉降值可以计算出相对倾斜、相对弯曲或挠度。基础的不均匀沉降可以导致建筑物的扭转。当不均匀沉降产生的应力超过建筑物的容许应力时，可以导致建筑物产生裂缝。从某种意义上来说，建筑物本身产生的倾斜与裂缝，起因就是基础的不均匀沉降。均匀沉降不会使建筑物出现断裂、裂缝和缺口等现象，但绝对值过大的均匀沉降也会影响建筑物的正常使用。鉴于此，城市及其建筑物由于天然与人为的因素将产生各种变形，了解变形状况，分析变形原因，预报未来变形，对于预防事故和保证建筑物正常使用是很重要的。为此，为了不影响地下工程施工期间地面建筑物的正常使用，保证地下工程和地面建筑的安全，必须在兴建建筑物之前、建设过程以及交付使用期间对建筑物进行变形监测。

所谓变形监测，是用测量仪器或专用仪器测定建筑物及其地基在建筑物荷载和外力作用下随时间变形的工作。进行变形监测时，一般在建筑物特征部位埋设变形监测标志，在变形影响范围之外埋设测量基准点，定期测量监测标志相对于基准点的变形量。从历次监测结果的对比分析中了解变形随时间发展的状况。变形监测周期由单位时间内变形量的大小而定，变形量较大时监测频率宜增大，变形量小且建筑物趋向稳定时，监测周期应适当延长。变形是个总体概念，既包括地基沉降、回弹，也包括建筑物的裂缝、倾斜、位移及扭曲等。变形按其时间长短分为以下几种：

（1）长周期变形：由于建筑物自重引起的沉降和倾斜等。

（2）短周期变形：由于温度变化所引起的建筑物变形等。

（3）瞬时变形：由于风振动引起高大建筑物的变形等。

变形按其类型可分为两种。

（1）静态变形，其监测结果只表示建筑物在某一期间内的变形值，如定期沉降监测等。

（2）动态变形，其监测结果只表示建筑物在某瞬间的变形，如振动引起的变形等。

6.1.2 建筑物变形监测的意义

工程变形监测的意义在于严密监测结构物的变形幅度和速度，并依据工程力学和结构工程的相关知识，对变形产生的影响做出正确评价，以确保结构物正常工作。历史上，由于没有对工程结构物及时进行变形测量，造成重大损失的例子不计其数。1963年意大利的 Vajaut 拱坝（高 266m）发生大滑坡，在 7min 之内就毁灭了一座城市及周围的几个小镇，造成 3000 人死亡。相反，1984 年前后，我国对长江三峡滑坡体进行了长期的变形监测，并成功预报了滑坡的发生，使滑坡体上居民能够及时撤离，挽救了 11000 人的生命。建筑工程中，结构的变形测量结果是进行安全鉴定，确定危险房屋的基本依据。除了上述实际意义外，变形测量还是验证现行变形计算理论，发展切合实际的结构分析与设计理论的根本途径。

6.1.3 建筑物变形监测的项目

建筑物变形监测的项目主要有以下几个。

（1）建筑物沉降监测：建筑物的沉降是地基、基础和上层结构共同作用的结果。此项监测资料的积累是研究解决地基沉降问题和改进地基设计的重要手段。同时通过监测来分析相对沉降是否存在差异，以监视建筑物的安全。

（2）建筑物水平位移监测：指建筑物整体平面移动，其原因主要是基础受到水平应力的影响，如地基处于滑坡地带或受地震影响。测定平面位置随时间变化的移动量，以监视建筑物的安全或采取加固措施。

（3）建筑物倾斜监测：高大建筑物上部和基础的整体刚度较大，地基倾斜如差异沉降即反映出上部主体结构的倾斜，监测目的是验证地基沉降的差异和监视建筑物的安全。

（4）建筑物裂缝监测：当建筑物基础局部产生不均匀沉降时，其墙体往往出现裂缝。系统地进行裂缝变化监测，根据裂缝监测和沉降监测资料，来分析变形的特征和原因，并采取措施以保证建筑物的安全。

（5）建筑物挠度监测：这是测定建筑物构件受力后的弯曲程度，对于平置的构件，在两端及中间设置沉降点进行沉降监测，根据测得某时间段内这三点的沉降量，计算其挠度；对于直立的构件，要设置上、中、下三个位移监测点，进行位移监测，利用三点的位移量可算出其挠度。

6.2 变形监测的周期及其精度

6.2.1 变形监测的周期

沉降监测周期应能反映出建筑物的沉降变形规律。例如，在砂类土层上的建筑物，沉降在施工期间已大部分完成。根据这种情况，沉降监测周期应是变化的。在施工过程中，频率应大些。一般有3d、7d、15d三种周期。到竣工投产后，监测频率可小一些，一般有一个月、两个月、半年与一年等不同的周期。在施工期间也可以按荷载增加的过程安排监测，即从监测点埋设稳定后进行第一次监测，当荷载增加到25%时监测一次，以后每增加15%监测一次。建筑物使用阶段的观测次数应视地基土类型和沉降速度大小而定。除有特殊要求者，一般情况下可在第一年监测四次，第二年两次，第三年后每年一次直至稳定。观测期限一般不少于如下规定：砂土地基两年，膨胀土地基三年，黏土地基五年，软土地基十年。

在观测过程中，如有基础附近地面荷载突然增减、基础四周大量积水、长时间连续降雨等情况，均应及时增加观测次数。当建筑物突然发生大量沉降、不均匀沉降或严重裂缝时，应立即进行逐日或几天一次的连续观测。沉降是否进入稳定阶段，应由沉降量与时间关系曲线加以判定。对重点观测和科研观测工程，若最后三个周期观测中每周期沉降量不大于 $2\sqrt{2}$ 倍的测量中误差，就可认为已进入稳定阶段。一般观测工程若沉降速度低于0.01～0.04mm/d，可认为已经进入稳定阶段，具体可根据当地地基土的压缩性加以确定。

当建筑物再次出现变形或产生第二次沉降时，应对它重新进行监测。出现这些变形的原因一般是：在建筑物附近修建新的建筑物，如打桩、降水、基坑开挖；修建削弱地基承载力的地下工程，如盾构或顶管等；或者对建筑物进行加层及纠偏处理等。在这种情况下，监测周期要依据对建筑物沉降产生影响的因素来定。

6.2.2 变形监测的精度要求

变形监测的精度要求，要根据该工程建筑物预计允许变形值的大小和监测的目的而定。变形监测精度取决于监测目的、允许变形的大小、仪器和方法所能达到的精度。

在工业与民用建筑物的变形监测中，由于其主要监测内容是基础沉降和建筑物本身的倾斜度，监测精度应根据建筑物的允许沉降值、允许倾斜度、允许相对弯矩等来决定，同时也应考虑其沉降速度。建筑物的允许变形值大多数是由设计单位提供的，一般可直接套用。有关建筑物允许变形值的规定列入表6-1中。根据允许变形值，可按1/10～1/20的要求来确定变形监测的精度。

表6-1　建筑物的允许变形值

序号＼项目	变形特征或结构形式	允许变形值
1	塔架挠度	任意两点间的倾斜应不小于两点间高差的1/100
2	桅杆的自振周期	$T \leqslant 0.01L$，T 为周期（s），L 为桅杆高度（m）
3	微波塔在风荷载作用下的变形	（1）在垂直面内的偏角不应大于1/100； （2）在水平面内的扭转角不应大于1°～1.5°
4	框架结构高层建筑物 δ/H（层间位移/层高）	风荷载1/400；地震作用1/250
5	框架-剪力墙结构高层建筑物 δ/H	风荷载1/600；地震作用1/300～1/350

续表

序号 \ 项目	变形特征或结构形式	允许变形值	
6	剪力墙结构高层建筑物 δ/H	风荷载 1/800；地震作用 1/500	
7	桅杆顶部位移	不应大于桅杆高度的 1/100	
8	砖石承重结构基础的局部倾斜	砂土中和低压缩性黏土	高压缩性黏土
		0.002	0.003
9	工业与民用建筑相邻柱基的差异沉降： （1）框架结构；	0.0021	0.0031
	（2）当基础不均匀沉降时不产生附加应力的结构	0.0051	0.0051
10	桥式吊车轨面倾斜	纵向 0.004；横向 0.003	
11	高耸结构基础的倾斜 $h\leqslant 20$m 时；	0.008	
	$20\text{m}<h\leqslant 50$m 时；	0.006	
	$50\text{m}<h\leqslant 100$m 时	0.005	

建筑变形测量的等级划分及其精度要求应符合表 6-2 的规定。

表 6-2 建筑变形测量的等级及其精度要求

变形测量等级	沉降观测	位移观测	适用范围
	观测点测站高差中误差（mm）	观测点坐标中误差（mm）	
特级	⩽0.05	⩽0.3	特高精度要求的特种精密工程和重要科研项目变形观测
一级	⩽0.15	⩽1.0	高精度要求的大型建筑物和科研项目变形观测
二级	⩽0.50	⩽3.0	中等精度要求的建筑物和科研项目变形观测；重要筑物主体倾斜观测、场地滑坡观测
三级	⩽1.50	⩽10.0	低精度要求的建筑物变形观测；一般建筑物主体倾斜观测、场地滑坡观测

表 6-2 中观测点测站高差中误差，系指几何水准测量测站高差中误差或静力水准测量相邻观测点相对高差中误差；观测点坐标中误差，系指观测点相对测站点（如工作基点等）的坐标中误差、坐标差中误差以及等价的观测点相对基准线的偏差值中误差、建筑物（或构件）相对底部固定点的水平位移分量中误差。

对一个实际工程，变形测量的精度等级应根据各类建（构）筑物的变形允许值的规定（表 6-1），按以下原则确定：

（1）绝对沉降（如沉降量、平均沉降量等）的观测中误差，对于特高精度要求的工程可按地基条件，结合经验与分析具体确定；对于其他精度要求的工程，可按低、中、高压缩性地基土的类别，分别选±0.5mm、±1.0mm、±2.5mm。

（2）相对沉降（如沉降差、基础倾斜、局部倾斜等）、局部地基沉降（如基坑回弹、地基土分层沉降等）以及膨胀土地基变形等的观测中误差，均不应超过其变形允许值的

1/20。

（3）建筑物整体性变形（如工程设施的整体垂直挠曲等）的观测中误差，不应超过允许垂直偏差的1/10。

（4）结构段变形（如平置构件挠度等）的观测中误差，不应超过变形允许值的1/6。

（5）对于科研项目变形量的观测中误差，可视所需提高观测精度的程度，将上列各项观测中误差乘以1/5～1/2系数后采用。

6.3 建筑物沉降监测

6.3.1 引起建筑物沉降的原因及分类

各种工程建筑物都要求坚固稳定，以延长其使用年限，但在压缩性的地基上建造建筑物时，从施工开始地基就会逐渐下沉，其沉降原因如下。

（1）荷载影响。当在沙土或黏土的地基上兴建大型的厂房、高炉、水塔及烟囱时，由于荷重的逐渐增加，土层被逐渐压缩，地基下沉，因而引起建筑物的沉降。

（2）地下水影响。地下水的升降对建筑物的沉降影响很大。

（3）地震影响。地震之后会出现大面积的地面升降现象，进而引起建筑物的沉降。

（4）地下开采影响。由于地下开采，地面下沉现象比较严重。

（5）外界动力的影响。爆破、重载运输或连续性的机械振动，也会引起建筑物的下沉。

（6）打桩、降水、地下工程开挖、盾构或顶管穿越等，建筑物周边或地下的施工活动引起沉降。

（7）其他影响：如地基土的冻融，建筑物附近附加荷重的影响，都有可能引起建筑物的沉降。

建筑物沉降根据性质可分为两类。

（1）均匀沉降

当受压软土分布位置和厚度相同，基础作用条件近似，沉降量虽大，但建筑物不会出现倾斜、裂缝，这种沉降属于均匀沉降，对建筑物危害不大。

（2）不均匀沉降

当基础下受压层土质不同，承压性能不同，或由于建筑设计不合理及施工不当等原因都会发生不均匀下沉，轻者建筑物产生倾斜或裂缝，严重的会造成建筑物的倒塌。

建筑物的沉降速度主要取决于地基土孔隙中排出空气和水的速度，砂及其他粗粒土沉降完成得较快，而饱和的黏土沉降完成得较慢。例如，建筑在沙质粉土天然地基上的建筑物沉降量较小，达到稳定的时间较短，沉降速度快，在施工期间的沉降量约占最终沉降量的70%。相反，建筑在软黏土天然地基上的建筑物沉降量较大，达到稳定的时间较长，施工期间的沉降量约占最终沉降量的25%。建筑物沉降量一般不大，在短期内不会产生显著变化，因而要进行长期而细致的沉降监测。沉降监测工作一般在基础施工完成后或基础垫层浇灌后开始，直到沉降稳定为止，以便得出地基和基础最全面的质量指标，由所得资料可以选择加固地基和基础的方法。在沉降监测之前，为了消除区域性的地面沉降影响，必须合理布置水准点和沉降监测点。沉降监测工作内容是定期测量所设置的监测点对水准点的高差，并将不同时间的高差加以比较，准确、及时地测出建筑物地基全部或局部的变形值。平时依次监测的记录应妥善保管，并在每次外业工作完成后进行内业整理，填入沉降量对比一览表以备使用。根据各监测点的沉降量计算建筑物的平均沉降量、相对弯曲和相对倾斜指标。最后应将沉降监测资料、结果、图标等按照工程项目管理的要求建立技术档案，进行归档保存。

6.3.2 沉降监测水准点及水准基点的布设

建筑物的沉降变形监测是采用重复精密水准测量的方法进行的，为此应建立高精度的水准测量控制网。其具体做法是：在建筑物的外围布设一条闭合水准环形路线。再由水准环中的固定点测定各测点的标高，这样每隔一定周期进行一次精密水准测量，将测量的外业成果用严密平差的方法，求出各水准点和沉降监测点的高程值。某一沉降监测点的沉降量即为该次复测后求得的高程与首次监测求得的高程之差。

1. 水准点的布设要求

（1）根据监测精度的要求，应布成网形最合理、测站数最少的监测环路；

（2）在整个水准网里，应有 3～4 个埋设深度足够的水准基点作为起算点，其余的可埋设一般地下水准点或墙上水准点。施测时可选择一些稳定性较好的沉降点，作为水准线路基点与水准网统一监测和平差。因为施测时不可能将所有的沉降点均纳入水准线路内，大部分沉降点只能采用中视法测定，而转站则会影响成果精度，所以选择一些沉降点作为水准点极为重要；

（3）水准点应视现场情况，设置在较明显而且通视良好、保证安全的地方，并且要求便于进行联测；

（4）水准点应布设在拟监测的建筑物之间，距离一般为 20～40m，一般工业与民用建筑物应不小于 15m，较大型并略有振动的工业建筑物应不小于 25m，高层建筑物应不小于 30m；

（5）监测单独建筑物时，至少布设三个水准点，对占地面积大于 500m^2 或高级建筑物，则应适当增加水准点的个数；

（6）当设置水准点处有基岩露出时，可用水泥砂浆直接将水准点浇灌在岩层中。一般水准点应埋设在冻土线以下 0.5m 处，墙上水准点应埋在永久性建筑物上，离开地面高度 0.5m 左右。

2. 水准基点的布设要求

（1）水准基点的标志构造，要根据埋设地区的地质条件、气候情况及工程的重要程度进行设计。对于一般的厂房沉降监测，可参照水准测量规范三、四等水准点的规定进行标志设计与埋设；对于高精度的变形监测，需设计和选择专门的水准基点标志；

（2）水准基点是作为沉降监测基准的水准点，一般设置三个水准点构成一组，要求埋设在基岩上或在沉降影响范围之外稳定的建筑物基础上，作为整个高程变形监测控制网的起始点；

（3）为了检查水准基点本身的高程有否变动，可在每组三个水准点的中心位置设置固定测站，经常测定三点间的高差，判断水准基点的高程有无变动。

3. 水准基点标志的分类

水准基点的标志根据需要与条件分为以下三种：

（1）地面岩石标志：用于地面土层覆盖很浅的地方，如有可能可直接埋设在露头的岩石上［图 6-1（a）］；

（2）下水井式混凝土标志：用于土层较厚的地方，为了防止雨水灌进水准基点井里，井台必须高出地面 0.2m［图 6-1（b）］；

（3）深埋钢管标志：这类标志用在覆盖层很厚的平坦地区，采用钻孔穿过土层和风化岩层达到基岩里埋设钢管标志［图 6-1（c）］。

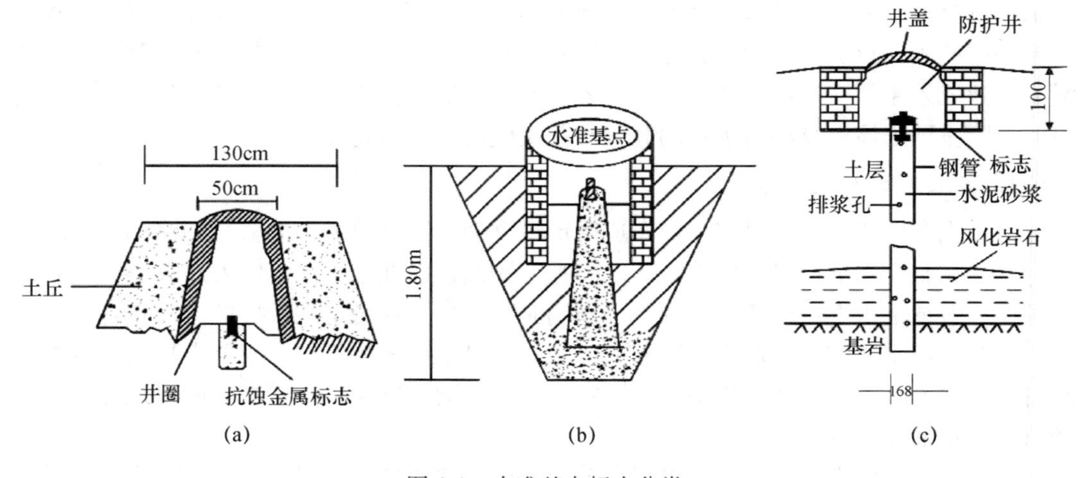

图 6-1　水准基点标志分类

6.3.3　沉降观测点的布设和构造

沉降观测点的布设，应以能全面反映建筑物地基变形特征并结合地质情况及建筑结构特点确定。点位宜选设在下列位置：

（1）建筑物的四角、大转角处及沿外墙每 10～15m 处或每隔 2～3 根柱基上。

（2）高低层建筑物、新旧建筑物、纵横墙等交接处的两侧。

（3）建筑物裂缝和沉降缝两侧、基础埋深相差悬殊处、人工地基与天然地基接壤处、不同结构的分界处及填挖方分界处。

（4）宽度大于等于 15m 或小于 15m 而地质复杂以及膨胀土地区的建筑物承重内隔墙中部设内墙点，在室内地面中心及四周设地面点。

（5）邻近堆置重物处、受振动有显著影响的部位及基础下的暗沟处。

（6）框架结构建筑物的每个或部分柱基上或沿纵横轴线设点。

（7）片筏基础、箱型基础底板或接近基础的结构部分之四角处及其中部位置。

（8）重型设备基础和动力设备基础的四角、基础型式或埋深改变处以及地质条件变化处两侧。

（9）电视塔、烟囱、水塔、油罐、炼油塔、高炉等高耸构筑物，沿周边在与基础轴线相交的对称位置上布点，点数不少于4个。

沉降观测的标志，可根据不同的建筑结构类型和建筑材料，采用墙（柱）标志、基础标志和隐蔽式标志（用于宾馆等高级建筑物）等型式。各类标志的立尺部位应加工成半球形或有明显的突出点，并涂上防腐剂。标志的埋设位置应避开如雨水管、窗台线、暖气片、暖水管、电器开关等有碍设标与观测的障碍物，并应视立尺需要离开墙（柱）面和地面一定距离。

①设备基础监测点：一般利用铆钉和钢筋来制作。标志形式有垫板式、弯钩式、燕尾式、U字式，尺寸及形状如图6-2（a）所示。

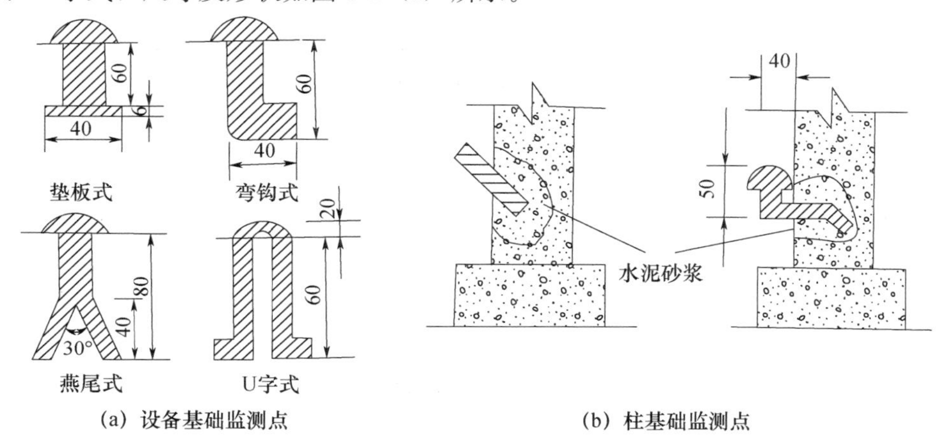

图6-2　沉降监测点设置

②柱基础监测点：对于钢筋混凝土柱，是在标高±0.000以上10～50cm处凿洞，将弯钩形监测标志平向插入，或用角铁等呈60°斜插进去，再以1∶2水泥砂浆填充，如图6-2（b）所示。对于钢柱上的监测标志，是用铆钉或钢筋焊在钢柱上。

6.3.4　观测及观测成果整理

1. 观测方法

（1）观测时先后视水准基点，接着依次前视各沉降观测点，最后再次后视该水准基点，两次后视读数之差不应超过±1mm。

（2）沉降观测的水准路线（从一个水准基点到另一个水准基点）应为闭合水准路线。

2. 精度要求

沉降观测的精度应根据建筑物的性质而定。

对特级、一级沉降观测，应使用DSZ05或DS05型水准仪、因瓦合金标尺，按光学测微法观测；对二级沉降观测，应使用DSl或DS05型水准仪、因瓦合金标尺，按光学测微法观测；对三级沉降观测，可使用DS3型仪器、区格式木质标尺，按中丝读数法观测，亦可使用DSl、DS05型仪器、因瓦合金标尺，按光学测微法观测。

各等级变形观测的技术要求应符合表6-3、表6-4的有关规定。表6-3中n为测站数。

表 6-3　水准观测限差（mm）

等级		基辅分划（黑红面）读数之差	基辅分划（黑红面）所测高差之差	往返较差及附合或环线闭合差	单程双测站所测高差较差	检测已测测段高差之差
特级		0.15	0.2	$\leqslant 0.1\sqrt{n}$	$\leqslant 0.07\sqrt{n}$	$\leqslant 0.15\sqrt{n}$
一级		0.3	0.5	$\leqslant 0.3\sqrt{n}$	$\leqslant 0.2\sqrt{n}$	$\leqslant 0.45\sqrt{n}$
二级		0.5	0.7	$\leqslant 1.0\sqrt{n}$	$\leqslant 0.7\sqrt{n}$	$\leqslant 1.5\sqrt{n}$
三级	光学测微器法	1.0	1.5	$\leqslant 3.0\sqrt{n}$	$\leqslant 2.0\sqrt{n}$	$\leqslant 4.5\sqrt{n}$
	中丝读数法	2.0	3.0			

表 6-4　水准观测的视线长度、前后视距差、视线高度（m）

等级	视线长度	前后视距差	前后视距累积差	视线高度	观测仪器
特级	≤10	≤0.3.	≤0.5	≥0.5	DSZ05 或 DS05
一级	≤30	≤0.7	≤1.0	≥0.3	
二级	≤50	≤2.0	≤3.0	≥0.2	DS1 或 DS05
三级	≤75	≤5.0	≤8.0	三丝能读数	DS3 或 DS1，DS05

3. 沉降观测成果整理

（1）整理原始记录

每次观测结束后，应检查记录的数据和计算是否正确，精度是否合格，然后调整高差闭合差，推算出各沉降观测点的高程，并填入“沉降观测表”中。

（2）计算沉降量

计算各沉降观测点的本次沉降量：

本次沉降量＝本次观测所得的高程－上次观测所得的高程

计算累积沉降量：

累积沉降量＝本次沉降量＋上次累积沉降量

将计算出的沉降观测点本次沉降量、累积沉降量和观测日期、荷载情况等记入“沉降观测表”中。

（3）绘制沉降曲线

沉降曲线分为两部分，即时间与沉降量关系曲线和时间与荷载关系曲线（图 6-3）。

①绘制时间与沉降量关系曲线

首先，以沉降量 s 为纵轴，以时间 t 为横轴，组成直角坐标系。

然后，以每次累积沉降量为纵坐标，以每次观测日期为横坐标，标出沉降观测点的位置。

最后，用曲线将标出的各点连接起来，并在曲线的一端注明沉降观测点号码，这样就绘制出了时间与沉降量关系曲线。

②绘制时间与荷载关系曲线

首先，以荷载为纵轴，以时间为横轴，组成直角坐标系。

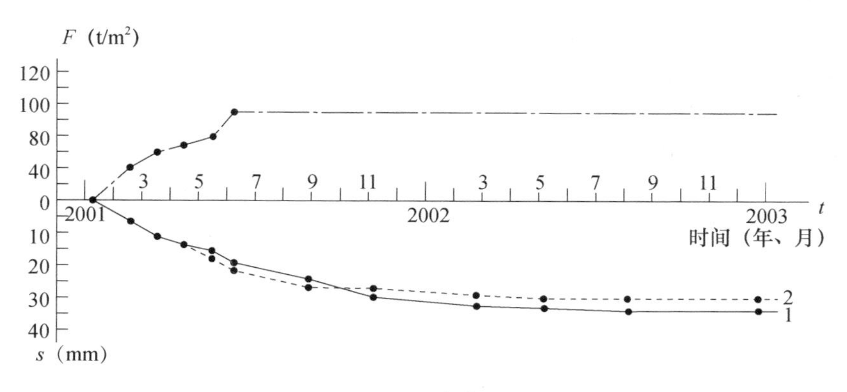

图 6-3　沉降曲线图

再根据每次观测时间和相应的荷载标出各点，将各点连接起来，即可绘制出时间与荷载关系曲线。

6.4　建筑物位移监测

6.4.1　位移监测的有关概念

1. 建筑物的相对位移

大型工程建筑物由于本身的自重、混凝土的收缩、土料的沉陷及温度变化等原因，将使建筑物本身产生平面位置的相对移动。相对位移监测的目的是为了监视建筑物的安全，由于相对位移往往是由于地基产生不均匀沉降引起的，所以相对位移是与倾斜同时发生的，是小范围的、局部的，因此相对位移监测可采用物理方法、近景摄影测量方法及大地测量方法。

2. 建筑物的绝对位移

如果工程建筑物建造在地基处于滑坡地带，或受地震影响，当基础受到水平方向的应力作用时，将产生建筑物的整体移动，即绝对位移。绝对位移监测的目的，不仅是监视建筑物的安全，而更重要的是为了研究整体变形的过程和原因。绝对位移往往是大面积的整体移动，因此绝对位移的监测，多数采用大地测量方法和摄影测量方法。

采用大地测量方法进行变形监测的平面控制网，大都是小型的、专用的、高精度的变形监测控制网。这种网常由三种点、两种等级的网组成。

（1）基准点。通常埋设在比较稳固的基岩上或在变形影响范围之外，尽可能长期保存，稳定不动。

（2）工作点。它是基准点和变形监测点之间的联系点，是相对稳定的、通常用于直接测定变形监测点的测量控制点。工作点与基准点构成变形监测的首级网，用来测量工作点相对于基准点的变形量，由于这种变形量较小，所以要求监测精度高，复测间隔时间长。

（3）变形监测点。即变形点或监测点，它们埋在建筑物上与建筑物构成一个整体，一起移动。变形监测点与工作点组成次级网，次级网用来测量监测点相对于工作点的变形量。由于这种变形量相对前种变形量较大，所以次级网复测间隔时间短。经常检查监测点的坐标变化，以反映建筑物空间位置的变化。建筑物变形监测平面控制网的布局如图 6-4 所示。

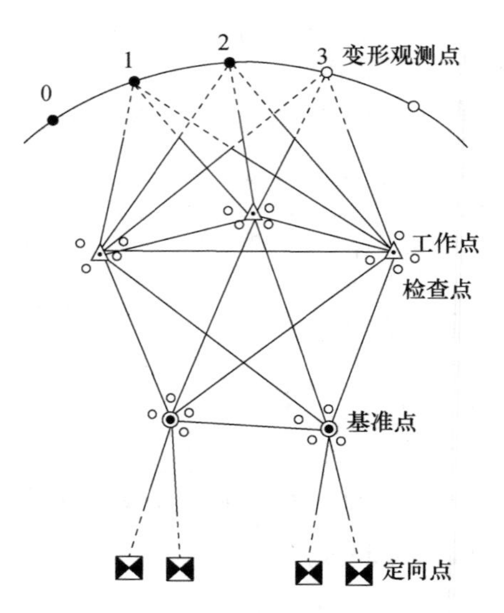

图 6-4　平面监测控制网

6.4.2　平面控制网的布设

由于变形监测控制网是范围小、精度高的专用控制网，所以在进行设计、布网和监测时应考虑下列原则。

（1）变形监测网应为独立控制网。在测量控制网的分级布网与逐级控制中，高级控制点要作为次级控制网的起始数据，则高级网的测量误差即形成次级网的起始数据误差。一般认为，起始数据误差相对于本级网的测量误差来说是比较小的。但是对于精度要求较高的变形监测控制网，对含有起始数据误差的变形监测网，即使监测精度再高、采取的平差方法再严密，也不能达到预期的精度要求，因此变形监测网应是独立控制网。

（2）变形监测控制点的埋设，应以工程地质条件为依据，因地制宜地加以埋设。埋设的位置最好能选在沉降影响范围之外，尤其是基准点一定要这样做。对于变形监测的工作点，也应设法予以检测，监视其位置的变动。但在布网时又要考虑不能将基准点处于网的边缘，因为从测量的误差传递理论和点位误差椭圆的分析可知，通常联系越直接、距离越短，精度越高。

（3）布网图形的选择。由于变形监测是查明建筑物随时间变化的微小量，因此布网的图形应与工程建筑物的形状相适应。此外，由于变形监测网的测定精度要求都为 mm 级，所以要考虑哪些点位在特定方向上的精度要求要高一些，应有所侧重。实践证明，对于由等边三角形所组成的规则网形，当边长在 900m 以内时，测角网具有较好的点精度；对于不同的网形及不同的边长，可采用三边网或边角网。但为了提高监测精度，在网中可适当加测一些对角线，以增加网的强度，有利于精度的改善。在变形监测中，由于边短，所以要尽可能减少测站和目标的对中误差。测站点应建造具有强制对中器的观测墩，用以安置测角仪器和测距仪。机械对中装置的形式很多，在选择时要考虑对中精度高、安置方便及稳定性能好的对中装置。

（4）平面控制网的精度等级。一般工程位移观测的平面控制网分为一、二、三级，可用测角网、测边网或导线网的型式布设。一般地，平面控制网的精度等级应符合表 6-5～表 6-9 的要求。

表 6-5　测角控制网技术要求

等级	最弱边边长中误差（mm）	平均边长（m）	测角中误差（″）	最弱边边长相对中误差
一级	±1.0	200	±1.0	1/200000

续表

等级	最弱边边长中误差（mm）	平均边长（m）	测角中误差（″）	最弱边边长相对中误差
二级	±3.0	300	±1.5	1/100000
三级	±10.0	500	±2.5	1/50000

表 6-6　测边控制网技术要求

等级	测距中误差（mm）	平均边长（m）	测距相对中误差
一级	±1.0	200	1/200000
二级	±3.0	300	1/100000
三级	±10.0	500	1/50000

表 6-7　导线测量技术要求

等级	导线最弱点点位中误差（mm）	导线长度（m）	平均边长（m）	测边中误差（mm）	测角中误差（″）	最弱边边长相对中误差
一级	±1.4	$750C_1$	150	$\pm 0.6C_2$	±1.0	1/100000
二级	±4.2	$1000C_1$	200	$\pm 2.0C_2$	±2.0	1/45000
三级	±14.0	$1250C_1$	250	$\pm 6.0C_2$	±5.0	1/17000

注：1. C_1、C_2 为导线类别系数。对附合导线，$C_1=C_2=1$；对独立单一导线，$C_1=1.2$，$C_2=\sqrt{2}$；对导线网，导线长度系指附合点与结点或结点间的导线长度，取 $C_1\leqslant 0.7$、$C_2=1$；
2. 有下列情况之一时，不宜按本规定采用：
①导线最弱点点位中误差不同于表列规定时；
②实际平均边长与导线长度对比表列规定数值相差较大时。

表 6-8　水平角观测的技术要求

仪器类别	两次照准目标读数差	半测回归零差	一测回内 2C 互差	同一方向值各测回互差
DJ1	4	5	8	5
DJ2	6	8	13	8
DJ6	—	18	—	20

表 6-9　光电测距的技术要求

等级	仪器精度档次（mm）	每边最少测回数		一测回读数间较差限值（mm）	单程测回间较差限值（mm）	气象数据测定的最小读数		往返或时段间较差限值
		往	返			温度（℃）	气压（mmHg）	
一级	≤1	4	4	1	1.4	0.1	0.1	
二级	≤3	4	4	3	4.0	0.2	0.5	$\sqrt{2}(a+b\times D\times 10^{-6})$
三级	≤5	2	2	5	7.0	0.2	0.5	
	≤10	4	4	10	14.0	0.2	0.5	

注：1. 往返测较差，应将斜距化算到同一水平面上，方可进行比较。
2. $\sqrt{2}(a+b\times D\times 10^{-6})$ 为测距仪标称精度。

6.4.3 位移观测基本方法

1. 前方交会法

在测定大型工程建筑物的水平位移时，可利用变形影响范围以外的基准点用前方交会法进行监测。如图 6-5 所示，1、2 点为互不通视的基准点，T_1 为建筑物上的位移监测点。由于 γ_1 及 γ_2 不能直接测量，为此必须测量连接角 γ'_1 及 γ'_2，则 γ_1 及 γ_2 通过解算可以求得：

$$\gamma_1=\alpha_{K-1}-\gamma'_1$$
$$\gamma_2=(180°-\alpha_{P-2})-\gamma'_2-\Delta\gamma_2 \tag{6-1}$$

式中 α_{K-1}、α_{P-2}——分别代表点 K、P 与水平轴（与 x 轴垂直）的坐标方位角。

为了计算 T 点的坐标，现以点 1 为独立坐标系的原点，1、2 点的连线为 y 轴，则 T 点的初始坐标按下式计算：

$$x_T=b_1\cdot\sin\gamma_1$$
$$y_T=b_1\cdot\cos\gamma_1 \tag{6-2}$$

若以后各期监测所算得的坐标为 $(x_{Ti},\ y_{Ti})$，则 T 点的坐标位移为：

$$\Delta x_T=x_{Ti}-x_T$$
$$\Delta y_T=y_{Ti}-y_T \tag{6-3}$$

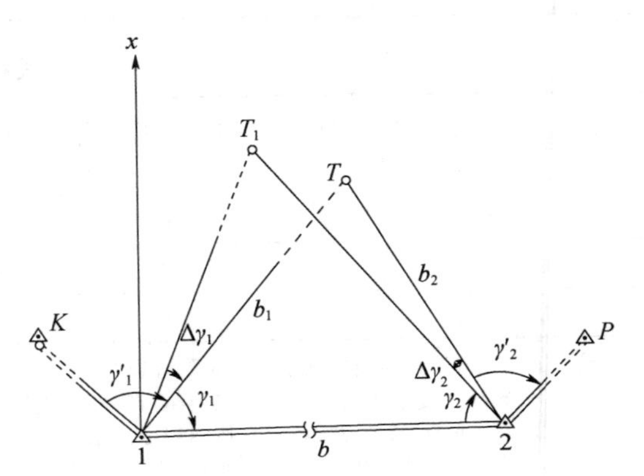

图 6-5 前方交会法

2. 自由设站法

自由设站法测定建筑物平面位移的基本原理如下：

如图 6-6 所示，仪器可自由地架设在便于监测的位置，通过测定位于变形区影响范围之外两个固定已知目标，即测站 P 到两个已知点 P_1（x_1，y_1）、P_2（x_2，y_2）之间的方向值 C_1、C_2 和距离值 D_1、D_2，即可计算测站的坐标，进而可测算各监测点的坐标。

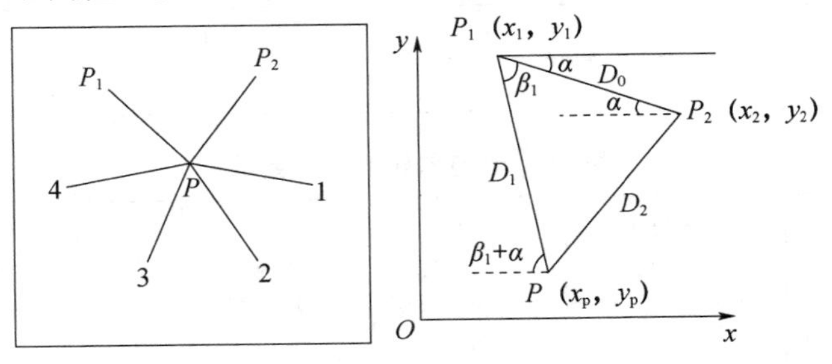

图 6-6 自由设站法

设 $\beta_0=\angle P_1PP_2=C_2-C_1$，$\beta_1=\angle PP_1P_2$（方向角采用某坐标轴方向作为标准方向所确定的方位角，该题中是以东方向为标准方向，也即起始方向到目标方向线所成的角）。

（1）计算长度 $P_1P_2=D_0$ 及其方向角 α

$$\Delta x=x_2-x_1,\ \Delta y=y_2-y_1$$
$$D_0=\sqrt{\Delta x^2+\Delta y^2}$$

$$\alpha=\tan^{-1}\frac{\Delta y}{\Delta x} \tag{6-4}$$

（2）计算 β_1

$$\beta_1=\sin^{-1}\frac{D_2\sin\beta_0}{\Delta x} \tag{6-5}$$

（3）计算测站点 P 的坐标

$$\begin{aligned}x_p&=x_1+D_1\cos(\alpha+\beta_1)\\y_p&=y_1-D_1\sin(\alpha+\beta_1)\end{aligned} \tag{6-6}$$

（4）计算监测点 i 的坐标

$$\begin{aligned}x_i&=x_p+s_i\cos\alpha_i\\y_i&=y_p+s_i\sin\alpha_i\end{aligned} \tag{6-7}$$

6.5 建筑物裂缝观测

6.5.1 裂缝观测的内容与要求

1. 裂缝观测的内容

建筑物发现裂缝，为了了解其现状和掌握其发展情况，应立即进行裂缝变化的观测。建筑裂缝监测点应选择有代表性的裂缝进行布置，当原有裂缝增大或出现新裂缝时，应及时增设监测点。对需要观测的裂缝，每条裂缝的监测点至少应设 2 组，具体按现场情况而确定，且宜设置在裂缝的最宽处及裂缝末端。采用直接量取方法量取裂缝的宽度、长度，观察其走向及发展趋势。

2. 观测技术要求

（1）裂缝观测应测定建筑上的裂缝分布位置和裂缝的走向、长度、宽度及其变化情况。

（2）对需要观测的裂缝应统一进行编号。每条裂缝应至少布设两组观测标志，其中一组应在裂缝的最宽处，另一组应在裂缝的末端。每组应使用两个对应的标志，分别设在裂缝的两侧。

（3）裂缝观测标志应具有可供量测的明晰端面或中心。长期观测时，可采用镶嵌或埋入墙面的金属标志、金属杆标志或楔形板标志；短期观测时，可采用平行线标志或粘贴金属片标志。

（4）对于数量少、量测方便的裂缝，可根据标志形式的不同分别采用比例尺、小钢尺或游标卡尺等工具定期量出标志间距离，求得裂缝变化值；对于大面积且不便于人工量测的众多裂缝宜采用交会测量或近景摄影测量方法；需要连续监测裂缝变化时，可采用测缝计或传感器自动测记方法观测。

（5）裂缝观测的周期应根据其裂缝变化速度而定。开始时可半月测一次，以后一月测一次。当发现裂缝加大时，应及时增加观测次数。

（6）裂缝观测中，裂缝宽度数据应量至 0.1mm，每次观测应绘出裂缝的位置、形态和尺寸，注明日期，并拍摄裂缝照片。

6.5.2 裂缝观测的主要方法

1. 游标卡尺法

在实际应用中，可根据裂缝分布情况，对重要的裂缝，选择有代表性的位置，在裂缝两侧各埋设一个标点，如图 6-7（a）所示。标点采用直径为 20mm，长约 80mm 的金属棒，埋入混凝土内 60mm，外露部分为标点，标点上各有一个保护盖。

两标点的距离不得少于 150mm，用游标卡尺定期地测定两个标点之间距离变化值，以此来掌握裂缝的发展情况，其测量精度一般可达到 0.1mm，如图 6-7（b）所示。

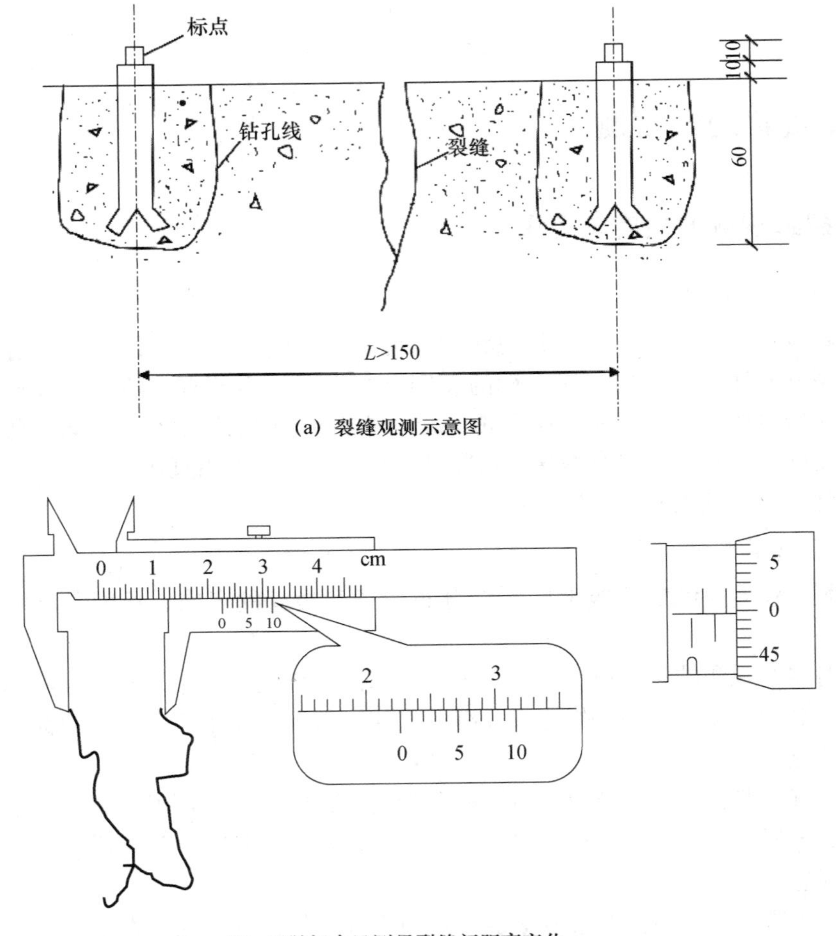

(a) 裂缝观测示意图

(b) 用游标卡尺测量裂缝间距离变化

图 6-7 游标卡尺法

2. 刻度钢尺对照拍摄法

现场设置量测基准线，观测时沿量测基准线放置刻度钢尺，并将裂缝与刻度钢尺对照一起进行放大拍摄，在计算机中参照刻度钢尺的比例计算裂缝宽度的变化。如图 6-8 所示，第一次观测：裂缝宽度为 0.78mm，第二次观测：裂缝宽度为 1.36mm，两次观测裂缝宽度差：1.36－0.78＝0.58mm；时间间隔：62d；裂缝加宽速率：0.58/62＝0.00935mm/d。

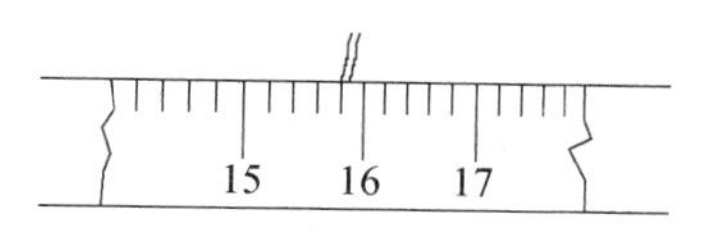

图 6-8 采用刻度钢尺对照拍摄法计算裂缝宽度的变化

3. 石膏板标志法

用厚 10mm，宽 50～80m 的石膏板（长度视裂缝大小而定），固定在裂缝的两侧。当裂缝继续发展时，石膏板也随之开裂，从而观察裂缝继续发展的情况，如图 6-9 所示。

4. 白铁皮标志法

白铁皮标志法如图 6-10 所示，具体操作方法如下：

用两块白铁皮，一片取 150mm×150mm 的正方形，固定在裂缝的一侧；另一片为 50mm×200mm 的矩形，固定在裂缝的另一侧，使两块白铁皮的边缘相互平行，并使其中的一部分重叠。在两块白铁皮的表面，涂上红色油漆。如果裂缝继续发展，两块白铁皮将逐渐拉开，露出正方形上原被覆盖没有油漆的部分，其宽度即为裂缝加大的宽度，可用尺子量出。

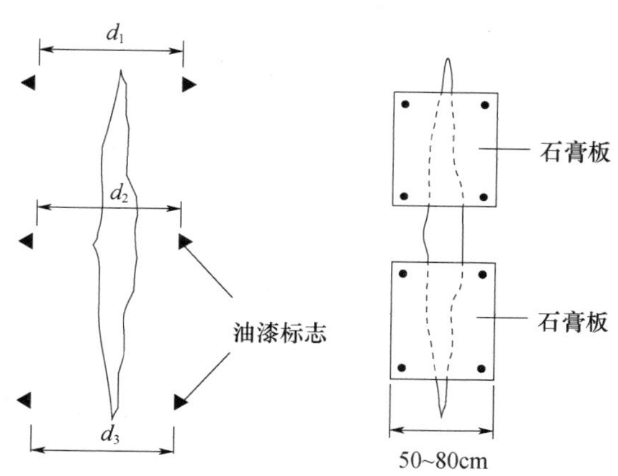

图 6-9 石膏板标志法

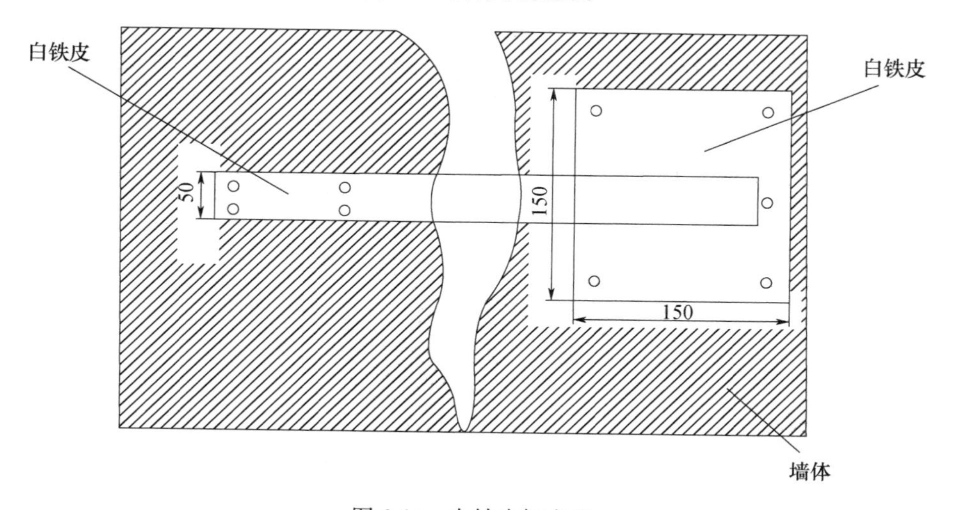

图 6-10 白铁皮标志法

5. 三向测缝标点法

三向测缝标点有板式和杆式两种，目前大多采用板式三向测缝标点，如图 6-11 所示。板式三向测缝标点是将两块宽为 30mm，厚 5～7mm 的金属板，做成相互垂直的 3 个方向的拐角，并在型板上焊三对不锈钢的三棱柱条，用以观测裂缝 3 个方向的变化，用螺栓将型板锚固在混凝土上。用外径游标卡尺测量每对三棱柱条之间的距离变化，即可得三维相对位移。

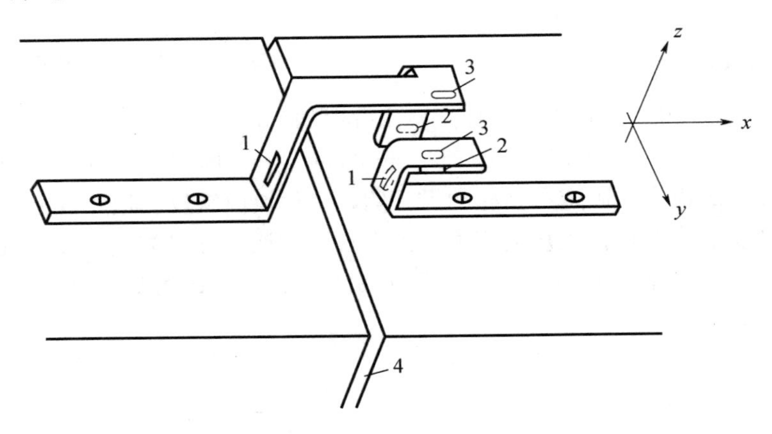

图 6-11　板式三向测缝标点结构

1—观测 x 方向的标点；2—观测 y 方向的坐标；3—观测 z 方向的标点；4—伸缩缝

6. 测缝计法

测缝计可分为电阻式、电感式、电位式、钢弦式等多种，是由波纹管、上接座、接线座及接座套筒组成仪器外壳。

差动电阻式测缝计的内部构造如图 6-12 所示，是由两根方铁杆、导向板、弹簧及两根电阻钢丝组成，两根方铁杆分别固定在上接座和接线座上，形成一个整体。

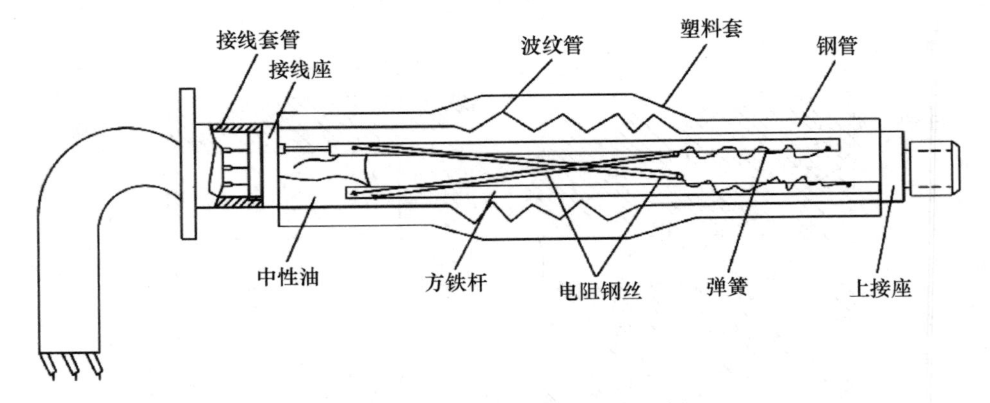

图 6-12　差动电阻式测缝计结构示意图

7. 超声波检测法

超声波用于非破损检测，就是以超声波为媒介，获得物体内部信息的一种方法。掌握混凝土表面裂缝的深度，对混凝土的耐久性诊断和研究修补、加固对策有重要意义。

如图 6-13 所示，当声波通过混凝土的裂缝时，绕过裂缝的顶端而改变方向，使传播路程增加，即通过的时间加长，由此可通过对裂缝绕射声波在最短路程上通过的时间与良好混凝土在水平距离上声波通过的时间进行比较来确定裂缝的深度。

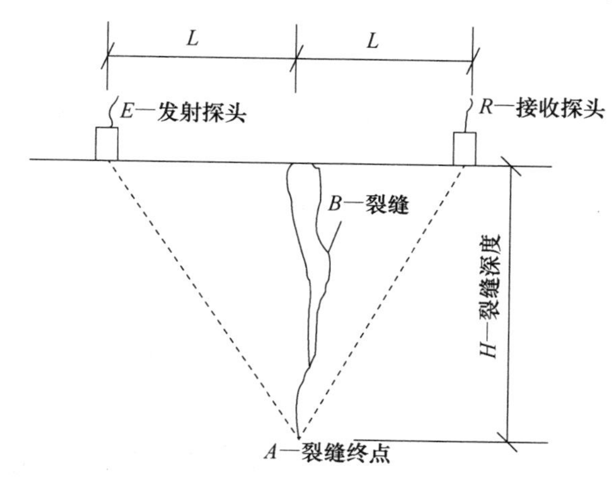

图 6-13　超声波观测裂缝深度

6.5.3　裂缝观测的成果资料

裂缝观测结束后，提供裂缝分布位置图、裂缝观测成果表、观测成果分析说明资料等。

当建筑物裂缝与基础沉降同时观测时，可选择典型剖面绘制两者的关系曲线。

6.6　建筑物倾斜与挠度监测

6.6.1　建筑物倾斜监测

变形监测中的倾斜监测主要是对高耸建筑物的主体进行，建筑物主体倾斜监测是测定建筑物本身的倾斜量，以了解建筑物施工阶段不同时期基础桩的稳定程度，为设计部门和施工部门提供相关的参考数据以便及时采取措施，达到安全施工、杜绝隐患的目的。

测定建筑物顶部和中间各层次相对于底部的水平位移，其衡量标准为水平位移除以相对高差，称为倾斜度，以百分率表示，同时需要表达的是以建筑物轴线为参照的倾斜方向。

测定建筑物倾斜的方法有两类：一类是直接测定建筑物的倾斜，主要有经纬仪投影法，该方法多用于基础面积过小的超高建筑物，如电视塔等；另一类是通过测量建筑物基础沉降的间接方法来确定建筑物倾斜，主要有水准测量法，该方法多用于基础面积较大的建筑物，并便于水准观测。

1. 建筑物主体倾斜观测点位布设要求

（1）沿对应测站点的某主体竖直线，对整体倾斜按顶部、底部，对分层倾斜按分层部位、底部上下对应布设。

（2）从建筑物外部观测时，测站点选在与照准目标中心连线呈接近正交的固定位置处；用建筑物内竖向通道观测时，可将通道底部中心点作为测站点。

2. 观测点位的标志设置

（1）建筑物顶部和墙体上的观测点标志，采用埋入式照准标志形式。有特殊要求时，应专门设计。

（2）不便埋设标志的塔形、圆形建筑物以及竖直构件，可照准视线所切同高边缘认定的位置或用高度角控制的位置作为观测点位。

（3）一次性倾斜观测项目，观测点可采用建筑物特征部位。

3. 直接测定建筑物倾斜的方法

（1）经纬仪投影法

用经纬仪作垂直投影以测定建筑物外墙的倾斜，如图 6-14 所示，适用于建筑物周围比较空旷的主体倾斜。

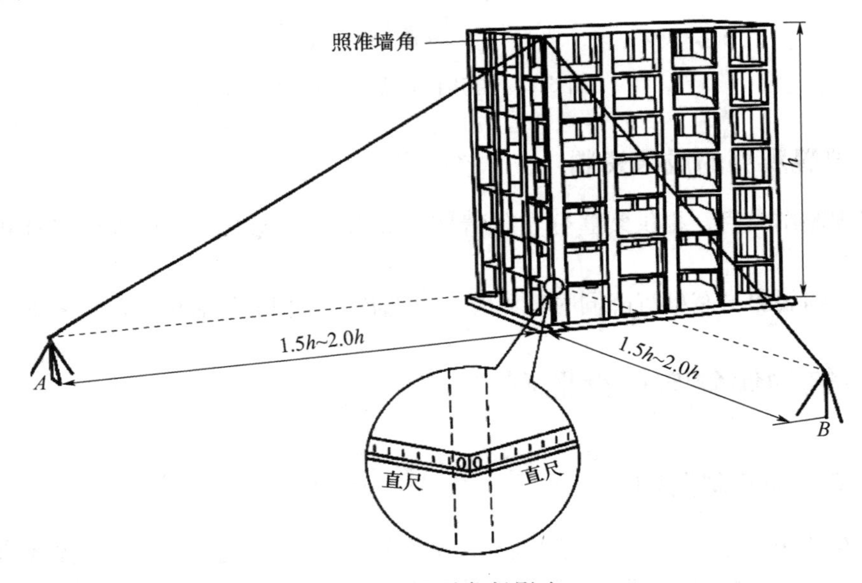

图 6-14　经纬仪投影法

选择建筑物上、下在一条铅垂线上的墙角，分别在两墙面延长线方向、距离为 $1.5h \sim 2.0h$ 处埋设观测点 A、B，在两墙面墙角分别横置直尺；分别在 A、B 点安置经纬仪，将房顶墙角投射到横置直尺，取得读数分别为 Δu、Δv，设上下两点的高差为 h，然后用矢量相加，再计算倾斜度 i 和倾斜方向：

$$i=\frac{\sqrt{\Delta u^2+\Delta v^2}}{h} \tag{6-8}$$

$$\alpha=\tan^{-1}\frac{\Delta v}{\Delta u} \tag{6-9}$$

（2）测水平角法

如图 6-15 所示，离烟囱 50～100m 处，在互相垂直方向上标定两个固定标志作为测站。在烟囱上标出作为观测用的标志点 1、2、3、4、5、6、7、8，同时选择通视良好

的远方不动点 M_1 和 M_2 为方向点。然后从测站 A 用经纬仪测量水平角（1）、（2）、（3）和（4），并计算半和角$\angle a=[(2)+(3)]/2$ 及$\angle b=[(1)+(4)]/2$，它们分别表示烟囱上部中心 a 和烟囱勒脚部分中心 b 的方向，根据 a 和 b 的方向差，可计算偏歪分量 Δu。同样在测站 B 上观测水平角（5）、（6）、（7）、（8），重复前述计算，得到另一偏歪分量 Δv，再按下方公式算出烟囱的倾斜度。

$$i=\frac{\sqrt{\Delta u^2+\Delta v^2}}{h} \tag{6-10}$$

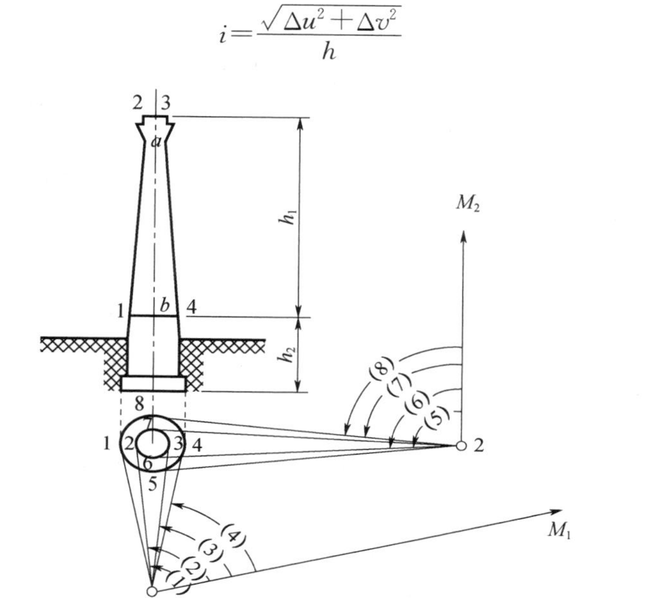

图 6-15　烟囱倾斜测量

（3）激光垂准仪法

如图 6-16 所示，建筑物顶部与底部间有竖向通道，在建筑物顶部适当位置安置接收靶，垂线下的地面或地板上埋设点位安置激光垂准仪，激光垂准仪的铅垂激光束投射到顶部接收靶，在接收靶上直接读取顶部两位移量 Δu、Δv，再按公式 $i=\frac{\sqrt{\Delta u^2+\Delta v^2}}{h}$ 和 $\alpha=\tan^{-1}\frac{\Delta v}{\Delta u}$ 计算倾斜度与倾斜方向。

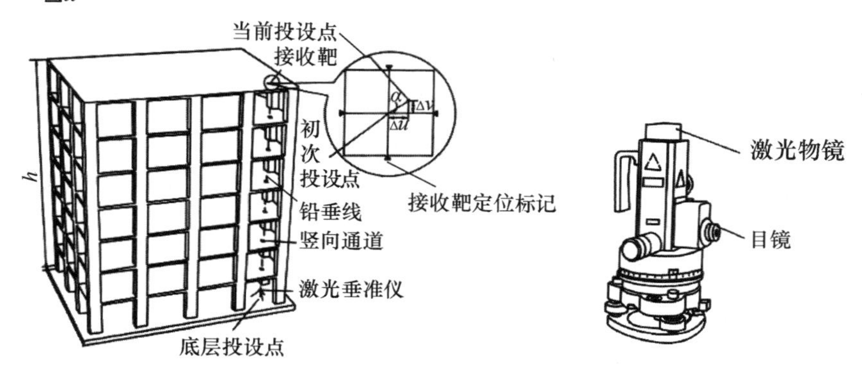

图 6-16　激光垂准仪法测倾斜示意图（右：激光垂准仪）

4. 间接测定建筑物倾斜的方法

(1) 水准仪测量法

如图 6-17 所示，建筑物基础上选设沉降观测点 A、B，精密水准测量法定期观测 A、B 两点沉降差 Δh，A、B 两点的距离为 L，基础倾斜度为：

$$i=\frac{\Delta h}{L} \tag{6-11}$$

例如：测得 $\Delta h=0.023\text{m}$，$L=7.25\text{m}$，倾斜度 $i=0.003172=0.3172\%$。

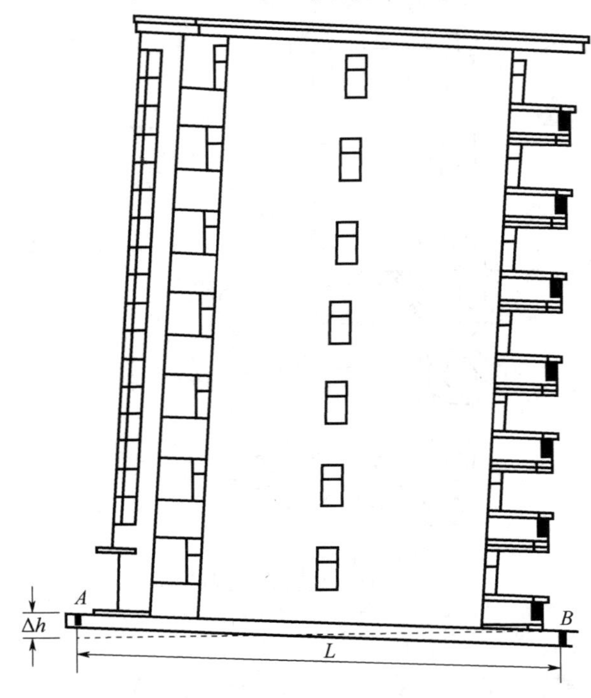

图 6-17　水准仪间接测量法测倾斜

(2) 静力水准测量方法

这种方法的主要优点是能用比较简单和有效的方式实现测量的全部自动化。

①原理

液体静力水准系统是利用相连的容器中液体寻求相同势能的原理，测量和监测参考点彼此之间的垂直高度的差异和变化量。

液体静力水准测量利用在重力下静止液面总是保持同水平的特性来测量监测点彼此之间的垂直高度的差异和变化量，其原理如图 6-18 所示。

当容器中液体密度一致，外界环境相同时，如图 6-18 (a) 所示，容器中液面处于同一高度，各容器的液面高度为 h_1、h_2，…，h_n。当监测点发生竖向位移，容器内部液面重新调整高度，形成新的同一液面高度，如图 6-18 (b) 所示，则此时各容器新液面高度分别为 h'_1、h'_2，…，h'_n。各容器液面变化量分别为 $\Delta h_1=h'_1-h_1$，$\Delta h_2=h'_2-h_2$，…，$\Delta h_n=h'_n-h_n$。在此基础上，选定测点 1 为基准点，从而求出其他各测点相对基准点的垂直位移为 $\Delta H_2=\Delta h_1-\Delta h_2$，…，$\Delta H_\text{n}=\Delta h_1-\Delta h_n$。

②仪器

静力水准测试系统，分别由主控制器、计算机和 12 台仪器组成，属于连通管测量系统。图 6-19 是仪器的结构，由玻璃钵、探针、步进电机、信号转换电路、液气管道和主控制器接口等部分组成。

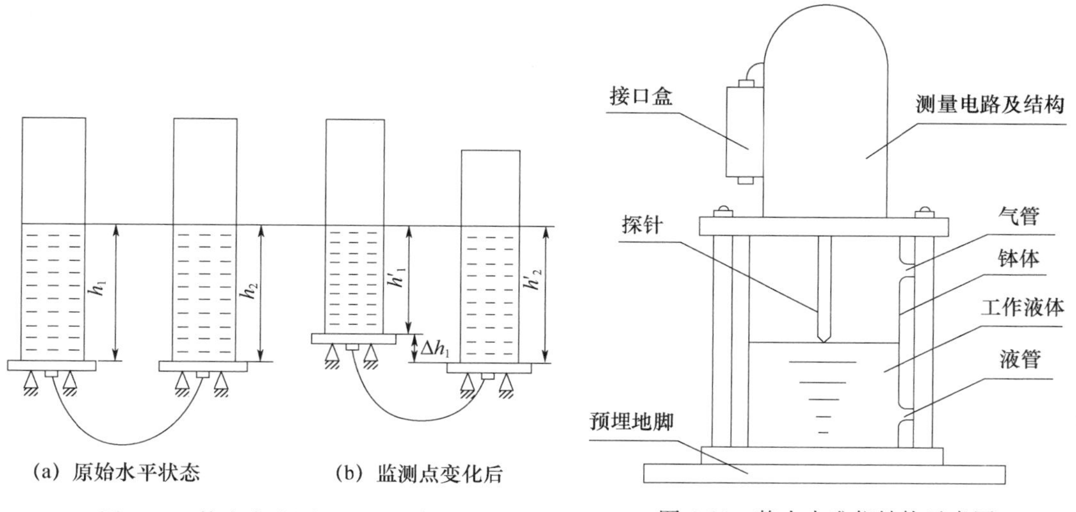

图 6-18　静力水准测量原理示意图　　图 6-19　静力水准仪结构示意图

作为高程测量方法，它相对于几何水准和全站仪三角高程测量而言，优点在于：

a. 测量精度高：几何水准和三角高程最高只能在 0.01mm，而流体静力系统最高可达到 1μm，一般可达到 0.01mm；

b. 不需要各个点相互通视：流体静力系统不需要各点相互通视，可多点同时测量，而且可以在狭小空间以及恶劣环境中测量；

c. 有很高的测量频率：几何水准和三角高程瞄准、测量、记录等需要相对较长时间；而流体静力系统则可以高频测量液面高程变化来确定高差，故适用于自动化测量和长期连续监测。

6.6.2　建筑物挠度监测

建筑物在应力的作用下产生弯曲和扭曲时，应进行挠度监测。

对于平置的构件，在两端及中间设置三个沉降点进行沉降监测，可以测得在某时间段内三个点的沉降量分别为 h_a、h_b、h_c，如图 6-20 所示。则该构件的挠度值为：

$$\tau=\frac{1}{2}(h_a+h_c+2h_b)\cdot\frac{1}{s_{ac}} \tag{6-12}$$

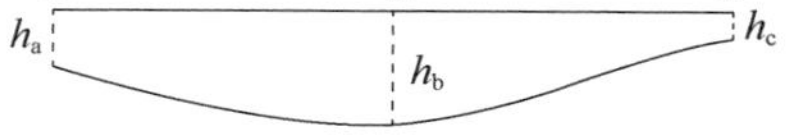

式中　h_a、h_c——构件两端点的沉降量；

h_b——构件中间点的沉降量；

s_{ac}——两端点间的平距。

A　B　C　h_a　h_b　h_c

图 6-20　三个点的沉降量

对于直立的构件，要设置上、中、下三个位移监测点进行位移监测，利用三点的位移量求出挠度大小。在这种情况下，我们把在建筑物垂直面内各不同高程点相对于底点的水平位移称为挠度。

挠度监测的方法常采用正垂线法，即从建筑物顶部悬挂一根铅垂线，直通至底部，在铅垂线的不同高程上设置测点，借助光学式或机械式的坐标仪表量测出各点与铅垂线最低点之间的相对位移。如图 6-21 所示，任意点 N 的挠度 s_N 按下式计算：

$$s_N = s_0 - \overline{s_N} \tag{6-13}$$

式中 s_0——铅垂线最低点与顶点之间的相对位移；

$\overline{s_N}$——任一测点 N 与顶点之间的相对位移。

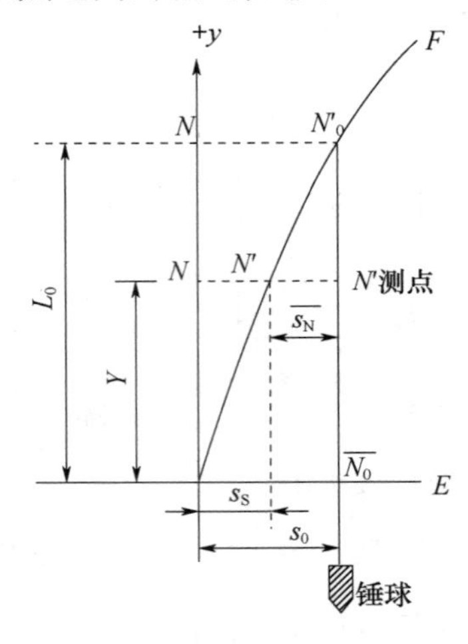

图 6-21　正垂线法

7　基坑工程监测

7.1　基坑工程监测

7.1.1　基坑监测的原因、目的和要求

1. 基坑概念

基坑定义：为进行建（构）筑物基础、地下建筑物施工所开挖形成的地面以下空间（图 7-1）。

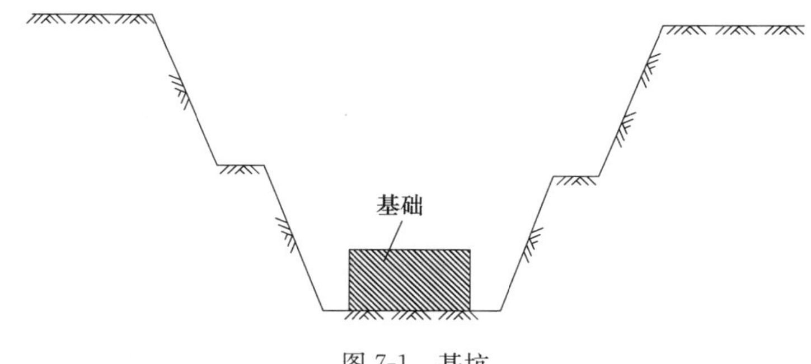

图 7-1　基坑

基坑监测定义：基坑监测是基坑工程施工中的一个重要环节，是指在基坑开挖及地下工程施工过程中，对基坑岩土性状、支护结构变位和周围环境条件的变化进行各种观察及分析工作，并将监测结果及时反馈，预测进一步挖土施工后将导致的变形及稳定状态的发展，根据预测判定施工对周围环境造成影响的程度来指导设计与施工，实现所谓信息化施工。

2. 基坑监测的原因

(1) 随着城市建设的迅速发展，基坑越来越大、越来越深，存在的风险性也越来越大。

(2) 许多新的情况出现，支护形式有不少新的发展，设计值需要进一步优化。

(3) 基坑周围的环境保护要求越来越高。

(4) 十多年来，我国每年都会有一定数量的基坑出现事故，有些甚至是很严重的。为了防止事故的发生，需要对基坑进行监测。

3. 基坑监测的目的

(1) 确保支护结构的稳定和安全，确保基坑周围建筑物、构筑物、道路及地下管线的安全与正常使用。根据监测结果，判断基坑工程的安全性和对周围环境的影响，防止

工程事故和周围环境事故的发生。

（2）指导基坑工程的施工。通过现场监测结果的信息反馈，采用反分析方法求得更合理的设计参数，并对基坑后续施工的工作性状进行预测，指导后续施工的开展，达到优化设计方案和施工方案的目的，并为工程应急措施的实施提供依据。

（3）验证基坑设计方法，完善基坑设计理论。基坑工程现场实测资料的积累为完善现行的设计方法和设计理论提供依据。监测结果与理论预测值的对比分析，有助于验证设计和施工方案的正确性，总结支护结构和土体的受力和变形规律，推动基坑工程的深入研究。

4. 基坑工程监测的基本要求

（1）基坑监测应由委托方委托具备相应资质的第三方承担。

（2）基坑围护设计单位及相关单位应提出监测技术要求。

（3）监测单位监测前应在现场踏勘和收集相关资料基础上，依据委托方和相关单位提出的监测要求和规范、规程规定编制详细的基坑监测方案，监测方案须在本单位审批的基础上报委托方及相关单位认可后方可实施。

（4）基坑工程在开挖和支撑施工过程中的力学效应是从各个侧面同时展现出来的，在诸如围护结构变形和内力、地层移动和地表沉降等物理量之间存在着内在的紧密联系，因此监测方案设计时应充分考虑各项监测内容间监测结果的互相印证、互相检验，从而对监测结果有全面正确的把握。

（5）监测数据必须是可靠真实的，数据的可靠性由测试元件安装或埋设的可靠性，监测仪器的精度、可靠性以及监测人员的素质来保证。监测数据真实性要求所有数据必须以原始记录为依据，任何人不得更改、删除原始记录。

（6）监测数据必须在现场及时计算处理，计算有问题可及时复测，尽量做到当天报表当天出。因为基坑开挖是一个动态的施工过程，只有保证及时监测，才能有利于及时发现隐患，及时采取措施。

（7）埋设于结构中的监测元件应尽量减少对结构的正常受力的影响，埋设水土压力监测元件、测斜管和分层沉降管时的回填土应注意与土介质的匹配。

（8）对重要的监测项目，应按照工程具体情况预先设定预警值和报警制度，预警值应包括变形或内力量值及其变化速率。但目前对警戒值的确定还缺乏统一的定量化指标和判别准则，这在一定程度上限制和削弱了报警的有效性。

（9）基坑监测应整理完整的监测记录表、数据报表、形象的图表和曲线，监测结束后整理出监测报告。

7.1.2 基坑工程监测项目

1. 土压力监测

土压力是基坑支护结构周围的土体传递给挡土构筑物的压力。土体中出现的应力可以分为由土体自重及基坑开挖后土体中应力重分布引起的土中应力和基坑支护结构周围的土体传递给挡土构筑物的接触应力。土压力监测就是测定作用在挡土结构上的土压力大小及其变化速率，以便判定土体的稳定性，控制施工速度。

（1）监测设备

土压力监测通常采用在量测位置上埋设压力传感器来进行。土压力传感器工程上称之为土压力盒，常用的土压力盒有钢弦式和电阻式。在现场监测中，为了保证量测的稳定可靠，多采用钢弦式，本节主要介绍钢弦式土压力盒。

目前采用的钢弦式土压力盒，分为竖式和卧式两种。图 7-2 所示为卧式钢弦土压力盒的构造简图，其直径为 100～150mm，厚度为 20～50mm。薄膜的厚度视所量测的压力的大小来选用，厚度 2～3.1mm 不等，它与外壳用整块钢轧制成形，钢弦的两端夹紧在支架上，弦长一般采用 70mm。在薄膜中央的底座上，装有铁芯及线圈，线圈的两个接头与导线相连。

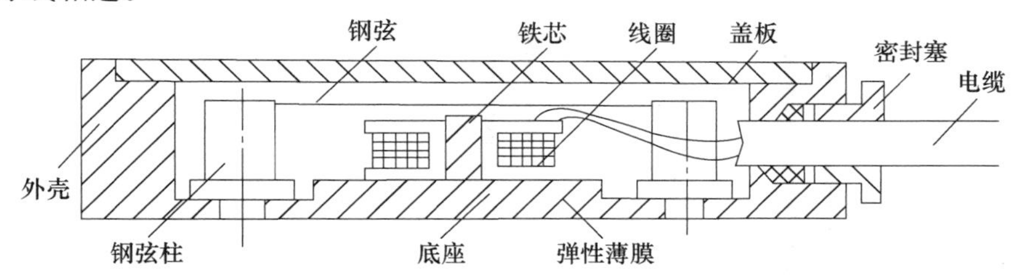

图 7-2　卧式钢弦土压力盒构造简图

（2）土压力盒工作原理

土压力盒埋设好后，根据施工进度，采用频率仪测得土压力盒的频率，从而换算出土压力盒所受的总压力，其计算公式如下：

$$p=k\left(f_0^2-f^2\right) \tag{7-1}$$

式中　p——作用在土压力盒上的总压力（kPa）；

k——土压力盒率定常数（kPa/Hz^2）；

f_0——土压力盒零压时的频率（Hz）；

f——土压力盒受压后的频率（Hz）。

土压力盒实测的压力为土压力和孔隙水压力的总和，应当扣除孔隙水压力计实测的压力值，才是实际的土压力值。

（3）土压力盒布置原则

土压力盒的布置原则以测定有代表性位置处的土反力分布规律为目标，在反力变化较大的区域布置得较密，反力变化不大的区域布置得较稀疏。为了用有限的土压力盒测到尽量多的有用数据，通常将测点布设在有代表性的结构断面上和土层中。

（4）土压力盒埋设方法

①地下连续墙侧土压力盒通常用挂布法埋设。挂布法的基本原理是首先将土压力盒安装在预先制备的维尼龙或帆布挂帘上，然后将维尼龙或帆布平铺在钢筋笼表面并与钢筋笼绑扎固定。挂帘随钢筋笼一起吊入槽孔，放入导管浇筑水下混凝土。由于混凝土在挂帘的内侧，利用流态混凝土的侧向挤压力将挂帘连同土压力传感器一起压向土层，随水下混凝土液面上升所造成的侧压力增大迫使土压力盒与土层垂直表面密贴。挂布法埋设过程如图 7-3 所示。

挂布法埋设的具体步骤如下：

a. 布帘制备。布帘要求具有足够的宽度以保证砂浆或混凝土不流入布帘的外侧，布帘一般取为 1/2～1/3 的槽段水平间宽度。

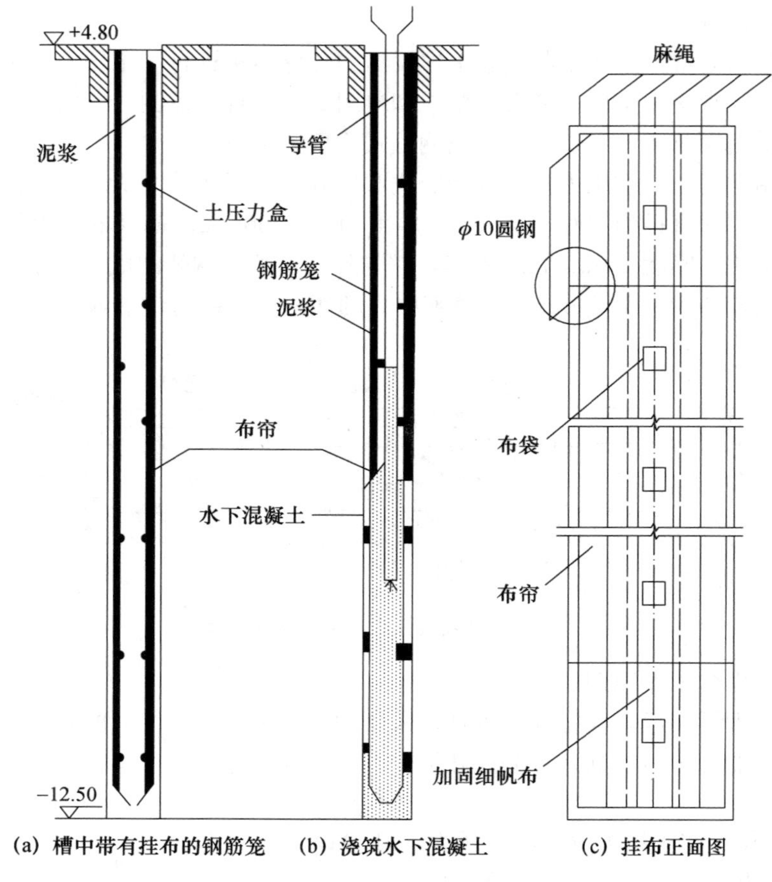

图 7-3　挂布法埋设土压力盒

b. 土压力盒固定。在布帘上预先缝制好用以放置土压力盒的口袋，放入土压力盒后进行封口固定。

c. 布帘固定。将布帘平铺在钢筋笼量测土压力的一侧表面，通过纵横分布的绳索将布帘固定于钢筋笼上。

d. 钢筋笼入槽。将完成布帘铺设和固定的钢筋笼缓慢吊入充满泥浆的槽孔，期间必须注意土压力盒和引出导线的保护，并确保布帘不为钢筋等戳破损坏。

e. 混凝土浇筑。水下混凝土浇筑期间，通过地表接收仪器的读数，可以了解土压力盒的布置情况，并可测得基坑开挖之前墙体或桩体所受到的初始水土压力。

挂布法的特点是方法可靠，埋设元件成活率高，缺点在于所需材料和工作量大，大面积铺设很可能改变量测槽段或桩体的摩擦效应，影响结构受力。除挂布法外，也可以采用活塞压入法、弹入法等方法埋设土压力盒。

②在土中，土压力盒埋设通常采用钻孔法。对于因受施工条件或结构形式限制，只能在成桩或成墙之后埋设土压力盒的情况，通常采用在墙后或桩后钻孔、沉放和回填

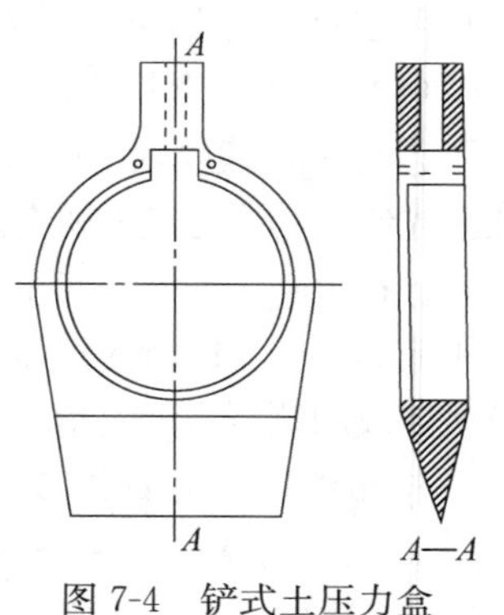

图 7-4　铲式土压力盒

的方式埋设。先在预定埋设位置采用钻机钻孔，孔径大于土压力盒直径，孔深比土压力盒埋设深度浅50cm，把钢弦式土压力盒装入特制的铲子内，如图7-4所示，然后用钻杆把装有土压力盒的铲子徐徐放至孔底，并将铲子压至所需标高。

钻孔法埋设测试元件工程适应性强，特别适用于预制打入式排桩结构。由于钻孔回填砂石的固结需要一定的时间，因而传感器前期数据偏小。另外，考虑钻孔位置与桩墙之间不可能直接密贴，需要保持一段距离，因而测得的数据与桩墙作用荷载相比具有一定近似性，这是钻孔法不及上述挂布法之处。

2. 孔隙水压力监测

孔隙水压力变化是土体应力状态发生变化的前兆，依据基坑设计、施工工艺及监测区域水文地质特点，通过预埋孔隙水压力传感器（孔隙水压力计），利用测读仪器（频率读数仪）定期测读预埋传感器读数，并换算获得孔隙水压力随时间变化的量值及变化速度，从而判断土体受力变化情况及变形可能。另外，对地下水动态情况也可进行监控。

（1）监测设备

钢弦式孔隙水压力计由测头和电缆组成。

钢弦式孔隙水压力计工作原理：

用频率读数仪测定钢弦的频率大小，孔隙水压力与钢弦频率间有如下关系：

$$u=k\ (f_0^2-f^2) \tag{7-2}$$

式中 u——孔隙水压力（kPa）；

k——孔隙水压力计率定常数（kPa/Hz^2），其数值与承压膜和钢弦的尺寸及材料性质有关，由室内标定给出；

f_0——测头零压力（大气压）下的频率（Hz）；

f——测头受压后的频率（Hz）。

（2）测点布置

孔隙水压力监测点的布置，应根据测试目的与要求，结合场地地质周围环境和作业条件综合考虑，并应符合下列要求：

①孔隙水压力监测点宜在水压力变化影响范围内按土层布置，竖向间距宜为4～5m，涉及多层承压水位时应适当加密；

②在平面上，测点宜沿着应力变化最大方向并结合周边环境特点布设；

③监测点数量不宜少于3个；

④对需要提供孔隙水压力等值线的工程或部位，测点应适当加密，且埋设在同一高程上的测点高差宜小于0.5m。

（3）孔隙水压力计埋设方法

孔隙水压力监测测点的安装埋设方法视不同施工工法有所不同，一般可分为压入法和钻孔法两种。

①压入法。压入法适用于土层较软、传感器埋深不深且单孔埋设单个传感器的情形。主要操作步骤如下：

a. 人工开挖0.5～1.0m深探坑；

b. 将传感器装入配套预压架内，预压架与钻杆最底端连接；

c. 传感器上端拴绑铁丝，如在下压过程出现异常，可将传感器提出；

d. 将首节钻杆及预压架放入探坑护筒内，数据传输线从护筒槽口内引出，下压过程保证数据传输线处于松弛状态；

e. 利用钻机提供压力，缓慢匀速下压钻杆，随下压将铁丝及数据传输线同时下放，下压时还应随时测读孔隙水压力反应，以防过压；

f. 接长钻杆，可将传感器压至设计深度位置；

g. 小心提起钻杆后，用频率读数计测读传感器频率读数，判断传感器工作是否正常，完成埋设。

②钻孔法。钻孔法可适用于单孔需埋设多个传感器且传感器埋深较大的情形。钻孔完成后埋设传感器步骤如下：

a. 将已事先绑扎绳索或铁丝的需第一个下放的传感器，下放入孔内，绳索长度应与传感器设计埋设深度一致；

b. 到底后，立即分别回填透水材料和封堵材料至设计深度；

c. 将第二个传感器同样下放后，回填透水材料和封堵材料，完成全部传感器埋设工作。其中，传感器周围回填透水材料，宜选用干净的中粗砂、砾砂或粒径小于 10mm 的碎石块，透水填料层高度宜为 0.6～1.0m；上下两个孔隙水压力计之间应有高度不小于 1m 的隔水填料分隔，隔水材料宜选用直径 2cm 左右的风干黏土球作填料，在投放黏土球时，应缓慢、均衡投入，确保隔水效果。

（4）注意事项

①通过查阅工程设计图纸、设计计算书，或依据已有的理论进行估算或参考类似工程计算选取孔隙水压力预估值；

②选取传感器量程应超出预估值的 1.2 倍，分辨率不大于 0.2%（F.S），精度为±0.5%（F.S）；

③传感器进场后、安装前、安装中至少分别进行一次频率测试；

④埋设结束后，即开始逐日定时测试，以观测传感器初读数稳定性，振弦式传感器初始值稳定标准为连续 3 天读数差小于 2kPa；

⑤孔隙水压力变化初读数以待监测工况发生前的已安装传感器实际稳定频率为准，应至少测读两次以上，取均值作为频率初读数（注意：此初读数仅为计算孔隙水压力产生变化时的初读数，因此时孔隙水压力已存在）。

3. 地下水位监测

地下水位监测主要是用来观测地下水位及其变化。可采用钢尺或钢尺水位计监测。钢尺水位计的工作原理是在已埋设好的水管中放入水位计测头，当测头接触到水位时启动讯响器，此时，读取测量钢尺与管顶的距离，根据管顶高程即可计算地下水位的高程。对于地下水位比较高的水位观测井，也可用干的钢尺直接插入水位观测井，记录湿迹与管顶的距离，根据管顶高程即可计算地下水位的高程，钢尺长度需大于地下水位与孔口的距离。

水位管埋设方法：用钻机钻孔到要求的深度后，在孔内放入管底加盖的水位管。套管与孔壁间用干净细砂填实，然后用清水冲洗孔底，以防泥浆堵塞测孔，保证水路畅通，测管高出地面约 200mm，管顶加盖，不让雨水进入，并做好观测井的保护装置。

水位管内水面应以绝对高程表示，计算式如下：

$$D_s = H_s - h_s \tag{7-3}$$

式中　D_s——水位管内水面绝对高程（m）；

H_s——水位管管口绝对高程（m）；

h_s——水位管内水面距管口的距离（m）。

4. 支护结构内力监测

支护结构是指深基坑工程中采用的围护墙（桩）、支锚结构、围檩等。支护结构的内力监测（应力、应变、轴力与弯矩）是深基坑监测中的重要内容，也是进行基坑开挖反分析获取重要参数的主要途径。在有代表性位置的围护墙（桩）、支锚结构、围檩上布设钢筋应力计和混凝土应变计等监测设备，以监测支护结构在基坑开挖过程中的应力变化。

（1）墙体内力监测

采用钢筋混凝土材料制作的支护结构，通常采用在钢筋混凝土中埋设钢筋应力计，以测定构件受力钢筋的应力或应变，然后根据钢筋与混凝土共同工作、变形协调条件计算求得其内力或轴力。钢筋应力计有钢弦式和电阻应变式两种，监测仪表分别用频率计和电阻应变仪。如图 7-5 所示。

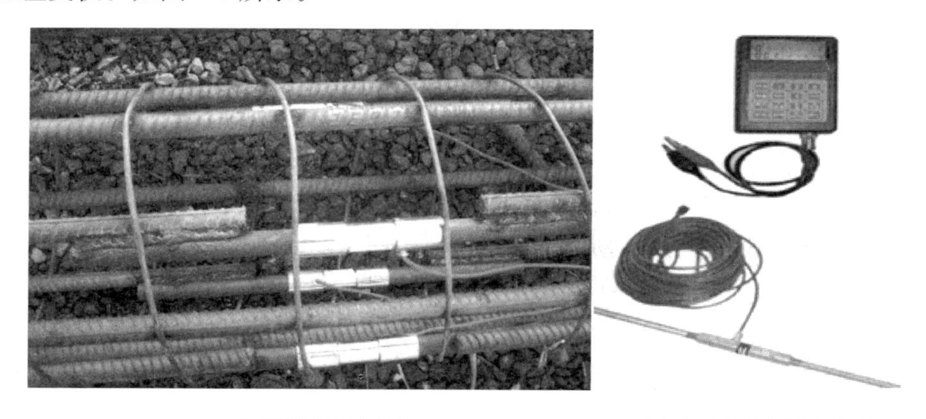

(a) 钢筋应力计安放　　(b) 频率计和钢筋应力计

图 7-5　墙体内力监测

墙体内力监测点应布置在受力、变形较大且有代表性的部位。监测点数量和水平间距视具体情况而定。竖直方向监测点应布置在弯矩极值处，竖向间距宜为 2～4m。

（2）支撑轴力监测

支撑轴力的监测一般可采用下列途径进行：

①对于钢筋混凝土支撑，可采用钢筋应力计和混凝土应变计分别量测钢筋应力和混凝土应变，然后换算得到支撑轴力。

②对于钢支撑，可在支撑上直接粘贴电阻应变片量测钢支撑的应变，即可得到支撑轴力，也可采用轴力传感器（轴力计）量测。

支撑内力监测点布置应符合下列要求：

①监测点宜设置在支撑内力较大或在整个支撑系统中起控制作用的杆件上；

②每层支撑的内力监测点不应少于 3 个，各层支撑的监测点位置宜在竖向保持一致；

③钢支撑的监测截面宜选择在两支点间 1/3 部位或支撑的端头；混凝土支撑的监测面宜选择在两支点间 1/3 部位，并避开节点位置；

④每个监测点截面内传感器的安置数量及布置应满足不同传感器测试要求。

通过埋设在钢筋混凝土结构中的钢筋应力计，可以量测：

①支护结构沿深度方向的弯矩；

②支撑结构的轴力和弯矩；

③圈梁或围檩的平面弯矩；

④结构底板的弯矩。

以钢筋混凝土构件中埋设钢筋应力计为例，根据钢筋与混凝土的变形协调原理，由钢筋应力计的拉力或压力计算构件内力的方法如下：

支撑轴力：
$$P_c=\frac{E_c}{E_t}\overline{p}_g\left(\frac{A}{A_g}-1\right) \tag{7-4}$$

支撑弯矩：
$$M=\frac{1}{2}\left(\overline{p}_1-\overline{p}_2\right)\left(n+\frac{bhE_c}{6E_gA_g}\right)h \tag{7-5}$$

地下连续墙弯矩：
$$M=\frac{1000h}{t}\left(1+\frac{tE_c}{6E_tA_t}h\right)\frac{\left(\overline{p}_1-\overline{p}_2\right)}{2} \tag{7-6}$$

式中 P_c——支撑轴力（kN）；

E_c、E_g——混凝土和钢筋的弹性模量（MPa）；

$\overline{p}_g$——所量测钢筋拉压力平均值（kN）；

A、A_g——支撑截面面积和钢筋截面面积（m^2）；

n——埋设钢筋应力计的那一层钢筋的受力主筋总根数；

t——受力主筋间距（m）；

b——支撑宽度（m）；

$\overline{p}_1$、$\overline{p}_2$——分别为支撑或地下连续墙两对边受力主筋实测拉压力平均值（kN）；

h——支撑高度或地下连续墙厚度（m）。

按上述公式进行内力换算时，结构浇筑初期应计入混凝土龄期对弹性模量的影响，在室外温度变化幅度较大的季节，还需注意温差对监测结果的影响。

5．变形监测

基坑工程施工场地变形观测的目的，就是通过对设置在场地内的观测点进行周期性的测量，求得各观测点坐标和高程的变化量，为支护结构和地基土的稳定性评价提供技术数据。变形监测包括：地面、邻近建筑物、地下管线和深层土体沉降监测；支护结构、土体、地下管线水平位移监测。

（1）围护墙顶水平位移和沉降监测

①沉降监测仪器：主要采用精密水准测量仪。

②沉降监测基准点：在一个测区内，应设 3 个以上沉降监测基准点，位置设在距基坑开挖深度 5 倍距离以外的稳定地方。

③水平位移监测方法。

采用视准线法（轴线法）：沿欲测量的基坑边线设置一条视准线，在该线的两端设置工作基点 A、B，测量观测点到视准线间的距离，从而确定偏离值，如图 7-6 所示。

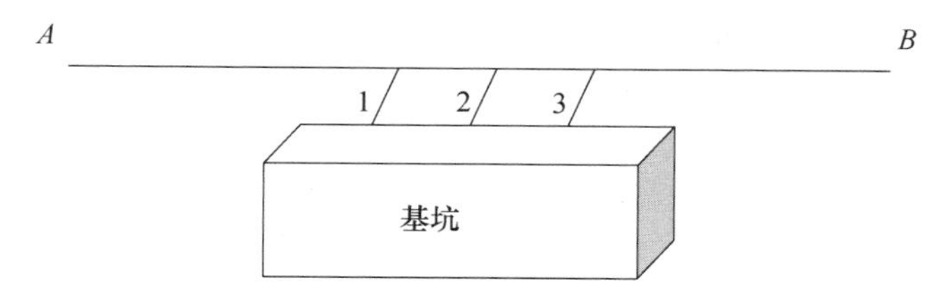

图 7-6　视准线法原理

（2）深层水平位移测量

①定义：深层水平位移测量就是测量围护桩墙和土体在不同深度上的点的水平位移（也就是测量基坑不同深度处的变形）。

②测试仪器：采用测斜仪，它是一种可以精确地测量沿铅垂方向土层或围护结构内部水平位移的工程测量仪器，一般由测斜管、测头、测读设备等组成，如图 7-7 所示。

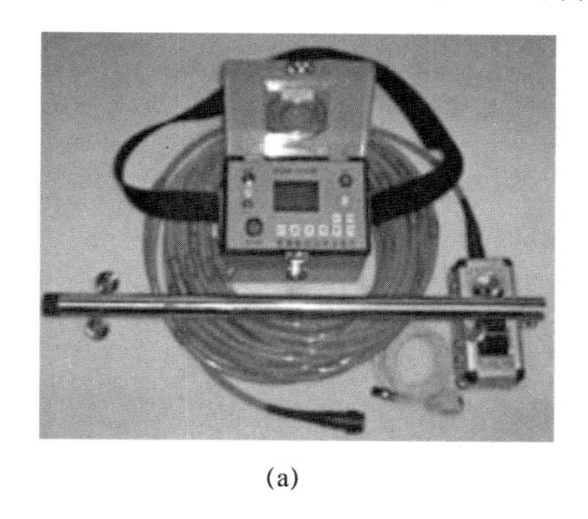

(a)

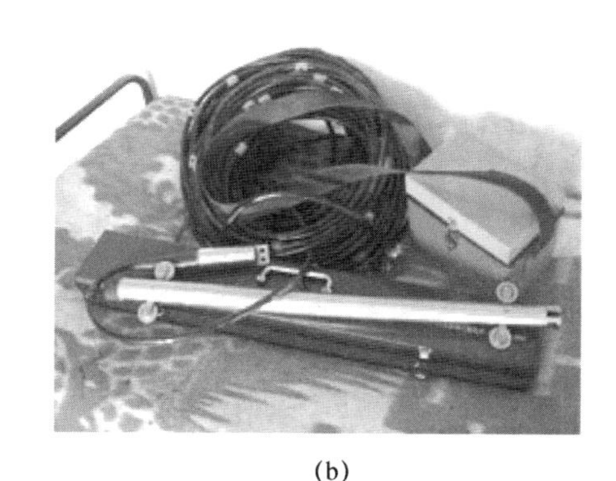

(b)

图 7-7　XB338-2 滑动式测斜仪

测斜管：内有四条十字形对称分布的凹型导槽，作为测头滑轮上下滑行的轨道。测斜管在基坑开挖前埋设于围护墙和土体内。

测头：由弹簧滚轮、重力摆锤、弹簧铜片（内侧贴电阻应变片）、电缆线组成。

工作原理：利用重力摆锤始终保持铅直方向的特性。弹簧铜片上端固定，下端挂摆锤，当测斜仪倾斜时，摆线在摆锤的重力作用下保持铅直，压迫弹簧铜片下端，使弹簧铜片发生弯曲，粘贴在弹簧铜片上的电阻应变片测出弹簧铜片的弯曲变形，并由导线将测斜管的倾斜角显示在测读设备上，进而计算垂直位置各点的水平位移，如图 7-8 所示。

（3）土体分层沉降监测

①定义：土体分层沉降是指离地面不同深度处土层内的点的沉降或隆起。

②测试仪器及组成：通常采用磁性分层沉降仪测量。组成：探头、分层沉降管和磁铁环、钢尺和显示器等。

③测试原理：分层沉降管由波纹状柔性塑料管制成，管外每隔一定距离安放一个磁铁环，地层沉降时带动磁铁环同步下沉；当探头从钻孔中缓慢下放遇到预埋在钻孔中的

磁铁环时，电感探测装置上的蜂鸣器就发出叫声，这时根据测量导线上标尺在孔口的刻度，以及孔口的标高，就可计算磁铁环所在位置的标高，其测量精度可达 1mm。

在基坑开挖前预埋分层沉降管和磁铁环，并测读各磁铁环的起始标高，与其在基坑施工开挖过程中测得的标高的差值，即为各土层在施工过程中的沉降或隆起（图 7-9）。

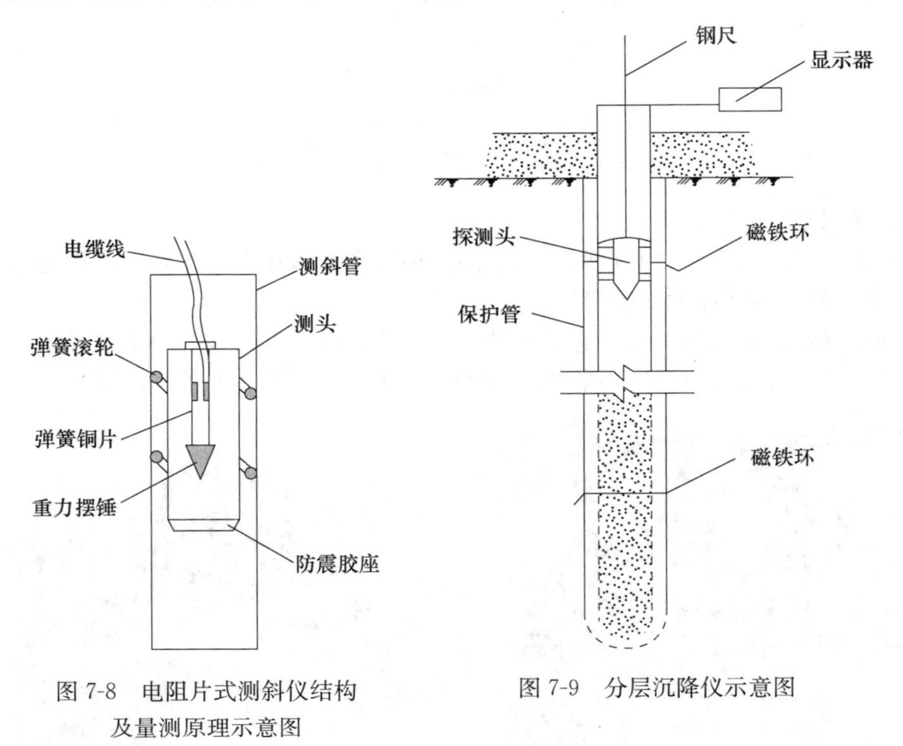

图 7-8　电阻片式测斜仪结构及量测原理示意图

图 7-9　分层沉降仪示意图

（4）基坑回弹监测

①基坑回弹：指由于基坑开挖对坑底土层的卸荷过程引起基坑底面及坑外一定范围内土体的回弹变形或隆起。

深大基坑的回弹量对基坑本身和邻近建筑物都有较大影响，因此需做基坑回弹监测。

②监测仪器：回弹监测标和深层沉降标。

6. 相邻地下管线的沉降监测

（1）地下管线监测的重要性

地下管线是城市生活的命脉，地下管线的安全与人民生活和国民经济紧密相连，施工破坏地下管线造成的停水、停电、停气以及通信中断事故频发，因此，必须进行地下管线监测。

（2）监测内容

相邻地下管线的监测内容包括垂直沉降和水平位移两部分。其测点位置和监测频率应在对管线状况进行充分调查后确定，并与有关管线单位协调认可后实施。

（3）地下管线调查内容

①管线埋置深度、管线走向、管线及其接头的型式、管线与基坑的相对位置等。可

根据城市测绘部门提供的综合管线图，并结合现场踏勘确定；

②管线的基础型式、地基处理情况、管线所处场地的工程地质情况；

③管线所在道路的地面人流与交通状况，以便制订适合的测点埋设和监测方案。

目前工程中主要采用间接测点和直接测点两种形式。间接测点又称监护测点，常设在管线轴线相对应的地表或管线的窨井盖上，由于测点与管线本身存在介质，因而测试精度较差，但可避免破土开挖，在人员与交通密集区域，或设防标准较低的场合采用。直接测点是通过埋设一些装置直接测读管线的沉降，常用方案有以下两种：

①抱箍式。其形式如图 7-10 所示，由扁铁做成的稍大于管线直径的抱箍，将测杆与管线连接成为整体，测杆伸至地面，地面处布置相应窨井，保证道路、交通和人员正常通行。抱箍式测点具有监测精度高的特点，能测得管线的沉降和隆起，其不足是埋设必须凿开路面，并开挖至管线的底面，这对城市主干道路是很难办到的，但对于次干道和十分重要的地下管线，如高压煤气管道，按此方案设置测点并进行严格监测，是必要的和可行的。

②套筒式

基坑开挖对相邻管线的影响主要表现在沉降方面，根据这一特点，采用一硬塑料管或金属管打设或埋设于所测管线顶面和地表之间，量测时，将测杆放入埋管，再将标尺搁置在测杆顶端，进行沉降量测。只要测杆放置的位置固定，测试结果能够反映出管线的沉降变化。套筒式埋设方案如图 7-11 所示。按套筒方案埋设测点的最大特点是简单易行，特别是对于埋深较浅的管线，通过地面打设金属管至管线顶部，再清除整理，可避免道路开挖，其缺点在于监测精度较低。

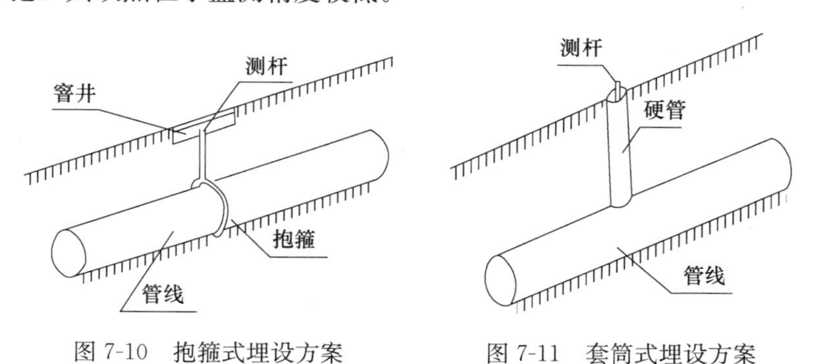

图 7-10　抱箍式埋设方案　　　图 7-11　套筒式埋设方案

7.1.3　监测方案设计

1. 监测方案设计前提

监测方案设计必须建立在对工程场地地质条件、基坑围护设计和施工方案，以及基坑工程相邻环境详尽的调查基础之上；同时还需要与工程建设单位、施工单位、监理单位、设计单位以及管线主管单位和道路监察部门充分协商。

2. 监测方案制定的主要步骤

(1) 收集有关资料：包括工程地质勘察报告、围护结构和建筑工程主体结构的设计图纸及其施工组织设计、平面布置图、综合管线图等；

（2）现场踏勘：重点掌握地下管线走向、相邻构筑物状况，以及它们与围护结构的关系；

（3）提交监测方案初稿：拟订监测方案初稿，提交委托单位审阅，同意后召开由建设单位主持，市政道路监察部门、邻近建筑物业主、有关地下管线单位参加的协调会议，形成会议纪要；

（4）根据会议纪要精神，对监测方案初稿进行修改，形成正式监测方案。

3. 监测方案设计的主要内容

（1）确定监测内容；

（2）确定监测方法、监测仪器、监测元件量程、监测精度；

（3）确定施测部位和测点布置；

（4）制定监测周期、预警值及报警制度；

（5）明确叙述工程场地地质条件、基坑围护设计和施工方案、基坑工程相邻环境等内容。

4. 监测内容确定原则

（1）监测简单易行、结果可靠、成本低、便于实施；

（2）监测元件要尽量靠近工作面安设；

（3）所选择的被测物理量要概念明确，量值显著，数据易于分析，易于实现反馈；

（4）位移监测是最直接易行的，因而应作为施工监测的重要项目，同时支撑的内力和锚杆的拉力也是施工监测的重要项目。

5. 监测方案应满足的要求

（1）能确保基坑工程的安全和质量；

（2）能对基坑周围的环境进行有效的保护；

（3）能检验设计所采取的各种假设和参数的正确性，为改进设计、提高工程整体水平提供依据。

7.1.4 监测期限与频率

1. 监测期限

基坑围护工程的作用是确保主体结构地下部分工程快速安全顺利地完成施工，因此，基坑工程监测工作的期限基本上要经历从基坑围护墙和止水帷幕施工、基坑开挖到主体结构施工到±0.000 标高的全过程。也可根据需要延长监测期限，如相邻建（构）筑物的竖向位移监测要待其竖向位移速率恢复到基坑开挖前值或竖向位移基本稳定后。基坑工程越大，监测期限则越长。

2. 埋设时机和初读数

土体竖向位移和水平位移监测的基准点应在施测前 15d 埋设，让其有 15d 的稳定期间，并取施测前 2 次观测值的平均值作为初始值。在基坑开挖前预先埋设的各监测设备，必须在基坑开挖前埋设并读取初读数。

3. 监测频率

基坑工程监测频率应以能系统而及时地反映基坑围护体系和周边环境的重要动态变

化过程为原则，应考虑基坑工程等级、基坑及地下工程的不同施工阶段以及周边环境、自然条件的变化。当监测值相对稳定时，可适当降低监测频率。对于应测项目，在无数据异常和事故征兆的情况下，参照国家行业标准《建筑基坑工程监测技术规范》（GB 50497—2009）规定的监测频率（表 7-1）。选测项目的监测频率可以适当放宽，但监测的时间间隔不宜大于应测项目的 2 倍。现场巡检频次一般应与监测项目的监测频率保持一致，在关键施工工序和特殊天气条件时应增加巡检频次。

表 7-1　监测频率

基坑类别	施工进程		基坑设计开挖深度			
			≤5m	5～10m	10～15m	>15m
一级	开挖深度（m）	≤5	1次/d	1次/2d	1次/2d	1次/2d
		5～10	—	1次/d	1次/d	1次/d
		>10	—	—	2次/d	2次/d
	底板浇筑后时间（d）	≤7	1次/d	1次/d	2次/d	2次/d
		7～14	1次/3d	1次/2d	1次/d	1次/d
		14～28	1次/5d	1次/3d	1次/2d	1次/d
		>28	1次/7d	1次/5d	1次/3d	1次/3d
二级	开挖深度（m）	≤5	1次/2d	1次/2d	—	—
		5～10	—	1次/ld	—	—
	底板浇筑后时间（d）	≤7	1次/2d	1次/2d	—	—
		7～14	1次/3d	1次/3d	—	—
		14～28	1次/7d	1次/5d	—	—
		>28	1次/10d	I次/10d	—	—

注：1. 当基坑工程等级为三级时，监测频率可视具体情况要求适当降低；
2. 基坑工程施工至开挖前的监测频率视具体情况确定；
3. 宜测、可测项目的仪器监测频率可视具体情况要求适当降低；
4. 有支撑的支护结构，各道支撑开始拆除到拆除完成后 3d 内监测频率应为 1 次/d。

7.1.5　监测预警值与报警

1. 警戒值确定的原则

（1）满足设计计算的要求，不可超出设计值，通常是以支护结构内力控制；

（2）满足现行的相关规范、规程的要求，通常是以位移或变形控制；

（3）满足保护对象的要求；

（4）在保证工程和环境安全的前提下，综合考虑工程质量、施工进度、技术措施和经济等因素。

2. 警戒值的确定

确定警戒值时还要综合考虑基坑的规模、工程地质和水文地质条件，周围环境的重要性程度以及基坑施工方案等因素。确定预警值主要参照现行的相关规范和规程的规定值、经验类比值以及设计预估值这三个方面的数据。随着基坑工程经验的积累，各地区的工程管理部门以地区规范、规程等形式对基坑工程预警值作了规定，其中大多数警戒值是最大允许位移或变形值。表 7-2 和表 7-3 分别给出了深圳地区支护结构顶部最大水平位移控制值和上海地区基坑变形监控允许值。确定变形控制标准时，应考虑变形的时空效应，并控制监测值的变化速率，一级工程宜控制在 2mm/d 之内，二级工程宜控制在 3mm/d 之内。

表 7-2　支护结构顶部最大水平位移控制值

基坑支护安全等级	排桩、地下连续墙加内支撑支护	排桩、地下连续墙加锚杆支护、双排桩、复合土钉墙	坡率法、土钉墙或复合土钉墙、水泥土挡墙、悬臂式排桩、钢板桩等
一级	$0.002h$ 与 30mm 的较小值	$0.003h$ 与 40mm 的较小值	—
二级	$0.004h$ 与 50mm 的较小值	$0.006h$ 与 60mm 的较小值	$0.01h$ 与 80mm 的较小值
三级	—	$0.01h$ 与 80mm 的较小值	$0.02h$ 与 100mm 的较小值

注：引自《深圳市基坑支护技术规范》(SJG 05—2011)，表中 h 为基坑深度（mm）。

表 7-3　基坑变形的监控值（cm）

基坑类别	围护结构墙顶位移监控值	围护结构墙体最大位移监控值	地面最大沉降监控值
一级基坑	3	5	3
二级基坑	6	8	6
三级基坑	8	10	10

注：1. 符合下列情况之一，为一级基坑；
1）重要工程或支护结构做主体结构的一部分；
2）开挖深度大于 10m；
3）与临近建筑物、重要设施的距离在开挖深度以内的基坑；
4）基坑范围内有历史文物、近代优秀建筑、重要管线等需严加保护的基坑。
2. 三级基坑为开挖深度小于 7m，且周围环境无特别要求时的基坑。
3. 除一级和三级外的基坑属二级基坑。
4. 当周围已有的设施有特殊要求时，尚应符合这些要求。

根据大量工程实践经验的积累，提出如下警戒值作为参考：

（1）支护墙体位移。对于只存在基坑本身安全的监测，最大位移一般取 80mm，每天发展不超过 10mm；对于周围有需严格保护构筑物的基坑，应根据保护对象的需要来确定。

（2）煤气管道的变位。沉降或水平位移均不得超过 10mm，每天发展不得超过 2mm。

（3）自来水管道变位。沉降或水平位移均不得超过 30mm，每天发展不得超过 5mm。

（4）基坑外水位。坑内降水或基坑开挖引起坑外水位下降不得超过 1000mm，每天发展不得超过 500mm。

（5）立柱桩差异隆沉。基坑开挖中引起的立柱桩隆起或沉降不得超过 10mm，每天发展不得超过 2mm。

（6）支护结构内力。一般控制在设计允许最大值的 80%。

（7）对于支护结构墙体侧向位移和弯矩等光滑的变化曲线，若曲线上出现明显的转折点，也应做出报警处理。

以上是确定警戒值的基本方法和原则，在具体的监测工程中，应根据实际情况取舍，以达到监测的目的，保证工程的安全和周围环境的安全，使主体工程能够顺利地进行。

3. 施工监测报警

在施工险情预报中，应综合考虑各项监测内容的量值和变化速度，结合对支护结构、场地地质条件和周围环境状况等的现场调查做出预报。设计合理可靠的基坑工程，在每一工况的挖土结束后，表征基坑工程结构、地层和周围环境力学性状的物理量应随时间渐趋稳定；反之，如果监测得到的表征基坑工程结构、地层和周围环境力学性状的某一种或某几种物理量，其变化随时间不是渐趋稳定，则可认为该基坑工程存在不稳定隐患，必须及时分析原因，采取相关的措施，保证工程安全。

报警制度宜分级进行，如深圳地区深基坑地下连续墙安全性判别标准给出了安全、注意、危险三种指标，达到这三类指标时，应采取不同的措施。

监测量值达到警戒值的 80％时，口头报告施工现场管理人员，并在监测日报表上提出报警信号；达到警戒值的 100％时，书面报告建设单位、监理和施工现场管理人员，并在监测日报表上提出报警信号和建议；达到警戒值的 110％时，除书面报告建设单位、监理和施工现场管理人员，应通知项目主管立即召开现场会议，进行现场调查，确定应急措施。

7.1.6　监测报表与监测报告

1. 监测报表

（1）对监测报表的要求

①在基坑监测前，要设计好各种记录表格和报表；

②记录表格和报表应按监测项目、根据监测点数量合理地设计，记录表格的设计应以记录和数据处理的方便为原则，并留有一定的空间；

③一般应对监测中出现和观测到的异常情况作及时的记录。

（2）监测报表的形式

①日报表：最重要的报表，通常作为施工调整和施工安排的依据；

②周报表：通常作为参加工程例会的书面文件，它是一周监测结果的简要汇总；

③阶段报表：某个基坑施工阶段监测数据的小结。

（3）监测日报表的内容

①当日的天气情况、施工工况、报表编号等；

②仪器监测项目的本次测试值、累计变化值、本次变化值、报警值；

③现场巡检的照片、记录等；

④结合现场巡检和施工工况对监测数据的分析和建议；

⑤对达到和超过监测预警值或者报警值的监测点应有明显的预警或者报警标识；

（4）监测日报表的提交及要求

监测日报表应及时提交给工程建设、监理、施工设计、管线与道路监察等有关单位，并另备一份经工程建设或现场监理工程师签字后返回存档，作为报表收到及监测工程量结算的依据。

报表中应尽可能配备形象化的图形或曲线，如测点位置图或桩墙体深层水平位移曲线图等，使工程施工管理人员能够一目了然。

报表中呈现的必须是原始数据，不得随意修改、删除，对有疑问或由人为和偶然因素引起的异常点应该在备注中说明。

2. 监测曲线

除了要及时给出各种类型的报表、测点平面布置图和剖面图外，还要及时整理各监测项目的汇总表及一些曲线，包括：

（1）各监测项目的时程曲线；

（2）各监测项目的速率时程曲线；

（3）各监测项目在各种不同工况和特殊日期变化发展的形象图（比如围护墙顶、建筑物和管线的水平位移和沉降的平面图，深层侧向位移曲线，深层沉降曲线，围护墙内力曲线，不同深度的孔隙水压力曲线等）。

3. 监测报告

基坑工程施工结束时应提交完整的监测报告，监测报告是监测工作的回顾和总结。监测报告主要包括如下几部分内容：

（1）工程概况；

（2）监测项目，监测点的平面和剖面布置图；

（3）仪器设备和监测方法；

（4）监测数据处理方法和监测成果汇总表、监测曲线。在整理监测项目汇总表、时程曲线、速率时程曲线的基础上，对基坑及周围环境等监测项目的全过程变化规律和变化趋势进行分析，给出特征位置位移或内力的最大值，并结合施工进度、施工工况、气象等具体情况对监测成果进行进一步分析；

（5）监测成果的评价。根据基坑监测成果，对基坑支护设计的安全性、合理性和经济性进行总体评价，分析基坑围护结构受力、变形以及相邻环境的影响程度，总结设计施工中的经验教训，尤其要总结监测结果的信息反馈在基坑工程施工中对施工工艺和施工方案的调整和改进所起的作用，通过对基坑监测成果的归纳分析，总结相应的规律和特点，对类似工程有积极的借鉴作用，促进基坑支护设计理论和设计方法的完善。

7.2 桩基础监测

7.2.1 桩基础

桩基础具有承载力高、稳定性好、沉降量小而均匀、抗震能力强、便于机械化施工、适应性强等特点，在工程中得到广泛的应用。对下述情况，一般可考虑选用桩基础方案：

（1）天然地基承载力和变形不能满足要求的高重建筑物；

（2）天然地基承载力基本满足要求、但沉降量过大，需利用桩基础减少沉降的建筑物，如软土地基上的多层住宅建筑，或在使用上、生产上对沉降限制严格的建筑物；

（3）重型工业厂房和荷载很大的建筑物，如仓库、料仓等；

（4）软弱地基或某些特殊性土上的各类永久性建筑物；

（5）作用有较大水平力和力矩的高耸结构物（如烟囱、水塔等）的基础，或需以桩承受水平力或上拔力的其他情况；

（6）需要减弱其振动影响的动力机器基础，或以桩基础作为地震区建筑物的抗震措施；

（7）地基土有可能被水流冲刷的桥梁基础；

（8）需穿越水体和软弱土层的港湾与海洋构筑物基础，如栈桥、码头、海上采油平台及输油、输气管道支架等。

桩基础的分类如图 7-12 所示。

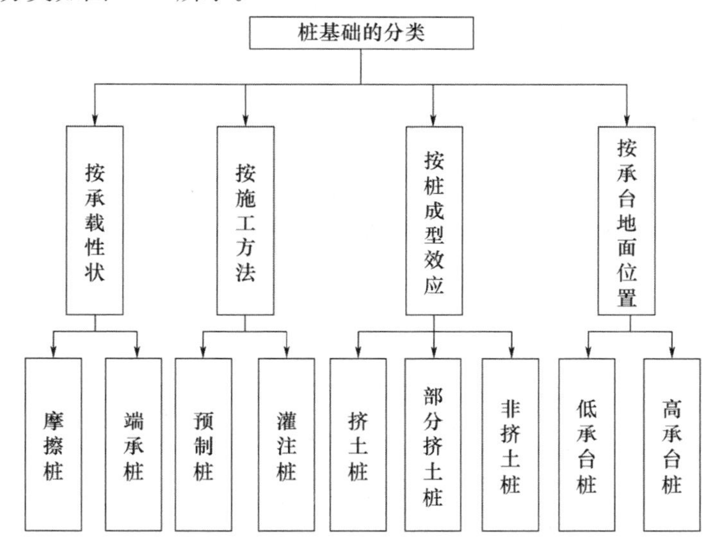

图 7-12 桩基础的分类

桩基础是一种应用十分广泛的基础形式，桩基础的质量直接关系到整个建筑物的安危。桩基础的施工具有高度的隐蔽性，发现质量问题难，事故处理更难，因此，桩基础检测工作是整个桩基工程中不可缺少的重要环节，只有提高基桩检测评定结果的可靠性，才能真正确保桩基工程的质量与安全。

桩基础的静载荷试验是确定单桩承载能力、提供合理设计参数以及检验桩基础质量最直观、最可靠的方法。根据桩基础的受力情况，静载荷试验可分为单桩竖向抗压静载荷试验、单桩竖向抗拔静载荷试验、单桩水平向静载荷试验。

20 世纪 80 年代以来，我国的基桩检测技术，特别是基桩动测技术得到了飞速发展。基桩的动力测试，一般是在桩顶施加一激振能量，引起桩身的振动，利用特定的仪器记录下桩身的振动信号并加以分析，从中提取能够反映桩身性质的信息，从而达到确定桩身材料强度、检查桩身的完整性、评价桩身施工质量和桩身承载力等目的。按照测试时桩身和桩周土所产生的相对位移大小的不同，基桩的动力测试又可分为低应变法和高应变法。

7.2.2 单桩竖向抗压静载荷试验

桩基础是以承受竖向下压荷载为主的。单桩竖向抗压静载荷试验采用接近于竖向抗压桩实际工作条件的试验方法，确定单桩的竖向承载力。当桩身中埋设有量测元件时，还可以实测桩周各土层的侧阻力和桩端阻力。同一条件下的试桩数量不应少于总桩数的1%，并不少于3根，工程总桩数在50根以内时，不应少于2根。在实际测试时，可根据工程的实际情况参照相关的规范进行。

1. 试验设备

单桩竖向抗压静载荷试验的试验装置与地基土静载荷试验的试验装置基本相同，如图7-13所示。

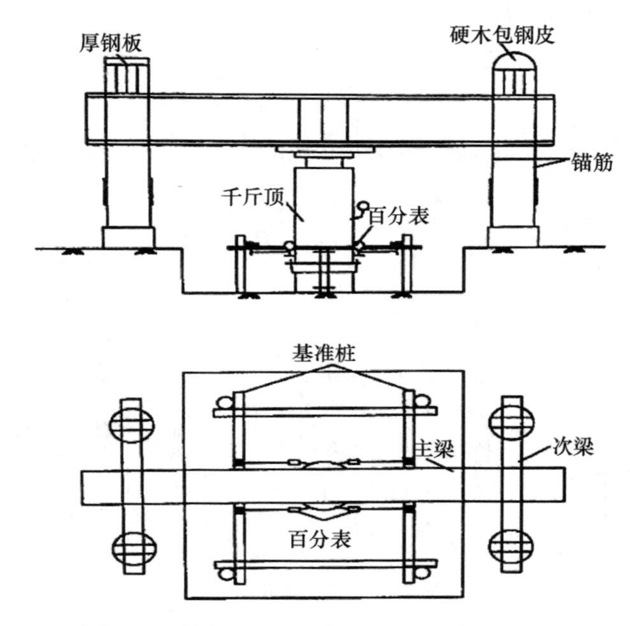

图7-13　单桩竖向抗压静载荷试验装置示意图

（1）加载装置

加载反力装置可根据现场条件选择锚桩横梁反力装置、压重平台反力装置、锚桩压重联合反力装置。

①锚桩横梁反力装置。如图7-13所示，一般锚桩至少要4根。用灌注桩作为锚桩时，其钢筋笼要沿桩身通长配置；如用预制长桩作锚桩，要加强接头的连接，锚桩的设计参数应按抗拔桩的规定计算确定。采用工程桩作锚桩时，锚桩数量不应少于4根，并应监测锚桩上拔量。另外，横梁的刚度、强度以及锚杆钢筋总断面等在试验前都要进行验算。当桩身承载力较大时，横梁自重有时很大，这时它就需要放置在其他工程桩之上，而且基准梁应放在其他工程桩上较为稳妥。这种加载方法的不足之处在于它对桩身承载力很大的钻孔灌注桩无法进行随机抽样。

②压重平台反力装置。如图7-14所示。堆载材料一般为铁锭、混凝土块或沙袋。堆载在检测前应一次加足，并稳固地放置于平台上。压重施加于地基的压应力不宜大于

地基承载力特征值的1.5倍。在软土地基上放置大量堆载将引起地面较大下沉，这时基准梁要支撑在其他工程桩上并远离沉降影响施围。作为基准梁的工字钢应尽量长些，但其高跨比以不小于1/40为宜。堆载的优点是能对试桩进行随机抽样，适合不配筋或少配筋的桩；不足之处是测试费用高，压重材料运输吊装费时费力。

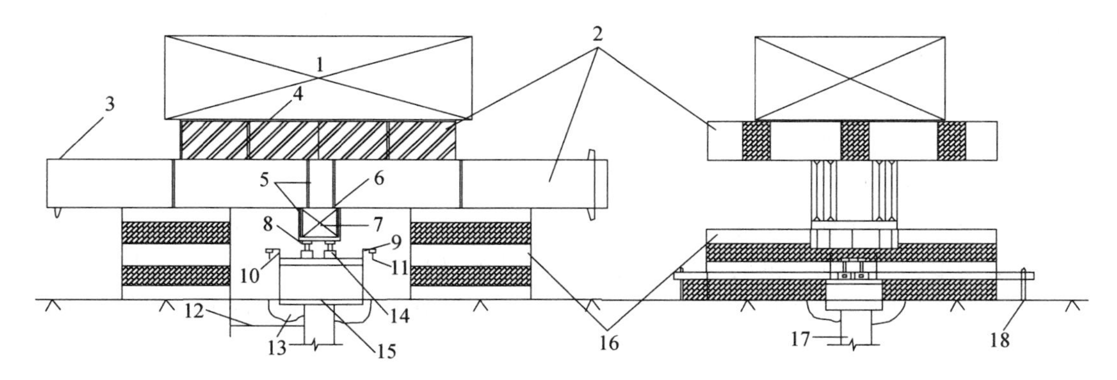

图7-14 压重平台反力装置示意图

1—堆载；2—堆载平台；3—连接螺栓；4—木垫块；5—通用梁；6—十字撑；7—荷重传感器；8—测力环；9—支架；10—千分表；11—槽钢；12—最小距离；13—空隙；14—液压千斤顶；15—桩帽；16—土垛；17—试桩；18—千分表支架

③锚桩压重联合反力装置。当试桩最大加载重量超过锚桩的抗拔能力时，可在锚桩或横梁上配重，由锚桩与堆重共同承担上拔力。由于堆载的作用，锚桩混凝土裂缝的开展就可以得到有效的控制。这种反力装置的缺点是，桁架或横梁上挂重或堆重的存在使得由于桩的突发性破坏所引起的振动、反弹对安全不利。千斤顶应平放于试桩中心，并保持严格的物理对中。采用千斤顶的型号、规格应相同。当采用两个以上千斤顶并联加载时，其上下部应设置足够刚度的钢垫箱，千斤顶的合力中心应与桩轴线重合。

上述各种加载方式中，试桩、锚桩（或压重平台支力墩边）和基准桩之间的中心距离应符合表7-4的规定。

表7-4 试桩、锚桩和基准桩之间的中心距离

反力系统	试桩与锚桩（压重平台支力墩边）	试桩与基准桩	基准桩与锚桩（压重平台支力墩边）
锚杆横梁反力装置	$\geqslant 4d$	$\geqslant 4d$	$\geqslant 4d$
压重平台反力装置	≥2.0m	≥2.0m	≥2.0m

注：d为桩径。

（2）测试仪表

荷载可用放置于千斤顶上的应力环、应变式压力传感器直接测定，或采用并联于千斤顶油路的高精度压力表或压力传感器测定油压，并根据千斤顶的率定曲线换算成荷载。传感器的测量误差不应大于1%，压力表精度等级应优于或等于0.4级。重要的桩基试验尚须在千斤顶上放置应力环或压力传感器，实行双控校正。

沉降测量一般采用位移传感器或大量程百分表，测量误差不大于0.1%FS，分辨力优于或等于0.01mm。对于直径和宽边大于500mm的桩，应在桩的两个正交直径方向对称安装4个位移测试仪表；直径和宽边小于等于500mm的桩可对称安装两个位移测试仪表。沉降测定平面宜在桩顶200m以下位道，测点应牢固地固定于桩身。基准梁应具有一定的刚度，梁的一端应固定于基准桩上，另一端应简支于基准桩上。固定和支承百分表的夹具和横梁在构造上应确保不受气温、振动及其他外界因素的影响而发生竖向变位。当采用堆载反力装置时，为了防止堆载引起的地面下沉影响测读精度，应采用水准仪对基准梁进行监控。

（3）桩身量测元件

①钢弦式钢筋应力计

钢筋应力计直接焊接在桩身的钢筋中，并代替这一段钢筋工作，为了保证钢筋应力计和桩身变形的一致性，钢筋应力计的横断面沿桩身长度方向不应有急剧的增加或减少。在加工过程中应尽量使钢筋应力计的强度和桩身钢筋的强度、弹性模量相等，钢弦长度以6cm为宜，工作应力一般在$1.5\times10^5\sim5.0\times10^5$kPa范围内，相应的频率变化值在800Hz左右。

钢筋应力计埋设之前必须在试验机上进行标定，绘出每个钢筋应力计力（P）-频率（f）曲线，并与标定曲线相核对，若重复性不好，每级误差超过3Hz时，则应淘汰；每隔两天要测量钢筋应力计的初频变化，若初频一直在变，且变化超过3Hz，说明该钢筋应力计有零漂，不能使用。钢筋应力计及预埋的屏蔽线均需在室内进行绝缘防潮处理。

②电阻应变片

电阻应变片主要用来测量桩身的应变，为了保证应变片的良好工作状态，应选用基底很薄而且刚性较小的应变片和抗剪强度较高的粘结剂。同时，为了克服由于工作环境温度变化而引起应变片的温度效应，量测时采用温度补偿片予以消除。

③测杆式应变计

在国外，以美国材料及试验学会（ASTM）推荐的量测桩身应变的方法最为常用，其基本方法是沿桩身的不同标高处预埋不同长度的金属管和测杆，如图7-15所示，用千分表量测杆趾部相对于桩顶处的下沉量，经过计算而求出应变与荷载。

$$Q_3=\frac{2A_pE_c\Delta_3}{L_3}-Q \tag{7-7}$$

$$Q_2=\frac{2A_pE_c\Delta_2}{L_2}-Q \tag{7-8}$$

$$Q_1=\frac{2A_pE_c\Delta_1}{L_1}-Q \tag{7-9}$$

式中　Q_3、Q_2和Q_1——分别为第3、第2和第1个测杆处的轴向力（kN）；

A_p——桩身的截面积（m^2）；

E_c——桩身材料的弹性模量（MPa）；

Q——施加于桩顶的荷载（kN）；

Δ_3、Δ_2和Δ_1——分别为第3、第2和第1个测杆量测的变形值（mm）；

L_3、L_2和L_1——分别为第3、第2和第1个测杆量测的长度（m）。

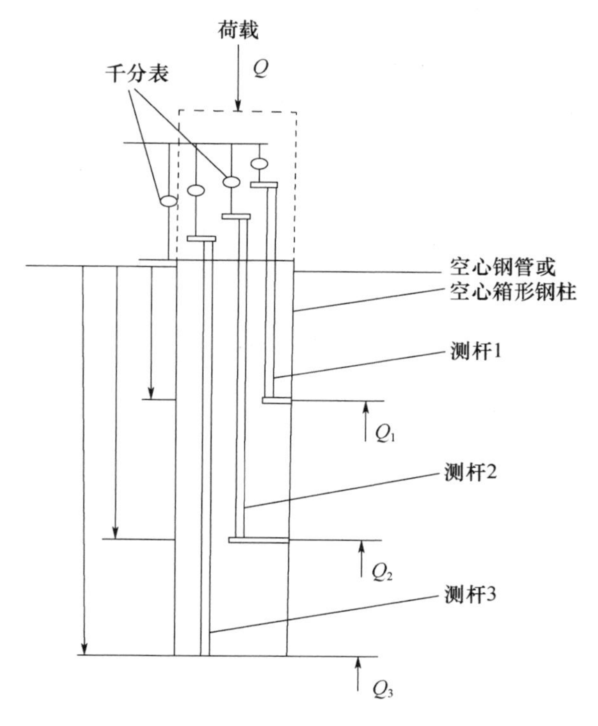

图 7-15 测杆式应变计

此时，桩端阻力一般是用埋置于桩端的扁千斤顶量测得到的。

2. 试验方法

(1) 试桩要求

为了保证试验能够最大限度地模拟实际工作条件，使试验结果更准确、更具有代表性，进行载荷试验的试桩必须满足一定要求。这些要求主要有以下几个方面：

①试桩的成桩工艺和质量控制标准应与工程桩一致；

②混凝土桩应凿掉桩顶部的破碎层和软弱混凝土，桩头顶面应平整，桩头中轴线与桩身上部的中轴线应重合；

③桩头主筋应全部直通至桩顶混凝土保护层之下，各主筋应在同一高度上；

④距桩顶一倍桩径范围内，宜用厚度为 3～5mm 的钢板围裹或距桩顶 1.5 倍桩径范围内设置箍筋，间距不宜大于 100mm。桩顶应设置钢筋网片 2～3 层，间距 60～100mm；

⑤桩头混凝土强度等级宜比桩身混凝土提高 1～2 级，且不得低于 C30；

⑥对于预制桩，如果桩头出现破损，其顶部要在外加封闭箍后浇捣高强细石混凝土予以加强；

⑦开始试验时间：预制桩在砂土中沉桩 7d 后；黏性土中不得少于 15d；灌注桩应在桩身混凝土达到设计强度后方可进行；

⑧在试桩间歇期内，试桩区周围 30m 范围内尽量不要产生能造成桩间土中孔隙水压力上升的干扰，如打桩等。

（2）加载要求

①加载总量要求

进行单桩竖向抗压静载荷试验时，试桩的加载量应满足以下要求：

a. 对于以桩身承载力控制极限承载力的工程桩试验，加荷至设计承载力的1.5～2.0倍；

b. 对于嵌岩桩，当桩身沉降量很小时，最大加载量不应小于设计承载力的2倍；

c. 当以堆载为反力时，堆载重量不应小于试桩预估极限承载力的1.2倍。

②加载方式

单桩竖向抗压静载荷试验的加载方式有慢速法、快速法、等贯入速率法和循环法等。

慢速法是慢速维持荷载法的简称，即先逐级加载，待该级荷载达到相对稳定后，再加下一级荷载，直到试验破坏，然后按每级加载量的2倍卸载到零。慢速法载荷试验的加载分级，一般是按试桩的最大预估极限承载力将荷载等分成10～15级逐级施加。实际试验过程中，也可将开始阶段沉降变化较小时的第一、二级荷载合并，将试验最后一级荷载分成两级施加。卸载应分级进行，每级卸载量取加载时分级荷载的2倍，逐级等量卸载。加、卸载时应使荷载传递均匀、连续、无冲击，每级荷载在维持过程中的变化幅度不得超过分级荷载的±10%。为设计提供依据的竖向抗压静载荷试验应采用慢速维持荷载法。施工后的工程桩验收检测宜采用慢速维持荷载法。

（3）慢速法载荷试验沉降测读规定

每级加载后按第5min、15min、30min、45min、60min测读桩顶沉降量，以后每隔30min测读一次。

（4）慢速法载荷试验的稳定标准

每一小时内桩顶的沉降量不超过0.1mm，并连续出现两次（从分级荷载施加后第30min开始，按1.5h连续三次每30min的沉降观测值计算）。当桩顶沉降速率达到相对稳定标准时，再施加下一级荷载。

（5）慢速载荷试验的试验终止条件

当试桩过程中出现下列条件之一时，可终止加荷：

①某级荷载作用下，桩顶沉降量大于前一级荷载作用下沉降量的5倍；

②某级荷载作用下，桩顶沉降量大于前一级荷载作用下沉降量的2倍，且经过24h尚未达到相对稳定标准；

③已达到设计要求的最大加载量；

④当工程桩作锚桩时，锚桩上拔量已达到允许值；

⑤当荷载-沉降曲线呈缓变型时，可加载至桩顶总沉降量60～80mm；在特殊情况下，可根据具体要求加载至桩顶累计沉降量超过80mm。

（6）慢速载荷试验的卸载规定

卸载时，每级荷载维持1h，按第15min、30min、60min测读桩顶沉降量后，即可卸下一级荷载。卸载至零后，应测读桩顶残余沉降量，维持时间为3h，测读时间为第15min、30min。以后每隔30min测读一次。

快速法载荷试验的程序与慢速法载荷试验基本相同，在实际应用时可参照相应的规范操作，在此不再赘述。

3. 试验资料整理

(1) 填写试验记录表

为了能够比较准确地描述静载荷试验过程中的现象，便于实际应用和统计，单桩竖向抗压静载荷试验成果宜整理成表格形式，并且对成桩和试验过程中出现的异常现象作必要的补充说明。表 7-5 为单桩竖向抗压静载荷试验概况表，表 7-6 为单桩竖向抗压静载荷试验记录表。

表 7-5 单桩竖向抗压静载荷试验概况表

<table>
<tr><td colspan="2">工程名称</td><td></td><td>地点</td><td></td><td colspan="4">试验单位</td><td colspan="2"></td></tr>
<tr><td colspan="2">试桩编号</td><td></td><td>桩型</td><td></td><td colspan="4">试验起止时间</td><td colspan="2"></td></tr>
<tr><td colspan="2">成桩工艺</td><td></td><td>桩截面尺寸</td><td></td><td colspan="4">桩长</td><td colspan="2"></td></tr>
<tr><td rowspan="2">混凝土强度等级</td><td>设计</td><td></td><td>灌注桩沉渣厚度</td><td></td><td rowspan="2">配筋情况</td><td rowspan="2"></td><td rowspan="2">规格长度</td><td rowspan="2"></td><td rowspan="2">配筋率</td><td rowspan="2"></td></tr>
<tr><td>实际</td><td></td><td>灌注桩充盈系数</td><td></td></tr>
<tr><td colspan="7">综合柱状图</td><td colspan="4">试验平面布置示意图</td></tr>
<tr><td>层次</td><td>土层名称</td><td>土层描述</td><td>相对标高</td><td colspan="3">桩身剖面</td><td colspan="4" rowspan="6"></td></tr>
<tr><td>1</td><td></td><td></td><td rowspan="5"></td><td colspan="3" rowspan="5"></td></tr>
<tr><td>2</td><td></td><td></td></tr>
<tr><td>3</td><td></td><td></td></tr>
<tr><td>4</td><td></td><td></td></tr>
<tr><td>5</td><td></td><td></td></tr>
</table>

表 7-6 单桩竖向抗压静载荷试验记录表

<table>
<tr><td colspan="2">工程名称</td><td colspan="4"></td><td>桩号</td><td></td><td>日期</td><td colspan="2"></td></tr>
<tr><td rowspan="2">加载级</td><td rowspan="2">油压
(MPa)</td><td rowspan="2">荷载
(kN)</td><td rowspan="2">测读
时间</td><td colspan="4">位移计（百分表）读数</td><td rowspan="2">本级
沉降
(mm)</td><td rowspan="2">累计
沉降
(mm)</td><td rowspan="2">备注</td></tr>
<tr><td>1 号</td><td>2 号</td><td>3 号</td><td>4 号</td></tr>
<tr><td></td><td></td><td></td><td></td><td></td><td></td><td></td><td></td><td></td><td></td><td></td></tr>
<tr><td></td><td></td><td></td><td></td><td></td><td></td><td></td><td></td><td></td><td></td><td></td></tr>
<tr><td></td><td></td><td></td><td></td><td></td><td></td><td></td><td></td><td></td><td></td><td></td></tr>
<tr><td></td><td></td><td></td><td></td><td></td><td></td><td></td><td></td><td></td><td></td><td></td></tr>
<tr><td></td><td></td><td></td><td></td><td></td><td></td><td></td><td></td><td></td><td></td><td></td></tr>
<tr><td></td><td></td><td></td><td></td><td></td><td></td><td></td><td></td><td></td><td></td><td></td></tr>
<tr><td colspan="5">检测单位：</td><td colspan="4">校核：</td><td colspan="2">记录：</td></tr>
</table>

(2) 绘制有关试验成果曲线

为了确定单桩竖向抗压极限承载力，一般应绘制竖向荷载-沉降（Q-s）、沉降-时间对数（s-lg$t$）、沉降-荷载对数（s-lg$Q$）曲线及其他进行辅助分析所需的曲线。在单桩竖向抗压静载荷试验的各种曲线中，不同地基土、不同桩型的 Q-s 曲线具有不同的特征。

图 7-16 是几种典型的 Q-s 曲线。

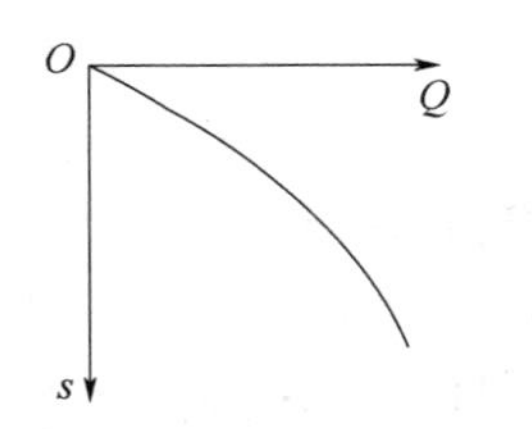

(a) 软至半硬黏土中或松砂中的摩擦桩

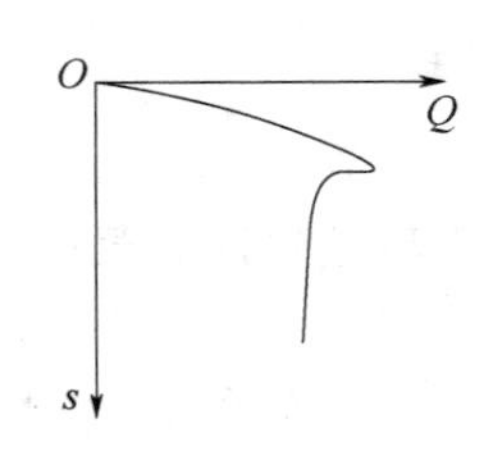

(b) 硬黏土中的摩擦桩

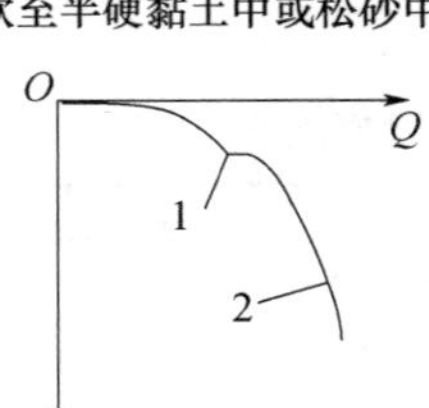

(c) 桩端支承在软弱而有孔隙的岩石上

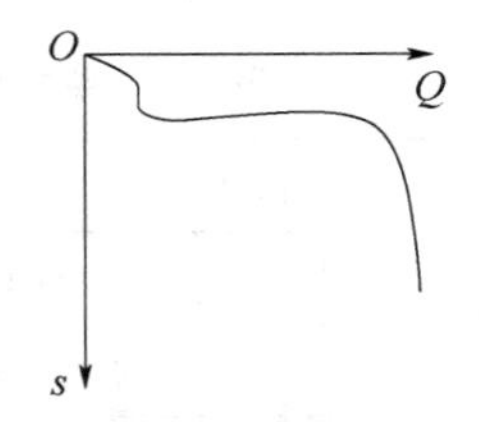

(d) 桩端开始离开坚硬岩石，当被试验荷载压下后又重新支承在岩石上

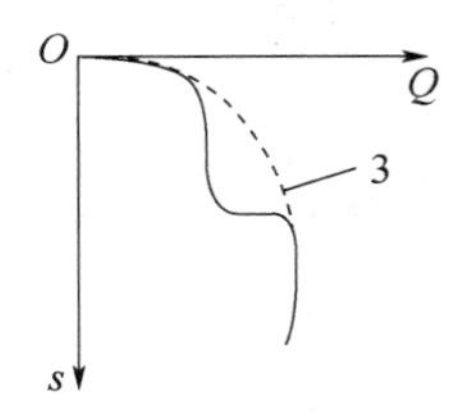

(e) 桩身的裂缝被试验的下压荷载闭合

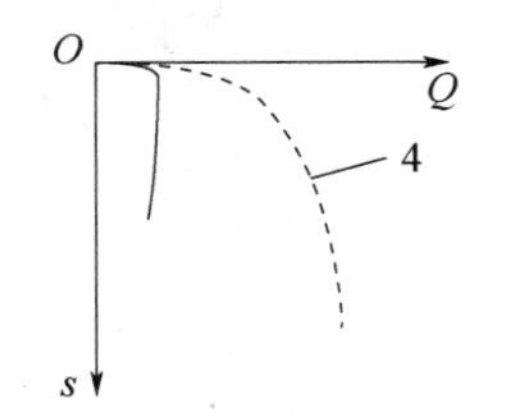

(f) 桩身混凝土被试验荷载剪断

图 7-16　典型的单桩竖向抗压静载荷试验曲线

1—桩端下岩石结构的破损；2—岩土的总剪切破坏；3、4—正常曲线

当单桩竖向抗压静载荷试验的同时进行桩身应力、应变和桩端阻力测定时，应整理出有关数据的记录表和绘制桩身轴力分布、桩侧阻力分布、桩端阻力等与各级荷载关系曲线。

4. 单桩竖向抗压承载力的确定

（1）单桩竖向抗压极限承载力的确定

《建筑基桩检测技术规范》（JGJ 106—2014）按下列方法综合分析确定单桩竖向抗压极限承载力 Q_U：

①根据沉降随荷载变化的特征确定：对于陡降型的 Q-s 曲线，取其发生明显陡降的起始点对应的荷载值；

②根据沉降随时间变化的特征确定：应取 s-lg$t$ 曲线尾部出现明显向下弯曲的前一级荷载值；

③某级荷载作用下，桩顶沉降量大于前一级荷载作用下沉降量的 2 倍，且经 24h 尚未达到相对稳定标准，则取前一级荷载值；

④对于缓变型 Q-s 曲线可根据沉降量确定，宜取 s＝40mm 对应的荷载值；当桩长大于 40m 时，宜考虑桩身弹性压缩量；对于直径大于或等于 800mm 的桩，可取 s＝0.05D（D 为桩端直径）对应的荷载值；

⑤当按上述四条判定桩的竖向抗压承载力未达到极限时，桩的竖向抗压极限承载力应取最大试验荷载值。

（2）单桩竖向抗压承载力特征值的确定

《建筑地基基础设计规范》（GB 50007—2002）规定的单桩竖向抗压承载力特征值按单桩竖向抗压极限承载力统计值除以安全系数 2 得到。

单桩竖向抗压极限承载力统计值的确定应符合下列规定：

①参加统计的试桩结果，当满足其极差不超过平均值的 30%时，取其平均值为单桩竖向抗压极限承载力。

②当其极差超过平均值的 30%时，应分析极差过大的原因，结合工程具体情况综合确定，必要时可增加试桩数量。

③对桩数为 3 根或 3 根以下的柱下承台，或工程桩抽检数量少于 3 根，应取低值。

7.2.3 单桩竖向抗拔静载荷试验

1. 试验设备

单桩竖向抗拔承载力试验装置如图 7-17 所示。

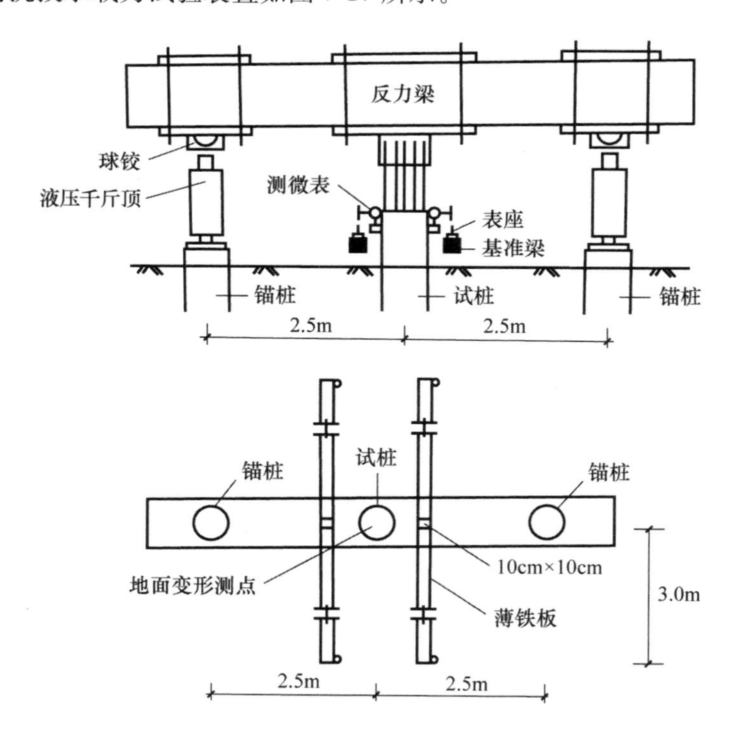

图 7-17 单桩竖向抗拔静载荷试验示意图

（1）加载装置

试验加载装置一般采用油压千斤顶，千斤顶的加载反力装置可根据现场情况确定，可以利用工程桩为反力锚桩，也可采用天然地基提供支座反力。若工程桩中的灌注桩作为反力锚桩时，宜沿灌注桩桩身通长配筋，以免出现桩身的破损；采用天然地基提供反力时，施加于地基的压应力不宜超过地基承载力特征值的 1.5 倍；反力梁支点重心应与支柱中心重合；反力桩顶面应平整并具有一定的强度。试桩与锚桩的最小间距也可按表 7-4 来确定。

（2）荷载与变形量测装置

荷载可用放置于千斤顶上的应力环、应变式压力传感器直接测定，也可采用连接于千斤顶上的标准压力表测定油压，根据千斤顶荷载-油压率定曲线换算出实际荷载值。试桩上拔变形一般用百分表量测，其布置方法与单桩竖向抗压静载荷试验相同（图 7-17）。

2. 试验方法

（1）现场检测

从成桩到开始试验的时间间隔一般应遵循下列要求：在确定桩身强度已达到要求的前提下，对于砂类土，不应少于 10d；对于粉土和黏性土，不应小于 15d；对于淤泥或淤泥质土，不应少于 25d。

单桩竖向抗拔静载荷试验一般采用慢速维持荷载法，需要时也可采用多循环加、卸载法，慢速维持荷载法的加载分级、试验方法可按单桩竖向抗压静载荷试验的规定执行。

（2）终止加载条件

试验过程中，当出现下列情况之一时，即可终止加载：

①按钢筋抗拉强度控制，桩顶上拔荷载达到钢筋强度标准值的 90%；

②某级荷载作用下，桩顶上拔位移量大于前一级上拔荷载作用下上拔量的 5 倍；

③试桩的累计上拔量超过 100mm 时；

④对于抽样检测的工程桩，达到设计要求的最大上拔荷载值。

3. 确定单桩竖向抗拔承载力

（1）单桩竖向抗拔极限承载力的确定

①对于陡变型的 U-δ 曲线（图 7-18），可根据 U-δ 曲线的特征点来确定。大量试验结果表明，单桩竖向抗拔 U-δ 曲线大致可划分为三段：第Ⅰ段为直线段，U-δ 按比例增加；第Ⅱ段为曲线段，随着桩土相对位移的增大，上拔位移量比侧阻力增加的速率快；第Ⅲ段又呈直线段，此时即使上拔荷载增加很小，桩的位移量仍继续上升，同时桩周地面往往出现环向裂缝，第Ⅲ段起始点所对应的荷载值即为桩的竖向抗拔极限承载力。

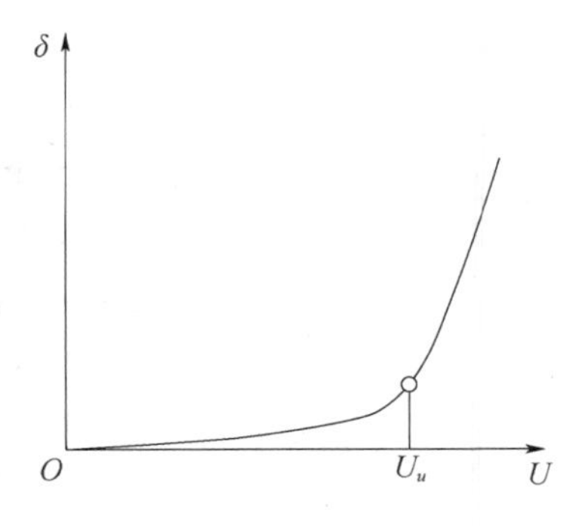

图 7-18　陡变型 U-δ 曲线确定单桩竖向抗拔极限承载力

②对于缓变型的 U-δ 曲线，可根据 δ-lg$t$ 曲线的变化情况综合判定，一般取 δ-lg$t$ 曲线尾部显著弯曲的前一级荷载为竖向抗拔极限承载力，如图 7-19 所示。

③根据 δ-lg$U$ 曲线来确定单桩竖向抗拔极限承载力时，可取 δ-lg$U$ 曲线的直线段的起始点所对应的荷载作为桩的竖向抗拔极限承载力。将直线段延长与横坐标相交，交点

的荷载值为极限侧阻力，其余部分为桩端阻力，如图 7-20 所示。

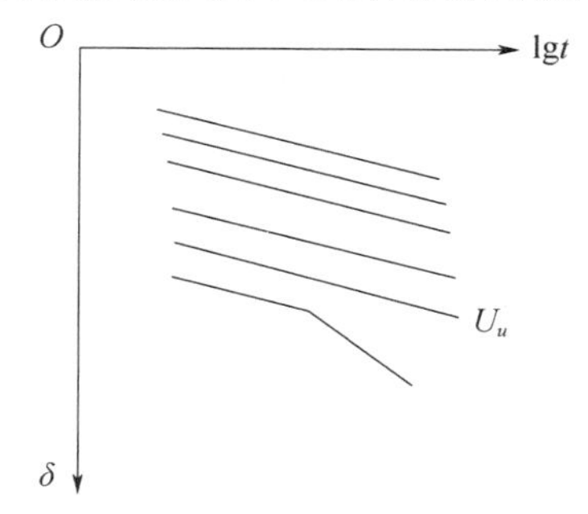

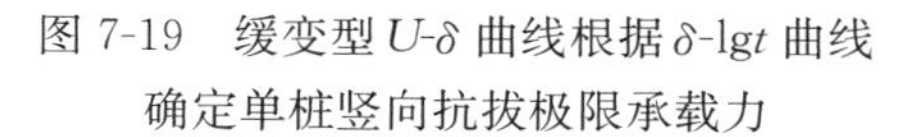
图 7-19 缓变型 U-δ 曲线根据 δ-lg$t$ 曲线确定单桩竖向抗拔极限承载力

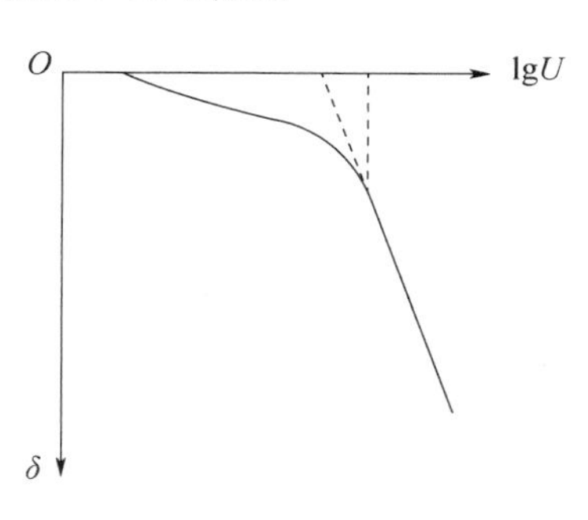

图 7-20 根据 δ-lg$U$ 曲线来确定单桩竖向抗拔极限承载力

（2）单桩竖向抗拔承载力特征值的确定

①单桩竖向抗拔极限承载力统计值的确定方法与单桩竖向抗压统计值的确定方法相同。

②单位工程同一条件下的单桩竖向抗拔承载力特征值应按单桩竖向抗拔极限承载力统计值的一半取值。

③当工程桩不允许带裂缝工作时，取桩身开裂的前一级荷载作为单桩竖向抗拔承载力特征值，并与按极限承载力一半取值确定的承载力相比取小值。

7.2.4 单桩水平静载荷试验

单桩水平静载荷试验一般以桩顶自由的单桩为对象，采用接近于水平受荷桩实际工作条件的试验方法来达到以下目的：

（1）确定试桩的水平承载力。检验和确定试桩的水平承载能力是单桩水平静载荷试验的主要目的。试桩的水平承载力可直接由水平荷载（H）和水平位移（X）之间的关系曲线来确定，亦可根据实测桩身应变来判定。

（2）确定试桩在各级水平荷载作用下桩身弯矩的分配规律。当桩身埋设有量测元件时，可以比较准确地量测出各级水平荷载作用下桩身弯矩的分配情况，从而为检测桩身强度，推求不同深度处的弹性地基系数提供依据。

（3）确定弹性地基系数。在进行水平荷载作用下单桩的受力分析时，弹性地基系数的选取至关重要。C 法、m 法和 K 法各自假定了弹性地基系数沿不同深度的分布模式，而且它们也有各自的适用范围，通过试验，可以选择一种比较符合实际情况的计算模式及相应的弹性地基系数。

（4）推求桩侧土的水平抗力（q）和桩身挠度（y）之间的关系曲线。求解水平受荷桩的弹性地基系数法虽然应用简便，但误差较大，事实上，弹性地基系数沿深度的变化是很复杂的，它随桩身侧向位移的变化是非线性的，当桩身侧向位移较大时，这种现象更加明显。因此，通过试验可直接获得不同深度处地基土的抗力和桩身挠度之间的关系，绘制桩身不同深度处的 q-y 曲线，并用它来分析工程桩在水平荷载作用下的受力情况更符合实际。

1. 试验设备

单桩水平静载荷试验装置通常包括加载装置、反力装置、量测装置三部分，如图 7-21 所示。

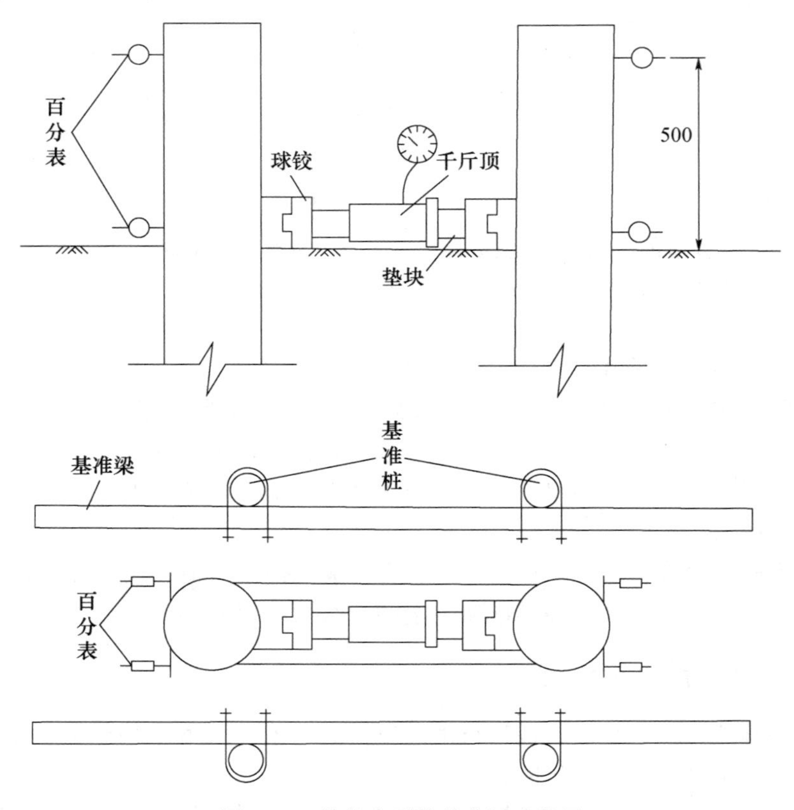

图 7-21 单桩水平静载荷试验装置

(1) 加载装置

试桩时一般都采用卧式千斤顶加载，加载能力不小于最大试验荷载的 1.2 倍，用测力环或测力传感器测定施加的荷载值。对往复式循环试验可采用双向往复式油压千斤顶，水平力作用线应通过地面标高处（地面标高处应与实际工程桩基承台地面标高一致）。为了防止桩身荷载作用点处局部的挤压破坏，一般需用钢块对荷载作用点进行局部加强。

单桩水平静载荷试验的千斤顶一般应有较大的引程。为了保证千斤顶施加的作用力能水平通过桩身曲线，宜在千斤顶与试桩接触处安置一球形铰座。

(2) 反力装置

反力装置的选用应考虑充分利用试桩周围的现有条件，但必须满足其承载力应大于最大预估荷载的 1.2 倍的要求，其作用力方向上的刚度不应小于试桩本身的刚度。常用的方法是利用试桩周围的工程桩或垂直静载荷试验用的锚桩作为反力墩，也可根据需要把两根或更多根桩连成一体作为反力墩，条件许可时也可利用周围现有结构物作反力。必要时也可浇筑专门支墩来作反力。

(3) 量测装置

①桩顶水平位移量测。桩顶的水平位移采用大量程百分表来量测，每一试桩都应在荷载作用平面和该平面以上 50cm 左右各安装一只或两只百分表，下表量测桩身在地面处的水平位移，上表量测桩顶水平位移，根据两表位移差与两表距离的比值求出地面以上桩身的转角。如果桩身露出地面较短，也可只在荷载作用水平面上安装百分表量测水平位移。

位移测量基准点设置不应受试验和其他因素的影响，基准点应设置在与作用力方向垂直且与位移方向相反的试桩侧面，基准点与试桩净距不应小于一倍桩径。

②桩身弯矩量测。水平荷载作用下桩身的弯矩并不能直接量测得到，它只能通过量测得到桩身的应变来推算。因此，当需要研究桩身弯矩的分布规律时，应在桩身粘贴应变量测元件。一般情况下，量测预制桩和灌注桩桩身应变时，可采用在钢筋表面粘贴电阻应变片制成的应变计。

各测试断面的测量传感器应沿受力方向对称布置在远离中性轴的受拉和受压主筋上；埋设传感器的纵剖面与受力方向之间的夹角不大于 10°。在地面下 10 倍桩径的主要受力部分应加密测试断面，断面间距不宜超过一倍桩径；超过此深度，测试端面间距可适当加大。

③桩身挠曲变形量测。量测桩身的挠曲变形，可在桩内预埋测斜管，用测斜仪量测不同深度处桩截面倾角，利用桩顶实测位移或桩端转角和位移为零的条件（对于长桩），求出桩身的挠曲变形曲线。由于测斜管埋设比较困难，系统误差较大，较好的方法是利用应变片测得各断面的弯曲应变，直接推算桩轴线的挠曲变形。

2. 试验方法

(1) 试桩要求

①试桩的位置应根据场地地质、地形条件和设计要求及地区经验等因素综合考虑，选择有代表性的地点，一般应位于工程建设或使用过程中可能出现最不利条件的地方。

②试桩前应在离试桩边 2～6m 范围内布置工程地质钻孔，在 $16D$（D 为桩径）的深度范围内，按间距为 1m 取土样进行常规物理力学性质试验，有条件时亦应进行其他原位测试，如十字板剪切试验、静力触探试验、标准贯入试验等。

③试桩数量应根据设计要求和工程地质条件确定，一般不少于 2 根。

④沉桩时桩顶中心偏差不大于 $D/8$（D 为桩径），且不大于 10cm，轴线倾斜度不大于 0.1%。当桩身埋设有量测元件时，应严格控制试桩方向，使最终实际受荷方向与设计要求的方向之间夹角小于±10°。

⑤从成桩到开始试验的时间间隔，砂性土中的打入桩不应少于 3d；黏性土中的打入桩不应少于 14d；钻孔灌注桩从灌入混凝土到试桩的时间间隔一般不少于 28d。

(2) 加载和卸载方式

实际工程中，桩的受力情况十分复杂，荷载稳定时间、加载形式、周期、加荷速率等因素都将直接影响到桩的承载能力。常用的加、卸荷方式有单向多循环加、卸荷法和双向多循环加、卸荷法或慢速维持荷载法。

《建筑桩基技术规范》(JGJ 94—2008) 推荐进行单桩水平静载荷试验时应采用单向多循环加载法，可取预估单桩水平极限承载力的 1/15～1/10 作为每级荷载的加载增量。

根据桩径的大小并适当考虑土层的软硬程度，对于直径 300～1000mm 的桩，每级荷载增量可取 2.5～25kN。每级荷载施加后，恒载 4min 后测读水平位移，然后卸荷到零，停 2min 后测读残余水平位移，完成一个加、卸荷循环，如此循环 5 次便完成一级荷载的试验加载和观测，加载时间应尽量缩短，测量位移的间隔时间应严格准确，试验不得中途停歇。当桩身折断或水平位移超过 30～40mm（软土取 40mm）时，可终止试验。

慢速维持荷载法的加、卸载分级、试验方法及稳定标准同单桩竖向静载荷试验。

（3）终止试验条件

当试验过程出现下列情况之一时，即可终止试验：

①桩身折断；

②桩身水平位移超过 30～40mm（软土中取 40mm）；

③水平位移达到设计要求的水平位移允许值。

3. 试验资料的整理

（1）单桩水平静载荷试验概况的记录

可参照表 7-7 记录实验基本情况，并对试验过程中发生的异常现象加以记录和补充说明。

（2）整理单桩水平静载荷试验记录表

将单桩水平静载荷试验记录表按表 7-7 的形式整理，以备进一步分析计算之用。

表 7-7　单桩水平静载荷试验记录表

工程名称						桩号			日期		上下表距	
油压（Mh）	荷载（kN）	观测时间	循环数	加载		卸载		水平位移（mm）		加载上下表读数差	转角	备注
				上表	下表	上表	下表	加载	卸载			

检测单位：　　　　校核：　　　　记录：

（3）绘制单桩水平静载荷试验曲线

绘制单桩水平静载荷试验水平力-时间-位移（H-t-X）关系曲线、水平力-位移梯度（H-$\Delta X/\Delta H$）曲线，如图 7-22、图 7-23 所示。

（4）计算弹性地基系数的比例系数

地基土弹性地基系数的比例系数一般按下面的公式计算：

$$m=\frac{\left(\frac{H_{cr}}{X_{cr}}v_x\right)^{\frac{5}{3}}}{B\,(E_c I)^{\frac{2}{3}}} \tag{7-10}$$

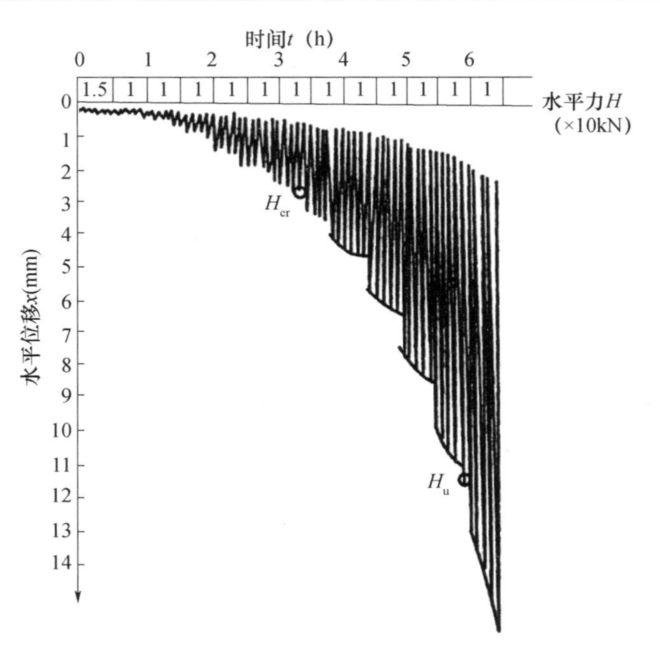

图 7-22　单桩水平静载荷试验 H-t-X 曲线

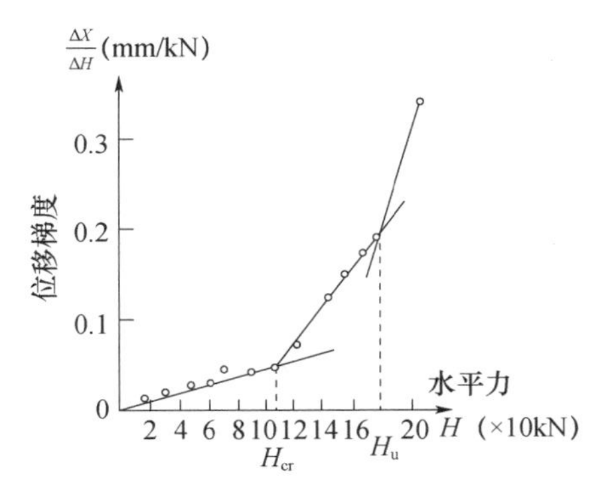

图 7-23　单桩水平静载荷试验 H-$\Delta X/\Delta H$ 曲线

式中　m——地基土弹性地基系数的比例系数（MN/m^4）；该数值为地面以下 2（D+1）m 深度内各土的综合值；

H_{cr}——单桩水平临界荷载（kN）；

X_{cr}——单桩水平临界荷载对应的位移（m）；

v_x——桩顶水平位移系数，按表 7-8 采用；

E_c——地基土的弹性模量；

B——桩身计算宽度（m），按以下规定取值：

圆形桩：当桩径 $D \leqslant 1.0$m 时，$B=0.9(1.5D+0.5)$；

当桩径 $D \geqslant 1.0$m 时，$B=0.9(D+1)$；

方形桩：当桩宽 $b \leqslant 1.0$m 时，$B=1.5b+0.5$；

当桩宽 $b \geqslant 1.0$m 时，$B=b+1$。

表 7-8　桩顶水平位移系数 v_x

桩顶约束情况	桩的换算深度（$\alpha_0 h$）	v_x
铰接、自由	4.0	2.441
	3.5	2.502
	3.0	2.727
	2.8	2.905
	2.6	3.163
	2.4	3.526

续表

桩顶约束情况	桩的换算深度（$\alpha_0 h$）	v_x
固接	4.0	0.940
	3.5	0.970
	3.0	1.028
	2.8	1.055
	2.6	1.079
	2.4	1.095

注：表中 α_0 为桩身水平变形系数，$\alpha_0=\sqrt[5]{\frac{mB}{E_c I}}$（$m^{-1}$）。

4．单桩水平临界荷载和极限荷载的确定

（1）单桩水平临界荷载的确定方法

单桩水平临界荷载（桩身受拉区混凝土明显退出工作前的最大荷载），一般按下列方法综合确定：

①取 H-t-X 曲线出现突变点的前一级荷载为水平临界荷载 H_{cr}，如图 7-22 所示；

②取 H-$\Delta X/\Delta H$ 曲线第一条直线段的终点所对应的荷载为水平临界荷载 H_{cr}，如图 7-23 所示；

③当桩身埋设有钢筋应力计时，取 H-σ_g 第一突变点所对应的荷载为水平临界荷载 H_{cr}，如图 7-24 所示。

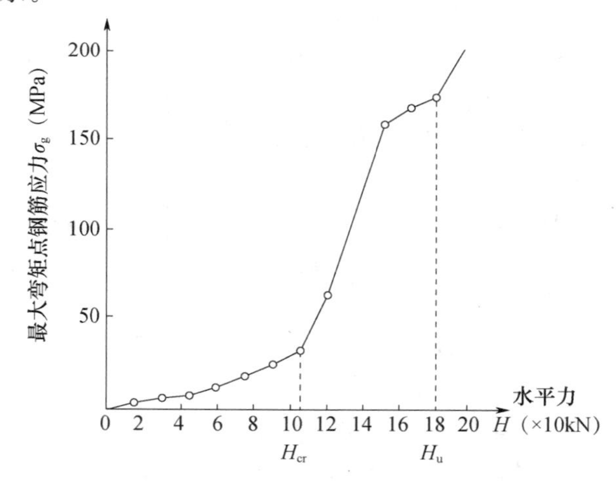

图 7-24　根据 H-σ_g 确定单桩水平临界荷载

（2）单桩水平极限荷载的确定方法

单桩水平极限荷载可根据下列方法综合确定：

①取 H-t-X 曲线陡降的前一级荷载为极限荷载 H_u；

②取 H-$\Delta X/\Delta H$ 曲线第二直线段的终点所对应的荷载为极限荷载 H_u；

③取桩身折断或受拉钢筋屈服时的前一级荷载为极限荷载 H_u；

④当试验项目对加载方法或桩顶位移有特殊要求时，可根据相应的方法确定水平极限荷载 H_u。

当作用于桩顶的轴向荷载达到或超过其竖向荷载的 20%时，单桩水平临界荷载、极限荷载都将有一定程度的提高。因此，当条件许可时，可模拟实际荷载情况，进行桩顶同时施加轴向压力的水平静载试验，以更好地了解桩身的受力情况。

（3）单桩水平承载力特征值确定

按照水平极限承载力和水平临界荷载统计值确定，单位工程同一条件下的单桩水平承载力特征值的确定应符合下列规定：

①当水平承载力按桩身强度控制时，取水平临界荷载统计值为单桩承载力特征值；

②当桩受长期水平荷载作用且桩不允许开裂时，取水平竖向荷载统计值的 80%作为单桩水平承载力特征值；

③当水平承载力按设计要求的允许水平位移控制时，可取设计要求的水平允许位移对应的水平荷载作为单桩水平承载力特征值，但应满足有关规范抗裂设计的要求。

7.2.5　基桩的高应变动力检测

概念：高应变动力检测是通过重锤锤击桩顶，使桩土系统产生一定的塑性动态位移，并同时测量桩顶附近应力和加速度响应，并借此分析桩的结构完整性和竖向极限承载力的一种动态检测方法。

检测目的：监测预制桩或钢桩的打桩应力，为选择合适的沉桩工艺和确定桩型、桩长提供参考；判断桩身完整性；分析估算桩的单桩竖向极限承载力。

高应变动力检测主要方法的介绍见表 7-9。

表 7-9　高应变动力检测的主要方法

方法名称	波动方程法		改进的动力打桩公式法	静动法
	CASE 法	曲线拟合法（CAPWAP）		
激振方式	自由振动（锤击）		自由振动（锤击）	自由振动（高压气体）
现场实测的物理量	1. 桩顶加速度随时间的变化曲线 2. 桩顶应力随时间的变化曲线		1. 贯入度 2. 弹性变形值 3. 桩顶冲击能	1. 位移、速度、加速度 2. 力
主要功能	1. 预估竖向极限承载力 2. 测定有效锤击能力 3. 检验桩身质量、桩身缺陷位置	1. 预估竖向极限承载力 2. 测定有效锤击能力 3. 计算桩底及桩侧摩阻力和有关参数 4. 模拟桩的静载荷试验曲线 5. 检验桩身质量及缺陷程度	估算竖向极限承载力	1. 估算垂直极限承载力 2. 估算水平极限承载力 3. 估算斜桩极限承载力

其他分类方法：

（1）打桩公式法，用于预制桩施工时的同步测试，采用刚体碰撞过程中的动量与能量守恒原理，打桩公式法以工程新闻公式和海利打桩公式最为流行；

（2）锤击贯入法，简称锤贯法，曾在我国许多地方得到应用，仿照静载荷试验法获得动态打击力与相应沉降之间的 Q_d-$\sum e$ 曲线，通过动静对比系数计算静承载力，也有人采用波动方程法和经验公式法计算承载力；

（3）Smith 波动方程法，设桩为一维弹性杆，桩土间符合牛顿黏性体和理想弹塑性体模型，将锤、冲击块、锤垫、桩垫、桩等离散化为一系列单元，编程求解离散系统的差分方程组，得到打桩反应曲线，根据实测贯入度，考虑土的吸着系数，求得桩的极限承载力；

（4）波动方程半经验解析解法，也称 CASE 法，将桩假定为一维弹性杆件，土体静阻力不随时间变化，动阻力仅集中在桩尖。根据应力波理论，同时分析桩身完整性和桩土系统承载力；

（5）波动方程拟合法，即 CAPWAP 法，其模型较为复杂，只能编程计算，是目前广泛应用的一种较合理的方法；

（6）静动法（Statnamic），也称伪静力法，其意义在于延长冲击力作用时间（～100ms），使之更接近于静载荷试验状态。

下面详细介绍锤击贯入法与 Smith 波动方程法。

1. 锤击贯入法

（1）概述

锤击贯入法是指用一定质量的重锤以不同的落距由低到高依次锤击桩顶，同时用力传感器量测桩顶锤击力 Q_d，用百分表量测每次贯入所产生的贯入度 e，通过对测试结果的分析，判断桩身缺陷，确定单桩的承载能力。

在桩基工程的实践中，人们早已从直观上认识到同一场地、同一种桩在相同的打桩设备条件下，桩容易打入土中时，表明土对桩的阻力小，桩的承载力低；不易打入土中时，表明土对桩的阻力大，桩的承载力高。因此，打桩过程中最后几击的贯入度常作为沉桩的控制标准。这就是说，桩的静承载力与其贯入过程中的动阻力是密切相关的。这就是用锤击贯入法检验桩基质量、确定桩基承载力的客观依据。

（2）检测设备

锤击贯入法试验仪器和设备由锤击装置、锤击力量测和记录设备、贯入度量测设备三部分组成，如图 7-25 所示。

①锤击装置。锤击装置由重锤、落锤导向柱、起重机具等部分组成，目前常用的锤击装置有多种形式，如钢管脚手架搭设的锤击装置、卡车式锤击装置和全液压步履式试桩机等。但无论采用什么样的锤击装置，都应保证设备移动方便，操作灵活，并能提供足够的锤击力。

高应变检测用重锤应材质均匀、形状对称、锤底平整、高径（宽）比不得小于 1，并采用铸铁或铸钢制作。当采取自由落锤安装加速度传感器的方式实测锤击力时，重锤应整体铸造，且高径（宽）比应在 1.0～1.5 范围内。

进行高应变检测时，锤的重量应大于预估单桩极限承载力的 10%～15%，混凝土桩的桩径大于 600mm 或桩长大于 30m 时取高值。

锤垫宜采用 2～6cm 厚度的纤维夹层橡胶板，试验过程中如发现锤垫已损伤或材料性能已显著地发生变化要及时更换。

②锤击力量测和记录设备。

锤击力量测和记录设备主要有：

a. 锤击力传感器。锤击力传感器的弹性元件应采用合金结构钢和优质碳素钢，应

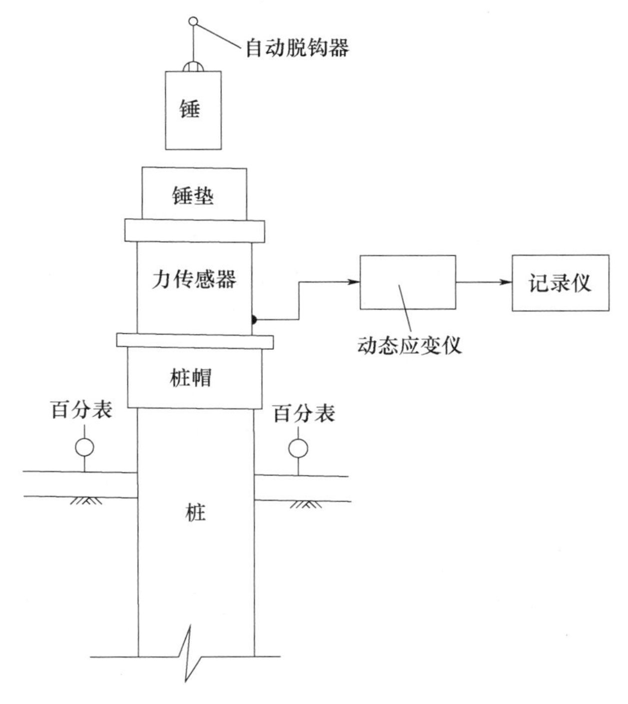

图 7-25 锤击贯入法试验装置

变元件宜采用电阻值为 120Ω 的箔式应变片，应变片的绝缘电阻应大于 500MΩ。传感器的量程可分为 2000kN、3000kN、4000kN 和 5000kN，额定荷载范围内传感器的非线性误差不得大于 3%。

由于目前使用的锤击力传感器尚无定型产品，多为自行设计制造，因此传感器除满足工作要求外尚应符合规定材质和绝缘要求。试验过程中，要合理地选择传感器的量程。承载力低的桩使用大量程传感器会降低精度；而承载力高的桩使用小量程传感器，不仅测不到桩的极限承载力，甚至还会使传感器损坏。

b. 动态电阻应变仪和光线示波器。锤击力的量程是通过动态电阻应变仪和光线示波器来实现的。动态电阻应变仪应变量测范围为 0～±1000$\mu\varepsilon$，标定误差不得大于 1%，工作频率范围不得小于 0～150Hz，光线示波器振子非线性误差不得大于 3%，记录纸移动速度的范围宜为 5～2500mm/s。

③贯入度量测设备

多使用分度值为 0.01mm 的百分表和磁性表座，百分表量程有 5mm、10mm 和 30mm 三种。也可用精密水准仪、经纬仪等光学仪器量测。

(3) 检测方法

①收集资料。

锤击贯入法试桩之前应收集、掌握以下资料：

a. 工程概况；

b. 试桩区域内场地工程地质勘察报告；

c. 桩基础施工图；

d. 试桩施工记录。

②试桩要求。

检测前对试桩进行必要的处理是保证检测结果准确可靠的重要手段。试桩要求主要包括以下几个方面：

a. 试桩数量。试桩应选择具有代表性的桩进行，对工程地质条件相近，桩型、成桩机具和工艺相同的桩基工程，试桩数量不宜少于总桩数的 2%，且不应少于 5 根。

b. 从沉桩至试验时间间隔。从沉桩至试验时间间隔可根据桩型和桩周土性质来确定。对于预制桩，当桩周土为碎石类土、砂土、粉土、非饱和黏性土和饱和黏性土时，相应的时间间隔分别为 3d、7d、10d、15d 和 25d；对于灌注桩，一般要在桩身强度达到要求后再试验。

c. 桩头处理。为便于测试仪表的安装和避免试验对桩头的破坏，对于灌注桩和桩头严重破损的预制桩，应按下列要求对桩头进行处理：桩头宜高出地面 0.5m 左右，桩头平面尺寸应与桩身尺寸相当，桩头顶面应水平、平整，将损坏部分或浮浆部分剔除，然后再用比桩身混凝土强度高一个强度等级的混凝土，把桩头接长到要求的标高。桩头主筋应与桩身相同，为增强桩头抗冲击能力，可在顶部加设 1～3 层钢筋网片。

③设备安装。锤击装置就位后应做到底盘平稳、导杆垂直，锤的重心线应与试桩桩身中轴线重合；试桩与基准桩的中心距离不得小于 2m，基准桩应稳固可靠，其设置深度不应小于 0.4m。

④锤击力和贯入度量测。准备就绪后，应取 0.2m 左右落高先试击一锤，确认整个系统处于正常工作状态后，即可开始正式试验。试验时重锤落高的大小，应按试桩类型、桩的尺寸、桩端持力层性质等综合确定。一般来说，当采用锤击力（Q_d）-累计贯入度（$\sum e$）曲线进行分析时，锤的落高应由低至高按等差级数递增，级差宜为 5cm 或 10cm（8～12 击）；当采用经验公式分析时，各击次可采用不同落高或相同落高，总锤击数为 5～8 击，一根桩的锤击贯入试验应一次做完，锤击过程中每击间隔时间为 3min 左右。

试验过程中，随时绘制桩顶最大锤击力 Q_{max}-$\sum e$ 关系曲线，当出现下列情况之一时，即可停止锤击：

a. 开始数击的 Q_{max}-$\sum e$ 基本上呈直线按比例增加，随后数击 Q_{max} 值增加变缓，而 e 值增加明显乃至陡然急剧增加；

b. 单击贯入度大于 2mm，且累计贯入度 $\sum e$ 大于 20mm；

c. Q_{max} 已达到力传感器的额定最大值；

d. 桩头已严重破损；

e. 桩头发生摇摆、倾斜或落锤对桩头发生明显的偏心锤击；

f. 其他异常现象的发生。

（4）检测结果的应用

①确定单桩极限承载力。锤击贯入度试验时，在软黏土中可能使桩间土产生压缩，在黏土和砂土中，贯入作用会引起孔隙水压力上升，而孔隙水压力的消散是需要一定时间的，这都会使得贯入试验所确定的承载力比桩的实际承载力低；在风化岩石和泥质岩石中，桩周和桩端岩土的蠕变效应会导致桩承载力的降低，贯入法确定的单桩承载力偏

高。在应用贯入法确定单桩承载力时，应当注意这些问题。在实际工程中，确定单桩承载力的方法主要有以下几种：

a. Q_d-$\sum e$ 曲线法。首先根据试验原始记录表的计算结果作出锤击力与桩顶累计贯入度 Q_d-$\sum e$ 曲线图，如图 7-26 所示。Q_d-$\sum e$ 曲线上第二拐点或 $\lg Q_d$-$\sum e$ 曲线起始点所对应的荷载即为试桩的动极限承载力 Q_{du}。该桩的静极限承载力 Q_{su} 可按下面的方法确定：

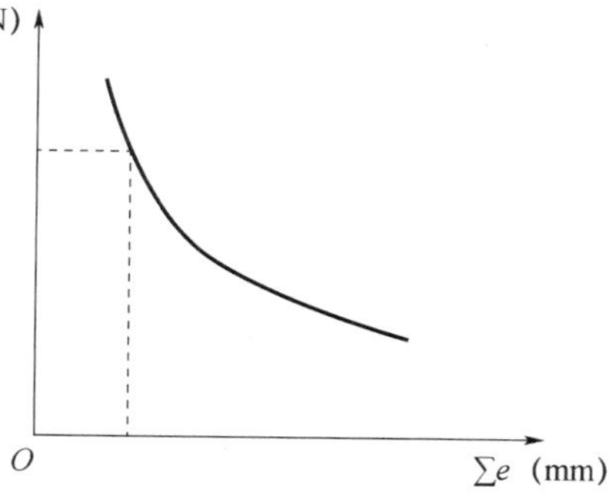

$$Q_{su}=Q_{du}/C_{dsc} \tag{7-11}$$

式中 Q_{su}——Q_d-$\sum e$ 曲线法确定的试桩静极限承载力（kN）；

Q_{du}——试桩时动极限承载力（kN）；

C_{dsc}——动、静极限承载力对比系数。

图 7-26 锤击贯入法的 Q_d-$\sum e$ 曲线

其中，动、静极限承载力对比系数 C_{dsc} 与桩周土的性质、桩型、桩长等因素有关，可由桩的静载荷试验与动力试验的结果对比得到。

b. 经验公式法。单击贯入度不小于 2.0mm 时，各击次的静极限承载力 Q^f_{sul} 可按下面公式计算：

$$Q^f_{sul}=\frac{1}{C^f_{ds}}\frac{Q_{di}}{1+S_{di}} \tag{7-12}$$

式中 Q^f_{sul}——经验公式法确定的试桩第 i 击次的静极限承载力（kN）；

Q_{di}——第 i 击次的实测桩顶锤击力峰值（kN）；

S_{di}——第 i 击次的实测桩顶贯入度（m）；

C^f_{ds}——经验公式法动、静极限承载力对比系数。

确定经验公式法的静极限承载力 Q^f_{sul} 值时，参加统计的单击贯入度不小于 2.0mm 的击次不得少于 3 击，并取其中极差不超过平均值 20%的数值按下面公式计算：

$$Q^f_{su}=\frac{1}{m}\sum_{i=1}^{m}Q^f_{sul} \tag{7-13}$$

式中 Q^f_{su}——经验公式法确定的试桩静极限承载力（kN）；

m——单击贯入度不小于 2.0mm 的锤击次数。

锤击贯入法和静载荷试验对比曲线如图 7-27 所示。

②判定桩身缺陷。锤击贯入法对桩身缺陷，尤其是对桩身深部的轻度缺陷反应并不敏感。同时，这种方法对确定灌注桩缺陷类型、规模时的适用性远不如其他检测方法。因此，利用锤击贯入法检测桩身缺陷，需十分谨慎。不少单位在总结地区经验的基础上，提出了运用锤击贯入法检测沉管灌注桩桩身质量时一些可以借鉴的做法：当落距较小，锤击力不大，而贯入度较大时，即 $e>2$mm 时，可以判定桩身浅部（5m 以内）有

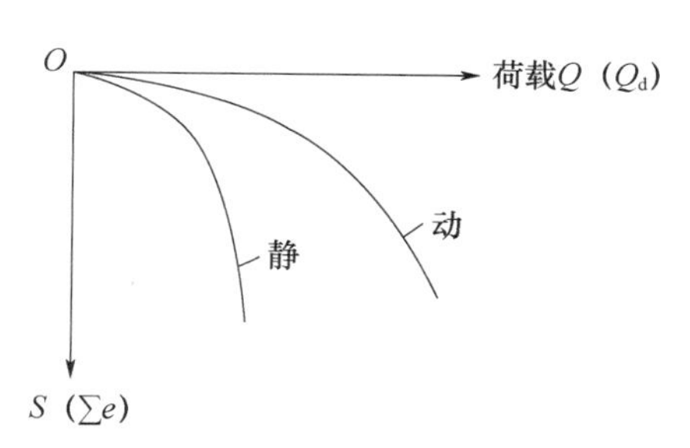

图 7-27 锤击贯入法和静载荷试验对比曲线

明显质量问题，比较多的情况为桩身断裂；当落距较小，贯入度不大，但当落距增加到某一值时，贯入度突然增大（$e>3\text{mm}$），这种情况可能是桩身缩颈，当落距较小时尚能将缩颈处上部的力传至下部，当锤击力增加到某一值时，就会引起缩颈处断裂，造成贯入度突然增加。随落距的增大，贯入度和力基本上都有增加，但单击贯入度比正常桩偏大，力比正常桩增加的幅度小，这种情况比较多的可能是混凝土松散，其松散程度视单击贯入度大小而定，单击贯入度大，则松散较严重；单击贯入度小，松散得较轻些。

2. Smith 波动方程法

（1）概述

很长一个时期以来，打桩过程一直被当作一个简单的刚体碰撞问题来研究，并用经典的牛顿力学理论进行处理。事实上，桩并不是刚体，打桩问题也不是一个简单的刚体碰撞问题，而是一个复杂的应力传播过程，如果忽略桩侧土阻力的影响和径向效应，这个过程可用一维波动方程加以描述，然后通过求解波动方程就可得到打桩过程中桩身的应力和变形情况。

从桩身中选取一微元体 $\mathrm{d}x$，如图 7-28 所示。则根据达朗贝尔原理，单元体上的诸力应满足下面的平衡方程：

$$A_p\sigma+\frac{\partial(A_p\sigma)}{\partial x}\mathrm{d}x-A_p\sigma-\rho A_p\mathrm{d}x\frac{\partial^2 u}{\partial t^2}=0 \tag{7-14}$$

式中　σ——截面应力（kPa）。

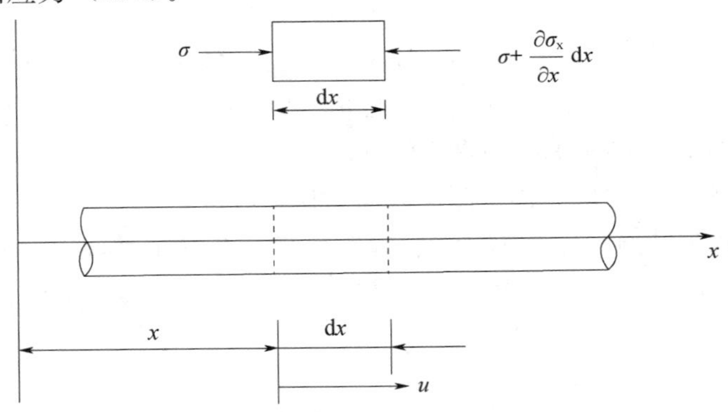

图 7-28　一维弹性杆的纵向振动

假定桩截面变形后仍保持平面，则由胡克定律有：

$$A_p\sigma=EA_p\frac{\partial u}{\partial x} \tag{7-15}$$

式中　E——桩身材料的弹性模量（MPa）。

这样，式（7-14）就变为：

$$\frac{\partial^2 u}{\partial x^2}=\frac{1}{c}\frac{\partial^2 u}{\partial t^2} \tag{7-16}$$

$$c=\frac{E}{\rho} \tag{7-17}$$

（2）基本公式和计算模型

1960 年，Smith 首先提出了波动方程在打桩中应用的差分数值解，将式（7-16）的波动方程变为求解一个理想化的锤-桩-土系统的各分离单元差分方程组，从而第一次提出了能在严密的力学模型和数学计算基础上分析复杂的打桩问题的手段。

Smith将包括桩锤、桩帽、桩垫和桩在内的系统离散成若干个单元，每一个单元都用一个刚性的集中质量块和一个无质量的弹簧模拟，如图7-29所示。桩周土假设为刚性的，土的反力用连接土与桩的流变模型来表示，它由弹簧、摩擦键和阻尼器组成，各流变模型所模拟的土阻力 $R(i, j)$ 可分为静阻力 $R_s(i, j)$ 和动阻力 $R_d(i, j)$ 两部分，即

$$R(i, j) = R_s(i, j) + R_d(i, j) \tag{7-18}$$

这样，锤对桩的一次锤击过程就转化为锤-桩-土体系的运动问题。

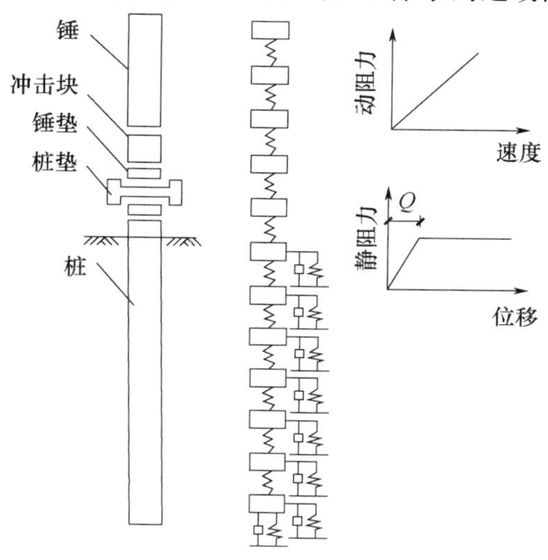

图7-29 Smith离散质弹性体系的计算模式

将一次锤击的历时分为许多个时间间隔 Δt，Δt 应取得很短，尽量保证弹性应力波在此时间间隔内尚未从一个单元传播到下一个单元，因此在该时间间隔内各单元的运动可看作是等速运动，任一单元 m 在该时间间隔内可认为是等速的，该单元在 t 时刻的平衡方程为：

$$-\frac{W(m)}{g}\frac{\partial^2 u(m,t)}{\partial t^2}+K(m-1)[u(m-1,t-\Delta t)-u(m,t-\Delta t)] -K(m)[u(m,t-\Delta t)-u(m+1,t-\Delta t)]-R(m,t)=0 \tag{7-19}$$

式中 $u(m,t)$——桩单元的位移(m)；

$K(m)$——桩材料的弹簧系数(kN/m)；

$W(m)$——单元块体的重量(kN)；

$R(m,t)$——土的阻力(kN)。

引起每一单元在下一瞬间速度变化的加速度为：

$$\frac{\partial^2 u(m,t)}{\partial t^2}=\frac{[u(m,t)-2u(m,t-\Delta t)+u(m,t-2\Delta t)]}{\Delta t^2} \tag{7-20}$$

代入上式得：

$$u(m, t) = 2u(m, t-\Delta t) - u(m, t-2\Delta t) + \frac{g\Delta t^2}{W(m)}$$

$$\{K(m-1)[u(m-1,t-\Delta t)-u(m,t-\Delta t)]-K(m)[u(m,t-\Delta t)-u(m+1,t-\Delta t)]-R(m,t)\} \tag{7-21}$$

各单元位移 $u(m,t)$、变形 $C(m,t)$ 和受力 $F(m,t)$ 分别为：

$$u(m,t)=u(m,t-\Delta t)+v(m,t-\Delta t)\Delta t$$
$$C(m,t)=u(m,t)-u(m+1,t)$$
$$F(m,t)=C(m,t)K(m) \tag{7-22}$$

各单元速度 $V(m,t)$、侧阻力 $R(m,t)$ 和桩端阻力 $R(b)$ 分别为：

$$V(m,t)=V(m,t-\Delta t)+[F(m-1,t)-F(m,t)-R(m,t)]-\frac{g\Delta t}{W(m)}$$
$$R(m,t)=[u(m,t)-uE(m,t)][1+J_s(m)\cdot V(m,t-\Delta t)]EK(m)$$
$$R(b)=EK(b)[u(b,t)-uE(b,t)]-[1-J_p\cdot V(b,t-\Delta t)] \tag{7-23}$$

式中 $EK(m)$——土阻力弹簧系数；$EK(m)=\frac{R_u(m)}{S_{max}}$，$S_{max}$ 为土的最大位移，$R_u(m)$ 为单元 m 的极限侧阻力（kN）；

$uE(m,t)$——土的残余变形；$uE(m,t)=u(m,t)\pm S_{max}$；

$J_s(m)$、J_p——桩侧和桩端的阻尼系数。

时间间隔 Δt 的选择十分重要，Δt 过大，将会产生过大的计算误差，甚至使计算不能收敛。

Smith 建议将 Δt 取为各单元最小的 Δt_{cr} 之半；Bowles 建议 Δt 的取值为：

$$\Delta t_{cr}/2 \leqslant \Delta t < \Delta t_{cr} \tag{7-24}$$

式中 Δt_{cr}——应力波通过一个桩单元所需的时间（s）。

实际应用时，对钢管桩一般为 1/4000s，混凝土桩为 1/3000s。

（3）计算步骤

①Smith 波动方程法主要计算步骤有：

a. 计算参数准备。计算时需输入的参数有：桩单元、桩帽、锤的重量；桩身材料弹性模量，桩截面面积，桩单元长度；锤垫和桩垫特性参数；端、侧阻力分配比例；S_{max}、J_s（m）、J_p 值和打入时土静阻力 R_u。

b. 计算土的动刚度。先假设极限阻力 Q_u，端、侧分配比例，侧阻分布形式（矩形、梯形或三角形等），土最大弹性位移 S_{max}，计算土的动刚度 E_k。

c. 计算锤的初速度。采用下式计算落锤的初速度：

$$V_0=\sqrt{2gH'} \tag{7-25}$$

式中 H'——锤的落高（m）。

d. 从上到下计算各单元的位移、变形和速度。

e. 重复计算后继时间间隔的各单元位移、变形和速度，直到桩端处残余位移达最大值。

f. 重新假定 R_u 并进行同样计算，求得不同贯入度与 R_u 关系曲线。

②计算参数的确定

各计算参数的取值如下：

a. 最大弹性变形。Smith 建议不分土质和土类，桩侧和桩端最大弹性变形 S_{max}（m）和 S_p 都可取 S_{max}＝2.54mm。实践证明，对于一般的 S_{max} 这样的取值是适用的，但用于大直径闭口及半闭口桩，S_{max} 值应适当加大才比较符合实际。

Forthand 和 Reese 建议对砂土取 1.3～5.1mm；对黏土取 1.3～7.6mm。而 Coyle、Kowery 和 Hirsoh 则建议按土质和加载或卸载时 S_{max} 取不同的值。加载时，对砂土，桩侧取 S_s（m）＝5.28mm，桩端处取 S_p＝10.16mm；对黏土，在桩端和桩侧都取 S_{max}＝2.54mm。卸载时，对砂土和黏土桩端可取 S_p＝12.54mm。

b. 阻尼系数。Smith 建议对于桩端阻尼系数取 J_p＝0.48；对于桩侧阻尼系数取 $J_s=1/3J_p=0.16$。上海地区在动静试验资料对比的基础上建议根据不同土质情况按表 7-10 取值，并且认为当桩侧有多种不同土层时，应当取各单元所对应土层的阻尼系数。

表 7-10　阻尼系数的建议值

土层类别	桩侧 J_s	桩端 J_p
黏土、粉质黏土	0.33～0.43	1.0～1.3
粉砂层	0.20	0.60
中粗砂层	0.16	0.48

c. 最大静阻力。一般情况下，应根据工程地质资料来估计桩侧摩阻力：

$$R_{us}(m)=f_s(m)\sum U(m)L(m) \tag{7-26}$$

式中　$f_s(m)$——桩侧单位面积上最大静阻力（kPa）；

$U(m)$——桩单元周长（m）；

$L(m)$——桩单元长度（m）。

在桩端处：

$$R_{up}=f_pA_p \tag{7-27}$$

式中　f_p——桩端单位面积上静阻力（kPa）。

Smith 的计算模型仅仅是经验地将动、静阻力联系起来，完全忽略了土体质量的惯性力对桩的反作用，从这个意义上来讲，这些参数是经验的和地区性的，取用时要注意它们各自适用的范围。

7.2.6　基桩的低应变动力检测

基桩的低应变动力检测（简称动测）就是通过对桩顶施加激振能量，引起桩身及周围土体的微幅振动，同时用仪表量测和记录桩顶的振动速度和加速度，利用波动理论或机械阻抗理论对记录结果加以分析。从而达到检验桩基施工质量、判断桩身完整性、判定桩身缺陷程度及位置等目的。低应变动测具有快速、简便、经济、实用等优点。

基桩低应变动测的一般要求是：

（1）检测前的准备工作。检测前必须收集场地工程地质资料、施工原始记录、基础设计图和桩位布置图，明确测试目的和要求。通过现场调查，确定需要检测桩的位置和数量，并对这些桩进行检测前的处理。另外，还要及时对仪器设备进行检查和调试，选定合适的测试方法和仪器参数。

（2）检测数量的确定。桩基的检测数量应根据建（构）筑物的特点、桩的类型、场地工程地质条件、检测目的、施工记录等因素综合考虑决定。对于一柱一桩的建（构）筑物，全部桩基都应进行检测；非一柱一桩时，若检测混凝土灌注桩身完整，则抽测数不得少于该批桩总数的30%，且不得少于10根。如抽测结果不合格的桩数超过抽测数的30%，应加倍抽测；加倍抽测后，不合格的桩数仍超过抽测数的30%时，则应全面检测。

（3）仪器设备及保养。用于基桩低应变动测的仪器设备，其性能应满足各种检测方法的要求。检测仪器应具有防尘、防潮性能，并可在－10～50℃的环境温度下正常工作。

对桩身材料强度进行检测时，如工期较紧，亦可根据桩身混凝土实测纵波波速来推求桩身混凝土的强度。

低应变法基桩动测的方法很多，本书主要介绍在工程中应用比较广泛、效果较好的反射波法、机械阻抗法、动力参数法等几种方法。

1. 反射波法

（1）概述

埋设于地下的桩的长度要远大于其直径，因此可将其简化为无侧限约束的一维弹性杆件，在桩顶初始扰力作用下产生的应力波沿桩身向下传播并且满足一维波动方程：

$$\frac{\partial^2 u}{\partial t^2}=c^2\frac{\partial^2 u}{\partial x^2} \tag{7-28}$$

式中 u——x方向位移（m）；

c——桩身材料的纵波波速（m/s）。

弹性波沿桩身传播过程中，在桩身夹泥、离析、扩颈、缩颈、断裂、桩端等桩身阻抗变化处将会发生反射和透射，用记录仪记录下反射波在桩身中传播的波形，通过对反射波曲线特征的分析即可对桩身的完整性、缺陷的位置进行判定，并对桩身混凝土的强度进行评估。

（2）检测设备

用于反射波法桩基动测的仪器一般有传感器、放大器、滤波器、数据处理系统以及激振设备和专用附件等。

①传感器。传感器是反射波法桩基动测的重要仪器，传感器一般选用宽频带的速度或加速度传感器。速度传感器的频率范围宜为10～500Hz，灵敏度应高于300mV/(cm·s^{-1})。加速度传感器的频率范围宜为1Hz～10kHz，灵敏度应高于100mV/g。

②放大器。放大器的增益应大于60dB，长期变化量小于1%，折合输入端的噪声水平应低于3μV，频带宽度应宽于1Hz～20kHz，滤波频率可调。模数转换器的位数至少应为8bit，采样时间间隔至少应为50～1000μs，每个通道数据采集、暂存器的容量应不小于1kbit，多通道采集系统应具有良好的一致性，其振幅偏差应小于3%，相位偏差应小于0.1ms。

③激振设备。激振设备应有不同材质、不同重量之分，以便于改变激振频谱和能量，满足不同的检测目的。目前工程中常用的锤头有塑料头锤和尼龙头锤，它们激振的主频分别为2000Hz左右和1000Hz左右；锤柄有塑料柄、尼龙柄、铁柄等，柄长可根据需要而变化。一般来说，柄越短，则由柄本身振动所引起的噪声越小，而且短柄产生的力脉冲宽度小、力谱宽度大。当检测深部缺陷时，应选用柄长、重的尼龙锤来加大冲

击能量；当检测浅部缺陷时，可选用柄短、轻的尼龙锤。

（3）检测方法

反射波法检测基桩质量的仪器布置如图 7-30 所示。

现场检测工作一般应遵循下面的一些基本程序：

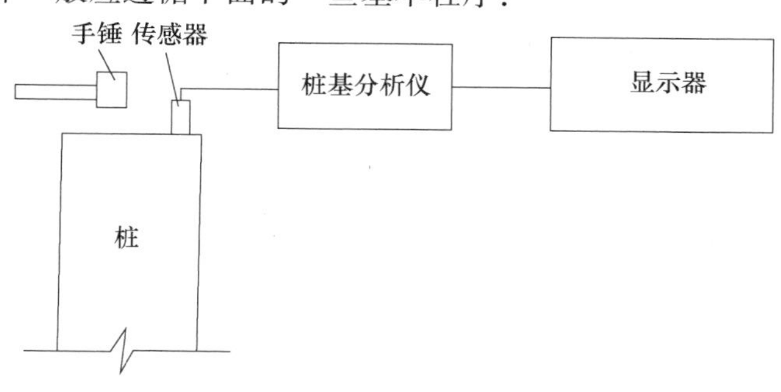

图 7-30 反射波法检测基桩质量仪器布置图

①对被测桩头进行处理，凿去浮浆，平整桩头，割除桩外露的过长钢筋；

②接通电源，对测试仪器进行预热，进行激振和接收条件的选择性试验，以确定最佳激振方式和接收条件；

③对于灌注桩和预制桩，激振点一般选在桩头的中心部位；对于水泥土桩，激振点应选择在 1/4 桩径处；传感器应稳固地安置于桩头上，为了保证传感器与桩头的紧密接触，应在传感器底面涂抹凡士林或黄油；当桩径较大时，可在桩头安放两个或多个传感器；

④为了减少随机干扰的影响，可采用信号增强技术进行多次重复激振，以提高信噪比；

⑤为了提高反射波的分辨率，应尽量使用小能量激振并选用截止频率较高的传感器和放大器；

⑥由于面波的干扰，桩身浅部的反射比较紊乱，为了有效地识别桩头附近的浅部缺陷，必要时可采用横向激振水平接收的方式进行辅助判别；

⑦每根试桩应进行 3～5 次重复测试，出现异常波形应立即分析原因，排除影响测试的不良因素后再重复测试，重复测试的波形应与原波形有良好的相似性。

（4）检测结果的应用

①确定桩身混凝土的纵波波速。

桩身混凝土纵波波速可按下式计算：

$$c=\frac{2L}{t_{\mathrm{r}}} \tag{7-29}$$

式中 c——桩身纵波波速（m/s）；

L——桩长（m）；

t_{r}——桩底反射波到达时间（s）。

②评价桩身质量

反射波形的特征是桩身质量的反映，利用反射波曲线进行桩身完整性判定时，应根据波形、相位、振幅、频率及波至时刻等因素综合考虑。桩身不同缺陷反射波特征如下：

a. 完整桩的波形特征。完整性好的基桩反射波具有波形规则、清晰、桩底反射波明显、反射波至时间容易读取、桩身混凝土平均纵波波速较高的特性，同一场地完整桩反射波形具有较好的相似性，如图 7-31 所示。

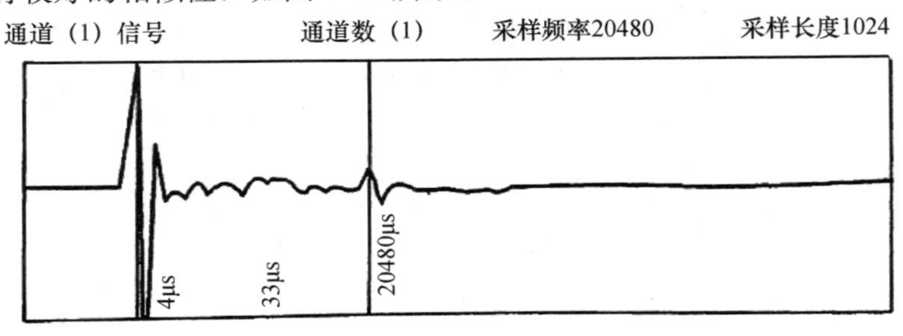

图 7-31　完整桩的波形特征

b. 离析和缩颈桩的波形特征。离析和缩颈桩桩身混凝土纵波波速较低，反射波幅减小，频率降低，如图 7-32 所示。

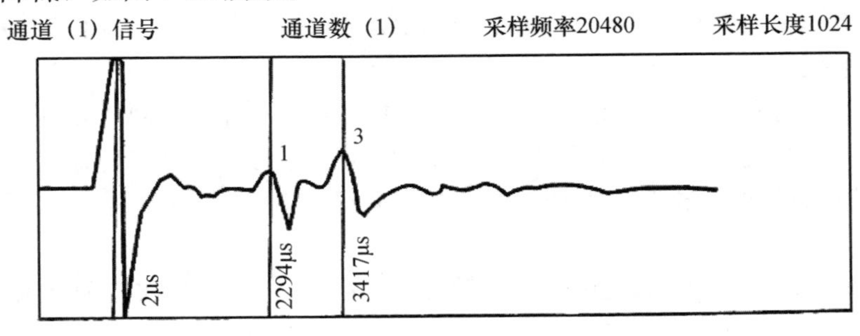

图 7-32　离析和缩颈桩的波形特征

c. 断裂桩的波形特征。桩身断裂时其反射波到达时间小于桩底反射波到达时间，波幅较大，往往出现多次反射，难以观测到桩底反射，如图 7-33 所示。

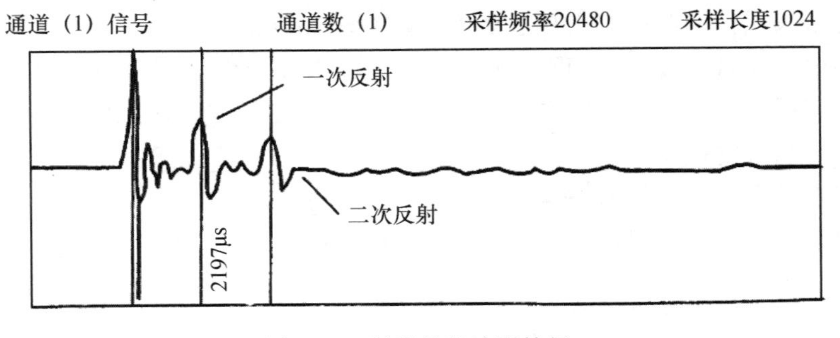

图 7-33　断裂桩的波形特征

③确定桩身缺陷的位置与范围。

桩身缺陷离开桩顶的位置 L' 由下式计算：

$$L' = \frac{1}{2} t'_r C_0 \tag{7-30}$$

式中　L'——桩身缺陷的位置（m）；

t'_r——桩身缺陷部位的反射波至时间（s）；

C_0——场地范围内桩身纵波波速平均值（m/s）。

桩身缺陷范围是指桩身缺陷沿轴向的经历长度，如图 7-34 所示。桩身缺陷范围可按下面的方法计算：

$$l=\frac{1}{2}\Delta tC' \tag{7-31}$$

式中　l——桩身缺陷的位置（m）；

Δt——桩身缺陷的上、下面反射波至时间差（s）；

C'——桩身缺陷段纵波波速（m/s），可由表 7-11 确定。

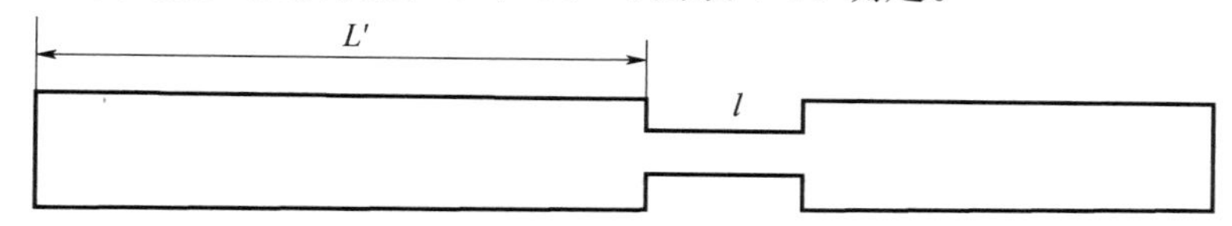

图 7-34　桩身缺陷的位置和范围

表 7-11　桩身缺陷段纵波波速

缺陷类别	离析	断层夹泥	裂缝空间	缩颈
纵波速度（m/s）	1500～2700	800～1000	<600	正常纵波速度

④推求桩身混凝土强度

推求桩身混凝土强度是反射波法基桩动测的重要内容。桩身纵波波速与桩身混凝土强度之间的关系受施工方法、检测仪器的精度、桩周土性能等因素的影响，根据实践经验，表 7-12 中桩身纵波波速与桩身混凝土强度之间的关系比较符合实际，效果更好。

表 7-12　混凝土纵波波速与桩身强度关系

混凝土纵波波速（m·s^{-1}）	混凝土强度等级	混凝土纵波波速（m·s^{-1}）	混凝土强度等级
>4100	>C35	2500～3500	C20
3700～4100	C30		
3500～3700	C25	<2700	<C20

2. 机械阻抗法

(1) 概述

埋设于地下的桩与其周围的土体构成连续系统，亦即无限自由度系统，但当桩身存在一些缺陷，如断裂、夹泥、扩颈、离析时，桩-土体系可视为有限自由度系统，而且这有限个自由度的共振频率是可以足够分离的。因此，在考虑每一级共振时可将系统看成是单自由度系统，故在测试频率范围内可依次激发出各阶共振频率。这就是机械阻抗法检测基桩质量的理论依据。

依据频率不同的激振方式，机械阻抗法可分为稳态激振和瞬态激振两种。实际工程中多采用稳态正弦激振法。利用机械阻抗法进行基桩动测，可以达到检测桩身混凝土的完整性，判定桩身缺陷的类型和位置等目的。对于摩擦桩，机械阻抗法测试的有效范围

为 $L/D\leqslant 30$；对于摩擦-端承桩或端承桩，测试的有效范围可达 $L/D\leqslant 50$（L 为桩长，D 为桩断面直径或宽度）。

（2）检测设备

机械阻抗法的主要设备由激振器、量测系统、信号分析系统三部分组成。

①激振器。稳态激振应选用电磁激振器，应满足以下技术要求：

a. 频率范围：5～1500Hz；

b. 最大出力：当桩径小于 1.5m 时，应大于 200N；当桩径在 1.5～3.0m 之间时，应大于 400N；当桩径大于 3.0m 时，应大于 600N。

悬挂装置可采用柔性悬挂（橡皮绳）或半刚性悬挂。在采用柔性悬挂时应注意避免高频段出现的横向振动。在采用半刚性悬挂时，在激振频率为 10～1500Hz 的范围内，系统本身特性曲线出现的谐振（共振及反共振）峰不应超过一个。为了减少横向振动的干扰，激振装置在初次使用及长距离运输后，正式使用前应进行仔细的调整，使横向振动系数（ξ）控制在 10%以下，谐振时最大值应不超过 25%。横向振动系数（ξ）由式（7-32）计算：

$$\xi=\frac{1}{a_{r}}\sqrt{a_{s}^{2}+a_{g}^{2}}\times 100\% \tag{7-32}$$

式中 a_s——横向最大加速度值（m/s^2）；

a_g——与 a_s 垂直方向上的横向最大加速度值（m/s^2）；

a_r——竖直方向上的最大加速度值（m/s^2）。

当使用力锤作激振设备时，所选用的力锤设备的频率响应应优于 1kHz，最大激振力不小于 300N。

②量测系统。量测系统主要由力传感器、速度（加速度）传感器等组成。传感器的技术特性应符合下列要求：

a. 力传感器。频率响应为 5～10kHz，幅度畸变小于 1dB，灵敏度不小于 100Pc/kN，量程应视激振最大值而定，但不应小于 1000N。

b. 速度（加速度）传感器。频率响应：速度传感器 5～1500Hz，加速度传感器 1Hz～10kHz；灵敏度：当桩径小于 60cm 时，速度传感器的灵敏度 $S_v>300\text{mV}/(\text{cm}\cdot\text{s}^{-1})$，加速度传感器的灵敏度 $S_a>1000\text{Pc}/g$；当桩径大于 60cm 时，$S_v>800\text{mV}/(\text{cm}\cdot\text{s}^{-1})$，$S_a>2000\text{Pc}/g$。横向灵敏度不大于 5%。加速度传感器的量程，稳态激振时不少于 $5g$，瞬态激振时不少于 $20g$。

速度（加速度）传感器的灵敏度应每年标定一次，力传感器可用振动台进行相对标定，或采用压力试验机作准静态标定。进行准静态标定所采用的电荷放大器，其输入阻抗应不小于 $10^{11}\Omega$，测量响应的传感器可采用振动台进行相对标定。在有条件时，可进行绝对标定。

测试设备的布置如图 7-35 所示。

③信号分析系统。信号分析系统可采用专用的机械阻抗分析系统，也可采用由通用的仪器设备组成的分析系统。压电加速度传感器的信号放大器应采用电荷放大器，磁电式速度传感器的信号放大器应采用电压放大器。带宽应大于 5～2000Hz，增益应大于 80dB，动态范围应在 40dB 以上，折合输入端的噪声应小于 $10\mu\text{V}$。在稳态测试

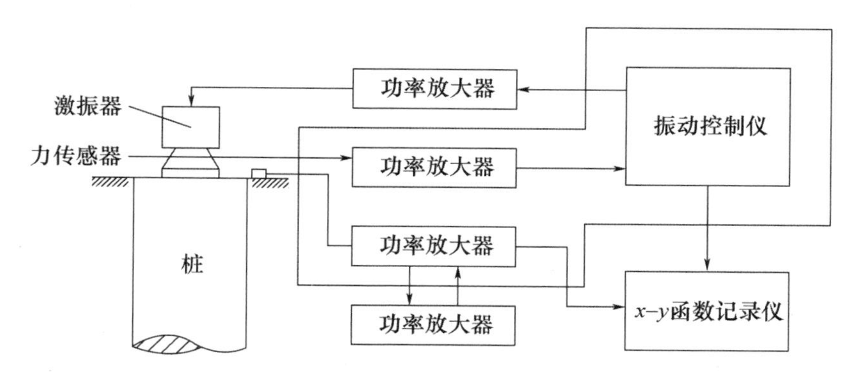

图 7-35　机械阻抗法测试仪器布置图

中，为了减少其他振动的干扰，必须采用跟踪滤波器或在放大器内设置性能相似的滤波系统，滤波器的阻尼衰减应不小于 40dB。在瞬态测试分析仪中，应具有频率均匀和计算相干函数的功能。如采用计算机进行数据采集分析，其模-数转换器的位数应不小于 12bit。

（3）检测方法

在进行正式测试前，必须认真做好被测桩的准备工作，以保证得到较为准确的测试结果。首先应进行桩头的清理，去除覆盖在桩头上的松散层，露出密实的桩顶。将桩头顶面修凿得大致平整，并尽可能与周围的地面保持齐平。桩径小于 60cm 时，可布置一个测点；桩径为 60～150cm 时，应布置 2～3 个测点；桩径大于 150cm 时，应在互相垂直的两个方向布置 4 个测点。

粘贴在桩顶的圆形钢板必须在放置激振装置和传感器的一面用铣床加工成△7 以上的光洁表面。接触桩顶的一面则应粗糙些，以使其与桩头粘贴牢固。将加工好的圆形钢板用浓稠的环氧树脂进行粘贴。大钢板粘贴在桩头正中处，小钢板粘贴在桩顶边缘处。粘贴之前应先将粘贴表面处修凿平整的表面清扫干净，再摊铺上浓稠的环氧树脂，贴上钢板并挤压，使钢板四周有少许粘贴剂挤出，钢板与桩之间填满环氧树脂，然后立即用水平尺反复校正，使钢板表面保持平整，待 10～20h 环氧树脂完全固化后即可进行测试。如不立即测试，可在钢板上涂上黄油，以防止锈蚀。桩头上不要放置与测试无关的东西，桩身主筋不要出露过长，以免产生谐振干扰。半刚性悬挂装置和传感器必须用螺丝固定在桩头钢板上。在安装和连接测试仪器时，必须妥善设置接地线，要求整个检测系统一点接地，以减少电噪声干扰。传感器的接地电缆应采用屏蔽电缆并且不宜过长，加速度传感器在标定时应使用和测试时等长的电缆线连接，以减少量测误差。

安装好全部测试设备并确认各仪器装置处于正常工作状态后方可开始测试。在正式测试前必须正确选定仪器系统的各项工作参数，使仪器能在设定的状态下完成试验工作。在测试过程中应注意观察各设备的工作状态，如未出现不正常状态，则该次测试为有效测试。

在同一工地中如果某桩实测的导纳曲线幅度明显过大，则有可能在接近桩顶部位存在严重缺陷，此时应增大扫频频率上限，以判定缺陷位置。

（4）检测结果的分析及应用

①计算有关参数。根据记录到的桩的导纳曲线，如图7-36所示，可以计算出以下参数：

a. 导纳的几何平均值：

$$N_m = \sqrt{PQ} \tag{7-33}$$

式中 N_m——导纳的几何平均值［m/（kN·s）］；

P——导纳的极大值［m/（kN·s）］；

Q——导纳的极小值［m/（kN·s）］。

b. 完整桩的桩身纵波波速：

$$C = 2L\Delta f \tag{7-34}$$

式中 L——测点下桩长；

Δf——两个谐振峰之间的频差（Hz）。

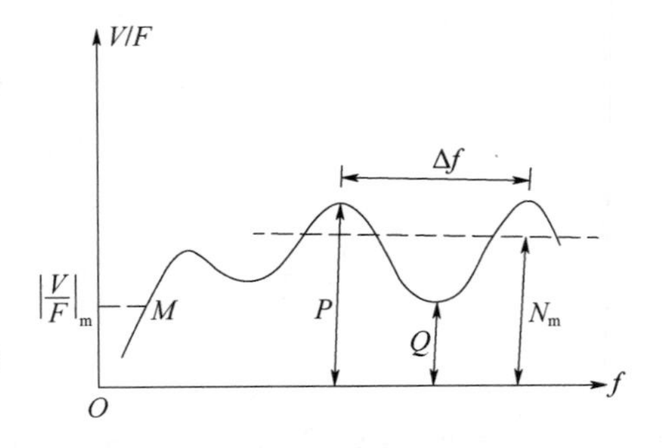

图7-36 实测桩顶导纳曲线

c. 桩身动刚度：

$$K_d = \frac{2\Pi f_m}{\left|\frac{V}{F}\right|_m} \tag{7-35}$$

式中 K_d——桩的动刚度（kN/m）；

f_m——导纳曲线初始线段上任一点的频率（Hz）；

$\left|\frac{V}{F}\right|_m$——导纳曲线初始直线段上任一点的导纳［m/（kN·s）］；

V——振动速度（m/s）；

F——激振力（kN）。

d. 检测桩的长度：

$$L_m = \frac{C}{2\Delta f} \tag{7-36}$$

式中 L_m——桩的检测长度（m）。

e. 计算导纳的理论值：

$$N_c = \frac{1}{\rho C A_p} \tag{7-37}$$

式中 N_c——导纳曲线的理论值［m/（kN·s）］；

ρ——桩身材料的质量密度（kg/m^3）；

A_p——桩截面积（m^2）。

②分析桩身质量。计算出上述各参数后，结合导纳曲线形状，可以判断桩身混凝土完整性、判定桩身缺陷类型、计算缺陷出现的部位。

a. 完整桩的导纳特征：

ⓐ动刚度 K_d 大于或等于场地桩的平均动刚度$\overline{K_d}$；

ⓑ实测平均几何导纳值 N_m 小于或等于导纳理论值 N_c；

ⓒ纵波波速值 C 不小于场地桩的平均纵波波速 C_0；

ⓓ导纳曲线谱形状特征正常；

ⓔ导纳曲线谱中一般有完整桩振动特性反映。

b. 缺陷桩的导纳特征：

ⓐ动刚度 K_d 小于场地桩的平均动刚度$\overline{K_d}$；

ⓑ平均几何导纳值 N_m 大于导纳理论值 N_c；

ⓒ纵波波速值 C 不大于场地桩的平均纵波波速 C_0；

ⓓ导纳曲线谱形状特征异常；

ⓔ导纳曲线谱中一般有缺陷桩振动特性反映。

3. 动力参数法

（1）概述

动力参数法检测桩基承载力的实质是用敲击法测定桩的自振频率，或同时测定桩的频率和初速度，用以换算基桩的各种设计参数。

在桩顶竖向干扰力作用下，桩身将和桩周部分土体一起做自由振动，我们可以将其简化为单自由度的质量-弹簧体系，该体系的弹簧刚度 K 与频率 f 间的关系为

$$K=\frac{(2\Pi f)^2}{g}Q \tag{7-38}$$

式中　f——体系自振频率（Hz）；

Q——参振的桩（土）重量（kN）；

g——重力加速度，$g=9.8\text{m/s}^2$。

如果先按桩与其周围土体的原始数据计算出参振总重量，则只要实测出桩基的频率就可进行承压桩参数的计算，这就是频率法；如果将桩基频率和初速度同时量测，则无须桩和土的原始数据也可算出参振重量，从而求出桩基承载力及其他参数，这种方法称为频率-初速度法，下面将分别介绍这两种方法。

（2）频率-初速度法

①检测设备。动力参数法检测桩基的仪器和设备主要有激振装置、量测装置和数据处理装置三部分。

a. 激振装置。激振设备宜采用带导杆的穿心锤，从规定的落距自由下落，撞击桩顶中心，以产生额定的冲击能量。穿心锤的重量从 25～1000kN 形成系列，落距自 180～500mm 分二至三挡，以适应不同承载力的基桩检测要求。对不同承载力的基桩，应调节冲击能量，使振动波幅基本一致，穿心锤底面应加工成球面。穿心孔直径应比导杆直径大 3mm 左右。

b. 量测装置。拾振器宜采用竖、横两向兼用的速度传感器，传感器的频响范围应宽于 10～300Hz，最大可测位移量的峰值不小于 2mm，速度灵敏度应不低于 $200\text{mV}/(\text{cm}\cdot\text{s}^{-1})$。传感器的固有频率不得处于基桩的主频附近；检测桩基承载力时，有源低通滤波器的截止频率宜取 120Hz 左右：放大器增益应大于 40dB，长期绝对变化量应小于 1%，折合到输入端的噪声信号不大于 10mV，频响范围应宽于 10～1000Hz。

c. 数据处理装置。接收系统宜采用数字式采集、处理和存储系统，并具有定时时域显示及频谱分析功能。模-数转换器的位数至少应为 8bit，采样时间间隔应在 50～1000μs 范围内分数档可调，每道数据采集暂存器的容量不小于 1kB。

为了保证仪器的正常工作，传感器和仪器每年至少应在标准振动台上进行一次系统灵敏度系数的标定，在 10～300Hz 范围内至少标定 10 个频点并描出灵敏度系数随频率

变化的曲线。

测试设备现场布置如图 7-37 所示。

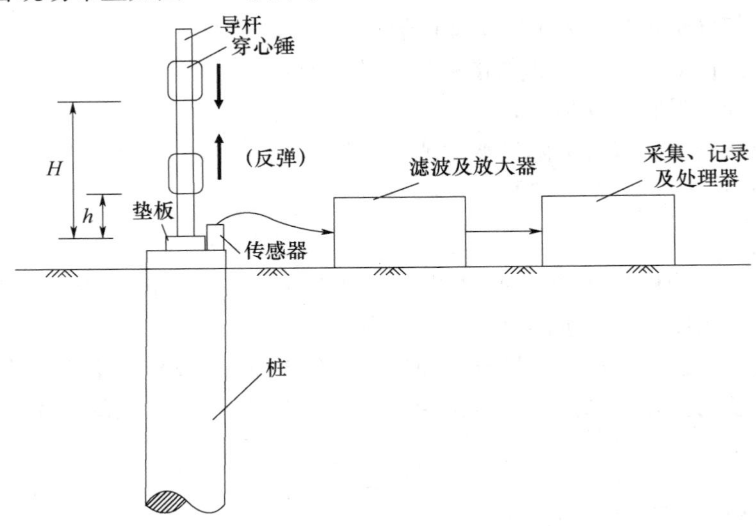

图 7-37　动参数法仪器设备布置图

②检测方法。现场检测前应做好下列准备工作：

a. 清除桩身上段浮浆及破碎部分。

b. 凿平桩顶中心部位，用胶粘剂（如环氧树脂等）粘贴一块钢板垫，待固化后方可检测。对预估承载力标准值小于 2000kN 的桩，钢垫板面积约（100×100）mm^2，厚 10mm，中心钻一盲孔，孔深约 8mm，孔径 12mm。对于承载力较大的桩，钢垫板面积及厚度应适当加大。

c. 用胶粘剂（如烧石膏）在冲击点与桩身钢筋之间粘贴一块小钢板，用磁性底座吸附的方法将传感器竖向安装在钢板上。

d. 用屏蔽导线将传感器、滤波器、放大器及接收系统连接。设置合适的仪器参数，检查仪器、接头及钢板与桩顶粘结情况，确保一切处于正常工作状态。在检测瞬间应暂时中断邻区振源。测试系统不可多点接地。

激振时，将导杆插入钢垫板的盲孔中，按选定的穿心锤质量 m 及落距 H 提起穿心锤，任其自由下落并在撞击垫板后自由回弹再自由下落，以完成一次测试，进行记录。重复测试三次，以便比较。

波形记录应符合下列要求：每次激振后，应通过屏幕观察波形是否正常；要求出现清晰而完整的第一次及第二次冲击振动波形，并且第一次冲击振动波形的振幅值符合规定的范围，否则应改变冲击能量，确认波形合格后进行记录。典型的波形如图 7-38 所示。

③检测数据的处理与计算。对检测数据进行处理时，首先要对振波记录进行“掐头去尾”处理，亦即要排除敲击瞬间出现的高频杂波及后段的地面脉冲波，仅取前面 1～2 个主波进行计算。桩-土体系竖向自振频率 f_r 由下式计算：

$$f_r=\frac{V}{\lambda} \tag{7-39}$$

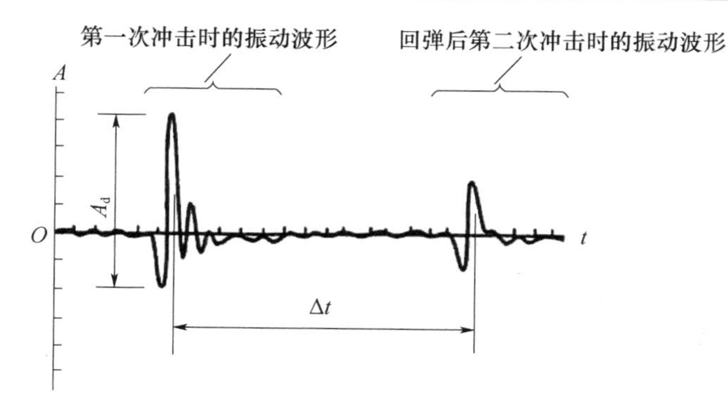

图 7-38 典型波形

式中 V——记录纸移动速度（mm/s）；

λ——主波波长（mm）。

穿心锤的回弹高度 h 可按下式计算：

$$h=\frac{1}{2}g\left(\frac{\Delta t}{2}\right)^2 \tag{7-40}$$

式中 Δt——第一次冲击与回弹后第二次冲击的时距（s）。

碰撞系数 ε 可按下式计算：

$$\varepsilon=\sqrt{\frac{h}{H}} \tag{7-41}$$

式中 H——穿心锤落距（m）。

桩头振动的初速度按下式计算：

$$V_0=\alpha A_d \tag{7-42}$$

式中 α——与 f_r 相应的测试系统灵敏度系数［m/(s·mm^{-1})］；

A_d——第一次冲击振波形成的最大峰幅值（mm）。

求出了上述诸参数后，即可由下式计算单桩竖向承载力的标准值：

$$R_k=\frac{f_r\ (1+\varepsilon)\ W_0\sqrt{H}}{KV_0}\beta_v \tag{7-43}$$

式中 R_k——单桩竖向承载力标准值（kN）；

f_r——桩-土体系的固有频率（Hz）；

W_0——穿心锤重量（kN）；

ε——回弹系数；

β_v——频率-初速度法的调整系数，与仪器性能、冲击能量的大小、桩长、桩端支承条件及成桩方式等有关，应预先积累动、静对比资料经统计分析加以调整；

K——安全系数，一般取 2。对沉降敏感的建筑物及在新填土中，K 值可酌情增加。

（3）频率法

上面介绍了动力参数法中的频率-初速度法，下面简要地介绍动力参数法中的另一种方法——频率法。

一般来说，频率法的适用范围仅限于摩擦桩，并要求有准确的地质勘探及土工试验资料供计算选用，桩的入土深度不宜大于 40m 亦不宜小于 5m。频率法所使用的仪器与频率-初速度法相同，但频率法不要求进行系统灵敏度系数的标定，激振设备可仍用穿心锤，也可采用其他能引起桩-土体系振动的激振方式。

当用频率法进行桩基承载力检测时，基桩竖向承载力的标准值可按下面的方法得到：

①计算单桩竖向抗压强度。

$$K_z=\frac{(2\Pi f_r)^2\ (Q_1+Q_2)}{2.365g} \tag{7-44}$$

式中 Q_1——折算后参振桩重（kN）；

Q_2——折算后参振土重（kN）；

其余符号意义同前。

Q_1、Q_2 的计算方法如下：

$$Q_1=\frac{1}{3}A_P L\gamma_1 \tag{7-45}$$

式中 γ_1——桩身材料的重度（kN/m^3）。

其余符号意义同前。

Q_2 的计算图式如图 7-39 所示。

$$Q_2=\frac{1}{3}\left[\frac{\Pi}{9}r_z^2\ (1+16r_z)\ -\frac{1}{3}LA_P\right]\gamma_2 \tag{7-46}$$

$$\gamma_2=\frac{1}{2}\left(\frac{2}{3}L\tan\frac{\varphi}{2}+d\right) \tag{7-47}$$

式中 L——桩的入土深度（m）；

r_z——土体的扩散半径（m）；

γ_2——桩的下段 1/3 范围内土的重度（kN/m^3）；

φ——桩的下段 1/3 范围内土的平均内摩擦角（°）。

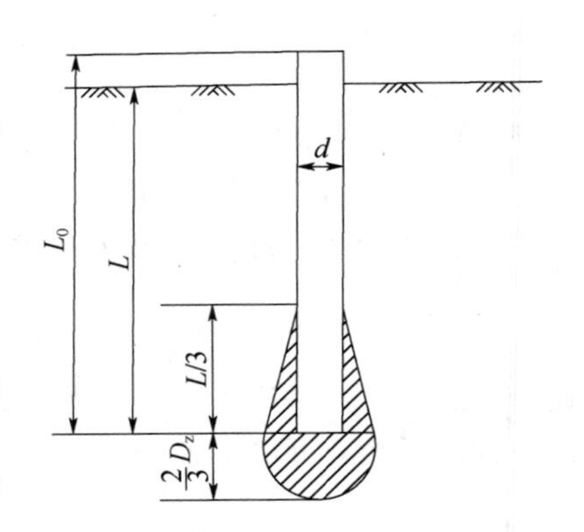

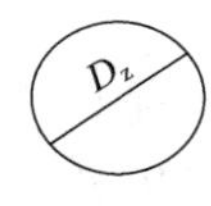

图 7-39 参振土体质量计算图示

②计算单桩临界荷载。

$$P_{cr}=\eta K_z \tag{7-48}$$

式中 η——静测临界荷载与动测抗压强度之间比例系数，可取 0.004。

③计算单桩竖向容许承载力标准值

a. 对于端承桩

$$R_k=P_{cr} \tag{7-49}$$

b. 对于摩擦桩

$$R_k=P_{cr}/K \tag{7-50}$$

式中 K——系数，一般取 2，对新近填土，可适当增大安全系数。

动力参数法也可用来检测桩的横向承载力，其测试方法与桩竖向承载力检测方法类似，但所需能量较小，而且波形也较为规则。

7.2.7 Osterberg 试桩法和静动试桩法

1998 年 10 月，Osterberg 撰文总结了 Osterberg 试桩法在世界各地 10 年的应用经验。据称，该法已成功地应用于钻孔桩、壁板桩、打入式钢管桩及预制混凝土桩等桩型共约 300 余例。单桩最大试验荷载已达到 133MN（13600t），最大桩深 90m（300 英尺)，最大桩径为3m（10英尺)。并且在试验装置的设置部位、利用该法改善桩的承载性状等方面均有了新的发展。

静动试桩法，国外称为Statnamic试桩法［Statnamic一词是由Static（静力的）和Dynamic（动力的）组合而成］，是一种评价单桩极限承载力的新方法，由于它兼有静载荷试验和高应变动测的特点，所以称其为静动试桩法。静动试桩法由加拿大伯明桩锤公司（Berming Hammer）和荷兰建筑与施工技术研究所（TNO）于1989年联合研制成功。它通过特殊的装置将动测中的冲击力变为缓慢荷载，将动力试桩时的荷载作用时间由1～20ms延长到200～600ms，从而获得可分解的荷载试验曲线，最终通过解析处理得到桩顶荷载-沉降曲线（即Q-s曲线)。

1. Osterberg试桩法

（1）概述

迄今为止，传统的静载荷试桩法仍被认为是确定单桩极限承载力最直观、最可靠的方法。然而长期以来，静载荷试验的装置一直停留在压重平台或锚桩反力架之类的形式上，试验工作费时、费力、费钱，因此人们常力图回避做静载荷试验，甚至出现了单桩承载力越高，越不愿意做静载荷试验的倾向，以致许多重要的建（构）筑物的大吨位基桩往往得不到准确的承载力数据，基桩的承载潜力不能得到有效的发挥。另外，由于工作条件限制或者承载力过大，某些特殊的桩墩难以进行单桩的静载荷试验。

针对静载荷试验存在的诸多不便，人们一直试图寻找一种更方便、更有限的测试方法。一种新的测定桩基承载力的思路很早就被提出：将千斤顶放置在桩的下端，向上顶桩身的同时，向下压桩底，使桩的摩阻力和端阻力互为反力，分别得到荷载-位移曲线，叠加后得到桩的承载力（Q）和位移（s）的Q-s曲线。这种方法的优点是节省时间，节约经费，受到工程界的广泛欢迎；另外，该法又可以分别测出桩的摩阻力和端阻力与上下位移间的关系曲线，便于分别考虑这两种承载力，明确两种承载力的发展过程。这对桩基础进行可靠度设计时考虑和确定分项系数也是十分重要的。

这种测桩方法的思路是1969年由日本的中山（Nakayama）和藤关（Fujiseki）提出的。1973年他们取得了对于钻孔桩的测试专利；1978年Sumii获得了对于预制桩的测试专利。Gibson与Devenny在1973年用类似的技术方法测定在钻孔中混凝土与岩石间的胶结应力。基于同样的思路，相似的技术也被Cernak等人（1988）和Osterberg（1989）所开发，并且得到了快速和极大的发展。所以，该方法又以Osterberg试桩法闻名于世。

由于Osterberg试桩法加压装置简单，不需压重平台，不需锚桩反力架，不占用施工场地，试验方便，费用低廉，节省时间，且能直接测出桩的侧阻力和端阻力，近10年来该法已在美国许多州广泛使用。美国深基础协会（DFI）为此授予Osterberg教授以“杰出贡献奖”，并称试桩已进入“Osterberg新时期”。该法已成为多国专利，并已在英、日、加拿大、菲律宾、新加坡等国及我国香港、台湾等地应用。

我国工程界、学术界对Osterberg试桩法表现出极大的兴趣。这种方法一被介绍到国内，就在工程界引起了极大的反响。与此同时，清华大学水利水电工程系率先利用该法结合大型渗水力土工模型试验，进行了“桩底受托桩”“桩顶受压桩”及“桩顶受拉桩”三者的侧阻力发挥机理差异的试验研究，并建立了从Osterberg法试验结果推导抗压桩及抗拔桩承载力的关系式。通过应用实践认为，Osterberg 试桩法除了作为测定桩的承载力的一种方法外，还十分有利于对桩土相互作用机理等课题进行高水平的研究。

另外，东南大学土木工程学院与江苏省建委合作对 Osterberg 试桩法进行研究，并将其命名为“自平衡试桩法”，自制荷载箱在工程中加以推广，编制了地方规范《桩承载力自平衡测试技术规程》（DB 32/T 291—1999），目前该法已在省内外付诸实用。

（2）Osterberg 试桩法的试验装置及试验方法

Osterberg 试桩法的主要装置是经特别设计的液压千斤顶式的荷载箱，也称为压力单元（O-Cell）。荷载箱可以是一次性的，也可以是可回收的。可回收的荷载箱一般放置在空心预制桩的内部、离桩底不远的位置。一对精细加工的卡口事先浇筑在试验桩内部桩端的稍上部，试验时将荷载箱放到卡口的位置，顺时针旋转 90°，将其锁住，试验后再逆时针旋转 90°，将其卸下回收，重复使用。不可回收的千斤顶可以是锅式的，也可以是鞘式的（空心圆柱式）；可以单个布置，也可以是联动的（多个并联）。由于千斤顶直径稍小于桩径，在其上下分别布置两个钢板（或橡胶板）使千斤顶不至于被混凝土所凝固。当千斤顶在灌注桩的底部以上时，可以将几个千斤顶布置在钢筋笼之间的四周，以便中间通过漏斗浇筑混凝土。连接千斤顶和泵的压力管事先埋设在预制混凝土桩中，或者事先沿着钢筋笼布置固定。在美国，已有专门的公司实行商品化供应荷载箱，按不同的桩型、截面尺寸和荷载大小分别设计制作。

驱动荷载箱的压力，对于混凝土预制桩可达到 24.5MPa，对于钻孔灌注桩可达到 11.8MPa。试验完成后，可以通过灌浆使试验桩成为工作桩。试验中，桩顶的位移可以直接通过百分表量测，不同深度的各断面桩的位移可通过预埋的钢棒量测，钢棒预放在钢管中，以便自由移动，每个断面相对布置 2～4 个测点。不同深度的桩的轴向力，可通过钢筋应力计量测计算。

由于 Osterberg 荷载箱一般安设于桩身底部，打入桩时随桩而打入土中，灌注桩将它与钢筋笼焊接而沉入桩孔，因此，这种试桩法在日本被称为“桩底加载法”，相对而言，传统的试桩法便成了“桩顶加载法”。

图 7-40（a）为荷载箱被焊于钢管桩的底端，图 7-40（b）为桩的顶部装置，图 7-40（c）为荷载箱被推开。荷载箱由活塞、顶盖及箱壁组成，箱壁由较厚的钢板制成，其外径与桩的外径相同。顶盖与活塞均用钢材制成，顶盖呈漏斗状，漏斗口内有螺纹，活塞顶面有锥形小孔，孔内也有螺纹，活塞底板外径略大于桩外径。当荷载箱随钢管桩打入土中至预定标高后，将输压竖管插入钢管桩，直至荷载箱顶盖的漏斗与其拧紧。再在输压竖管中插入芯棒，直至活塞顶面的锥形小孔，而后与其拧紧，芯棒的外径适当小于输压竖管的内径。

当试验时，通过输压横管开始加压，经输压竖管与芯棒之间的环状空隙传至荷载箱内。随着压力的增大，活塞与顶盖被推开，桩侧阻力与桩端阻力随之发生作用。由图 7-40（b）可看到，输压横管设有压力表，可显示所施加的压力大小，压力与荷载的关系应事先进行标定。将一百分表分别与芯棒和输压竖管相连，百分表支承在基准梁上，分别量测活塞向下的位移和顶盖向上的位移，即钢管桩桩底土向下的位移及桩底向上的位移。百分表也支承于基准梁上，以量测桩顶向上的位移。桩顶与桩底向上的位移之差就是加荷时桩身摩阻力所引起的桩身弹性压缩。随着压力的增加，可根据压力表和百分表

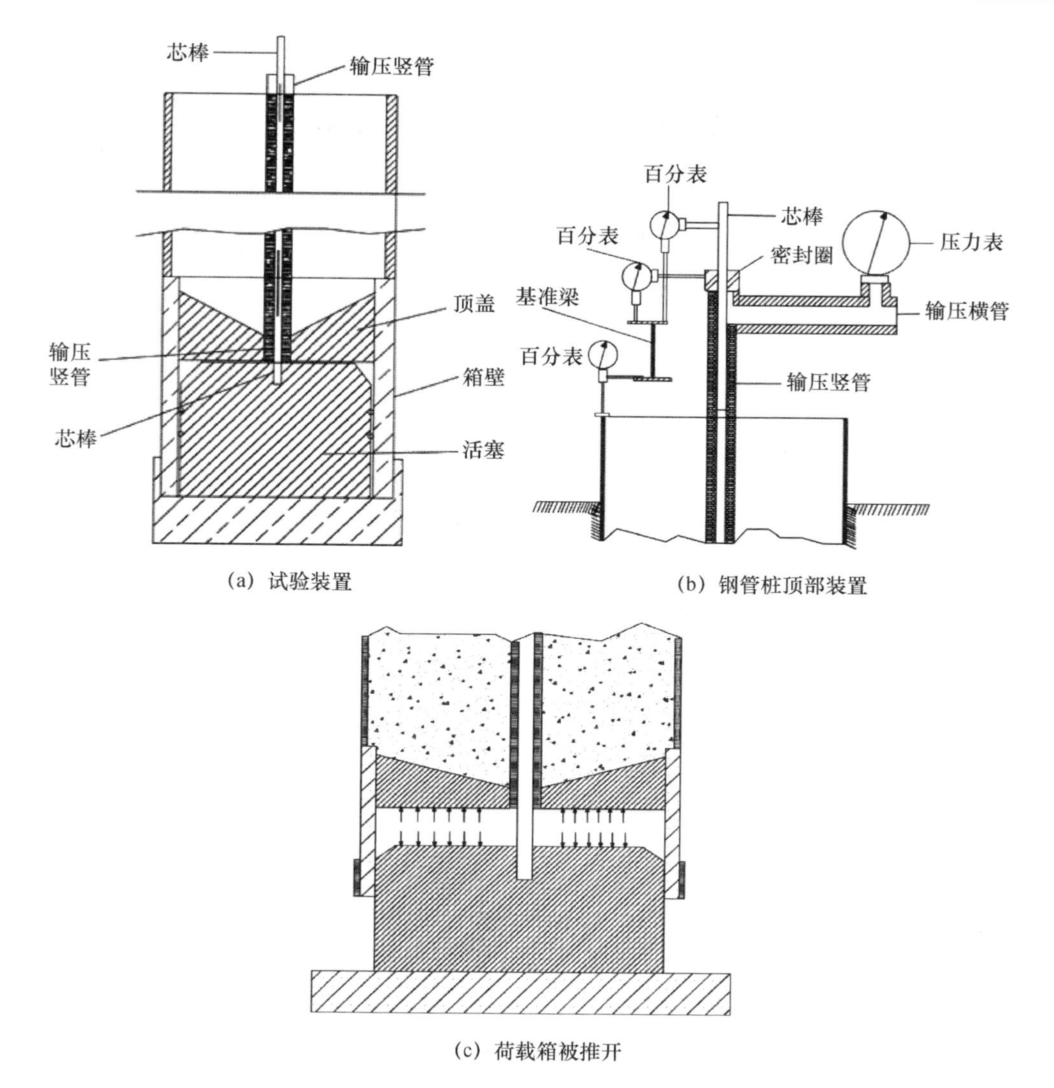

(a) 试验装置

(b) 钢管桩顶部装置

(c) 荷载箱被推开

图 7-40 Osterberg 法的试验装置（以钢管桩为例）

的读数，绘制相应的向上的力与位移关系图和向下的力与位移关系图；还可利用桩身的弹性模量估算桩侧阻力沿桩身的分布。由于作用力与反作用力相等，Osterberg 法所施加的荷载为传统试桩法桩顶荷载的一半。

对于大直径钻孔灌注桩和人工挖孔桩，Osterberg 荷载箱焊接于钢筋笼底部，做好输压竖管与顶盖、芯棒与活塞之间的连接工作，然后下放至孔底。此前应先在孔底清孔、注浆、找平，使荷载箱受力均匀。然后灌注混凝土，待混凝土强度等级达到设计要求后进行试桩。

对于预制混凝土打入桩，早期的一般做法是在桩预制时将输压竖管预埋于桩身中，并将桩底做成平底，预埋一块钢板。然后在桩起吊就位时，用 4 只大螺栓将荷载箱迅速安装于桩底钢板。近年另一做法是将荷载箱的箱盖直接浇筑在桩身底部，如图 7-41 所示。

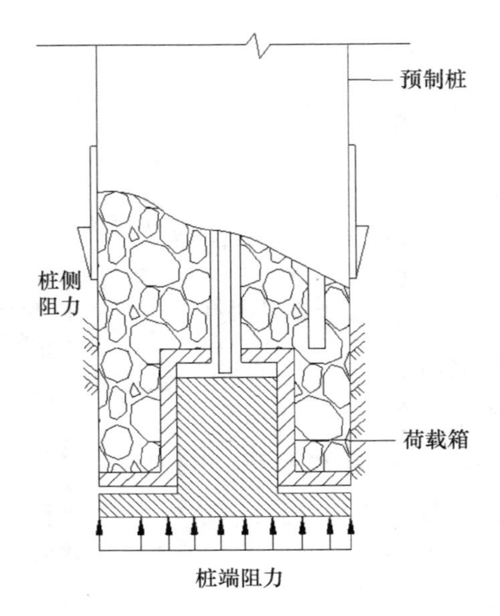

图 7-41　荷载箱浇筑在预制桩的底部

2. 静动试桩法

（1）静动试桩法的原理

静动试桩法的原理可以用牛顿运动定律描述如下：

①物体在没有外力作用时，将保持静止或原来的运动状态；

②物体在受到外力作用时，将产生一个与作用力方向一致的加速度，加速度的大小与作用力大小成正比，即 $F=ma$；

③对于每一个作用力，都有一个大小相等、方向相反的反作用力。

在静动试桩法试验中，一个反力装置被固定在待测桩的桩顶，利用固体燃料的燃烧产生一个气体压力 F，使得反力物体 m 产生一个向上的加速度，这个加速度大约在 $20g$（g 为重力加速度）；同时，一个大小相等的向下的反作用力作用在桩顶，使桩产生贯入度，如图 7-42 所示。

（2）静动试桩法的试验设备

静动试桩法试验设备的各部分组成如图 7-43 所示。基础盘安装在桩顶，荷载盒、加速度计、光电激光传感器和活塞基础被固定在基础盘上，发射汽缸被安装在活塞基础的上面，这样可以关闭压力盒并推动反力物体运动，反力物体（质量块）堆在发射汽缸上，一个阻挡结构放在反力物体的周围，用砂或砾石的回填物堆满反力物体和阻挡结构的卷筒型空间，在推动燃料点燃和反力物体开始向上运动以后，粒状回填物落入余下的空间中去缓冲反力物体的回落；一个远距离的激光参照源固定在距离试验设备 20m 远的地方记录桩的位移。

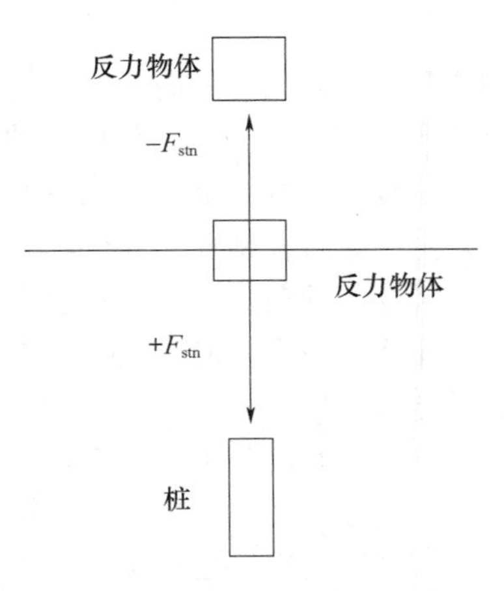

图 7-42　静动试桩法原理示意图

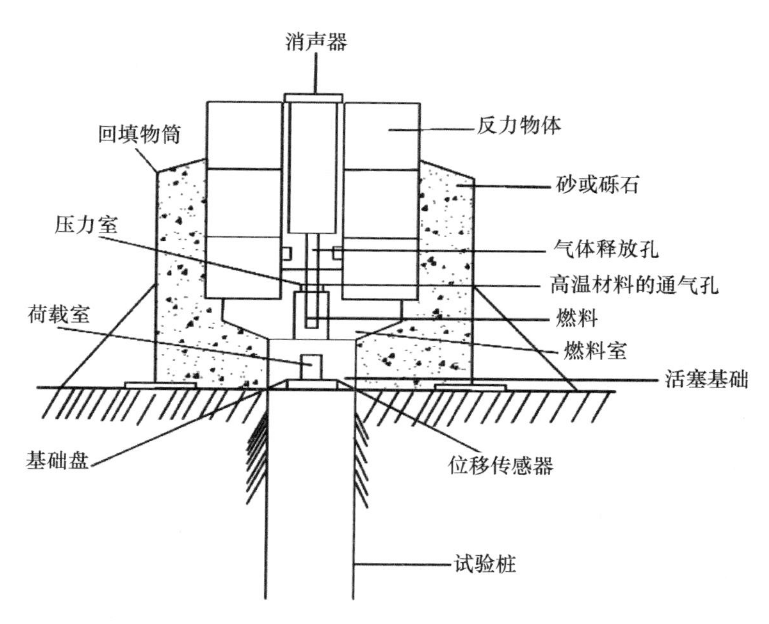

图 7-43 静动试桩法试验设备与安装

加载量的大小、持续时间和加载速率可由选择活塞和汽缸的尺寸、燃料的质量、燃料的种类、反力物质的气体释放技术来控制。施加到桩上的力由反力计来测量，桩顶的加速度由加速度计来测量，积分后可得桩顶的速度，再次积分可以得到桩顶的位移。桩相对于参照激光源的位移可以用光电激光传感器来测量，从应力计和光电激光传感器所得到的荷载和位移可以被记录、数字化，并被立即显示出来。

通常得到的荷载和位移的原始记录如图 7-44 所示。这些信号可以被转换为等效的荷载-沉降曲线，如图 7-45 所示，这个曲线经过整理分析可以得到单桩极限承载力。

1988 年，静动试桩法的加载量可达 100kN；从 1988—1992 年，试验的荷载增加到了 16MN；1994 年，出现了 30MN 的加载设备。

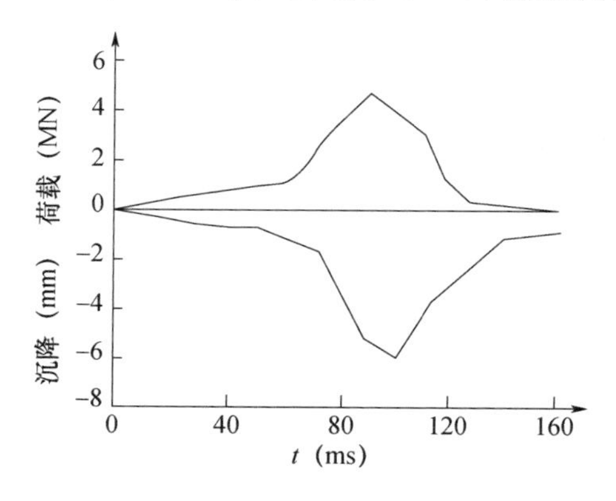

图 7-44 静动试桩法试验原始记录

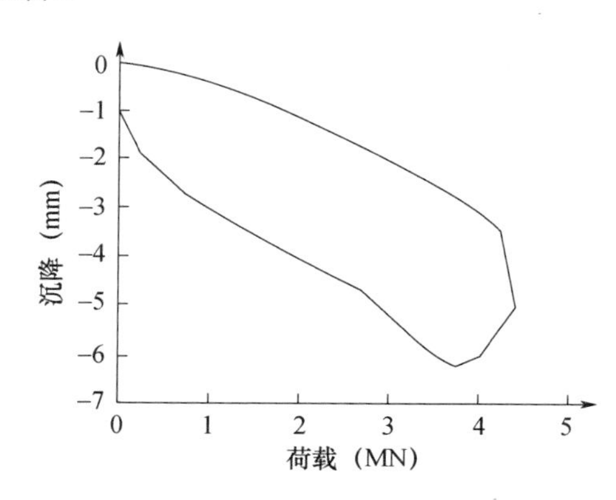

图 7-45 等效的荷载-沉降曲线

8 岩石隧道工程监测

8.1 隧道工程监测概述

8.1.1 隧道工程信息化施工

城市化水平的迅猛提高，促进了城市地下空间建设的发展。一般小城市，具备煤气管道、供水、排污、电力、通信及供热等必需的地下设施；大中型城市有市区轨道交通、郊区火车、汽车及电车和人行道等；大城市或特大城市有地下购物商店、地下文化设施（博物馆等）、地下住宅、地下办公室、地下停车场、地下人行道、地下民防工事、地铁、储藏室及废物处置地等集生活、储存、运输及废物处置于一体的地下设施。综合利用城市地下空间是解决城市社会问题的重要途径。地下空间的利用形态多种多样，如粮食地下储藏、地下式住宅等，城市地铁、地下商业街、地下停车场、地下水力发电站、地下能源发电站、地下工厂、交通设施和防御、减小灾害的地下设施。

隧道工程信息化施工是在施工过程中布置监控测试系统，从现场围岩的开挖及支护过程中获得围岩稳定性及支护设施的工作状态信息，通过分析研究，这些信息间接地描述围岩的稳定性和支护的作用，并反馈于施工决策和支持系统，修正和确定新的开挖方案的支护参数。这个过程随每次掘进开挖和支护的循环进行一次，如图 8-1 所示。

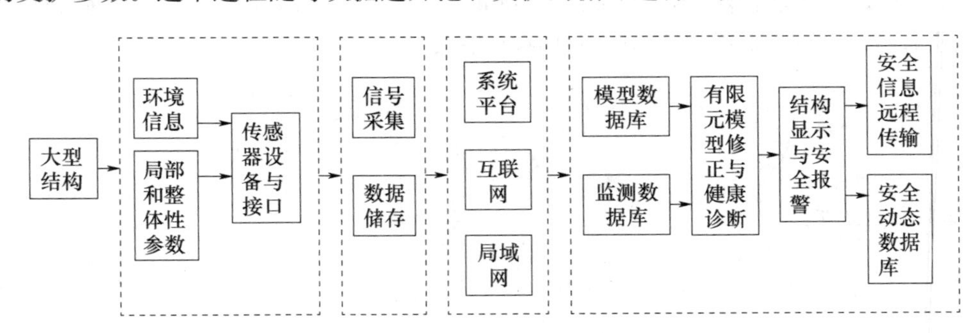

图 8-1 隧道工程信息化监测系统示意图

8.1.2 岩石隧道监测

由于地下岩体是极其复杂的自然介质，具有许多不确定的力学特性。新奥法隧洞施工技术是在施工过程中密切监测围岩变形和应力等，通过调整支护措施来控制变形，使得围岩最大限度地发挥自身自承力。新奥法施工过程中最容易而且最直接的监测结果是位移及洞周收敛，而要控制的是隧洞变形量，因而，人们开始研究利用位移监测资料来确定合理的支护结构形式。

20世纪60年代，奥地利学者和工程师总结出以尽可能不恶化围岩中的应力分布为前提，在施工过程中密切监测围岩变形和应力等，通过调整支护措施来控制变形，从而达到最大限度地发挥围岩自承重能力的新奥法隧洞施工技术。新奥法量测工作的作用为：

（1）掌握围岩动态和支护结构的工作状态，利用量测结果修改设计，指导施工；

（2）预见事故和险情，以便及时采取措施，防患于未然；

（3）积累资料，为确定隧道安全提供可靠的信息；

（4）量测数据经分析处理与必要计算和判断后，进行预测和反馈，以保证施工安全和隧道稳定。

图8-2是施工监测和信息化设计流程图，以施工监测、力学计算以及经验方法相结合为特点，建立了地下隧洞特有的设计施工程序。与地面工程不同，在地下隧洞设计施工过程中，勘察、设计、施工等诸环节允许有交叉、反复。在初步地质调查的基础上，根据经验方法或通过力学计算进行预设计，初步选定支护参数。然后，须在施工过程中根据监测所获得的关于围岩稳定性和支护系统力学和工作状态的信息对施工过程和支护参数进行调整。施工实测表明，对于设计所作的这种调整和修改是十分必要和有效的，这种方法并不排斥以往的各种计算模型试验及经验类比等设计方法。

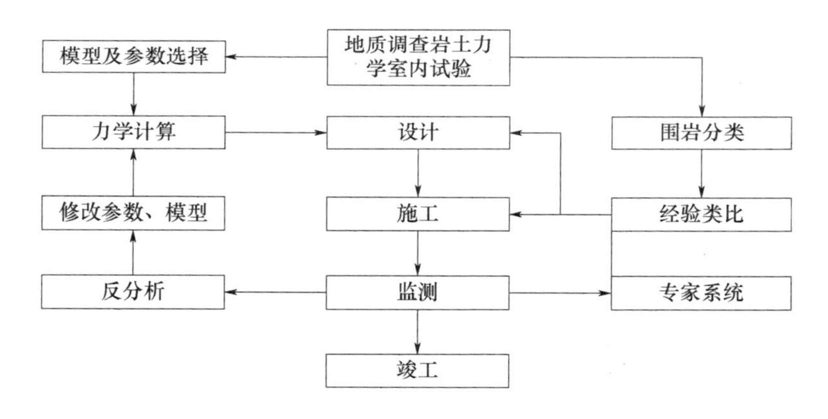

图8-2　施工监测和信息化设计流程

8.1.3　隧道岩土变形机理

隧道岩体的变形不仅表现为弹性和塑性，而且也具有流变性质。所谓流变性质，就是指岩体的应力-应变关系与时间因素有关的性质；岩体在变形过程中具有时间效应的现象，称为流变现象。岩体的流变性质包括蠕变、松弛和弹性后效。蠕变是指当荷载不变时，变形随时间而增长的现象；松弛是指当应变保持不变时，应力随时间增长而减小的现象；弹性后效是指当加载或卸载时，弹性应变滞后于应力的现象。在蠕变效应比较明显的岩体或受高温、高压的岩体中，蠕变现象更为常见。这些岩体破坏往往不是因为围岩强度不够，而是由于岩体还未达到其破坏极限，却因蠕变而产生过大的变形，导致岩体工程发生毁坏。因此，对这类岩体中的岩体工程进行设计时，必须考虑岩体蠕变的影响。由于岩体性质不同，岩体蠕变性质也各不相同，通常用蠕变曲线（t-ε 曲线，以时间 t 为横坐标，以各时间对应的应变值 ε 为纵坐标）来表示这种差异。岩体的蠕变曲线大致可分为以下两类。

（1）稳定蠕变。蠕变开始阶段，变形增加较快，随后逐渐减慢，最后趋于某一稳定的极限位。荷载大小不同，这一稳定极限位也不同。通常，稳定后的变形量 ε 比初始瞬时变形量 ε_u 增大 30%～40%，由于这种蠕变最终是稳定的，所以在多数情况下，不可能对工程造成危害。大部分较坚硬的岩体、如砂岩，石灰岩、大理岩、砂质岩等具有这种蠕变性质。

（2）不稳定蠕变。变形随着时间的延长而不断增长，蠕变不能稳定于某一极限值，而是随时间无限增长，直到岩体破坏。具有不稳定蠕变特性的岩体，主要是一些软弱岩体，如黏土、砂质黏土、硬质黏土、板岩、糜棱岩、片麻岩及具有不连续面的岩体等。一般来讲，根据蠕变速度不同，软弱岩石蠕变过程可分 3 个阶段：初始蠕变阶段；等速蠕变阶段；加速蠕变阶段。岩体可发生稳定蠕变，也可发生不稳定蠕变，其关键取决于作用在岩体上的恒定荷载大小。由稳定蠕变向不稳定蠕变转化时，其间必然有一个临界荷载或临界应力，小于临界应力时，只产生稳定蠕变，不会导致岩体破坏，大于临界应力时，则产生不稳定蠕变，并随时间的延长，将导致岩体破坏，因此，工程上将临界应力称为长期强度。

（3）初期支护后隧道围岩的变形。对于隧道工程，由于工作面开挖后，即在隧道围岩进行锚杆和喷射混凝土，一般不会出现不稳定变形。在施工过程中，不允许隧道围岩发生不稳定变形。在正常情况下，如果喷锚支护及时，隧道围岩变形处于稳定状态。根据围岩变形速率，隧道围岩的稳定变形可分为 3 个阶段：

①急剧变形阶段。随隧道开挖后围岩变形初始速率最大，然后逐渐降低，变形与时间关系曲线呈下弯型，这一阶段变形量为最终变形量的 60%～70%。

②缓慢变形阶段。随变形速率的递减，围岩变形越来越小，当速率近于 0.1mm/d 时，围岩处于稳定状态。

③基本稳定阶段。由于隧道围岩日趋稳定，变形不再增加，变形速率近于零，隧道围岩基本稳定。

8.2　岩石隧道监测内容与监测方法

8.2.1　监测内容

岩石隧洞监测对象主要为围岩、衬砌、锚杆和钢拱架及其他支撑，监测部位包括地表、围岩内、洞壁、衬砌内和衬砌内壁等，监测类型主要是位移和压力，有时也监测围岩松动圈和声发射等其他物理量。隧道施工监测旨在收集施工过程中围岩动态信息，据此判定隧道围岩稳定状态，以及支护结构参数和施工合理性。岩石隧道监测项目分为：

（1）必测项目。必须进行的常规量测项目，是为了在设计施工中确保围岩稳定、判断支护结构工作状态、指导设计施工的经常性量测。这类量测通常测试方法简单、费用少、可靠性高，但对监视围岩稳定状态，指导设计施工有重要作用。主要包括：隧道内目测观察；隧道内空变位量测；拱顶下沉量测；锚杆拉拔力量测。

（2）选测项目。对具有代表性的区段进行补充测试，以更深入了解围岩松动范围、稳定状态及喷锚支护效果。这类量测项目较多且测试较复杂，费用较高。因此，除有特殊量测任务的地段外，通常根据需要选择部分项目进行量测。

在隧道新奥法施工测试中，隧道周边位移、拱顶下沉和锚杆抗拔力试验具有稳定可靠、简便经济等特点，是常用的测试项目。软弱破碎岩层围岩稳定性差，如果覆盖岩厚度薄，则隧道开挖时地表会产生下沉，为判定开挖对地面的影响程度和范围，需进行地表下沉量测。

①对开挖后没有支护的围岩进行目测。了解开挖工作面工程地质和水文地质条件；岩质种类和分布状态，境界面位置状态；岩石颜色、成分、结构、构造等；地层年代及产状；节理性质、组数、间距、规模，节理裂隙发育程度和方向，断面状态特征，充填物类型和产状等；断层性质、产状、破碎带宽度、特征；地下水类型，涌水量大小、位置、压力、水的化学成分等；开挖工作面的稳定状态，顶板有无剥落现象。

②开挖后已支护段的目测。初期支护完成后对喷层表面的观察及裂缝状况的描述和记录；有无锚杆被拉脱或垫板陷入围岩内部现象；喷射混凝土是否产生裂隙或剥离，是否发生剪切破坏；有无锚杆和喷射混凝土施工质量问题；钢拱架有无被压屈现象；是否有底鼓现象。如果观察中发现异常现象，要详细记录发现时间、距开挖工作面距离及附近测点量测数据。

对于浅埋岩石隧洞，如城市地铁，地表沉降动态是判断周围地层稳定性的重要指标，而其监测方法又简便，监测结果能反映地下工程开挖过程中隧洞周围岩土介质变形全过程。地表沉降监测的重要性随埋深变浅而加大，如表 8-1。对于深埋岩石隧洞工程，水平方向位移监测往往比较重要，常采用洞周收敛计进行，也可在边墙设置水平方向位移计进行监测。

表 8-1　地表沉降监测

埋深	监测重要性	监测与否
$3D<h$	小	不必要
$2D<h<3D$	一般	最好监测
$D<h<2D$	重要	必测
$h<D$	非常重要	主要监测项目

注：D 为隧道直径，h 为埋深。

8.2.2　监测方法

1. 洞内观察

由于地下工程开挖前很难提供准确的地质资料，因此在施工过程中，需对开挖工作面附近围岩的岩石性质、状态，开挖后动态，被覆围岩动态进行目测。洞内观察不借助于任何量测仪器，凭肉眼经验判断围岩、锚杆、衬砌和隧道安全性，对于发现个别现象和特殊情况尤其重要。其目的是核对地质资料，判别围岩和支护系统稳定性，为施工管理和工序安排提供依据，检验支护参数。因此，细致地观察隧道内地质条件变化情况，裂隙发育和扩展情况，渗漏水情况，隧道两边及顶部有无松动岩石，锚杆有无松动，喷层有无开裂及中墙衬砌上有无裂隙出现，尤其是如发现中墙衬砌上的裂缝，则用裂缝观察仪观测记录裂缝发展情况。洞内观察工作贯穿于隧道施工全过程。

2. 位移监测

在隧洞入洞口一定范围内及埋深较浅的隧洞，需监测地表沉降和水平位移。拱顶沉降通常采用水准仪进行监测，由于隧洞拱顶一般较高，通常不能使用标尺测量，可在拱顶用短锚杆设置挂钩，悬挂标尺的方法。

围岩位移分绝对位移与相对位移。绝对位移是指隧道围岩或隧道顶底板及侧端某一部位的实际移动值。其测量方法是在距实测点较远的地方设置一基点（该点坐标已知，且不再发生移动），然后定期用全站仪和水准仪自基点向测点进行量测，根据前后两次观测所得的标高及方位变化，确定隧道围岩的绝对位移。但是，绝对位移量测需花费较长时间，并受现场施工条件限制，除非必需，一般不进行绝对位移量测。

为监测洞内或围岩不同深度的位移，可采用单点位移计、多点位移计和滑动式位移计等。

（1）单点位移计。实际上是端部固定于钻孔底部的锚杆，加上孔口的测读装置，如图 8-3 所示。位移计安装在钻孔中，锚杆体可用直径 22mm 的钢筋制作，锚固端用楔子与钻孔壁揳紧，自由端装有测头，可自由伸缩，测头平整光滑。定位器固定于钻孔孔口的外壳上，测量时将测环插入定位器，测环和定位器上都有刻痕，插入测量时将两者的刻痕对准，测环上安装有百分表、千分表或深度测微计以测取读数。测头、定位器和测环用不锈钢制作，单点位移计结构简单，制作容易，测试精度高，钻孔直径小，受外界因素影响小，容易保护，因而可紧跟爆破开挖面安设，应用较多。

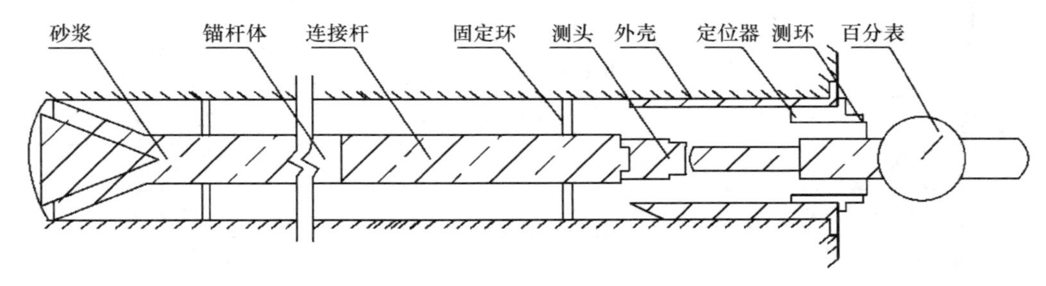

图 8-3　单点位移计装置

由单点位移计测得的位移量是洞壁与锚杆固定点之间的相对位移，若钻孔足够深，则孔底可视为位移很小的不动点，故可视测量值为绝对位移。不动点的深度与围岩工程地质条件、断面尺寸、开挖方法和支护时间等有关。在同一测点处，若设置不同深度的位移计，可测得不同深度的岩层相对于洞壁的位移量，据此可画出距洞壁不同深度的位移量的变化曲线。单点位移计通常与多点位移计配合使用。

单点位移计结构简单，制作简单，测试精度高，钻孔直径小，受外界因素影响小，容易保护，因而可紧跟爆破开挖面安设，目前应用较多。

（2）多点位移计。有机械式和电测式两类。机械式位移计一般采用深度测微计、千分表或百分表；电测式位移计采用的位移传感器有电阻式、电感式、差动式、变压式和钢弦式等多种。

①并联式多点位移计。多点位移计由锚固器和位移测定器组成。锚固器安装在钻孔内，起固定测点的作用。位移测定器安装在钻孔口部，与位移测定器之间用钢丝联结。同一钻孔中可设置多个测点，一个测点设置一个锚固器，各自与孔口的位移测定器相联，量测值为这些测点相对于洞壁的相对位移量。

锚固器在钻孔内的安装使用专门设计的安装杆。旋转上紧螺栓，借助支撑使侧铁向两侧扩张并压紧钻孔孔壁，即可形成锚固。这种锚固器结构简单，加工方便，但锚固力较小，适用的孔径范围是96～125mm。

其测试原理是：位移测定器的簧座固定在外壳的底部，滑杆可在其中自由滑动，钢丝在滑杆中穿过，被压紧螺钉和夹线块夹住。压簧顶紧滑杆，可将钢丝撑紧，当岩层发生相对位移时，滑杆在钢丝与压簧的制压下产生滑动，用深度测微计测出滑杆的滑动距离，便可算得围岩各测点的相对位移。

这种将位移传感器固定在孔口上，用金属杆或金属丝把不同埋深处的锚头的位移传给位移传感器的位移计，称作并联式多点位移计。

②串联式多点位移计。电感式位移传感器的串联式多点位移计，由位移传感器、锚固头、连接锚头和金属杆及二次仪表组成。位移传感器的线圈安装在锚头的内壳中，锚头用三片互成120°的弹簧片固定在孔壁上，金属杆上安装有铁芯，作为位移传感器的一部分，金属杆的一端固定在孔口或孔底，从而组成电感式多点位移计。当岩体产生位移时，各测点上铁芯在线圈中的位移量也是不一样的，因而引起不同的电感的变化，用与之配套的二次仪表测读。这种传感器串联在金属杆上，并固定在孔内不同深度的基准点上，传感器或其差动构件的另一部分与锚头直接连在一起的多点位移计，称为串联式多点位移计。

（3）滑动式位移计。主要由测头、测读仪、操作杆以及套管组成。该位移计由于不必在钻孔中埋设传感元件，从而克服了多点位移计测试费用高、测点少、位移计可靠性不易检验及测头易损坏等缺点，具有一台仪器可对多个测孔进行巡回检测，而每孔中的测点数不受限制的优点。它广泛应用于大坝、隧道以及岩土工程中的位移测定，也可通过测量桩和隔墙两侧测线的应变来确定其曲率，从而估算其弯矩或偏位曲线。

3. 收敛监测

隧道围岩周边各点趋向隧道中心的变形称为收敛，所谓隧道收敛量测主要是指对隧道壁面两点间水平距离量测、拱顶下沉及底板隆起量测等，是判断围岩动态的最重要项目，特别是当围岩为垂直岩层时，内空收敛位移量测更为重要。收敛量测设备简单、操作方便，对围岩动态监测所起作用大。

图8-4为几种收敛计的现场测试示意图，其中图（a）为穿孔钢卷尺式收敛计，监测的粗读元件是钢尺，细读元件是百分表或测微计，钢尺固定拉力可由重锤实现，或用弹簧、测力环配百分表，由于百分表量程有限，钢卷尺每隔数厘米打一小孔，以便根据收敛量变化情况调整粗读数；图（b）为铟钢丝弹簧式收敛计，由读数表读取收敛位移量，固定拉力由弹簧提供，并由拉力百分表显示拉紧程度，采用铟钢丝制作收敛计，可

提高温度稳定性和监测精度；图（c）为铟钢丝扭矩平衡式收敛计，由读数表读取收敛位移量，固定拉力由微型电机提供，电机由控制器操纵，达到一定扭矩后能自动停转。收敛测试的固定端一般采用短锚杆，并设保护装置。

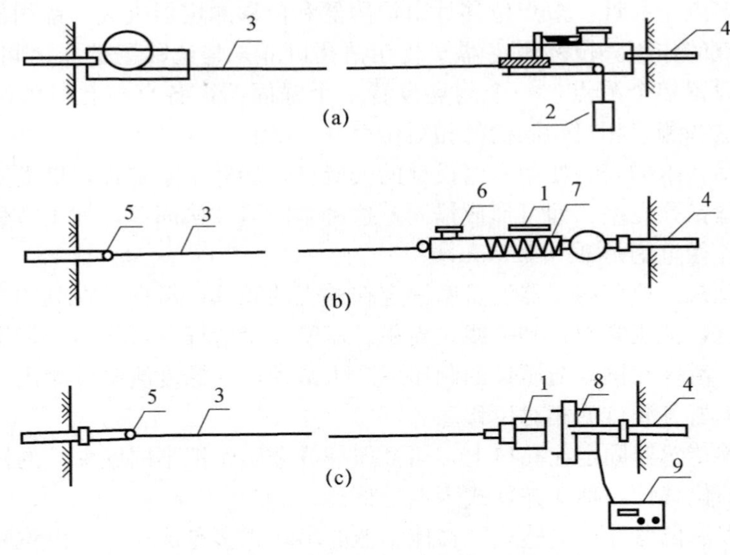

图 8-4　收敛计类型及位置示意图

1—测读表；2—重锤；3—钢卷尺；4—固定端；5—连接装置；
6—张拉表；7—张拉弹簧；8—微型电机；9—控制器

除上述几种测试方法外，对于跨度小、位移较大的隧洞，可用测杆监测收敛量，测杆可由数节组成，杆端一般装设百分表或游标卡尺，以提高监测精度。对于拱顶绝对下沉，可用精密水准仪监测。一些跨度和位移均较大的硐室，也可用全站仪和断面仪观测。

4. 压力监测

压力监测包括地下硐室内部和支衬结构内部压力，以及围岩和支衬结构间接触压力监测。压力监测通常采用应力计或压力盒。在支衬内部及围岩与支衬接触面上的压力盒埋设，只需在浇筑混凝土前将其就位固定；监测围岩压力的压力盒则需专门钻孔，将压力盒放入钻孔内预定深度后，用速凝砂浆充填密实。

隧道施工随掘进及时喷射一层混凝土，封闭围岩暴露面形成初期柔性支护，由于混凝土与围岩紧密均匀接触，并可通过调整喷层厚度协调围岩变形，使应力均匀分布，避免应力集中，随后按设计要求布置锚杆，加固深部围岩。锚杆、喷层和围岩共同组成承载环，支承围岩压力，这部分支护结构称为“外拱”。外拱施工过程中，通过监测，掌握围岩变形情况，待围岩位移趋于稳定，支护抗力与围岩压力相适应时，进行外拱封底，使变形收敛，同时进行二次支护，加强支护抗力，提高安全系数。二次支护结构称为“内拱”，内拱为储备强度。新奥法必须严格控制二次支护时间，以使支护结构呈先柔后刚特性，因此，在施工过程中需对喷射混凝土层进行应力量测工作。

喷层应力量测是将量测元件（装置）直接喷入喷层，喷层在围岩逐渐变形过程中由不受力状态逐渐过渡到受力状态。为使量测数据能直接反映喷层变形状态和受力大小，要求量测元件材质弹性模量与喷层弹性模量相近，避免喷层应力异常分布和量测喷层应力（应变）失真。

目前，常用量测喷层应力的方法，主要有应力（应变）计量测法和应变砖量测法。测定喷层应力时，不论采用哪一种量测法（应力计法、应变砖法），一次仪表埋设后，均应根据现场具体情况及量测要求，定期量测，每次对某一应力计（或应变砖）的量测应不少于 3 次，力求量测数据可靠、稳定。取量测平均值作为当次数据，并作好记录。随着量测数据逐渐积累，绘制以下曲线：

（1）喷层内径（切）向应力随开挖面变化关系曲线，掌握试验断面处喷层应力随开挖工作面距离变化的关系；

（2）喷层内径（切）向应力随时间变化关系曲线，掌握量测断面处不同部位切向应力随时间变化的情况。

5. 锚杆抗拔力监测

锚杆抗拔力（亦称锚杆拉拔力）是指锚杆能够承受的最大拉力，它是锚杆材料、加工与施工安装质量优劣的综合反映。锚杆抗拔力大小直接影响锚杆作用效果，如果抗拔力不足，会使锚杆起不到锚固围岩作用，所以锚杆抗拔力量测是检测锚杆质量的一项基本内容。量测方法主要有直接量测法、电阻量测法等。

（1）直接量测法。根据施加给锚杆的荷载值和锚杆的变形量，绘出荷载-锚杆变形曲线，求出锚杆抗拔力。量测时所采用的锚杆拉力计主要由千斤顶、油压泵和相应辅助配件组成。

（2）电阻量测法。量测装置与直接量测法基本相同，在锚杆安设前在锚杆上贴应变片，并增加量测锚杆应变值的应变仪。电阻量测法除可得直接量测法所得数据外，还可得到锚杆轴向抗拔力分布状况、锚杆粘结状态等资料。

量测装置安装完毕即可开始加载量测，加载方法与直接法相同，每次加载后分别记录贴应变片点的应变值，绘出不同抗拔力荷载作用时，沿锚杆长度方向不同位置的应变曲线，以分析锚杆质量和锚杆长度是否适宜。

6. 锚杆轴力监测

支护锚杆在岩石隧洞支护系统中占有重要地位，为监测施工锚杆的受力状态，需对锚杆应力进行监测。其原理通常是锚杆受力后，锚杆发生变形，采用应变片或应变计测量锚杆应变，得出与应变成比例的电阻或频率，然后通过标定曲线或公式将电测信号换算成锚杆应力。监测锚杆应力的应变计主要有电阻式、差动电阻式和钢弦式。

电阻式锚杆应变计由内壁按一定间距粘贴有电阻片的钢管或铝合金管组成，电阻片粘贴后需严格进行防潮处理。也有直接采用工程锚杆，经对粘贴应变片部位特殊加工，粘贴应变片后经防潮处理，并加密封保护罩制成。这种方法价格低廉，使用灵活，精度高，但由于防潮要求高，抗干扰能力低，大大限制了其使用范围。

差动电阻式和钢弦式锚杆应变计是将应变计装入钢管，再装入锚杆加粗段的槽孔中，然后与锚杆连接而成，一根锚杆上可连接多节。其中钢弦式应变计由于环境适用性强，测读仪器轻巧方便，适用于不同地质条件和环境条件的锚杆应力观测。

锚杆轴向力测定属选测项目，首先在隧道内选择拟测岩层，结合隧道开挖，选择便于施工钻孔的位置。测定锚杆轴向力的目的：

（1）了解锚杆受力状态及轴向力大小。隧道开挖后随围岩发生变形而产生锚杆轴向力，在围岩变形稳定前锚杆轴向力不断增加。量测锚杆轴向力是为了弄清锚杆负荷状态，为确定合理的锚杆参数提供依据。

（2）判断围岩变形发展趋势。判断围岩内强度下降区界限，一般把从隧道壁面至变形量最大处称为隧道围岩扰动圈。

（3）评价锚杆支护效果。锚杆轴向力是检验锚杆支护效果与锚杆强度的依据，根据锚杆极限抗拉强度与锚杆应力的比值 K（锚杆安全系数）可作出判断，锚杆轴向力越大，则 K 值小，当锚杆中某段的最小 K 值稍大于 1 时，应认为合理。

电测法和机械法量测都是通过量测锚杆，先测出隧道围岩内不同深度的变形（或应变），然后通过有关计算求应力的量测方法。用电测法时，必须对量测传感元件做防潮处理；如用机械法量测，布置在拱顶和拱腰处的测点，必须采用台架才能进行量测。

7. 地表下沉量测

浅埋隧道通常位于软弱、破碎、自稳时间极短的围岩中，施工方法不妥极易发生冒顶塌方或地表下沉，当地表有建筑物时会危及其安全。浅埋隧道开挖时可能会引起地层沉陷而波及地表，因此，地表下沉量测对浅埋隧道施工十分重要。浅埋隧道地表沉降及沉降发展趋势是判断隧道围岩稳定性的重要标志。用水准仪在地面量测，简易可行，量测结果能反映浅埋隧道开挖过程中围岩变形全过程。如果需要了解地表下沉量大小，可在地表钻孔埋设单点或多点位移计进行量测。隧道地表下沉量测的重要性，随埋深变浅而增大。

8.3 监测点的埋设

8.3.1 监测部位

从围岩稳定监控出发，应重点监测围岩质量差及局部不稳定块体；从反馈设计、评价支护参数合理性出发，则应在代表性地段设置监测断面，在特殊工程部位（如洞口和分叉处）也应设置监测断面。监测点安装埋设应尽可能靠近隧洞掌子面，最好不超过 2m，以便尽可能完整获得围岩开挖后初期力学形态变化和变形情况。这段时间内测量数据对判断围岩性态特别重要。

洞周收敛位移、拱顶沉降、多点位移计及地表沉降，应尽量布置在同一断面上，锚杆应力和衬砌应力最好都置于同一断面上，以使监测结果互相对照，相互检验。监测断面间距视工程长度、地质条件变化而定。当地质条件情况良好，或开挖过程中地质条件连续不变时，间距可加大，地质变化显著时，间距应缩短。施工初期阶段，要缩小监测间距，取得一定数据资料后可适当加大监测间距，洞口及埋深较小地段适当缩小监测间距。

一般铁路和公路隧道，根据围岩类别，洞周收敛位移和拱顶沉降监测断面间距为：Ⅱ类：5～20m；Ⅲ类：20～40m；Ⅳ类：40m 以上。

地表沉降监测的断面间距与隧洞埋深和地表状况有关，当地表是山岭田野时，断面间距为埋深大于 2 倍洞径：20～50m；埋深在 1 倍洞径与 2 倍洞径之间：10～20m；埋深小于洞径：5～10m。锚杆应力和衬砌应力按照 200～500m 布设一个监测断面。

8.3.2　测点布置形式

收敛监测方案视隧洞跨度和施工情况而定。监测方向一般可按十字形、三角形和交叉形等布置，如图 8-5 所示，十字形布置适用于底部施工基本完成的隧洞，监测结构物内部的收敛位移量；如果隧洞顶部有施工设备，可采用交叉形布置；三角形布置易于校核监测数据，一般采用这种形式监测，隧洞较大时，可设置多个三角形监测方案。

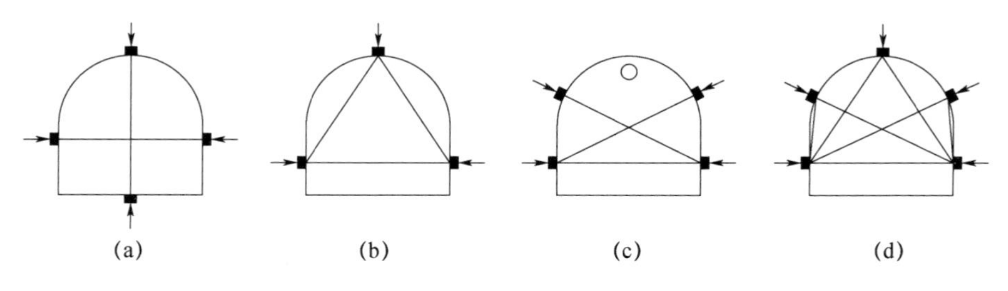

图 8-5　收敛位移量测方案

若收敛位移监测目的是为围岩稳定监控服务，且硐室尺寸不大时，可采用较为简单的布置形式。若要考虑岩体地应力场和围岩力学参数反分析，则要采用多三角形监测方案。当地下硐室边墙较高时，可沿墙高一定间距设置多个水平测量基线。

位移监测断面必须尽量靠近开挖工作面，但太近会造成爆破的碎石砸坏测桩，太远又会漏掉该量测断面开挖后的变位值，测点应距开挖面 2m 范围埋设，并应保证爆破后 24h 内或下一次爆破前测读初次读数。监测断面沿隧道纵向设置间隔，围岩类别越低，监测断面布置越密，一般应符合表 8-2 要求。

表 8-2　测量断面间距（m）

围岩条件	洞口附近	埋深小于 $2B$	施工进度 200m 前	施工进度 200m 后
硬岩地层（断层破坏带除外）	10	10	20	30
软岩地层（塑性地压不大）	10	10	20	30
软岩（塑性地压大）	10	10	20	30

注：B 为隧道开挖宽度。

隧洞内孔口处一般需布设收敛位移测点，浅埋隧洞布设拱顶沉降测点，在地表对应部位布设地表沉降和水平位移测点，两者之间布设多点位移计测孔，在隧洞壁上对应部位布设收敛位移测点，分析从拱顶到地表各测点围岩向隧洞内位移变化规律，同时可验证沉降、多点位移、拱顶沉降和收敛位移各监测项目的正确性及其相互关系。位移计通常布置在地下硐室拱顶、边端和拱脚部位，如图 8-6 所示。当围岩较均一时，可利用对称性仅在硐室一侧布置测点。测孔深度一般应超出变形影响范围，测孔中测点的布置应根据位移变化梯度确定，梯度大的部位应加密，在孔口和孔底一般都应布置测点，在软弱结构面、接触面和滑动面等两侧应各设置一个测点。

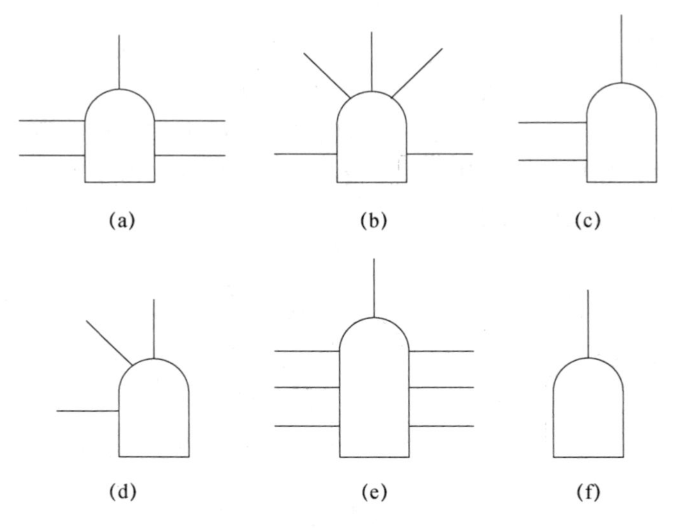

图 8-6　位移计布置示意图

压力盒和锚杆轴力计应设在典型区段选择应力变化最大或地质最不利部位，并根据位移变化梯度和围岩应力状态，在不同围岩深度内布测点，观测锚杆长度应与工程锚杆相同。用于埋设压力盒的钻孔和观测锚杆的钻孔布置形式与多点位移计相似，通常在钻孔中布置 3 个或以上测点。图 8-7 是隧道位移监测和衬砌后隧洞应力应变监测典型布置断面。

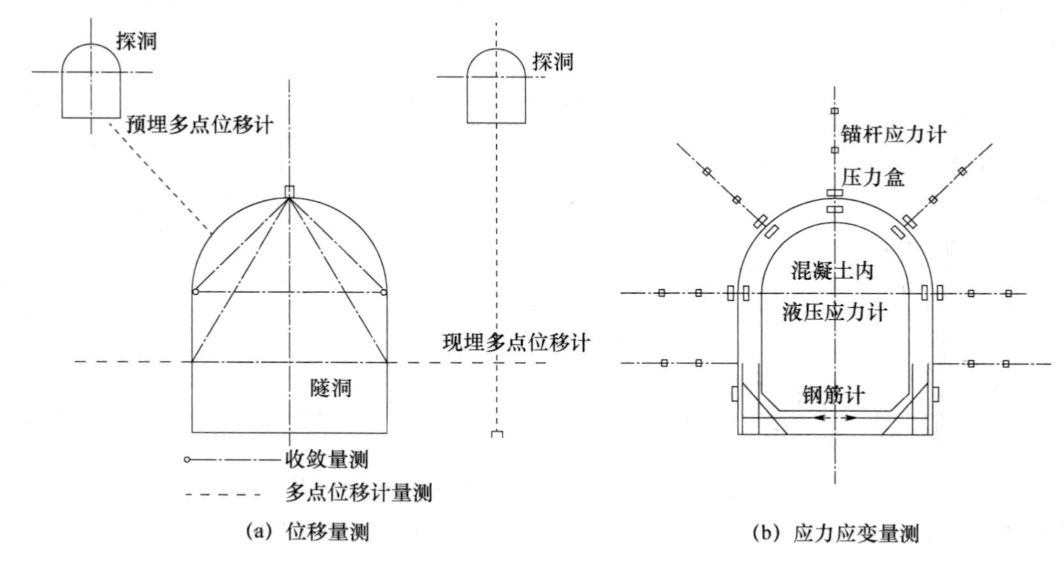

图 8-7　隧道量测典型布置

应变片沿锚杆长度方向每隔 500～700mm 在锚杆两侧对称贴一对，应变片与应变仪之间用导线连接，在每一监测断面内一般布置 5 个量测位置（孔），每一量测位置的钻孔内设测点 3～6 个。具体布置型式为拱顶中央 1 个，拱垂线上（或拱基线上 1.5m 处）左右各设 1 个，在两侧墙底板线上 1.5m 处各设 1 个，如图 8-8 所示。具体部位可根据岩性及现场情况适当变更。

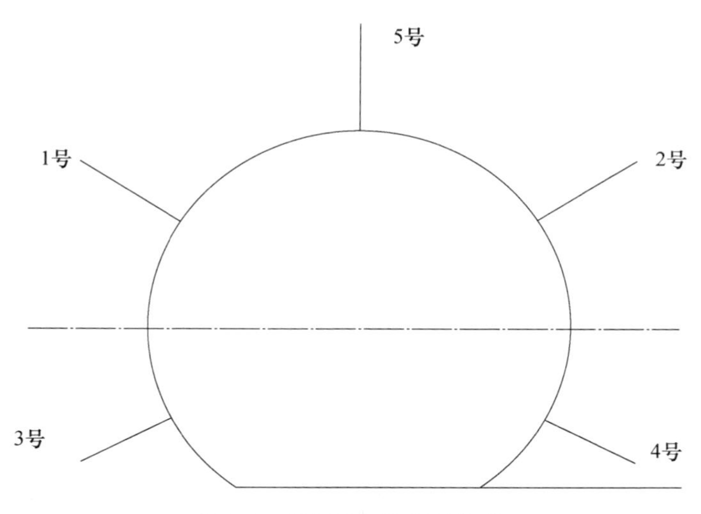

图 8-8 量测锚杆的布置形式

由于浅埋隧道距地表较近，地质条件复杂，岩（土）性差，施工时多用台阶分部开挖，因此，纵断面布置测点的超前距离为隧道距地表深度 h 与上台阶高度 h_1 之和。整个纵向测定区间长度为 $h+h_1+(2\sim5)D+h'$（D 为隧道直径，h'为上台阶开挖超前下台阶距离），如图 8-9 所示。如果采用全断面开挖，为掌握地表下沉规律，应从工作面前方 $2D$ 处开始量测地表下沉。表 8-3 为地表沉降测点纵向间距。

表 8-3 地表沉降测点纵向间距

隧道埋深	测点间距（m）	隧道埋深	测点间距（m）
$h>2D$	20～50	$h<D$	5～10
$D<h<2D$	10～20		

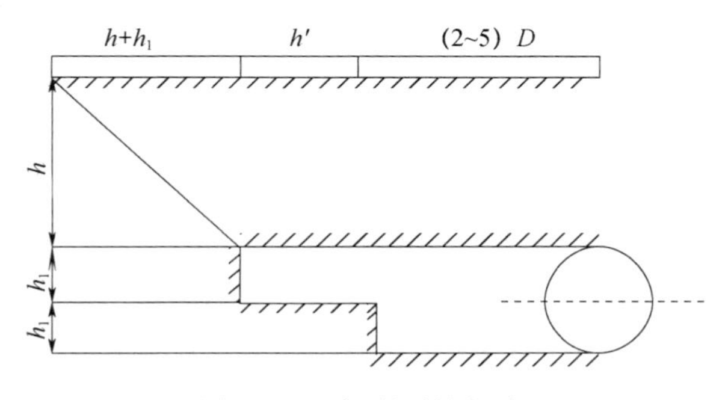

图 8-9 地表下沉量测区间

如图 8-10 所示，地表下沉量测横断面上应布置 11 个测点，测点间距 2～5m，隧道中线附近测点应布置较密。

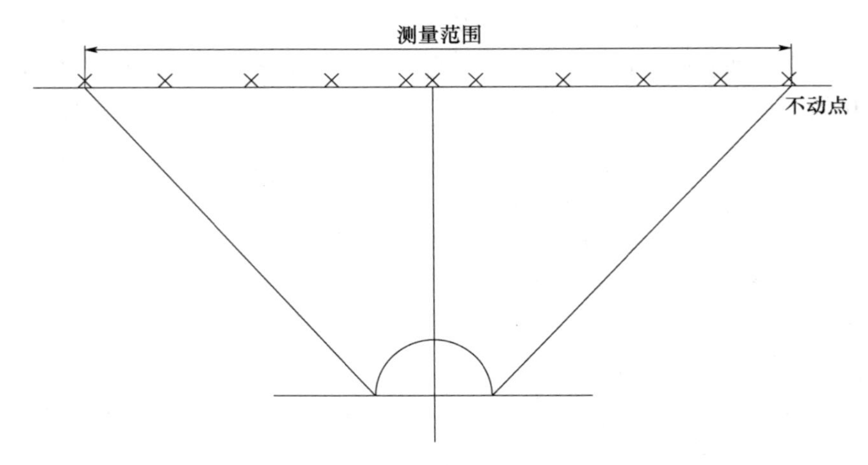

图 8-10　横断面上地表下沉测点的布设

8.3.3　监测精度及频率

仪器可靠性应该是简易、在安装环境中耐久、对气候敏感性小，并有良好运行性能。应选择不易受施工设备和人为破坏，不易受水、灰尘、温度或地下化学过程的损坏，不易受周围物体变形而影响其性能的元件。监测仪器精度和方法取决于围岩工程地质条件、力学性质及环境条件。通常，软弱围岩中的隧洞工程，由于围岩变形量值较大，可采用精度稍低的仪器和装置；硬岩中则必须采用高精度监测元件和仪器。在干燥无水隧洞工程中，传感器往往能工作较好，而在地下水发育的地层中则较为困难。埋设各种类型监测元件时，对深埋地下工程，必须在隧洞内钻孔安装；对浅埋地下工程，则可从地表钻孔安装，以监测隧洞工程开挖过程中围岩变形全过程。

仪器选择需首先估算各监测项的变化范围，并根据监测重要性程度确定仪器精度。收敛位移监测一般采用收敛计，在大型硐室中，若围岩较软，收敛变形量较大，则可采用测试精度较低、价格便宜的穿孔钢卷尺式收敛计及测距仪，精度可达 0.2mm；硬岩硐室或洞径较小时，收敛位移较小，测试精度和分辨率要求较高，需选择铟钢丝收敛计，其精度为 0.01mm。当硐室断面较小而围岩变形较大时，可采用杆式收敛计、全站仪、断面仪。人工测读方便部位，可选用机械式位移计，在顶拱、高边墙的中、上部，则宜选用电测式位移计，可引出导线或遥测。要求精度较高的深孔，应选择使用串联式多点位移计。用于长期监测的测点，尽管施工时变化较大，精度可低些，但在长期监测时变化较小，因而要选择精度较高的位移计。表 8-4 为必测与选测项目精度。

表 8-4　必测与选测项目精度

项目	测试项目	仪器	精度
必测项目	水平收敛	收敛计	0.1mm
	拱顶下沉	全站仪、水准仪、钢尺	1mm
	地表下沉	水准仪、塔尺	1mm

续表

项目	测试项目	仪器	精度
选测项目	围岩内部变形	多点位移计	0.1mm
	围岩压力	压力盒	0.001MPa
	锚杆轴力	钢筋计	0.01MPa
	钢架受力	钢筋计	0.1MPa
	二衬应力	混凝土应变计	0.1MPa

洞周收敛位移和拱顶沉降的监测频率可根据位移速度及离开挖面的距离而定，如表8-5。不同基线和测点，位移速度不同，应以产生最大位移决定监测频率，整个断面内的各基线或测点应采用相同监测频率。

表 8-5　位移速度与监测频率

位移速度（mm/d）	15	1～15	0.5～1	0.2～0.5	<0.2
频率	1～2 次/d	1 次/d	1 次/2d	1 次/7d	1 次/15d

膨胀性围岩中，位移长期（开挖后 60d 以上）不能收敛时，量测要持续到 1mm/月为止。

（1）应十分重视各量测项目初读数的准确性。隧道开挖所测初读数是判断施工安全性的基准。初读数往往需经数次波动后才能趋于稳定，因此，必须连续 3 次测得的数值基本一致后，才能将其定为初始值，否则应继续测量，直至满足要求为止。

（2）测量数据应及时整理分析，尽快提交工程施工单位与项目决策部门，以修改设计，调整支护参数，合理安排施工进度。即使量测数据再准确，错过工程施工最佳时机，其对工程施工也无任何指导作用。因此，量测成果提交及时性比单纯增加量测次数更重要。

8.4　监测方案设计

8.4.1　监测总体原则及项目原则

1. 监测总体原则

现场监测目的在于了解围岩动态过程、稳定状况和支护系统可靠程度，为支护系统的设计和施工决策服务。监测设计是否合理，不仅决定现场监测能否顺利进行，而且关系到监测结果能否反馈于工程设计和施工，为推动设计理论和方法进步提供依据，因此，合理、周密的监测方案设计是现场监测的关键。现场监测方案设计包括：监测项目，监测手段、仪表和工具；施测部位和测点布置；实施计划，包括测试频率。

隧道监测设计不仅是仪器选择和测点布置，而且是一项综合的工程技术，应从监测目的、原则到监测资料的整理与应用等整个过程全面系统地考虑。

(1) 在围岩条件和工程性状预测基础上，进行隧道监测设计，以施工期监测围岩稳定性和支护结构工作状态监测为重点。

(2) 观测项目和测点布置应满足施工过程要求，监测断面应能全面监控隧道工程工作性状，统一考虑各种内外因素的相互作用。

(3) 观测仪器布置要合理，注意时空关系，控制工程关键部位。随隧道工程开挖进展或时间推移，空间不断扩大，对按监测目的所选定的物理量应测其空间分布和随时间变化全过程。空间变化过程中，应做到所监测物理量沿一定方向或沿一定边界分布；时间变化过程中，应做到尽量早地持续观测读数。

(4) 为尽量求得监测围岩和支护结构性状变化的全过程，在条件许可时，能从附近钻孔预埋观测仪器的，采取预埋方式；不具备预埋条件的，应紧跟掌子面及时埋设。

(5) 随工程开挖的推进，安全监测设计出现新问题时要及时补充或修改。

(6) 仪器监测点布设在典型断面和有代表性位置，应采取仪器监测为主，人工巡视调查与仪器监测相结合方式为辅，弥补仪器覆盖面之不足。

2. 监测项目的原则

确定监测项目的原则是监测简单、结果可靠、成本低，便于采用，监测元件要能尽量靠近工作面安设。此外，所选择的被测项目概念明确，量值显著，数据易于分析、易于实现反馈。其中位移监测是最直接易行的，因而作为施工监测重要项目。但在完整坚硬的岩体中位移值往往较小，故要配合应力和压力测量。监测项目应根据具体工程特点确定，主要取决于：

(1) 工程规模、重要性程度；

(2) 隧道形状、尺寸、工程结构和支护特点；

(3) 地应力大小和方向；

(4) 工程地质条件；

(5) 施工工序和方法；

(6) 在尽量减少施工干扰的情况下，要能监控住整个工程主要部位的位移，包括各种不同地质单元和隧道结构复杂部位。

同时还要考虑业主财力，如岩体完整性差、地质条件变化较大的工程，在施工时应用声波法探测隧洞前方的岩体状况；在地应力高的脆性岩体中施工，有可能产生岩爆，则要用声监测技术监测岩爆可能性或预测岩爆时间。

8.4.2 监测数据警戒值及围岩稳定性判断准则

如以位移监测信息作为施工监控的依据，则判断围岩稳定性的依据应为位移量和位移速率，因此，针对具体工程实践，规定容许位移量与容许位移速率值，是施工监控的基础工作。

1. 容许位移量

容许位移量是指在保证隧洞不产生有害松动和地表不产生有害下沉量的条件下，自隧洞开挖起到变形稳定为止，在起拱线位置的隧洞壁面间水平位移总量的最大容许值，或拱顶的最大容许下沉量。在隧洞开挖过程中，若发现监测到的位移总量超过该值，则意味着围岩不稳定，支护系统必须加强。

容许位移量与岩体条件、隧洞埋深、断面尺寸及地表建筑物等因素有关，例如城市地铁，通过建筑群时一般要求地表下沉不超过 20～30mm；对于山岭隧道，地表沉降的容许位移量可由围岩的稳定性确定。我国某些隧道的容许变形量经验如表 8-6 所示。

表 8-6　我国几个隧道的容许位移量和容许位移速率值

隧道名称	地质条件	拱顶下沉（cm）	拱脚收敛位移	位移速率
古楼铺隧道	含水膨胀性黏土	13.00	8.0	3
腰舰河单线铁路隧道	黄土	60～901.05	1.32	—
下坑单线铁路隧道	软弱千枚岩	—	4.5	1
金川矿巷	深埋流变型变质岩	—	10.0	2
南陵双线隧道	断裂切割薄盖坡积层	—	8.0	—

注：1. 洞周相对收敛量系指实测收敛量与两测点间距离之比；
2. 脆性岩体中的隧洞允许相对收敛量取表中较小值，塑性岩体中的隧洞则取表中较大值；
3. 本表适用于高跨比为 0.8～1.2 和跨度不大于 20m（Ⅲ类）、15m（Ⅳ类）、10m（Ⅴ类）中的情况。

事实上，容许位移量的确定并不是一件容易的事。每一具体工程条件各异，显现出十分复杂的情况，因此，需根据工程具体情况选用前人的经验，再根据工程施工进展情况探索改进。特别是对完整的硬岩，失稳时围岩变形往往较小，要特别注意。

2. 容许位移速度

容许位移速度是指在保证围岩不产生有害松动条件下，隧洞壁面间容许的最大位移速度。其与岩体条件、隧洞埋深及断面尺寸等因素有关。容许位移速率目前尚无统一规定，一般根据经验选定，通常在开挖面通过测试断面前后 1～2d 内容许出现位移加速，其他时间内都应减速，达到一定程度后才能修建二次支护结构。

3. 根据位移、时间曲线判断围岩稳定性

由于岩体的流变特性，岩体破坏前的变形曲线可分为 3 个区段，如图 8-11 所示。

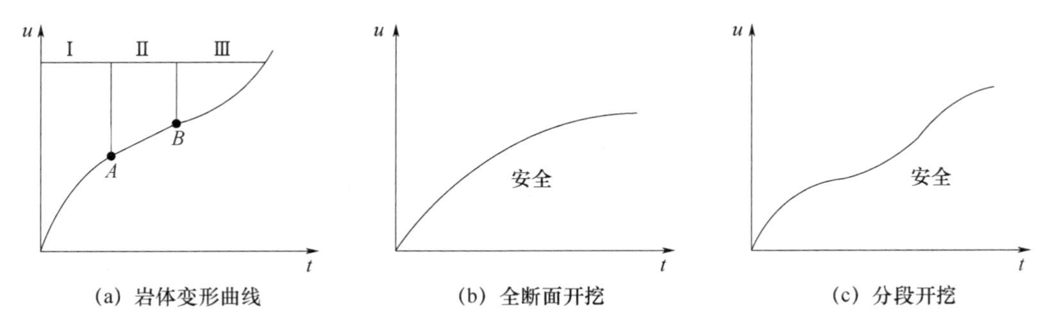

图 8-11　岩体流变曲线与位移-时间曲线相似

（1）基本稳定区，主要标志是变形速率不断下降，即变形加速度小于 0；

（2）过渡区，变形速度长时间保持不变，即变形加速度等于 0；

（3）破坏区，变形速率渐增，即变形加速度大于 0。

现场监测的位移-时间曲线呈现 3 种形态，隧洞开挖后在洞内测得的位移曲线，如果始终保持变形加速度小于 0，则围岩稳定；如果位移曲线随变形加速度等于 0，则围岩进入“定常蜕变”状态，须发出警告，并及时加强支护；位移变形加速度大于0，则表示已进入危险状态，须立即停工并进行加固。根据该方法判断围岩的稳定性，应区分由于分步开挖时，围岩随时间释放的弹塑性位移的突然增加，使位移-时间曲线上的位移速率加速。由于这是由隧洞开挖引起，并不预示着围岩进入破坏阶段。

在隧洞施工险情预报中，还需考虑收敛或变形速度、相对收敛量或变形量及位移-时间曲线，结合所观察的隧道围岩喷射混凝土和衬砌表面状况等综合预报。隧洞位移或变形速率的骤增往往是围岩破坏、衬砌开裂的前兆，当因位移或变形速率骤增报警，为控制隧洞变形的进一步发展，可采取停止掘进、补打锚杆、挂钢筋网、补喷混凝土加固等施工措施，待变形趋于正常后方可继续开挖。

4. 数据监测分析

由于各种可预见或不可预见的原因，现场量测所得的原始数据具有一定的离散性，必须进行误差分析、回归分析和归纳整理等去粗存精的分析处理后，才能很好地解释量测结果的含义，充分地利用量测分析的成果。例如，要了解某一时刻某点位移的变化速率，简单地将相邻时刻测得的数据相减后除以时间间隔作为变化速率显然是不确切的，如图8-12所示 。

正确的做法是对量测得到的位移-时间数组作滤波处理，经光滑拟合后得时间-位移曲线 $u=f(t)$，然后计算该函数在时刻 t 的一阶导数值，即为该时刻的位移速率。总的来说，量测数据数学处理的目的是验证、反馈和预报，即：

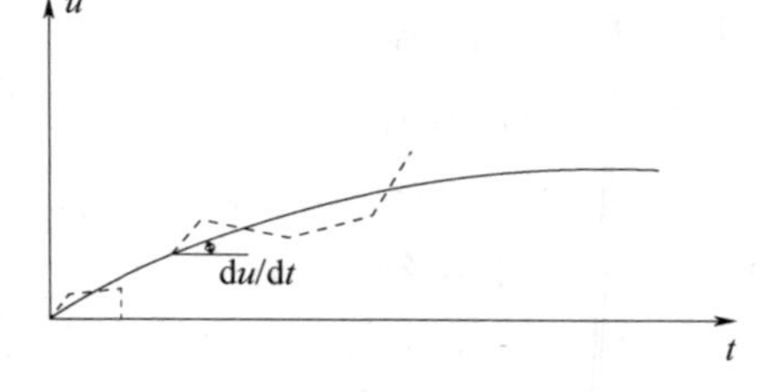

图8-12 位移变化速率的确定

（1）各种监测数据相互印证，以确定监测结果的可靠性；

（2）分析围岩变形或应力状态的空间分布规律，了解围岩稳定性特征，以便提供反馈，合理设计支护系统；

（3）监视围岩变形或应力状态随时间变化情况，预测预报最终值或变化速率。

理论上，设计合理、可靠的支护系统，应使表征围岩与支护系统力学形态的物理量随时间渐趋于稳定，反之，如果测量表征围岩或支护系统力学形态特点的某物理量，其变化随时间不是渐趋稳定，则可断定围岩不稳定，必须加强支护，或需修改设计参数。

应将现场量测所得的数据及时绘制变形量-时间曲线图（或散点图）。图中应注明量测时工作面施工工序和开挖工作面距量测断面的距离，以便分析施工工序、时间、空间效应与量测数据的关系。

根据现场实测数据计算量测时间间隔、累计量测时间、隧道水平收敛差值、累计收敛差值、当日收敛速率、平均收敛速率、拱顶下沉差值、累计拱顶下沉值、当日拱顶下沉速率、平均拱顶下沉速率、量测断面至开挖面距离等，并绘制量测断面测线的收敛差值及累计收敛差值与时间关系曲线、当日收敛速率及平均收敛速率与时间关系曲线、拱顶下沉差值和累计拱顶下沉值与时间关系曲线等。

9 桥梁工程变形监测

9.1 概述

大型桥梁，如斜拉桥、悬索桥自 20 世纪 90 年代初期以来在我国如雨后春笋般发展。这种桥梁的结构特点是跨度大、塔柱高，主跨段具有柔性特性。在这类桥梁的施工测量中，人们已针对动态施工测量作了一些研究并取得了一些经验。在竣工通车运营期间，如何针对它们的柔性结构与动态特性进行监测也是人们十分关心的另一问题。尽管目前有些桥梁已建立了了解结构内部物理量变化的“桥梁健康系统”，它对于了解桥梁结构内力的变化、分析变形原因无疑有着十分重要的作用，然而，要真正达到桥梁安全监测之目的，了解桥梁的变化情况，还必须及时测定它们几何量的变化及大小。因此，在建立“桥梁健康系统”的同时，研究采用大地测量原理和各种专用的工程测量仪器与方法建立大跨度桥梁的监测系统也是十分必要的。

9.1.1 桥梁变形原因及分类

1. 桥梁变形的原因

(1) 自然条件及其变化，即桥梁墩台地基的工程地质、水文地质、土壤的物理性质、大气温度、水位变化以及地震等；

(2) 与桥梁本身相联系的原因，即作用在桥梁上部结构的恒载与作用在墩台的恒载，墩台与梁的结构、型式以及活载（车辆通过时的震动、风力等）的作用；

(3) 勘测、设计、施工以及运营管理工作不合理，也会使桥梁产生额外的变形。

2. 桥梁变形的分类

(1) 静态变形，通常指变形观测的结果只表示在某一期间内的变形值。

(2) 动态变形，指在外力影响下而产生的变形，它是以外力为函数来表示的对于时间的变化，其观测结果表示桥梁在某个时刻的瞬时变形。

桥梁墩台的变形一般来说是静态变形，而桥梁结构的挠度变形则是动态变形。

9.1.2 桥梁变形观测内容及意义

1. 桥梁变形观测的内容

(1) 桥梁墩台变形观测

①各桥梁墩台的沉降观测，其中包括各墩台沿水流方向（或沿垂直于桥轴线方向）和沿桥轴线方向的倾斜观测，通称为垂直位移观测；

②各桥梁墩台在上下游方向上的水平位移观测，称为横向位移观测；

③各桥梁墩台沿桥轴线方向的水平位移观测，称为纵向位移观测。

（2）桥面挠度、水平位移观测

桥墩结构（如钢梁）在恒载与活载情况下的挠度观测。

（3）塔柱变形观测（斜拉桥、悬索桥）

①塔柱顶部水平位移监测；

②塔柱整体倾斜观测；

③塔柱周日变形观测；

④塔柱体挠度观测；

⑤塔柱体伸缩量观测。

2．桥梁变形监测的意义

桥梁检查及监测的目的在于通过对桥梁的技术状况及缺陷和损伤的性质、部位、严重程度及发展趋势的分析，弄清楚出现缺陷和损伤的主要原因，以便能分析评价既存缺陷和损伤对桥梁质量和使用承载能力的影响，并为桥梁维修和加固设计提供可靠的技术数据和依据。因此，桥梁检查是进行桥梁养护、维修与加固的先导工作，是决定维修与加固方案可行和正确的可靠保证。

9.2 监测方案

9.2.1 垂直位移观测方案

1．变形观测控制网

（1）基准点布设

基准点的选定：应尽量选在桥梁承压区之外，但又不宜离桥梁墩台太远，以免加大实测工作量及增大测量的累积误差。一般来说，以不远于桥梁墩台1～2km为宜。基准点需成组埋设，以便相互检核。

工作基点的选定：一般选在桥台上，以便于观测布设在桥梁墩台上的观测点，测定各桥墩相对于桥台的变形。

（2）监测点布设

观测点的布设应遵循既要均匀又要有重点的原则。为全面判断桥梁各部分的稳定性，每个桥墩上应布置观测点；对那些受力不均匀、地基基础不良的部位或结构的重要部位，应加密观测点，尤其主桥桥墩更是这样。

2．点位结构

基准点的点位结构以确保其稳定为原则，一般可采用地面岩石标，埋设至基岩。若大桥飞架两山之间，有条件时最好使用平峒岩石标。

观测点的标志结构分引桥与主桥两部分。引端观测点可采用墙上标志。由于墩面使用空间的限制，主桥变形观测点遵循一点多用的原则。

3. 观测方法

特大桥梁垂直位移观测的外业工作，包括陆地水准测量；跨墩、跨河水准测量。

（1）陆地水准测量

基准点观测与引桥观测点观测均属陆地水准测量。

注：对于施测精度要求较高的特大桥梁变形观测，为了防止尺子与仪器下沉，对非混凝土地段，立尺点应设固定铁桩标志，若仪器架设在土坡上，应在脚架支撑处打下大木桩。

（2）跨墩、跨河水准测量

主桥观测点位于墩面上，大型桥梁跨距达上百米。欲实现墩间高程传递，其前、后视距远超出有关规范对一等精密水准测量的最大视距的规定，应采用跨河水准测量法施测。

跨河水准测量的工作量大、耗费人力多，对于跨距相等的桥梁可使用前、后视等距的跨墩水准测量代替。

对长距离跨墩水准测量的作业，必须要有一定的措施提高其观测精度。

选用性能稳定、i 角变化小的仪器，仪器与微型水准尺应置于观测墩上，如果需要使用 3m 水准尺，则必须将其固定在观测点上。

照准方法如图 9-1 所示。

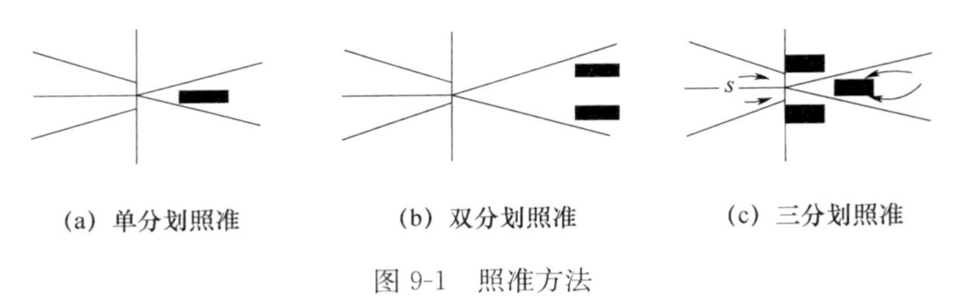

(a) 单分划照准　(b) 双分划照准　(c) 三分划照准

图 9-1　照准方法

9.2.2　横向位移观测方案

横向位移观测用于测定桥墩（台）沿水流方向的变形量。

对直线型的桥梁，其测定方法采用基准线法最为有利；对曲线型桥梁可采用前方交会法、导线测量法等。

1. 基准线法

基准线法基本原理是：过线段的两个端点（A、B）建立一基准线，测定观测点（i）对过基准线的铅直面 S 的偏离值 l_i；两个周期观测偏离值之差便是 i 点的横向位移观测值。

2. 前方交会法

曲线型桥梁，由于各墩不在一条直线上，难以直接用距离测量法和基准线法分别观测桥墩（台）纵、横向两面三个方向上的位移，这时通常采用前方交会法。该法的优点是能求得纵、横向位移值的总量，投影到纵、横方向线上，即可求得纵、横向位移量。

3. 导线测量法

导线两端连接于桥台工作基点上，每一个墩上设置一导线点，也是观测点。通过重复观测，由两期观测成果比较可得观测点的位移。由于这种方法要在桥墩观测点上设站，所以不如前方交会法简便。

9.2.3 挠度观测方案

挠度观测分为恒载和活载挠度观测。

恒载挠度观测是测定桥梁自重和构件安装误差引起的桥梁下垂量。

活载挠度观测是测定车辆通过时在其重量和冲量作用下钢梁产生的挠曲变形；它是弹性变形，荷载消失时变形也随之消失。当挠曲变形超过一定数值时，会影响车辆安全行驶和钢梁支座的使用寿命，因此须对桥梁定期进行挠度观测。

1. 恒载挠度观测

观测方法：水准测量。

在桥梁两端布设高程基准，观测各节点相对于两端点连线的下垂量。

对于车辆来往频繁的桥梁，不仅影响观测工作，而且还危及人身与仪器的安全，因此在作业过程中要求观测员精力集中，抓紧时间观测出可靠的成果。此外，应派两名安全员，瞭望上、下行车辆，及时报警，保证安全。

2. 活载挠度观测

活载挠度观测的方法是在桥墩面的上、下游各安置一台经纬仪，在一孔钢梁中间的节点上倒挂一根尺子。如图 9-2 所示。

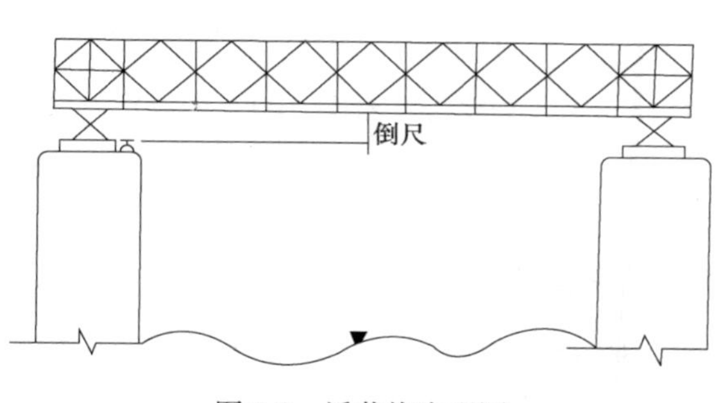

图 9-2　活载挠度观测

在列车未来之前，观测员将经纬仪望远镜照准倒尺，读取读数 a。固定视线不变。当火车通过时，读取 b 值，火车通过之后，再读取 c 值（称为归零值），由此可求得挠度值为：$b-1/2\ (a+c)$。货车各车箱的重量分布是不均匀地施加在钢梁的不同部位上，因此，b 值是不断变化的。一列货车通过后，应取最大的 b 值来计算钢梁的挠度值。为了测定在同一荷载作用下，钢梁上、下游的挠度变化，不管上行或下行的列车通过时，两位观测员应同时观测。要获得较为可靠的挠度值，必须对上、下行的列车进行多次抽样观测，才能得到钢梁上、下游的最大挠度值。

9.3 桥梁结构损伤检测方法

1. 矩阵型法

利用矩阵型法进行相关检测发展最早也最成熟，它常常用于修正计算模型的整个矩阵，精度比较高，执行操作相对容易。这种方法的主要缺点在于所修正模型的物理意义并不是非常明确，这往往会丧失原有限元模型的带状性特点，因此需要辅助其他的修正方法进行修正。

2. 子矩阵修正法

通过对需要修正的矩阵定义相关的修正系数以及对于矩阵修正系数的调整可以修正桥梁的结构刚度，这种方法的最大优势在于修正后的刚度矩阵仍然与原矩阵保持对称性与稀疏性。

3. 灵敏度法

运用灵敏度法，检测人员可以修正结构参数，并且通过设计参数以及弹性模量的截面面积等可以实现对有限元模型的修改。

4. 指纹分析法

指纹分析法是在桥梁检测中寻找与其结构动力特性有关的动力指纹，并且通过相应指纹的变化情况来判断桥梁结构的真实状况。在线监测中，最易获得的模态参数是频率，而且所获得的参数的精度非常高。因此，检测人员可以通过监测频率的变化这种方式来识别结构破损情况，这种方式操作起来也是比较简单的。此外，振型也可以适用于桥梁结构破损情况的发现与识别，虽然运用振型进行测试的精度低于频率，但是振型可以包含更多的检测信息。大量的检测模型以及实践实验表明，由于桥梁结构损伤导致的固有频率的变化非常小，但是振型形式变化却十分明显，一般损伤导致的结构自振频率的变化通常在5%以内。有一些研究人员采用模糊理论与指纹分析结合的方式进行检测，这种方式的可靠度建立在规范的理论框架基础之上，对不同种类桥梁的使用性能以及专家评估数据的科学性要求较高。

5. 借鉴国外的检测技术

当前，国外已经开展结合桥梁管理系统与量化的无损检测方法的研究，即通过强迫振动响应法定量检测技术，利用激光振动计测量斜拉索索力，评估桥梁下部结构。我国一直倡导引进国外先进技术，本文就其主要技术概括如下：

（1）先进的疲劳裂纹探测和评估系统，涉及桥梁裂纹的无线应变测量系统、无源疲劳荷载测量设备、便携式声发射系统、新型超声波以及电磁声发射传感器等，目前在此基础上发明了一种在产生信号的同时又可以探测不同受力模式下的疲劳裂纹的宽带E探测器；

（2）先进的锈蚀探测技术，如先张法压浆空隙、埋入式磁漏探测技术；

（3）先进的桥面板检测系统，如双带远红外热成像系统；

（4）先进的桥梁测试和健康监测系统，如测量桥梁超载的钢传感器。

9.4 桥梁监测系统

9.4.1 桥梁监测简介

桥梁安全监测是在传统的桥梁监测技术的基础上，运用现代化传感设备与光电通信及计算机技术，实时监测桥梁运营阶段在各种环境条件下的结构响应和行为，获取反映结构状况和环境因素的信息，由此分析结构健康状态，评估结构的可靠性，为桥梁的管理与维护提供科学依据。在偶发事件（如地震）发生后，可通过监测数据识别结构的损伤和关键部位的变化，对桥梁结构的承载能力和抗风、抗震能力做出客观的定量的评估。由于桥梁（尤其是斜拉桥、悬索桥）的力学和结构特点以及所处的特定环境，在桥梁设计阶段完全掌握和预测结构的力学特性和行为是非常困难的，桥梁的设计依赖于理论分析并通过风洞、振动台模拟试验预测桥梁的动力性能并验证其动力安全性。而结构理论分析常基于理想的有限元模型，并且分析时常以很多假定为前提，这种模拟试验和计算假定可能与真实桥位不完全相符。因此，通过桥梁健康监测所获得的实际结构的动静力行为，可以验证桥梁的结构分析模型、计算假定和设计方法的合理性，而且监测数据可用于深入研究桥梁结构及其环境中的未知和不确定性问题。

1. 桥梁监测系统的概念

桥梁监测系统就是通过对桥梁结构进行无损检测，实时监控结构的整体行为，对结构的损伤位置和程度进行诊断，对桥梁的服役情况、可靠性、耐久性和承载能力进行智能评估，为大桥在特殊气候、交通条件下或桥梁运营状况严重异常时触发预警信号，为桥梁的维修、养护与管理决策提供依据和指导。

2. 桥梁监测系统的特点

桥梁监测系统作为现代桥梁系统中必不可少的一部分，有着极其重要的地位，对桥梁的安全和运行起到了极其重要的作用。基于对桥梁监测系统的研究，其具有以下一些共同特点：

（1）通过测量结构各种响应的传感装置获取反映结构行为的各种记录。

（2）除监测结构本身的状态和行为以外，还强调对结构环境条件（如风、车辆荷载等）的监测和记录分析；同时，试图通过桥梁在正常车辆与风载下的动力响应来建立结构的“指纹”，并借此开发实时的结构整体性与安全性评估技术。

（3）在通车运营后连续或间断地监测结构状态，力求获取的大桥结构信息连续而完整。某些桥梁监测传感器在桥梁施工阶段即开始工作并用于监控施工质量。

（4）监测系统具有快速大容量的信息采集、通信与处理能力，并实现数据的网络共享。

3. 桥梁监测系统的监测内容

桥梁监测的基本内涵即通过对桥梁结构状态的监控与评估，为大桥在特殊气候、交通条件下或桥梁运营状况严重异常时触发预警信号，为桥梁维护、维修与管理决策提供依据和指导。桥梁监测系统对以下几个方面进行监控：

（1）桥梁结构在正常车辆荷载及风载作用下的结构响应和力学状态。

（2）桥梁结构在突发事件（如地震、意外大风或其他严重事故等）之后的损伤情况。

（3）桥梁结构构件的耐久性，主要是提供构件疲劳状况的真实情况。

（4）桥梁重要非结构构件（如支座）和附属设施（如斜拉桥振动控制装置）的工作状态。

（5）大桥所处的环境条件，如风速、温度、地面运动等。

9.4.2 桥梁危险源

1. 桥梁中的危险因素

桥梁中存在诸多因素会导致桥梁发生事故，对这些因素的研究有助于我们对桥梁事故进行更好的预测和分析，可以更好地避免事故发生，减少人员伤亡和财产的损失。桥梁监测系统所监测的因素主要有以下几方面。

（1）荷载。包括风、地震、温度和交通荷载等。

（2）几何监测。监测桥梁各部位的静态位置、动态位置、沉降、倾斜、线形变化和位移等。

（3）结构的静动力反应。监测桥梁的位移、转角、应变应力、索力和动力反应（频率模态）等。

（4）非结构部件及辅助设施（如支座和振动控制设施等）。

2．桥梁事故的事故树分析

针对可能发生的桥梁事故，分析导致的原因事件，然后根据这些原因事件建造事件树，确定成立的事故方案，并应用软件等工具计算出桥梁结构在各种可能原因事件以及各种可能事故方案的作用下的空间应力状态；最后通过对这些可能事故方案的分析来确定事故的原因及机理。具体分析过程如图 9-3 所示。

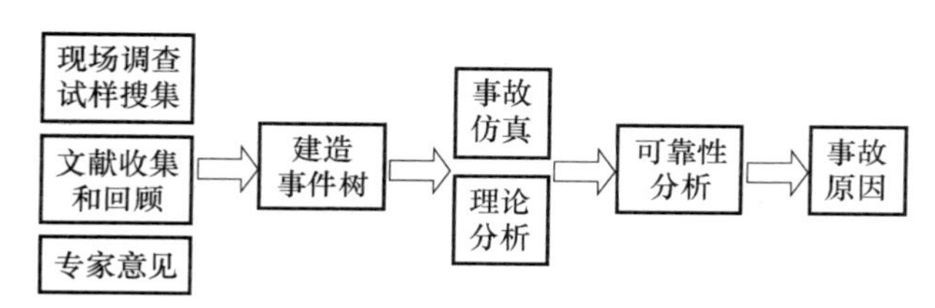

图 9-3　基于可靠性的事故分析模型

如果某工程事故在事故原因调查分析时通过专家意见、现场调查、文献搜集以及回顾等确定有 3 种可能事故原因事件（E_1，E_2，E_3），则有 6 种可能事故方案，如图 9-4 所示。

在完成事件树建造之后，下一步就是对每个破坏事件进行品质分析（即这些事件发生的条件概率）和确定每种事故方案的发生概率。如果事故方案中的某一事件的条件概率小于事故发生的极限概率值，则认为该事故方案不成立，而只需要对那些成立的方案进行分析，如图 9-5 所示。

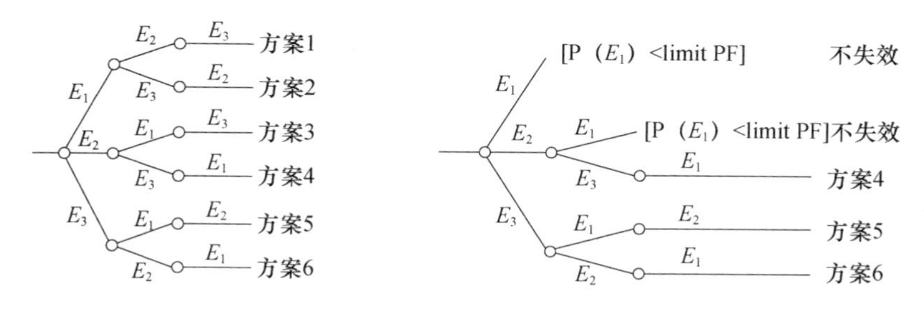

图 9-4　所有可能引起事故的方案　　　图 9-5　研究的事故方案

通过上述理论，可以形成事件树分析法对事故分析步骤：

（1）确定或寻找可能导致事故的事件。破坏事件可通过专家意见、工程现场调查、文献搜集以及回顾等确定；

(2) 确定可能导致事故严重后果的初因破坏事件。所有的事故失效事件都有可能是初因失效事件，并对初因事件进行分类，对于那些可能导致相同事件树的初因事件可划分为一类；

(3) 建造事件树。对事件进行分析，排除包含事件的条件概率小于极限失效概率值的事故方案，确定成立的事故方案；

(4) 对事故方案进行仿真计算。计算出各种事件作用时对结构的应力状态影响，并比较分析确定这些事件对事故的权重；

(5) 评价被调查的事故方案发生的可能性，找出事故原因。

9.4.3 桥梁传感器

1. 桥梁监测系统中的传感器

由于桥梁监测系统中监测的因素过多，因此会使用到种类众多的传感器，具体传感器类型包括：

(1) 应变/温度传感器——测量混凝土构件内部应变和温度的分布。

(2) 斜拉索索力计（锚索计和智能拉索）——测量斜拉索索力。

(3) 静力水准仪——测量桥梁沿桥轴线方向各断面的相对高程变化，即挠度。

(4) 倾角计——测量桥梁墩柱、索塔、箱梁等构件偏转角。

(5) 加速度/速度计——测量桥梁运营过程中自振和强迫振动的动态特性。

(6) 位移计——测量斜拉桥索塔与主梁之间相对纵向位移。

(7) 桥梁线形及变位永久监测网——由基准站、测站和监测点构成，定期监测桥梁几何线形变化。

2. 桥梁中针对不同因素所使用的传感器

由于桥梁中的不同因素性质差别大，需要选择相应的传感器。下面是针对不同的因素所使用的传感器：

(1) 荷载。包括风、地震、温度、交通荷载等。所使用的传感器有：风速仪——记录风向、风速进程历史，连接数据处理系统后可得风功率谱；温度计——记录温度、温度差时程历史；动态地秤——记录交通荷载流时程历史，连接数据处理系统后可得交通荷载谱；强震仪——记录地震作用；摄像机——记录车流情况和交通事故。

(2) 几何监测。监测桥梁各部位的静态位置、动态位置、沉降、倾斜、线形变化、位移等。所使用的传感器有：位移计、倾角仪、GPS、电子测距器（EDM）、数字相机等。

(3) 结构的静动力反应。监测桥梁的位移、转角、应变应力、索力、动力反应（频率模态）等。所使用的传感器有：应变仪——记录桥梁静动力应变应力，连接数字处理系统后可得构件疲劳应力循环谱；测力计（力环、磁弹性仪、剪力销）——记录主缆、锚杆、吊杆的张拉历史；加速度计——记录结构各部位的反应加速度，连接数据处理系统后可得结构的模态参数。

(4) 非结构部件及辅助设施（如支座、振动控制设施等）。

3. 桥梁中针对不同因素的监测方式和频率

桥梁中涉及的因素有静态的有动态的，有有形的有无形的，针对不同的因素要采取不同的监测方法和频率。依据桥梁中不同因素所属的种类不同，将其进行了相应的分类，同时给出了相应的监测手段。表 9-1 中具体列出了不同因素的监测方式和频率。

表 9-1 不同因素的分析表

序号		项目内容	数据采集方式	频率	监测仪器设备或手段
1	安全性	塔顶位移	实时监测	10Hz	GPS 监测
2		主跨跨中位移	实时监测	10Hz	GPS 监测
3		梁端位移	实时监测	10Hz	伸缩仪
4		主梁倾斜	实时监测	1Hz	倾角仪
5		部分斜拉索索力	实时监测	10Hz	EM 索力仪
6		斜拉索恒载索力	定期监测	1 次/年	便携式索力仪
7		桥墩变位	定期监测	1 次/年	全站仪
8		基础冲刷深度	定期监测	1 次/年	多波束探测
9		钢结构应变	实时监测	1Hz	应变计
10		混凝土结构应变	实时监测	1Hz	应变计
11		动力特性	定期监测	1 次/8 年	荷载试验
12		结构刚度	定期监测	1 次/8 年	荷载试验
13		斜拉索探伤	定期监测	1 次/年	无损检测
14		钢结构焊缝探伤	定期监测	1 次/年	无损检测
15		高强螺栓检查	定期监测	1 次/年	无损检测
16		锚头检查	定期监测	1 次/年	无损检测
17		混凝土裂缝	人工检查	1 次/年	肉眼及测量工具
18	耐久性	混凝土强度	定期监测	1 次/年	回弹法
19		碳化深度	定期监测	1 次/年	人工测试
20		氯离子侵蚀	定期监测	1 次/年	测定电阻率
21		钢结构疲劳	实时监测	1Hz	疲劳计
22	使用性	桥面线形	定期监测	1 次/年	精密水准仪
23		桥面状况	人工检查	1 次/年	肉眼观测
24		混凝土表观状况	人工检查	1 次/年	肉眼观测
25		伸缩缝状况	人工检查	2 次/年	肉眼观测
26		钢结构油漆	人工检查	1 次/月	肉眼观测
27		钢结构构件	人工检查	1 次/年	肉眼观测
28		斜拉索状况	人工检查	1 次/年	肉眼观测
29		阻尼器状况	人工检查	2 次/月	肉眼观测
30		支座状况	人工检查	1 次/年	肉眼观测
31		护栏状况	人工检查	1 次/年	肉眼观测
32		其他设施状况	人工检查	2 次/年	肉眼观测
33	其他方面	结构温度	实时监测	1Hz	温度仪
34		风速风向	实时监测	1Hz	风速风向仪
35		车流量调查	人工调查	2 次/年	肉眼观测
36		水文、波浪	定期监测	1 次/年	水压力计、波浪仪

9.4.4 桥梁监测系统的具体实施方案

在桥梁监测系统中不同的功能目标所要求的监测项目不尽相同。绝大多数桥梁监测系统的监测项目都是从结构监控与评估出发的，个别也兼顾结构设计验证甚至部分监测项目以桥梁问题的研究为目的。如果监测系统考虑具有结构设计验证的功能，那就要获得较多结构系统识别所需要的信息。对于大型桥梁，需要将较多的传感器布置于桥塔、加劲梁以及缆索/拉索各部位，以获得较为详细的结构动力行为并验证结构设计时的动力分析模型和响应预测，另外，在支座、挡块以及某些联结部位需安设传感器获取反映其传力、约束状况等的信息。

1. 桥梁监测方案中组成部分

（1）硬件部分

监测系统的硬件主要用于桥梁参数的采集和数据处理，在监控分中心设置数据服务器进行系统数据分析处理，并设置工作站计算机进行实时监控，在桥梁现场设置网络传输设备和数据采集处理设备进行远程数据的传输和采集，在桥梁的不同位置设置原始数据采集设备进行桥梁实时状态的监测。原始数据采集设备如下：

①风力风向监测设备。成桥后风荷载是桥梁结构的主要动力荷载之一。在风荷载作用下，桥梁的主要构件索、梁和塔都将产生振动，引起疲劳损伤累积，导致桥梁抗力衰减。通过监测风速、风向，统计最大风速值、风荷载脉动特性及风功率谱密度等，可以得出结构的风与结构响应关系，从而对结构进行风致振动的分析。

②环境温度监测设备。通过环境温度的监测，可以分析环境温度对结构静力响应的影响，以使基于静力测试的识别方法能更准确地反映结构基准状态；可以分析环境温度对振动特性的影响，以使基于振动测试的损伤监测方法能更准确；可以预测可能出现的极限环境温度荷载。同时，空气湿度对结构的耐久性影响也较大。环境监测中温度和湿度的监测对于分析结构状态和结构损伤发展状态是重要的参数指标，另外温湿度监测可以为系统采集站设备的工作环境控制提供参考数据。

③结构温度监测设备。构件温度的分布状况将直接影响到结构的变形和内力状态，构件温度场中的温差效应的实际分布也是设计单位关心的一个重要结构参数；对结构温度分布情况的监测可以用于分析结构温度场对结构静力响应的影响，以使基于静力测试的识别方法能更准确地反映结构基准状态；可以帮助分析结构温度场对振动特性的影响，以使基于振动测试的损伤检测方法能更准确。因此温度荷载的监测可以帮助考察可能出现的极限温度场荷载，为结构分析提供帮助。另外温度场监测可为部分监测设备做温度补偿。

④地震监测设备。地震荷载的监测是指在地震事件或船舶撞击下监测大桥桥址处的地震动加速度时程及其频谱，为结构整体和局部的动静力响应及灾后评估提供依据，为大桥管理部门处理突发事件提供资料。

⑤动态交通荷载监测。交通荷载的监测一方面可以对运营期大桥的交通量进行统计，对过桥的车辆轴重、速度、车长进行动态实时监测，当车辆超载时可给出预警。另一方面，车辆交通荷载的监测可以为结构响应大小提供对比的参照，提供桥梁是否处于无车辆活荷载的近似恒载的判断依据，作为桥梁恒载状态对比分析的前提条件。

⑥结构应变监测设备。对构件应力的监测可以分析求解出测点的应力状况。结构的应力是重要的结构局部信息，一旦应力超限，便可能导致材料开裂或破坏，进而导致构件和桥梁的破坏。应变指标是运营期间安全性预警的重要信息，也是结构状态分析的参考信息，尤其对一些关键的结构部位（如主梁跨中、主梁支座顶部、桥塔根部等），必须对其进行监测。

⑦主梁挠度监测设备。桥梁主梁挠度直接反映了主梁当前的整体受力状态，桥梁挠度也是监测系统预警和安全评定的主要指标。

⑧索塔倾斜监测设备。索塔是斜拉桥的主要承重构件，索塔一旦出现较大倾斜，整个斜拉桥会有倾覆的危险。另外，索塔沿桥纵向倾斜也是索力不均匀分布的表现。

⑨主梁及索塔空间变位监测设备。主梁和索塔的空间变位是反映大桥安全状态及进行内力状态评估分析的重要参数，是结构安全预警的重要指标。

⑩整体位移监测设备。斜拉桥主梁在温度作用下会发生纵向变形，这种纵向变形将通过伸缩缝处主梁端部位移来反映。伸缩缝处主梁端部位移与温度之间具有一定的对应关系，通过监测可以掌握主梁纵向变形情况，如果主梁的纵向变形异常（变形未被释放），则会导致主梁出现较大的温度应力，这对主梁安全将产生危险。

⑪斜拉索索力监测设备。斜拉索是斜拉桥最重要的受力构件，斜拉索索力的变化直接反映桥梁结构受力状态的变化，关系到整座大桥的安全，通过对索力的监测能够为运营期间的安全性提供直接的预警信息和状态评估信息。

⑫动力特性监测设备。桥梁动力特性参数的变化（频率、振型、模态阻尼系数）是桥梁构件性能改变的标志。桥梁的振动水平（振动幅值）反映桥梁的安全运营状态。桥梁自振频率的降低、桥梁局部振型的改变可能预示着结构的刚度降低和局部破坏，是进行结构损伤评估的重要依据。

⑬腐蚀监测设备。桥墩支撑着整个桥梁，一旦出现问题，后果极其严重。桥墩所处位置环境恶劣，各种腐蚀因素会导致桥墩混凝土耐久性降低，通过对桥墩处混凝土耐久性氯离子腐蚀进程监测，能及时掌握桥墩混凝土的腐蚀程度，在腐蚀速度过快或腐蚀程度过大时可及时进行补救。在桥梁现场设置的工作站进行数据转换后，将光信号和模拟信号转换成数字信号，通过光缆传输到监控分中心。在现场的工作站设置一套同步时钟系统，以保证各个设备采集数据的同时性。

（2）软件部分

监测系统要实现全桥整体状态的监测，离不开最后软件系统的数据分析与处理，其中又可以把软件系统分为三大块，分别是：

①数据采集与传输系统。数据采集与传输系统是整个监测系统实现的首要条件，通过这个子系统，实现了对传感器信号的采集、处理、存储、传输与显示功能；现场设备与数据服务器紧密联系，可以随时对所需要的数据进行调用。

②数据处理与分析系统。这个子系统是桥梁监测系统的核心，它完成桥梁巡检、养护管理及预警功能，实现巡检动态数据的录入、存储、导出、上传功能。达到桥梁监测系统要求的数据接收与处理服务器上的数据传输、数据下载、数据处理及数据存储等功能，并通过 WEB 统一门户形式，提供给用户使用。

③数据库管理系统。根据系统运行数据的规模和系统功能要求，数据库管理系统利

用数据库软件，作为结构监测系统数据存储及共享的平台。这个子系统是整个系统的基础。

软件部分三个子系统实际上是密不可分的，系统进行数据分析，不仅是自动采集的数据，也包括人工巡检后录入数据库的数据。其中桥墩变位、斜拉索索力、斜拉索探伤、钢结构焊缝探伤、腐蚀、混凝土强度、混凝土碳化深度、混凝土裂缝测量、桥面线形、桥面状况、混凝土表观状况、钢结构状况、斜拉索状况、阻尼器状况、伸缩缝状况、支座状况、桥梁的抗震设施、人行通道、护栏状况、其他设施状况等都需要人工巡检后录入。

2. 桥梁监测系统中的布置

（1）桥梁中传感器/作动器网络的优化设计准则

无论是以静力作用下的结构参数识别，还是动力作用下桥梁的模态识别为主要目的的监测情况，下面一些优化设计准则是常用的。

①识别（传递）误差最小准则。该方法的要点是连续对传感网络进行调整，直至识别（传递）目标的误差达到最小值为止。基本思想是逐步消除那些对目标参量的独立性贡献最小的自由度，以使目标的空间分辨率达到最佳程度。

该准则既适用于静力作用下的结构参数识别，也适用于动力作用下桥梁的模态识别。

②模型缩减准则。在模型缩减中常常将系统自由度区分为主要自由度和次要自由度，缩减以后的模型应保留主要自由度而去掉次要自由度。将传感器配置于这些主要自由度上测得的结构效应或响应，应能较好地反映结构的动、静力特性。

③插值拟合准则。有时传感器优化配置的目的是为了利用有限测点的效应（对动力而言为响应）来获得未测量点的响应。这时可采用插值拟合的方法获得目标点（未测量点）的响应，为了得到最佳效果，可采用插值拟合的误差最小原则来配置传感器。

④模态应变能准则。其基本思想是具有较大模态应变能的自由度上的响应也比较大，将传感器配置于这些自由度所对应的位置上将有利于参数识别。这一方法需要借助有限元分析法。

针对以上原则设计出最好的实验方案，由于不同桥梁的设计方案不尽相同，在此不一一赘述。

（2）桥梁监测系统总体运行

桥梁监测系统由外场设备进行数据的采集，由软件进行数据的归纳分析，对桥梁的整体状态进行评估，并根据桥梁的初始状态即通车前交工后的状态和正常运营时的状态进行对比，设定桥梁危险信号的预警值，当系统分析出桥梁不安全时，会自动发出警报，实现尽早发现、尽早处理的管理方式，可以提前规避重大事故的发生。

9.4.5 桥梁监测系统数据分析

1. 数据预处理

（1）传感器数据可信度评价

桥梁长期监测中采集到的传感器数据不可避免地会因各种因素导致其精确性下降，

因此，为了更好地为桥梁安全评估提供依据，将对数据质量进行评价，即给出数据的可信度。主要评价方法如下。

①通过采集设备返回的状态进行传感器数据可信度判定。

②采用时间序列分析方法建立各个传感器数据历史趋势模型，即收集一段时间的数据后，参照其他桥梁同类数据模型，为每个传感器建立历史趋势模型。根据此模型来预测数据出现的范围，凡不在此范围内的数据将被判定为异常数据。

③结合该数据与其他数据的相关性进行判定。为每个截面的各类传感器建立相关模型，判定时，可依据其他数据的变化情况来确定可疑数据。

④基于相同类型、相近位置的传感器所测数据，采用灰色关联度方法进行相关性分析计算。若关联性分析所得关联度的概率标准差小于阈值，则表明不同传感器所测数据具有较好的相关性，证明传感器工作正常；否则表示数据关联性不好，某一传感器工作异常。

（2）异常数据处理

对于原始桥梁监测信号，其往往需借助统计学方法去除数据中的粗差，此时得到的信号总是与各种噪声混杂在一起，因此只有再经过滤波处理将信噪分离后，才能较准确地提取有用信息。常见简单滤波算法有算术平均值滤波、加权平均值滤波、滑动平均值滤波、中值滤波、限幅滤波、低通滤波、复合滤波等。小波及小波包技术近年来也被用于滤波消噪，并展现出良好的性能。

（3）数据插补

剔除异常数据后，为便于后续信号分析，还需进行前期数据插补工作，常用方法有：特殊值填补（如均值）、插值（如拉格朗日插值法在曾家沟大桥挠度数据插补上的应用）、多项式曲线拟合、时间序列自适应移动平均模型、支持向量机插补、神经网络插补等。

2. 结构安全预警

预警指标可以用基于统计数据的无模型方法设定，也可以采用基于有限元模型的方法设定，还可以根据经验、标准、规范直接设定。桥梁监测中，单一预警条件（单项指标预警）受偶然因素影响较大，容易出现误报，故推荐采用组合预警条件（多项指标预警）联动触发报警。图 9-6 示出一种连续 3 次超限才触发预警的报警方式，其在一定程度上可以减小误报率。

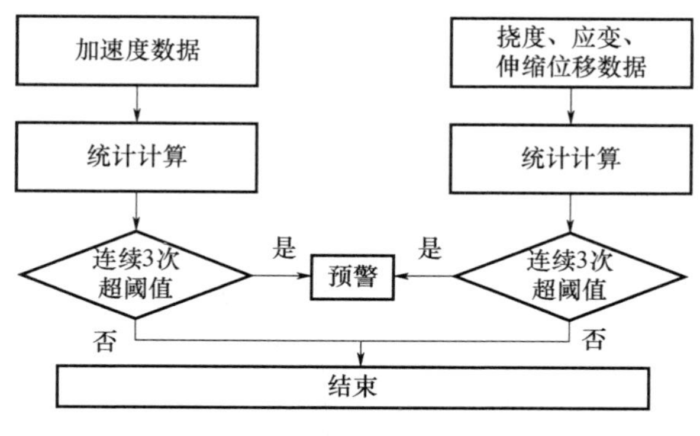

图 9-6　桥梁监测预警流程

统计得到的最大（最小）值、均值、方差、标准差、变化幅值等常作为初级预警输入值。对桥梁进行监测时，需针对不同的监测参数，采用不同的统计区段：对于静态参量，其实时性要求相对较低，可以“天”为时间尺度，将其作为一个统计区段；对于动态参量，因其采样频率较高，故可以“分钟”为时间尺度，即针对每分钟采集的数据生成一个统计值，并将每小时内的统计值进行两次统计等。

3. 结构状态及损伤识别

（1）模态参数识别

桥梁结构模态参数主要指桥梁结构的频率、振型、阻尼，模态参数反映了结构的系统特性。目前已经提出了多种较成熟的基于白噪声激励的模态参数识别方法，主要包括：随机子空间法、环境激励法（特征系统实现法）、频域分解法、峰值拾取法、自回归移动平均模型建模、随机减量法、ITD法、最小二乘复指数法及多参考点复指数法。近年来，一些基于非平稳响应数据的模态参数识别技术逐渐被提出，主要包括：希尔伯特—黄变换、经验模态分解、基于Gabor展开和重构的模态参数识别方法、基于小波分析技术的模态参数识别方法。

（2）特征提取与数据降维

特征参数的适当选择与提取常常包含各类经典和现代的信息处理方法与技术。此外，小波及小波包技术、希尔伯特—黄变换、自适应移动平均技术等也可用来构建损伤识别的输入特征。当构建的输入特征数量较多时，若直接将全部特征作为损伤识别算法的输入向量，则有时可能会因为信息的冗余而导致维数灾难，从而将降低损伤识别算法的效率与精度。针对这一情况，可采用主分量分析、核主分量分析等方法对输入特征向量进行降维，并将约减后起主要作用的主成分作为识别算法的输入向量。

（3）结构损伤识别

①基于模型修正理论的结构损伤识别方法

该方法利用静力及振动试验模态分析结果，修改理论有限元模型的刚度矩阵、质量矩阵等参数，使修正后的有限元模型静力分析结果及振动模态参数与试验值相吻合。该类方法主要有：模态柔度法、最优矩阵修正法、基于灵敏度的矩阵修正法、特征结构分配法、测量刚度的变化、综合模态参数法等。

②损伤动力指纹法

该方法利用结构振动测试直接得到的振动响应时程参数（位移、速度、加速度）或经过模态分析变换所得到的结构动力学参数作为损伤指示信息（动力指纹）来识别结构损伤的位置及程度。根据对动力测试信息利用状态的不同，其可分为：基于频率变化的方法、基于模态振型变化的方法、基于模态振型曲率和应变模态变化的方法、基于测量振动柔度的方法等。对于时程动力指纹，常采用结构损伤前后的加速度频率响应函数波形进行损伤识别。

③神经网络识别法

神经网络具有很强的非线性映射能力及高度的容错性能，对参数的准确性要求不高，在处理模糊信息及模拟专家推理方面也显示出巨大潜力。它不但能较准确地识别损伤位置，还可以对损伤程度作出合理评价。当然，该方法也存在一些不足，如：最常用的BP网络收敛较慢，易陷入局部极小值；在神经网络构造、损伤指标选取、输入向量及输出目标确定等方面还存在一些问题。

④无模型的信号分析方法

这类方法不需要结构有限元模型，也不需要原始桥梁结构的静、动响应信息，其通过对检测到的桥梁结构信号进行分析处理，直接得到构件的损伤信息。主要包括：基于小波的结构损伤识别法、统计模式识别法、时频分布法以及高阶统计量法，其中应用最广泛的是小波分析技术。

⑤支持向量机识别法

支持向量机（SVM）是基于结构风险最小化原则的统计学习方法，其对小样本数据具有良好的分类识别能力，且在桥梁结构损伤识别领域中已得到应用。

（4）参数优化

结构损伤识别过程中，往往需要通过调节控制参数来使识别结果达到最优。常用的参数优化方法包括：最小二乘法、交叉验证法、遗传算法（GA）、粒子群算法（PSO）等。

4. 结构综合评估

（1）趋势分析

趋势分析只能在长时间、大量数据的基础上，通过数理统计、数据拟合等多种方法，了解结构变化状态，作出桥梁健康发展趋势的估计。常用趋势分析方法有：①插值；②多项式曲线拟合；③时域波形平滑，观测趋势；④时间序列 ARMA 模型；⑤灰色模型；⑥神经网络；⑦支持向量机。

（2）相关分析

某些监测数据或特征结果间存在联系，如温度与结构动力特性、伸缩缝位移结构空间变位之间即存在较大的相关性，故对这些数据进行相关性分析具有重要意义。针对同一类型不同测点的监测量，或针对同一测点不同类型的监测量进行相关性、相似性分析，并利用分析结果建立回归模型，当某一传感器发生故障时，还可利用该模型进行数据插补或趋势预测。

（3）关联分析

采用关联分析挖掘桥梁结构参数或环境参数间的内在联系，比如温度与湿度的关联、温度与加速度或者应变的关联、挠度与纵向（横向）倾斜度的关联等。当桥梁结构发生变异时，关联规则产生的支持度、置信度与正常样木集产生的规则的支持度、置信度相比会发生较大偏离。

总之，在我国桥梁监测数据分析过程中还存在诸多的问题，各种方法都有自己的局限性，在工程实际中的应用效果较差，还无法进行智能化、结论性的诊断。期望未来在这一领域引入更多、更实用的数据处理技术，使得海量监测数据得以充分利用，为桥梁的安全运营提供可靠保障。

参 考 文 献

[1] 赵望达. 土木工程测试技术 [M]. 北京：机械工业出版社，2014.
[2] 夏才初，潘国荣. 土木工程监测技术 [M]. 北京：中国建筑工业出版社，2001.
[3] 段向胜，周锡元. 土木工程监测与健康诊断 [M]. 北京：中国建筑工业出版社，2010.
[4] 陶宝祺，王妮. 电阻应变式传感器 [M]. 北京：国防工业出版社，1993.
[5] 钟智勇. 磁电阻传感器 [M]. 北京：科学出版社，2015.
[6] 刘宝有. 钢弦式传感器及其应用 [M]. 北京：中国铁道出版社，1986.
[7] 黎敏，廖延彪. 光纤传感器及其应用技术 [M]. 武汉：武汉大学大学出版社，2012.
[8] 张森. 光纤传感器及其应用 [M]. 西安：西安电子科技大学出版社，2011.
[9] 吴石林，张玘. 误差分析与数据处理 [M]. 北京：清华大学出版社，2010.
[10] 钱政，王中宇，刘桂礼. 测试误差分析与数据处理 [M]. 北京：北京航空航天大学出版社，2008.
[11] 孙炳耀. 数据处理与误差分析基础 [M]. 开封：河南大学出版社，1990.
[12] 何国伟. 误差分析方法 [M]. 北京：国防工业出版社，1978.
[13] 贾沛璋. 误差分析与数据处理 [M]. 北京：国防工业出版社，1992.
[14] 沙定国. 误差分析与测量不确定度评定 [M]. 北京：中国计量出版社，2003.
[15] 董大钧. 误差分析与数据处理 [M]. 北京：清华大学出版社，2013.
[16] 费业泰. 误差理论与数据处理 [M]. 北京：机械工业出版社，2010.
[17] 杨旭武. 实验误差原理与数据处理 [M]. 北京：科学出版社，2009.
[18] 陈刚. 建筑环境测量 [M]. 北京：机械工业出版社，2013.
[19] 石林珂，孙文怀，郝小红. 岩土工程原位测试 [M]. 郑州：郑州大学出版社，2003.
[20] 王清. 土体原位测试与工程勘察 [M]. 北京：地质出版社，2006.
[21] 袁聚云，徐超，赵春风. 土工试验与原位测试 [M]. 上海：同济大学出版社，2004.
[22] 胡建华，汪稔，周平. 旁压仪在地基工程原位测试中的应用及其成果分析 [J]. 岩土力学，2003 (s2)：418-422.
[23] 宰金珉. 岩土工程测试与监测技术 [M]. 北京：中国建筑工业出版社，2008.
[24] 袁聚云，徐超，贾敏才. 岩土体测试技术 [M]. 北京：中国水利水电出版社，2011.
[25] 孟高头. 土体原位测试机理、方法及其工程应用 [M]. 北京：地质出版社，1997.

[26] 徐金明，刘绍峰，朱耀耀. 岩土工程实用原位测试技术 [M]. 北京：中国水利水电出版社，2007.
[27] 徐超. 岩土工程原位测试 [M]. 上海：同济大学出版社，2005.
[28] 马桂军，孟维平，王友. 土工室内试验及原位测试 [M]. 哈尔滨：哈尔滨地图出版社，2004.
[29] 石林珂，孙文怀，郝小红等. 岩土工程原位测试 [M]. 郑州：郑州大学出版社，2003.
[30] 李志宏. 原位测试手段在工程地质勘察中的综合应用 [J]. 广东交通职业技术学院学报，2006，5 (3)：14-16.
[31] 徐宏伟. 原位测试方法适用条件及成果应用浅析 [J]. 中国高新技术企业，2013 (12)：73-74.
[32] 邢皓枫，周彦涛.《原位测试技术》实践教学与创新型人才的培养 [J]. 时代教育，2015 (7)：1-1.
[33] 李树芳. 土工试验与原位测试在工程勘察中的重要性 [J]. 山西建筑，2012 (09)：106-107.
[34] 尹康华. 土体原位测试法在岩土工程中的应用 [J]. 云南地质，2006，25 (1)：96-99.
[35] 李凯宏. 土体测试手段在岩土工程勘察中的现状及发展 [J]. 山西建筑，2010 (17)：125-126.
[36] 沈小克，蔡正银，蔡国军. 原位测试技术与工程勘察应用 [J]. 土木工程学报，2016，49 (02)：105-127.
[37] 殷玲. 原位测试理论在岩土工程中的应用研究 [M]. 西安：西北工业大学出版社，2016.
[38] 袁聚云. 土工试验与原位测试 [M]. 上海：同济大学出版社，2004.
[39] 唐贤强. 地基工程原位测试技术 [M]. 北京：中国铁道出版社，1993.
[40] 邢皓枫，徐超，石振明. 岩土工程原位测试 [M]. 上海：同济大学出版社，2015.
[41] 童立元，刘潋，刘松玉，等. 岩土工程现代原位测试理论与工程应用 [M]. 南京：东南大学出版社，2015.
[42] 徐超，张振，陈偲，等. 土体工程勘探与原位测试实践 [M]. 上海：同济大学出版社，2018.
[43] 张重远. 地应力测量方法综述 [J]. 河南理工大学学报 (自然科学版)，2012，31 (3)：305-310.
[44] 马淑芝，汤艳春，孟高头，等. 孔压静力触探测试机理、方法及工程应用 [M]. 北京：中国地质大学出版社，2017.
[45] 杜延龄，韩连兵. 土工离心模型试验技术 [M]. 北京：中国水利水电出版社，2010.
[46] 周颖，吕西林. 建筑结构振动台模型试验方法与技术 [M]. 北京：科学出版社，2012.
[47] 赵顺波，管俊峰，李晓克. 钢筋混凝土结构模型试验与优化设计 [M]. 北京：中

国水利水电出版社，2011.
[48] 左东启. 模型试验的理论和方法 [M]. 北京：水利电力出版社，1984.
[49] 崔广心. 相似理论与模型试验 [M]. 北京：中国矿业大学出版社，1990.
[50] 杨俊杰. 相似理论与结构模型试验 [M]. 武汉：武汉理工大学出版社，2005.
[51] 冯忠绪. 仿真设计与模型试验 [M]. 西安：陕西科学技术出版社，1997.
[52] 徐挺. 相似理论与模型试验 [M]. 北京：中国农业机械出版社，1982.
[53] 孔宪京，李永胜，邹德高. 加筋边坡振动台模型试验研究 [J]. 水力发电学报，2009 (05)：154-159.
[54] 李瑞林，石高鹏，李军. 模型试验土体相似材料关键技术及研究现状 [J]. 能源技术与管理，2012 (4)：1-2.
[55] 张俊哲. 无损检测技术及其应用 [M]. 北京：科学出版社，2010.
[56] 邵泽波，刘兴德. 无损检测 [M]. 北京：化学工业出版社，2011.
[57] 李作新. 无损检测的原理和方法 [M]. 昆明：云南大学出版社，1989.
[58] 本书编审委员会. 无损检测综合知识 [M]. 北京：机械工业出版社，2005.
[59] 杨明纬. 声发射检测 [M]. 北京：机械工业出版社，2005.
[60] 孟表柱，朱金富. 土木工程智能检测智慧监测发展趋势及其系统原理 [M]. 北京：中国质检出版社，2017.
[61] 张治泰，邱平. 超声波在混凝土质量检测中的应用 [M]. 北京：化学工业出版社，2006.
[62] 周克印，周在杞，姚恩涛，等. 建筑工程结构无损检测技术 [M]. 北京：化学工业出版社，2006.
[63] 李国华，吴淼. 现代无损检测与评价 [M]. 北京：化学工业出版社，2009.
[64] 林维正. 土木工程质量无损检测技术 [M]. 北京：中国电力出版社，2008.
[65] 栾佳冬，张金锋、金欢阳. 传感器及其应用 [M]. 西安：西安电子科技大学出版社，2002.
[66] 叶书麟，叶观宝. 地基处理 [M]. 北京：中国建筑工业出版社，1999.
[67] 高大钊. 地基基础测试新技术 [M]. 北京：机械工业出版社，1999.
[68] 中华人民共和国住房和城乡建设部. 建筑地基处理技术规范：JGJ 79—2012 [S]. 北京：中国建筑工业出版社，2002.
[69] 中华人民共和国建设部. 建筑桩基技术规范：JGJ 94—2008 [S]. 北京：中国建筑工业出版社，2008.
[70] 刘利民，舒翔，熊巨华. 桩基工程的理论进展与工程实践 [M]. 北京：中国建材工业出版社，2002.
[71] 林宗元. 岩土工程试验监测手册 [M]. 沈阳：辽宁科学技术出版社，1994.
[72]《桩基工程手册》编写委员会. 桩基工程手册 [M]. 北京：中国建筑工业出版社，1995.
[73] 高俊强，严伟标. 工程监测技术及其应用 [M]. 北京：国防工业出版社，2005.
[74] 朱红五. 边（滑）坡的安全监测 [J]. 大坝观测与土工测试，1996，20 (4)：23-27.

[75] 郝长江. 长江三峡水利枢纽永久船闸高边坡安全监测设计综述 [J]. 大坝与安全，1995，31 (1)：20-26.

[76] 李铁汉，骆培云. 边坡变形监测及其资料的分析与应用——以新滩滑坡为例 [J]. 中国地质灾害与防治学报，1996，7 (2)：86-91.

[77] 夏元友，朱瑞赓，李新平，等. 大型人工边坡施工期监测系统设计方法 [J]. 人民长江，1995，26 (7)：16-20.

[78] 刘大安，刘英，罗华阳，等. 地质工程自动监测硬件系统若干技术问题 [J]. 工程地质学报，1999，7 (3)：224-230.

[79] 叶青. 三峡永久船闸工程变形监测设计综述 [J]. 人民长江，2002，33 (6)：33-35.

[80] 刘兴权，张学庄，向南平，等. 露天矿边坡稳定性监测系统的方案设计 [J]. 矿山测量，1997，(2)：21-24.

[81] 王德厚，付冰清. 滑坡监控与豆芽棚滑坡治理 [J]. 长江科学院院报，1998，15 (2)：34-38.

[82] 张立德，周小兵，赵长海. 软岩隧洞设计与施工技术 [M]. 北京：中国水利水电出版社，2006.

[83] 汪雪英，蔡仲银，熊建清. 长大深埋隧洞工程施工技术研究 [M]. 郑州：黄河水利出版社，2009.

[84] 刘志刚，凌宏亿，俞文生. 隧道隧洞超前地质预报 [M]. 北京：人民交通出版社，2011.

[85] 刘志刚，赵勇. 隧道隧洞施工地质技术 [M]. 北京：中国铁道出版社，2001.

[86] 刘继英. 隧洞工程施工监控量测管理体系研究 [J]. 甘肃水利水电技术，2010，46 (9)：48-50.

[87] 王慧，张志刚. 隧道信息化设计与施工技术监测系统研究 [J]. 岩土工程界，2004，7 (1)：75-77.

[88] 廖少明，侯学渊. 盾构法隧道信息化施工控制 [J]. 同济大学学报（自然科学版），2002，30 (11)：1305-1310.

[89] 武胜林，邓洪亮，陈凯江. 隧道监测数据信息化技术及应用研究 [J]. 测绘通报，2013 (8)：25-27.

[90] 林常青. 隧道施工监测信息化研究 [J]. 价值工程，2018，37 (23)：280-281.

[91] 谷兆祺. 地下洞室工程 [M]. 北京：清华大学出版社，1994.

[92] 郑文华. 地下工程测量 [M]. 北京：煤炭工业出版社，2007.

[93]《地基处理手册》编写委员会. 地基处理手册 [M]. 北京：中国建筑工业出版社，1993.

[94] 冯兆祥，缪长青，钟建驰. 大跨桥梁安全监测与评估 [M]. 北京：人民交通出版社，2010.

[95] 顾安邦，张永水. 桥梁施工监测与控制 [M]. 北京：机械工业出版社，2005.

[96] 唐浩，谭川，陈果. 桥梁健康监测数据分析研究综述 [J]. 公路交通技术，2014 (5)：99-104.

[97] 李萍. 桥梁健康状况监测系统研究现状及对策分析 [J]. 福建建筑，2010 (3)：99-101.

[98] 裴强，郭迅，张敏政. 桥梁健康监测及诊断研究综述 [J]. 地震工程与工程振动，2003 (02)：62-68.

[99] 孙利民，尚志强，夏烨. 大数据背景下的桥梁结构健康监测研究现状与展望 [J]. 中国公路学报，2019，32 (11)：1-20.